冶金工业出版社

普通高等教育 "十四五" 规划教材

材料成形理论基础

李静媛 等编

北 京

冶 金 工 业 出 版 社

2023

内 容 提 要

本书共分 10 章，主要介绍材料加工成形过程中的金属学和力学基本原理，内容包括材料铸造、焊接、塑性成形金属学原理和固态成形力学原理等内容，使读者了解材料加工学在材料开发与应用中的重要作用，对材料成形过程及其基本原理有实质性、深入的理解。

本书可作为高等院校材料科学与工程专业的本科教材，也可供从事材料类工作的读者阅读参考。

图书在版编目（CIP）数据

材料成形理论基础／李静媛等编 .—北京：冶金工业出版社，2022.9（2023.9 重印）

普通高等教育"十四五"规划教材

ISBN 978-7-5024-9289-2

Ⅰ.①材… Ⅱ.①李… Ⅲ.①工程材料—成型—高等学校—教材 Ⅳ.①TB3

中国版本图书馆 CIP 数据核字（2022）第 176079 号

材料成形理论基础

出版发行	冶金工业出版社	电　话	（010）64027926
地　址	北京市东城区嵩祝院北巷 39 号	邮　编	100009
网　址	www.mip1953.com	电子信箱	service@ mip1953.com

责任编辑　曾　媛　美术编辑　彭子赫　版式设计　孙跃红
责任校对　李　娜　责任印制　窦　唯
三河市双峰印刷装订有限公司印刷
2022 年 9 月第 1 版，2023 年 9 月第 2 次印刷
787mm×1092mm　1/16；19.5 印张；473 千字；301 页
定价 **69.00 元**

投稿电话　（010）64027932　投稿信箱　tougao@cnmip.com.cn
营销中心电话　（010）64044283
冶金工业出版社天猫旗舰店　yjgycbs.tmall.com
（本书如有印装质量问题，本社营销中心负责退换）

前　　言

　　材料加工工程是材料科学与工程学科的重要分支。本教材对应的课程为《材料成形理论基础》，是材料成形及控制工程专业本科生核心课程之一。为了更好地支撑世界一流学科、国家级一流本科专业建设，满足中国工程教育专业认证、新工科和课程思政建设的教育教学改革要求，应对本研贯通培养模式的探索与实践，材料成形及控制工程专业基础核心课程的改革亟需创新性的新编教材支撑。

　　材料加工过程是一个系统工程问题，生产出最佳性能价格比的产品是系统的目的，而系统的过程体现在材料加工宏观流动规律和微观组织结构演变规律的研究控制。本教材通过讲述材料加工的物理本质、基本原理和质量控制的共性原理，使学生掌握材料加工过程中的基本理论及规律，为制定合理的加工工艺方案、有效地控制产品质量提供理论依据；提高学生解决复杂实际工程问题的能力、顺应新时代产业要求的研究能力和就业竞争力。

　　在教材编写的过程中，注意突出了以下几个方面的特色：

　　（1）根据科学技术发展的最新动态和我国高等学校学科专业归并的现实需求，坚持拓宽专业面、加强共性基础的原则，进行教材内容更新。遵循认知规律，注重阐述的系统性。

　　（2）增加反映当代科学技术的新概念、新知识、新理论、新技术、新工艺，特别是体现材料加工领域技术进步、科研成果的新内容，充分体现教材内容的现代化。

　　（3）对比分析、研究了国内外同类教材，借鉴吸收了同类教材的优点。重点反映新教材的特色体系结构，把握教材的科学性、系统性和适用性。

　　（4）践行"宽口径、厚基础"的培养理念，依据全新的培养方案改革要求，将传统上的固态成形原理、液态成形原理、焊接冶金原理进行整合，力求融合主要材料加工过程中的共性的、基本的原理。

　　本教材由北京科技大学李静媛教授主编。其中，吴春京教授编写第 1 章，杨健副教授编写第 2 章，张朝磊副教授编写第 3、4 章，石章智教授编写第 6 章，杨平教授编写第 7 章，李静媛教授编写第 5、8~10 章。全书由李静媛教授审定。参与本教材编写、审定的都是长期工作在材料科学与工程教学教研和科学研究一线的教师，具备丰富教学经验和深厚科研功底，在此对他们的辛勤付出表示感谢。

本教材的编写和出版得到了北京科技大学教材建设经费资助，在此深表谢意。

由于作者水平所限，书中不妥之处在所难免，诚请广大读者批评指正，提出宝贵意见。

作　者

2022 年 7 月

目　　录

1 金属凝固原理

物质有六态（固态、液态、气态、等离子体态、波色-爱因斯坦凝聚态、费米子凝聚态）由液态变固态的过程称凝固，其逆过程称熔化。

金属熔化时其动力学黏度下降约 20 个数量级，动力学黏度是作用于液体表面的应力与垂直于该平面方向上的速度梯度的比例系数，其是介质中一部分质点对另一部分质点作相对运动时所受到的阻力。因此，与在固态下通过塑性变形（锻造、轧制、挤压、拉拔等）需要较高能量来克服剪切应力不同，在液态下变形的剪切应力几乎为 0。铸造就是应用此原理，发展成为较为经济的材料加工成形方法。

在金属液充型、凝固和后续冷却过程中，需掌握金属凝固原理，了解工艺参数对铸件质量的影响规律，从而消除或减少孔眼，裂纹，表面缺陷，形状、尺寸和重量不合格，成分、组织和性能不合格等 5 类铸件缺陷。

1.1 液态金属

液体和气体都是流体，见图 1-1，液体（气体完全）可以占据容器的空间并取得容器内腔的形状。由于液体具有流动性，不能像固体那样承受切应力，表明在液体中原子或分子之间的结合力没有在固体中强；液体与固体一样具有自由表面，而气体却不具有自由表面；液体可压缩性很低，而这一点与气体恰恰相反。

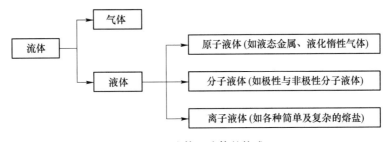

图 1-1　流体、液体的构成

1.1.1 液态金属的结构和性质

加热金属时，一方面，金属原子间距（一般）增大；另一方面，空穴数增加，从而造成金属膨胀。金属的熔化是从晶界开始，熔化是金属从规则的原子排列突变为紊乱的非晶质结构的过程，其体积变化、熵变和潜热见表 1-1~表 1-3。

表 1-1 中可见金属从固态变成液态过程中体积变化率不大。

表 1-2 中 ΔS 为升温熵变，即从 298K 升温到其熔点的熵变。由表中可见熔化熵变小于

升温熵变，表示熔化时原子有序排列出现一些变化，原子间距加大，相邻原子数减小，但这种变化并不大。

表 1-3 中可见金属从固态、液态和气态相变时，其熔化潜热比汽化潜热小得多，熔化潜热只占气化潜热的 3%~7%，表明熔化时其内部原子结合键只有部分被破坏。

表 1-1　一些金属的熔点 T_m 和熔化体积变化率 $\Delta V_m/V$

金属	Na	Sn	Zn	Mg	Al	Ag	Cu	Fe
结构类型	bcc	（3 种）	hcp	hcp	fcc	fcc	fcc	bcc/fcc
T_m/K	370	505	693	923	933	1235	1356	1809
$\Delta V_m/V$/%	2.6	2.4	4.1	2.95	6.9	3.51	3.96	3.6

表 1-2　一些金属的升温熵变 ΔS 和熔化熵变 ΔS_m

金属	Cd	Zn	Mg	Al	Au	Cu	Fe
ΔS/J·(mol·K)$^{-1}$	18.96	22.81	31.56	31.44	40.94	40.98	64.88
ΔS_m/J·(mol·K)$^{-1}$	10.30	10.67	9.71	11.51	9.25	9.63	8.37
$\Delta S_m/\Delta S$	0.54	0.47	0.31	0.37	0.23	0.23	0.13

表 1-3　一些金属熔化潜热 L_m 和汽化潜热 L_b

金属	Cd	Zn	Mg	Al	Au	Cu	Fe
结构类型	hcp	hcp	hcp	fcc	fcc	fcc	bcc/fcc
T_m/K	595	693	923	933	1336	1356	1809
L_m/J·mol^{-1}	6395	7231	8694	10450	12790	13000	15173
T_b/K	1038	1180	1376	2753	3223	2848	3343
L_b/J·mol^{-1}	99484	114950	133760	290928	341924	304304	339834
L_m/L_b/%	6.41	6.25	6.49	3.59	3.75	4.27	4.46

金属在不同聚集状态的 X 射线衍射强度曲线见图 1-2。图中 λ 为 X 射线的波长，θ 为入射角度（布拉格方程：$2d\sin\theta=n\lambda$，d 为晶格间距，n 为任何正整数）。图中金属熔体（液态）和金属玻璃（固态）X 射线衍峰形状相近，可见金属熔化时体积变化、熵变都均不大；熔化时体积变化率多为增加（Ga、Ge、Bi 等除外），但增长幅度不大，约为 3%~5%，表明液体的原子间距接近于固体（体积膨胀 3%~5%，即原子间距平均只增长 1%~1.5%）；熔点附近金属的系统混乱度稍大于固体而远小于气体（熔化潜热比汽化潜热小得多，熔化潜热只占气化潜热的 3%~7%），表明熔化时其内部原子结合键只有部分被破坏。

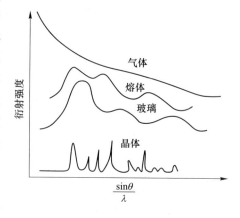

图 1-2　金属在不同聚集状态的 X 射线
衍射强度曲线

由此可知，液态金属结构特征是"远程无序"而"近程有序"，即液态金属原子分布相对于周期有序的晶态固体是不规则的，液态金属结构宏观上不具备平移、对称性，即"远程无序"；而相对于完全无序的气态金属，液态金属中存在着许多不停"游荡"着的局域有序的原子集团，即局域范围的"近程有序"。

实际液态金属（含合金）由大量时聚时散、此起彼伏地游动着的原子集团、空穴所组成，同时也含有各种固态、液态或气态杂质或化合物，而且还表现出能量、结构及浓度 3 种起伏特征，结构十分复杂。

液态金属的性质有潜热、密度、比热容、导热系数、黏度、表面张力等。

（1）黏度（viscosity）。黏度有 3 种表示方法：动力黏度、运动黏度和条件黏度。

动力黏度 η 是作用于液体表面的应力与垂直于该平面方向上的速度梯度的比例系数，也称黏滞系数，单位为 Pa·s；其物理本质是原子间作相对运动时产生的阻力，见图 1-3。

图 1-3 中平行于液体流动方向的流体面积为 S，使液体发生流动 [x 方向，流动速度 $v(x)$] 所需的外力为 $F(x)$。由于液体原子间作相对运动时会产生阻力，使液体在 y 方向的流动速度不断降低到 0，即 $v_1 > v_2 > v_3 > v_4 > v_5$。

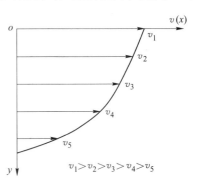

图 1-3　动力黏度物理本质示意图

$$F(x) = \eta S \frac{\mathrm{d}v(x)}{\mathrm{d}y} \tag{1-1}$$

式中，$F(x)$ 为外力；η 为动力黏度；S 为面积；$\dfrac{\mathrm{d}v(x)}{\mathrm{d}y}$ 为流体流动的速度梯度。由式（1-1）可得：

$$\eta = \frac{\dfrac{F(x)}{S}}{\dfrac{\mathrm{d}v(x)}{\mathrm{d}y}} \tag{1-2}$$

运动黏度 ν 的大小等于动力黏度除以密度 ρ，即 $\nu = \eta/\rho$，单位为 $\mathrm{m^2/s}$。

条件黏度是由各种黏度计所测得的液体黏度。它的数值与黏度计的种类、测试条件、液体动力黏度和密度等因素有关，只表示液体的相对黏度，如恩氏黏度、赛氏黏度、雷氏黏度，因此又称为相对黏度。

在相同条件下，随着黏度的降低，液态金属流动形式将从层流向紊流演变。

以圆形管道为例，设直径为 D，流动速度为 v，运动黏度为 ν（$\nu = \eta/\rho$）。

圆形管道中雷诺数 $Re = Dv/\nu = Dv\rho/\eta$，当 Re 小于 2300 时为层流；当 Re 大于 2300 时为紊流。

（2）表面张力（surface tension）。表面张力 σ（单位为 N/m）为表面上平行于表面切线方向，且各方向大小相等的张力。液体倾向于减小其表面积而产生表面张力，它是由于液体在表面上受力不均产生的。

表面自由能 σ（单位为 $\mathrm{J/m^2}$），简称表面能，指产生新的单位面积表面时系统自由能的增量。

为产生新表面，外界对系统做功，仅抵抗表面张力，不产生任何摩擦，只用于扩大表面积的功，该功的大小等于系统自由能的增量。

表面能与表面张力大小完全相同，单位也可互换。

1.1.2　液态金属的充型能力

1.1.2.1　充型能力（mould-filling capacity）

液态金属流经浇注系统并充满铸型型腔，获得轮廓清晰、形状正确的铸件的能力称液态为金属充型能力，简称充型能力。

充型一般在纯液态下进行，有边充型边凝固的现象，也有在半固态下充型的。

充型能力不足，可能产生浇不足、冷隔等铸造缺陷。充型能力涉及充型过程中液态金属在浇注系统中和铸型型腔中的流动规律，是设计浇注系统的重要依据之一。

实践证明，同一种金属用不同的铸造方法，所能铸造的铸件最小壁厚不同；同样的铸造方法，由于金属不同，所能得到的最小壁厚也不同，见表1-4。

表1-4　不同合金、铸型的（一般）铸件最小壁厚　　　　　　（mm）

金属种类	砂型	金属型	熔模铸造	壳型	压铸
灰铸铁	3	>4	0.4~0.8	0.8~1.5	—
铸钢	4	8~10	0.5~1.0	2.5	—
铝合金	3	3~4	—	—	0.6~0.8

1.1.2.2　流动性（fluidity test）

物理中的流动性（或流度）指动力黏度的倒数，即 $1/\eta$。

铸造中的流动性是指在规定的铸型条件和浇注条件下，液态金属充型试样的长度或薄厚尺寸。

液态金属流动性测试方法（图1-4）有：在相同的浇注工艺条件下，将金属液浇入铸型中，测出其流动凝固后的实际螺旋线长度，螺旋线上有凸出的标记点，便于快速测量螺旋线流动长度（图1-4（a））；在相同的条件下，将金属液吸入耐热玻璃管中，测出其流动凝固后的实际长度（图1-4（b））。流动性测试的长度越长，说明金属液的流动性越好。

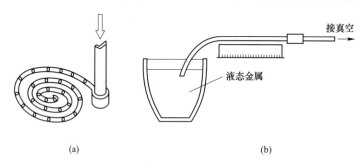

（a）　　　　　　　　　　　　　　　　（b）

图1-4　液态金属流动性测试方法
（a）螺旋形流动性试样；（b）真空流动性测试装置

1.1.2.3　液态金属的停止流动方式

（1）凝固温度范围很窄的金属（如纯金属、共晶成分和金属间化合物合金）的停止流动方式见图1-5。

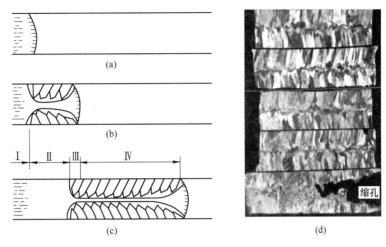

图 1-5　凝固温度很窄的金属停止流动方式

图 1-5 中Ⅰ区为在过热量未散尽前纯液态金属流动的区域，如图 1-5（a）所示；Ⅱ区为先形成凝固壳，后又被完全熔化的区域，如图 1-5（b）所示，后续金属液是在被加热了的管道中流动，其冷却强度下降；Ⅲ区为未被完全熔化而保留下一部分的凝固区域，该区域终点的中心处即其金属液耗尽了过热量，堵塞向前流动通道处；Ⅳ区为液-固界面具有相同的温度——凝固温度，液体金属边向前流动、凝固层边增厚，直至该区的起点（Ⅲ区终点）中心处发生堵塞，金属停止向前流动，后续该区中间处液体金属因凝固收缩，使金属流动前端出现缩孔，如图 1-5（d）所示。

（2）凝固温度范围很宽的金属停止流动方式见图 1-6。

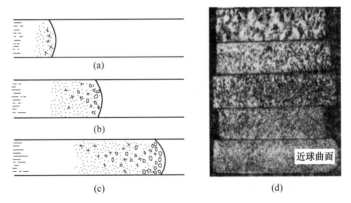

图 1-6　凝固温度宽的金属停止流动方式

图 1-6（a）为过热量未散尽前纯液态金属流动；图 1-6（b）为金属流动前端，边流动降温，边形核和长大，金属液黏度迅速增加；图 1-6（c）为金属流动前端，因凝固温度宽，固相结成连续网络后，尽管网络中仍有液相，也会发生堵塞停止流动，在黏度、表面张力和重力作用下，使金属流动前端呈现近球曲面形状，如图 1-6（d）所示；网络中的液相，因凝固收缩得不到补缩，将出现缩松（分散性缩孔）。

（3）凝固温度范围中等的金属停止流动方式。兼有凝固温度范围很窄和很宽的金属停止流动的方式，在凝固温度范围一定时，随着金属向前流动，纵断面温度梯度增大，其趋于凝固温度很窄的金属停止流动方式；随着金属向前流动，纵断面温度梯度减小，其趋于凝固温度很宽的金属停止流动方式。

1.1.2.4　影响充型能力的因素

影响充型能力的因素有金属特性、铸型特性、浇注条件和铸件结构 4 个方面多个因素，如图 1-7 所示。

图 1-7 中蓄热系数 $b = \sqrt{c\rho\lambda}$，c 为比热容，ρ 为密度，λ 为导热系数；铸件的模数 $M = V/S$，V 为铸件体积，S 为铸件散热表面积。

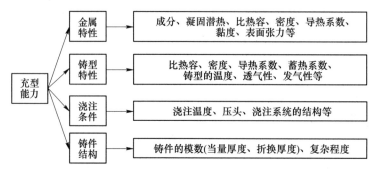

图 1-7　影响充型能力的 4 个方面多个因素

1.1.2.5　提高充型能力的措施

A　金属特性方面

（1）金属成分。纯金属、共晶成分和金属间化合物流动性好，即充型能力强，随着凝固温度区间（液相线温度 T_L-固相线温度 T_S）变宽，其流动性下降，在最宽凝固温度区间附近出现最小值，如图 1-8 和图 1-9 所示。

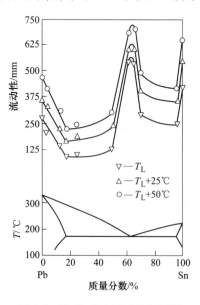

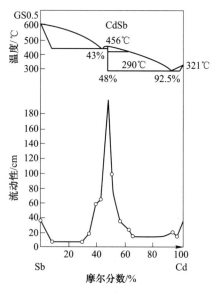

图 1-8　Pb-Sn 合金流动性与相图　　　　　图 1-9　Sb-Cd 合金流动性与相图

由图 1-8 中可知，相同的凝固温度区间，过热度高（如 50℃），流动性好；相同的过热度下，基本呈现随着凝固温度区间变窄，其流动性增加；尤其是共晶成分合金，其液相线温度最低，凝固温度区间为 0，在相同的浇注温度下，过热度最高，流动性（一般）最好。

（2）凝固潜热。凝固温度区间窄的金属（如纯金属、共晶成分等），凝固潜热越大，凝固越缓慢，流动性明显越好；凝固温度区间宽的金属，凝固潜热对流动性有影响，但不明显。

（3）比热容、密度和导热系数。比热容、密度高，在相同过热度下，保持液态时间长，其流动性好。

导热系数小，热量散失慢，保持流动时间长，两相区小，流动阻力小，其流动性好。

合金元素对金属流动性影响：导热系数下降，流动性提高；枝晶发达，流动性下降，如 Fe、Ni 中加入 Al；凝固温度范围变宽，流动性下降，如 Cu 中加入 Al。

（4）黏度。液态金属的黏度与其成分、温度、夹杂物的含量和状态等有关，黏度小，流动性好。

黏度对层流流动影响大，对紊流流动影响小。

（5）表面张力。表面张力在大体积系统中通常显示不出它的作用，但在微小体积系统，特别是显微体积范围内，将会显示很大的作用。如砂粒之间的毛细管直径甚至会小到 0.001mm，此时表面张力对是否产生机械黏砂将会产生决定作用。

在金属凝固的后期，枝晶与枝晶之间存在的液膜厚度甚至会小到 10^{-6}mm，此时凝固收缩会不会引起铸件开裂，将主要取决于表面张力的数值。

B　铸型特性方面

（1）蓄热系数。铸型蓄热系数表示铸型从金属中吸取并储存于本身中热量的能力，铸型蓄热系数越大，铸型激冷能力越强，金属保持液态时间越短，充型能力越低。

几种铸型材料的蓄热系数见表 1-5。

表 1-5　几种铸型材料的蓄热系数

材料	温度 /℃	密度 /kg·m^{-3}	比热容 /J·(kg·℃)$^{-1}$	导热系数 /W·(m·℃)$^{-1}$	蓄热系数 /J·(m^2·℃)$^{-1}$
铜	20	8930	385.2	392	3.67×10^{-4}
铸铁	20	7200	669.9	37.2	1.34×10^{-4}
铸钢	20	7850	460.5	46.5	1.30×10^{-4}
镁砂	1000	3100	1088.6	3.5	0.34×10^{-4}
湿砂	20	1800	2302.7	1.28	0.23×10^{-4}
黏土型砂	900	1500	1172.3	1.63	0.17×10^{-4}
耐火黏土	500	1845	1088.6	1.05	0.15×10^{-4}
黏土型砂	20	1700	837.4	0.84	0.11×10^{-4}
干砂	900	1700	1256	0.58	0.11×10^{-4}
锯末	20	300	1674.7	0.174	0.030×10^{-4}
烟黑	500	200	837.4	0.035	0.008×10^{-4}

由表 1-5 可见，铜、铸铁、铸钢的蓄热系数大，铸造生产中常选用其做冷铁材料；烟黑、锯末的蓄热系数小，铸造生产中常选用其做保温冒口材料。

（2）铸型温度。预热铸型能减小金属与铸型的温差，从而提高其充型能力。如在（金属）铸型中浇注铝合金铸件，浇注温度 760℃，铸型温度从 340℃提高到 520℃，其流动性（螺旋线长度）从 525mm 提高到 950mm。

C　浇注条件方面

（1）浇注温度。浇注温度（$T_{浇}$）对充型能力有决定性的影响。$T_{浇}$ 提高则充型能力提高，但 $T_{浇}$ 高到某临界温度后，金属液吸气多，氧化严重，充型能力提高幅度越来越小，同时铸件组织粗大，易产生气孔、夹渣、缩孔等缺陷。

（2）压头。压头是指液态金属在流动方向上所受的压力。压头越大，充型能力越好，可防止浇不足或冷隔缺陷。

提高压头的措施：增加金属液静压头；外加压力，如压铸、低压铸造、真空吸铸等。

但应避免充型速度过高，否则易产生喷射、飞溅，"铁豆"缺陷。

（3）浇注系统的结构。浇注系统的结构越复杂，流动阻力越大，在静压头相同的情况下，充型能力就越差。

蛇形、片状直浇道和阻流式、缓流式浇注系统，流动阻力大，充型能力降低。

浇口杯一方面有提高压头和净化金属的作用，可提高充型能力；另一方面有使散热增快的作用，可降低充型能力。

D　铸件结构方面

（1）铸件的模数。铸件的模数 M，也称当量厚度、折算厚度。M 越大，热量散失越缓慢，充型能力越好。铸件壁厚相同时，铸型中垂直壁比水平壁容易充满。

（2）复杂程度。铸件结构复杂，则型腔结构复杂，流动阻力大，不易充型。

1.2　凝 固 过 程

液态金属充型过程中或充型后，当液体金属的温度降低到其平衡熔点以下，将发生凝固过程。

1.2.1　凝固的热力学条件

凝固或熔化的驱动力是体积自由能，见图 1-10。

图 1-10 中 G_L 为液相体积自由能与温度关系曲线、G_S 为固相体积自由能与温度关系曲线、两者交点 E 的温度 T_m 为平衡熔点。

平衡熔点 T_m 主要受成分影响，其次是压力和曲率；一般金属，因为熔化体积增大，所以随着压力升高平衡熔点升高；固-液界面的曲率越大（曲率半径越小），平衡熔点越低。

体积自由能 $G_V = H - TS$，H 为焓，T 为温度，S 为熵。

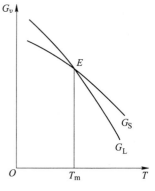

图 1-10　液固两相体积自由能
与温度关系

当 $T > T_m$ 时，因 $G_L < G_S$，则固相发生熔化。

$$
\begin{aligned}
(\Delta G_V)_{T > T_m} &= G_L - G_S \\
&= (H_L - TS_L) - (H_S - TS_S) \\
&= (H_L - H_S) - T(S_L - S_S)
\end{aligned}
\tag{1-3}
$$

当 $T = T_m$ 时，因 $G_L = G_S$，则 $\Delta G_V = 0$，液固两相平衡共存。

因为

$$
(\Delta G_V)_{T = T_m} = \Delta H_m - T_m \Delta S_m = 0
$$

有

$$
\Delta S_m = \Delta H_m / T_m
\tag{1-4}
$$

式中，ΔH_m 为熔化潜热；ΔS_m 为熔化熵。

当 $T < T_m$ 时，因 $G_S < G_L$，则液相发生凝固。

$$
\begin{aligned}
(\Delta G_V)_{T < T_m} &= G_S - G_L \\
&= (H_S - TS_S) - (H_L - TS_L) \\
&= (H_S - H_L) - T(S_S - S_L)
\end{aligned}
\tag{1-5}
$$

凝固一般发生在比液固两相平衡共存温度 T_m 略低一点的温度，可近似认为其焓 H 和熵 S 和在 T_m 温度时相同，因此由式（1-5）可得：

$$
(\Delta G_V)_{T < T_m} = -\Delta H_m + T \frac{\Delta H_m}{T_m} = -\Delta H_m \Delta T / T_m
\tag{1-6}
$$

式中，ΔT 为过冷度，$\Delta T = T_m - T$。

1.2.2 形核

1.2.2.1 均质形核（homogeneous nucleation）

均质形核指在均匀同质的过冷液相中，依靠其结构起伏进行形核的方式。

假设形核的体积为 V，表面积为 A，形核驱动力是总体积自由能（$V\Delta G_V$），则根据式（1-6）得：

$$
V\Delta G_V = -\frac{V\Delta H_m \Delta T}{T_m}
\tag{1-7}
$$

形核阻力是在过冷液相中形成液固界面所需提供的总表面能（ΔG_A）：

$$
\Delta G_A = A\sigma
\tag{1-8}
$$

假设均质形核为球形，其球半径为 r，则形核过程总的自由能变化为：

$$
\Delta G = V\Delta G_V + \Delta G_A = -\frac{4}{3}\pi r^3 \frac{\Delta H_m \Delta T}{T_m} + 4\pi r^2 \sigma
\tag{1-9}
$$

式（1-9）的函数图像如图 1-11 所示，对 r 求导，令 $\Delta G = 0$，得临界晶核半径：

$$
r_c = \frac{2\sigma T_m}{\Delta H_m \Delta T}
\tag{1-10}
$$

当晶核半径达到 r_c 后，随着晶核半径的增大，其自由能不断下降。如图 1-11 中 c 点所示，其临界

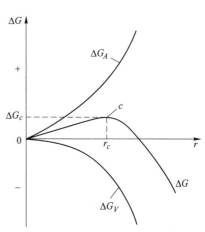

图 1-11　晶核半径与自由能变化关系

形核自由能：

$$\Delta G_c = \frac{4}{3}\pi r_c^2 \sigma \tag{1-11}$$

如 1.1.1 节所述，液态金属结构特征是"远程无序"而"近程有序"，实际液态金属由大量时聚时散、此起彼伏地游动着的原子集团、空穴所组成，还表现出能量、结构及浓度 3 种起伏特征。由此可得，在一定的过冷度下，液体金属通过能量、结构及浓度起伏，克服临界形核自由能（$\Delta G_c > 0$），形成晶核半径不小于 r_c 后，其自由能不断下降，凝固才能自发进行。

形核速率 μ，即单位时间单位体积液相中形成的晶核数目：

$$\mu = \frac{NkT}{h}\exp\left(-\frac{\Delta G_A}{kT}\right)\exp\left[-\frac{a\sigma^3}{kT(\Delta G_V)^2}\right] \tag{1-12}$$

式中，N 为单位体积液相中的原子总数；k 为玻耳兹曼常量；T 为温度；h 为普朗克常量；ΔG_A 为原子跃迁穿过液固界面的激活能；a 为晶核形状因子，对于球形晶核，$a = 16\pi/3$；σ 为表面能；ΔG_V 为体积自由能。

1.2.2.2　异质形核（heterogeneous nucleation）

异质形核指以过冷液相中的异质（孕育剂、型芯和杂质等固相）为基底进行形核的方式。

假设在形核基底 S 上形成球冠状晶核 C，如图 1-12 所示。

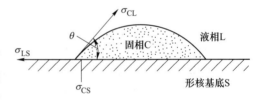

假设异质形核为球冠形状，其球半径为 r，固相 C 与液相 L 的接触面积为 A_{CL}，其表面能为 σ_{CL}，固相 C 与基底 S 的接触面积为 A_{CS}，其表面能为 σ_{CS}，液相 L 与基底 S 的表面能为 σ_{LS}，则异质形核过程总的自由能变化为：

图 1-12　在形核基底 S 上形成球冠状晶核 C

$$\Delta G = V_C \Delta G_V + \Delta G_A = V_C \Delta G_V + A_{CL}\sigma_{CL} + A_{CS}(\sigma_{CS} - \sigma_{LS}) \tag{1-13}$$

其中，几何关系得：

$$V_C = \pi r^3 \left(\frac{2 - 3\cos\theta + \cos^3\theta}{3}\right) \tag{1-14}$$

$$A_{CL} = 2\pi r^2(1 - \cos\theta) \tag{1-15}$$

$$A_{CS} = \pi(r\sin\theta)^2 \tag{1-16}$$

水平方向表面张力（表面能）平衡得：

$$\sigma_{LS} = \sigma_{CL}\cos\theta + \sigma_{CS} \tag{1-17}$$

将其代入式（1-13）得：

$$\Delta G = \left(\frac{4}{3}\pi r^3 \Delta G_V + 4\pi r^2 \sigma_{CL}\right)^3 \frac{2 - 3\cos\theta + \cos^3\theta}{4} \tag{1-18}$$

对 r 求导，令其 $\Delta G = 0$，得临界晶核半径：

$$r_c = \frac{2\sigma_{CL}}{\Delta G_V} \tag{1-19}$$

将式 (1-19) 代入式 (1-18)，得异质形核临界形核自由能：

$$\Delta G_{\text{异}} = \frac{16\pi\sigma_{\text{CL}}^3}{3(\Delta G_V)^2} \frac{2 - 3\cos\theta + \cos^3\theta}{4} = \Delta G_{\text{均}} f(\theta) \tag{1-20}$$

$f(\theta)$ 随 θ 的变化关系如图 1-13 所示。

当 $\theta = 0°$，$f(\theta) = 0$，$\Delta G_{\text{异}} = 0$，基底和晶核结构相同，直接长大，称为外延生长。

当 $\theta = 180°$，$f(\theta) = 1$，晶核和基底完全不浸润，$\Delta G_{\text{异}} = \Delta G_{\text{均}}$，相当于均质形核。

当 $0° < \theta < 180°$，$0 < f(\theta) < 1$，$\Delta G_{\text{异}} < \Delta G_{\text{均}}$，即异质形核比均质形核容易。

异质形核速率 μ_{s}（单位时间单位面积上形成的晶核数目）为：

$$\mu_{\text{s}} = \frac{N_{\text{s}}kT}{h}\exp\left(-\frac{\Delta G_A}{kT}\right)\exp\left[-\frac{a\sigma^3 f(\theta)}{kT(\Delta G_V)^2}\right] \tag{1-21}$$

式中，N_{s} 为单位面积上的原子总数；$f(\theta) = \dfrac{2 - 3\cos\theta + \cos^3\theta}{4}$；$\theta$ 为晶核与基底的接触角。

1.2.2.3 影响形核因素

影响形核的因素有形核温度 T、形核时间 t、形核基底数、接触角 θ、形核基底形状。

（1）形核温度 T。金属成分一定，过冷度大于某一值时，随着形核温度 T 下降（过冷度 ΔT 增大），形核速率 $\mu(\mu_{\text{s}})$ 迅速提高，如图 1-14 所示，图中 1、2 为异质形核，接触角 $\theta_1 < \theta_2$，3 为均质形核。

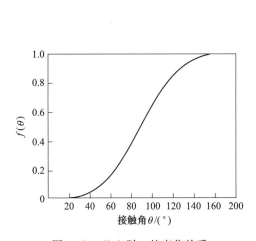

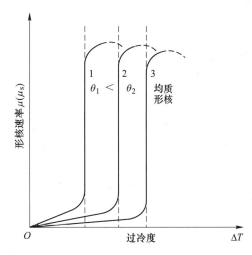

图 1-13　$f(\theta)$ 随 θ 的变化关系　　　　图 1-14　金属凝固形核速率和过冷度关系示意图

（2）形核时间 t。满足形核条件，随着形核时间 t 延长，形成晶核数 n 增多。对于 n，有

$$n = \begin{cases} \displaystyle\int_0^t \mu(t)\,\mathrm{d}t & \text{均质形核} \\[2mm] \displaystyle\int_0^t \mu_{\text{s}}(t)\,\mathrm{d}t & \text{异质形核} \end{cases} \tag{1-22}$$

式中，单位体积（均质形核）或单位面积（异质形核）形成晶核的数 n 是形核速率对形

核时间 t 的积分。

（3）形核基底数。随着形核基底量增多，形成晶核的数增多。

（4）接触角 θ。随着接触角 θ 减小，形核速率 μ_s 增大，见图 1-14。

当晶核相与异质相存在共格界面，并具有较小的错配度，其 θ 较小，利于异质相成为形核基底。

（5）形核基底形状。接触角 θ 相同，当形核基底为凹面时，临界晶核体积最小，从而形核功最小，最易形核，如图 1-15 所示。

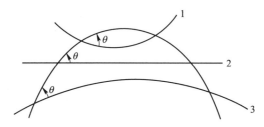

图 1-15　形核基底形状对临界晶核体积的影响

1—凹面；2—平面；3—凸面

铸造生产时，在浇注前或浇注中，向金属液中添加少量的孕育剂，如（包内）孕育、随流孕育、型内孕育，其原理是促进异质形核，获得细小晶粒。

1.2.3　晶核长大

在一定过冷度下，晶核形成后，液态金属原子通过液固界面进入晶体，其自由能不断下降，晶核长大，即凝固自发进行。

1.2.3.1　液固界面结构

（1）粗糙界面。液固界面固相一侧的点阵有一半空缺位置，此时自由能最低，这种坑洼、凹凸不平的界面结构，称为粗糙界面。

（2）光滑界面。液固界面固相一侧的点阵位置几乎全部被固相原子占满，只留下少数空位或台阶，从而形成整体上平整光滑的界面结构，称为光滑界面。

如图 1-16 所示，大多数金属和合金的液固相界面是粗糙界面，多数非金属液固相界面是光滑界面，某些类金属如 Bi、Sb、Si 的界面是过渡界面。

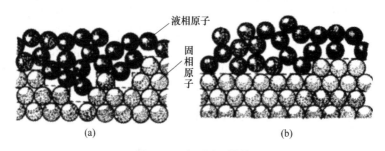

图 1-16　液固界面结构

（a）粗糙界面；（b）光滑界面

1.2.3.2 晶体长大形貌

对于粗糙界面，由于界面能的各向异性，长大方向上有择优取向，表现为树枝晶的主干有一定的结晶取向；对于光滑界面，不同界面长大速度不同，高指数界面固有的粗糙使其长大速度快，导致高指数界面消失，长大速度慢的低指数界面成为晶体的表面，其特征是表面平直，并形成有棱有角，如图 1-17 所示。

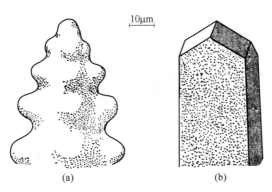

图 1-17　粗糙界面和光滑界面晶体长大形貌特征
（a）粗糙界面；（b）光滑界面

1.2.4　凝固条件、速度、界面及组织

1.2.4.1　凝固条件

凝固是按粗糙界面长大，还是按光滑界面长大，主要由熔化熵值决定，熔化熵低则趋于粗糙界面非小平面长大，反之则趋于光滑界面小平面长大；但不能仅凭熔化熵值的大小判断，还需考虑凝固条件（液相浓度、凝固时过冷度）、速度因素，如：

（1）在 Al-Sn 合金中，随着 Al 的浓度减少，先共晶相 Al 的晶体长大形貌由非小平面转变为小平面组织形貌特征。

（2）白磷在低长大速度时，晶体长大具有小平面组织形貌特征，但当长大速度增加时，却转变为非小平面组织形貌特征。

1.2.4.2　长大速度

长大速度与过冷度的关系如图 1-18 所示。

连续长大速度 v_1：

$$v_1 = K_1 \times \Delta T \tag{1-23}$$

二维长大速度 v_2：

$$v_2 = K_2 \times \mathrm{e}^{\frac{-B}{\Delta T}} \tag{1-24}$$

螺旋长大速度 v_3：

$$v_3 = K_3 \times \Delta T^2 \tag{1-25}$$

式中，K_1、K_2、K_3、B 为系数；ΔT 为过冷度。

当过冷度大到一定数值后，二维长大和螺旋长大均趋于连续长大。

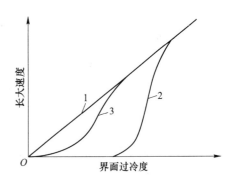

图 1-18　长大速度与过冷度的关系
1—连续长大；2—二维长大；3—螺旋长大

1.2.4.3　多层界面

液固的界面及凝固组织，与熔化熵、凝固条件（液相浓度、凝固时过冷度）、速度有关，由此建立多原子层液固界面模型，简称"多层界面"模型，如图 1-19 所示。

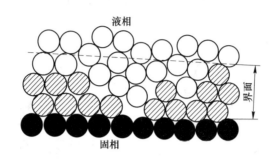

图 1-19　多原子层液固界面模型

在多原子层中，存在原子排列较为规则的原子簇，原子簇中的晶体位置被部分填满，并与一定的晶面相对应，随着向固相一边越靠近，原子簇中的原子排列的有序化程度越大；同时还分布着排列非常紊乱的原子。

界面原子层的厚度随过冷度的增加而增加，在过冷度比较小下，界面的原子层数较少，长大可以按原子簇中每层台阶的侧面扩展方式进行，因此，即使是熔化熵低的金属，在足够低的过冷度（约 10^{-5} K）下，其长大也按小平面进行。反之，过冷度较大，原子层变厚，粗糙度增加，因此，即使原来属于小平面长大的金属，此时也将转变为非小平面长大。

存在一个临界过冷度问题，临界过冷度大小随金属而定，熔化熵大，其临界过冷度也大。

液相浓度较稀时，液固界面原子层厚度较小，即使是熔化熵较小，长大也可以按原子簇中每层台阶的侧面扩展方式进行，使其具有小平面组织形貌特征。

1.2.4.4　凝固组织

（1）自由凝固。晶体形核和长大形成凝固组织过程如图 1-20 所示。

（2）定向凝固。定向凝固组织如图 1-21 所示，在极低凝固速度下，液固界面为平面；凝固速度增大，平界面失稳而形成胞晶；当凝固速度增大到一定值时，胞晶向枝晶转变；进一步增大凝固速度，枝晶转变为更细的胞晶；在极高凝固速度下，液固界面又成为平面。随着凝固速度和条件的变化，胞晶和枝晶的间距会发生变化，如图 1-22 所示。

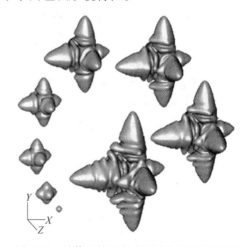

图 1-20　晶体形核和长大形成凝固组织过程

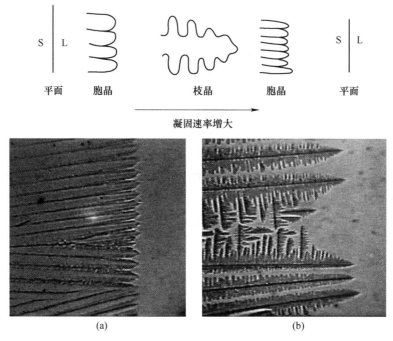

图 1-21 定向凝固组织

（a）胞晶；（b）枝晶

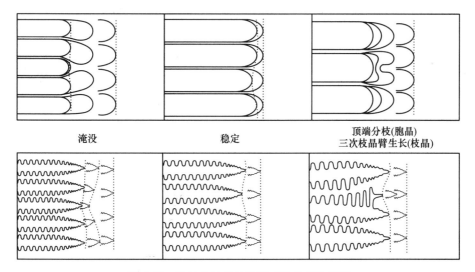

图 1-22 胞晶和枝晶的间距变化机理示意图

1.3 单相合金凝固及组织

单相合金是指金属液在凝固过程中只析出一个固相的合金，如固溶体、金属间化合物等。

1.3.1　凝固过程溶质再分配

单相合金在凝固过程中，随温度下降，液固相平衡成分可能发生改变，如果析出固相成分与液相原始成分不同，凝固排出的溶质在固液界面前沿富集，并形成浓度梯度，所以溶质必然在液、固两相重新分布，此现象称为溶质再分配。

溶质分配系数 k 为凝固过程固相溶质浓度 C_S 与液相溶质浓度 C_L 之比，即

$$k = C_S / C_L \tag{1-26}$$

1.3.1.1　平衡凝固

在极缓慢凝固的条件下，固液界面附近的溶质迁移和固液相内部的溶质扩散能充分进行，称为平衡凝固，其特征是在凝固的每个阶段，固、液两相中的成分均能及时、充分地扩散均匀，固、液相溶质成分完全达到相图对应温度的平衡成分。

平衡溶质分配系数 k_0 为凝固过程某一温度 T^* 下，平衡固相溶质浓度 C_S^* 与液相溶质浓度 C_L^* 之比，即

$$k_0 = C_S^* / C_L^* \tag{1-27}$$

图 1-23 为两种平衡溶质分配系数的相图。

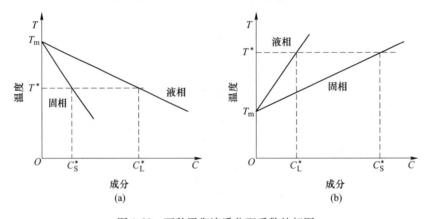

图 1-23　两种平衡溶质分配系数的相图

图 1-23（a）为 $k_0 < 1$ 的情况，图 1-23（b）为 $k_0 > 1$ 的情况；$k_0 = 1$ 为纯金属，无溶质再分配的情况。

当相图上的液相线和固相线为直线时，溶质平衡分配系数 k_0 为常数，即不随温度变化。

液相线斜率 m_L 为

$$m_L = (T^* - T_m) / C_L^* \tag{1-28}$$

固相线斜率 m_S 为

$$m_S = (T^* - T_m) / C_S^* \tag{1-29}$$

由此可得

$$k_0 = C_S^* / C_L^* = m_L / m_S \tag{1-30}$$

在实际生产中，很少是极缓慢凝固条件，通常条件下（非快速凝固），可认为界面处液固两相的成分始终处于局部平衡状态，即对于给定的合金，无论固液界面前沿溶质富集

程度如何，两侧 C_S^* 与 C_L^* 的比值在任一瞬时仍符合相应的溶质平衡分配系数 k_0。

在实际生产中，当具备 $R^2 \ll D_S/t$ 的条件时，可按平衡凝固处理，其中，R 为凝固速度，cm/s；D_S 为溶质在固相中的扩散系数，cm^2/s；t 为时间，s。

图 1-24 为等截面水平棒自左向右单向平衡凝固过程，假设：合金液原始成分为 C_0，界面前方为正温度梯度，界面以宏观平面形态向前推进。

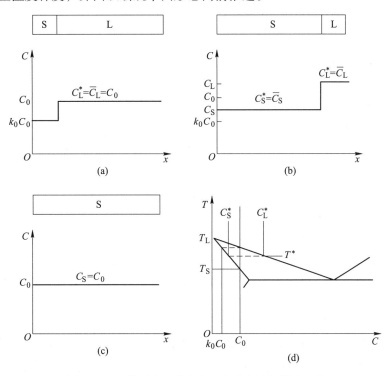

图 1-24　等截面水平棒自左向右单向平衡凝固过程

图 1-24（a）为水平棒左边刚开始凝固一薄层（图示凝固层放大加宽），此时固液界面的温度为合金的液相线温度 T_L，由图 1-24（d）相图和式（1-27）可知，合金液原始成分为 C_0，其刚凝固的固相成分为 k_0C_0；因凝固无限薄一层，此时液相溶质浓度 C_L^* ＝液相的平均成分 $\overline{C}_L$＝合金液原始成分 C_0。图 1-24（b）为凝固过程中，此时固液界面的温度 T^*，其温度介于合金的固相线温度 T_S 和液相线温度 T_L 之间，即 $T_S < T^* < T_L$，由图 1-24（d）相图可知，此时固相溶质浓度为 C_S^*，液相溶质浓度为 C_L^*；因为是平衡凝固，可认为溶质在固相和液相中均能充分扩散均匀，此时凝固层的成分 C_S＝固液界面固相溶质浓度 C_S^*＝固相的平均成分 $\overline{C}_S$，固液界面液相溶质浓度 C_L^*＝液相的平均成分 $\overline{C}_L$。图 1-24（c）为凝固结束，此时温度为 T_S，由图 1-24（d）相图可知，此时固相溶质浓度为 C_0，液相全部凝固消失；因为是平衡凝固，可认为溶质在固相中能充分扩散均匀，此时凝固层的成分 C_S＝固相溶质浓度 C_0。

凝固过程中，

$$\overline{C}_S f_S + \overline{C}_L f_L = C_0 \tag{1-31}$$

式中，$\overline{C}_S$ 为固相的平均成分；f_S 为固相率；$\overline{C}_L$ 为液相的平均成分；f_L 为液相率；C_0 为合金液成分。

液相率与固相率之和为 1，即

$$f_S + f_L = 1 \tag{1-32}$$

平衡凝固时，

$$C_L^* = \overline{C}_L, \ \ C_S^* = \overline{C}_S, \ \ k_0 = \frac{C_S^*}{C_L^*} \tag{1-33}$$

将式（1-32）和式（1-33）整理代入式（1-31）得

$$C_S^* f_S + \frac{C_S^*}{k_0}(1 - f_S) = C_0 \tag{1-34}$$

由此可得平衡凝固的杠杆规则

$$C_S^* = \frac{k_0 C_0}{1 - (1 - k_0)f_S}$$

$$C_L^* = \frac{C_0}{1 - (1 - k_0)f_S} \tag{1-35}$$

1.3.1.2 非平衡凝固

单相合金凝固过程中，固液两相的均匀化来不及通过传质而充分进行，因此除界面处能处于局部平衡状态外，两相平均成分势必要偏离相图所确定的数值，这种凝固过程称为非平衡凝固。

在实际生产中，多数属于非平衡凝固过程，因为，热扩散系数 $\alpha \approx 5 \times 10^{-2}\,\mathrm{cm^2/s}$，溶质在液相中扩散系数 $D_L \approx 5 \times 10^{-5}\,\mathrm{cm^2/s}$，溶质在固相中扩散系数 $D_S \approx 5 \times 10^{-8}\,\mathrm{cm^2/s}$，溶质扩散系数与热扩散系数，其量纲相同，但小 3~6 个数量级，所以，溶质扩散进程≪凝固进程（传热进程）。

A 固相无扩散、液相均匀混合时的溶质再分配

图 1-25 为固相无扩散、液相均匀混合单向非平衡凝固过程，假设：合金液原始成分为 C_0，等截面水平棒长度为 1，界面前方为正温度梯度，界面以宏观平面形态向前推进。

图 1-25（a）为水平棒左边刚开始凝固一薄层（图示凝固层放大加宽），此时固液界面的温度为合金的液相线温度 T_L，由图 1-25（d）相图和式（1-27）可知，合金液原始成分为 C_0，其刚凝固的固相成分为 $k_0 C_0$；因凝固无限薄一层，此时液相溶质浓度 C_L^*=液相的平均成分 $\overline{C}_L$=合金液原始成分 C_0。图 1-25（b）为凝固过程中，此时固液界面的温度 T^*，其温度介于合金的固相温度 T_S 和液相温度 T_L 之间，即 $T_S < T^* < T_L$，由图 1-25（d）相图可知，此时固相溶质浓度为 C_S^*，液相溶质浓度为 C_L^*；因为是固相无扩散、液相均匀混合单向非平衡凝固，可认为溶质在固相无扩散和在液相中则充分扩散均匀，此时凝固层的成分=固液界面固相溶质浓度 C_S^*，其沿斜线由 $k_0 C_0$ 逐渐上升，且 $k_0 C_0 < C_S^* < C_0$，固液界面液相溶质浓度 C_L^*=液相的平均成分 $\overline{C}_L$。由于固相无扩散，相同温度下，固相溶质平均成分低于平衡的 C_S^*，随温度下降并按图 1-25（d）中 1-2 虚线变化，图 1-25（c）为凝固结束段，当温度 $T \leqslant T_S$ 时，由于固相无扩散，导致水平棒右边仍存在未凝固的液体，在

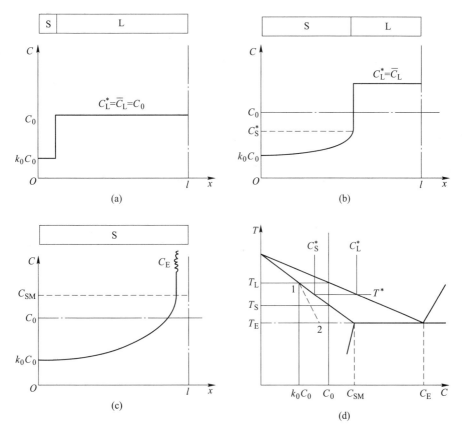

图 1-25　固相无扩散、液相均匀混合单向非平衡凝固过程

$T_E < T \leqslant T_S$ 后续凝固层的成分沿斜线从 C_0-C_{SM} 逐渐上升，直至单相合金凝固结束。当 $T \leqslant T_E$ 时，由于固相无扩散，导致水平棒右边存在一些共晶成分 C_E 的液体凝固成共晶组织，不属于单相合金的凝固。

　　根据凝固界面固相增量（$\mathrm{d}f_S$）排出的溶质量 $(C_L^* - C_S^*)\mathrm{d}f_S$ 与剩余液相 $(1-f_S)$ 浓度升高（$\mathrm{d}C_L^*$）的溶质增量 $(1-f_S)\mathrm{d}C_L^*$ 相等，可推导出此非平衡凝固的杠杆规则——Scheil方程。

$$(C_L^* - C_S^*)\mathrm{d}f_S = (1 - f_S)\mathrm{d}C_L^* \tag{1-36}$$

将 $C_S^* = k_0 C_L^*$ 代入式（1-36），整理得

$$\frac{\mathrm{d}f_S}{1 - f_S} = \frac{\mathrm{d}C_L^*}{C_L^*(1 - k_0)} \tag{1-37}$$

两边积分得，

$$-\ln(1 - f_S) = 1/(1 - k_0)\ln C_L^* + C \tag{1-38}$$

并因为 $f_S = 0$ 时 $C_L^* = C_0$，得

$$-\ln(1 - 0) = 1/(1 - k_0)\ln C_0 + C \tag{1-39}$$

$$C = -1/(1 - k_0)\ln C_0 \tag{1-40}$$

$$(k_0 - 1)\ln(1 - f_S) = \ln(C_L^*/C_0) \tag{1-41}$$

即
$$C_L^* = C_0\, f_L^{k_0-1}$$

或
$$C_S^* = k_0 C_0 (1 - f_S)^{k_0-1} \tag{1-42}$$

Scheil 方程虽然是在一种极限情况下（液相中完全混合）推导出来的，但其适用范围还是比较宽的，因此是研究凝固过程中溶质分布的基础。

当 $f_S \to 1$，即临近凝固结束时，式（1-42）不适用。

Scheil 方程与实际结果的偏差由下列三个原因造成：

（1）固相存在有扩散，液相中的扩散是有限的；

（2）有小枝晶溶化现象，即呈非平面凝固；

（3）因有凝固潜热析出和及冷却，使固相溶解或析出。

B　固相无扩散、液相只有有限扩散的溶质再分配

图 1-26 为固相无扩散、液相只有有限扩散（即无对流或搅拌）单向非平衡凝固过程，假设合金液原始成分为 C_0，等截面水平棒长度为 l，界面前方为正温度梯度，界面以宏观平面形态向前推进。

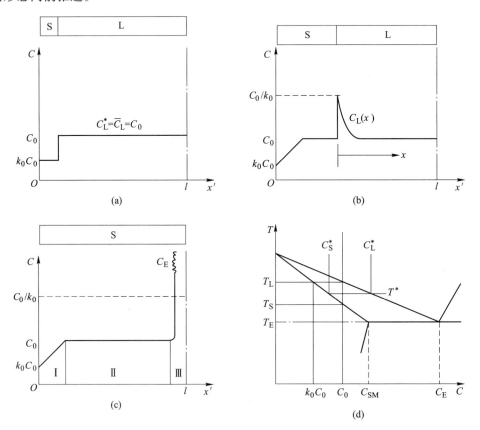

图 1-26　固相无扩散、液相只有有限扩散单向非平衡凝固过程

图 1-26（a）为水平棒左边刚开始凝固一薄层（图示凝固层放大加宽），此时固液界面的温度为合金的液相线温度 T_L，由图 1-26（d）相图和式（1-27）可知，合金液原始成分为 C_0，其刚凝固的固相成分为 $k_0 C_0$；因凝固无限薄一层，此时液相溶质浓度 C_L^*＝液相

的平均成分 $\overline{C}_\mathrm{L}$＝合金液原始成分 C_0。图 1-26（b）为凝固过程中，此时固液界面的温度 T^*，从合金的液相温度 T_L 逐步降到固相温度 T_S，即 $T_\mathrm{L}{\rightarrow}T_\mathrm{S}$；由图 1-26（d）相图可知，此时固相溶质浓度 C_S^* 从 $k_0 C_0$ 逐步上升到 C_0，即 $k_0 C_0{\rightarrow}C_0$，而液相溶质浓度 C_L^* 从 C_0 逐步上升到 C_0/k_0，即 $C_0{\rightarrow}C_0/k_0$；因为是固相无扩散，此时凝固层的成分沿斜线从 $k_0 C_0$ 逐渐上升至 C_0；固液界面液相溶质浓度 C_L^* 从 C_0 逐步上升到 C_0/k_0，达到 C_0/k_0 后凝固进入稳定状态，维持 C_0/k_0 水平，以固液界面为相对坐标零点，因为液相只有有限扩散，因此形成界面液相溶质浓度分布 $C_\mathrm{L}(x)$，其从 C_0/k_0 往前扩散形成逐步下降的函数分布，直至未受扩散影响的原始成分 C_0。图 1-26（c）为凝固结束段，当温度 $T{\leqslant}T_\mathrm{S}$ 时，由于固相无扩散，导致水平棒右边仍存在未凝固的液体，在 $T_\mathrm{E}{<}T{\leqslant}T_\mathrm{S}$ 后续凝固层的成分沿斜线从 $C_0{-}C_\mathrm{SM}$ 逐渐上升，直至单相合金凝固结束。当 $T{\leqslant}T_\mathrm{E}$ 时，由于固相无扩散，导致水平棒右边存在一些共晶成分 C_E 的液体凝结成共晶组织，此不属于单相合金的凝固。

根据界面前沿液相溶质分布变化情况，将凝固过程分为三阶段：Ⅰ最初过渡区、Ⅱ稳定状态区和Ⅲ最后过渡区。

开始凝固时，固相的溶质浓度为 $k_0 C_0$，液相浓度为 C_0，继续凝固界面前沿的液相浓度高于 C_0，由于液相只有有限扩散，液相中离界面较远处仍然保持原始成分 C_0，界面前沿出现浓度梯度。

扩散使得界面前沿的浓度发生变化，变化量为 $D_\mathrm{L}\mathrm{d}^2 C/\mathrm{d}x^2$，$D_\mathrm{L}$ 为溶质在液相中的扩散系数；凝固界面向前推进排出溶质原子，使界面前沿浓度增加，增加量为 $R\mathrm{d}C/\mathrm{d}x$，R 为界面推进速度。

界面前沿的浓度随时间改变的微分方程为：

$$\mathrm{d}C/\mathrm{d}t = D_\mathrm{L}\mathrm{d}^2 C/\mathrm{d}x^2 + R\mathrm{d}C/\mathrm{d}x \tag{1-43}$$

当界面推进所排出的溶质等于液相中溶质扩散走的量时，界面前沿的浓度不随时间改变，即 $\mathrm{d}C/\mathrm{d}t = 0$，凝固便进入平稳态。

求解 $D_\mathrm{L}\mathrm{d}^2 C/\mathrm{d}x^2 + R\mathrm{d}C/\mathrm{d}x = 0$，再根据边界条件 $C_\mathrm{L}(0,\ t)=C_0/k_0$，$C_\mathrm{L}(\infty,\ t)=C_0$ 得：

$$C_\mathrm{L}(x) = C_0\left(1 + \frac{1-k_0}{k_0}\mathrm{e}^{-\frac{R}{D_\mathrm{L}}x}\right) \tag{1-44}$$

界面前沿 x 点溶质富集程度为 $C_\mathrm{L}(x)-C_0$，即富集层内 x 点液相成分与远离富集层的液相成分的偏差，当 $x=0$ 时，$C_\mathrm{L}(x)-C_0 = C_0/k_0-C_0=C_0(1/k_0-1)$，溶质富集程度为最大，当 $x=D_\mathrm{L}/R$ 时，$C_\mathrm{L}(x)-C_0=C_0(1/k_0-1)/e$，溶质富集程度降到最大值的 $1/e$，其距离称为溶质富集层的特征距离。当凝固界面离单向凝固终端的距离接近小于 D_L/R 时，此时终端的溶质浓度已不是 C_0，而是高于 C_0，此时式（1-44）就不再适用。

由式（1-44）可知，当 C_0 一定时，R 增大，D_L 减小，k_0 减小，界面前沿溶质富集增大。

C　固相无扩散、液相有扩散并有对流时的溶质再分配

液相有扩散并有对流情况，可将界面前沿的液体分为扩散边界层和对流均匀区，如图 1-27 所示，液体有黏性，在对流流动时，受黏性和固相面摩擦的影响，在靠近固相面附近的流体将降低流速，在固相面上的液体完全不流动，假设其厚度为 δ，溶质在液相层内靠扩散传质，称为扩散边界层；扩散边界层外液相靠对流传质使成分均匀。

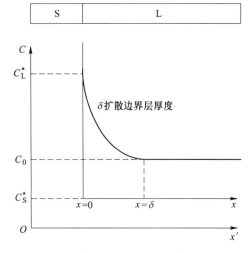

图 1-27 液相有扩散并有对流

在扩散层达到稳定时，

$$D_{L}\mathrm{d}^2C_{L}/\mathrm{d}x^2 + R\mathrm{d}C_{L}/\mathrm{d}x = 0 \tag{1-45}$$

其边界条件为：

（1）$x=0$ 时，$C_{L}=C_{L}^{*}<C_0/k_0$，这是由于扩散层外存在对流，从而使稳定态的液相最大溶质浓度 C_{L}^{*} 低于 C_0/k_0；

（2）$x=\delta$ 时，$C_{L}=C_0$（当液相容积足够大时）。

令 $\mathrm{d}C_{L}/\mathrm{d}x=Z$，$\mathrm{d}Z/\mathrm{d}x=\mathrm{d}^2C_{L}/\mathrm{d}x^2$，式（1-45）得

$$\mathrm{d}Z/Z = - R/D_{L} \cdot \mathrm{d}x \tag{1-46}$$

解此方程得：

$$C_{L} = - \frac{D_{L}}{R}K_1\mathrm{e}^{-\frac{R}{D_{L}}x} + K_2 \tag{1-47}$$

式中，K_1、K_2 为积分常数。

将边界条件代入可得：

$$K_1 = \frac{R}{D_{L}} - \frac{C_{L}^{*} - C_0}{\mathrm{e}^{-\frac{R}{D_{L}}\delta} - 1} \tag{1-48}$$

$$K_2 = C_{L}^{*} - \frac{C_0 - C_{L}^{*}}{\mathrm{e}^{-\frac{R}{D_{L}}\delta} - 1} \tag{1-49}$$

将式（1-48）和式（1-49）代入式（1-47），当 $x=0$ 时，$C_{L}=C_{L}^{*}$，可得：

$$C_{L}^{*} = \frac{C_0}{k_0 + (1 - k_0)\mathrm{e}^{-\frac{R}{D_{L}}\delta}} \tag{1-50}$$

因为 $C_{S}^{*}=k_0C_{L}^{*}$，由式（1-50）可得 C_{S}^{*}，并定义 k_{E} 为有效溶质分配系数：

$$k_{E} = \frac{C_{S}^{*}}{C_0} = \frac{k_0}{k_0 + (1 - k_0)\mathrm{e}^{-\frac{R}{D_{L}}\delta}} \tag{1-51}$$

$k_0 \leqslant k_E \leqslant 1$, $k_E = k_0$ 为最小值，发生在 $R\delta/D_L \to 0$ 时，即慢的凝固速度或大的对流，液相充分混合均匀的情况；$k_E = 1$ 为最大值，发生在 $R\delta/D_L \to \infty$ 时，即快的凝固速度或液相中没有任何对流，只有有限扩散的情况；$k_0 < k_E < 1$ 为液相有对流，但属于部分混合时的情况。

按照溶质守恒，类似固相无扩散、液相均匀混合时的溶质再分配的微分方程（式(1-36)），在凝固开始，即 $f_S = 0$ 时，$C_S^* = k_E C_0$，得到任何情况下的 Scheil 公式（修正的正常偏析方程），其结果将 Scheil 公式（式（1-42））中的 k_0 用 k_E 代替即可：

$$C_S^* = k_E C_0 (1 - f_S)^{k_E - 1}$$
$$C_L^* = C_0 f_L^{k_E - 1} \tag{1-52}$$

1.3.2 凝固界面前沿成分过冷

成分过冷是由溶质再分配导致界面前方熔体成分及其局部凝固温度发生变化而引起的过冷。

1.3.2.1 成分过冷（constitutional supercooling）

产生成分过冷的条件见图 1-28。

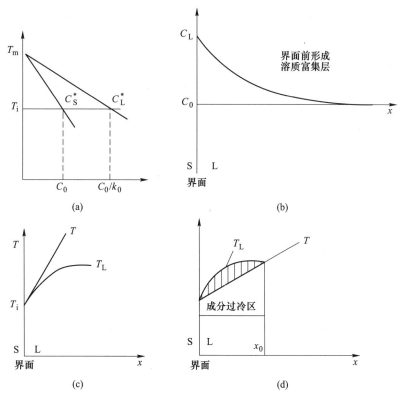

图 1-28 产生成分过冷条件

图 1-28（a）为 $k_0 < 1$ 的相图，合金液原始成分为 C_0，当液固界面温度为 T_i 时，假设液相只有有限扩散，则界面固相成分 $C_S^* = C_0$，界面液相成分 $C_L^* = C_0/k_0$；界面液相成分

C_L^* 最大，随着 x 增大，因为液相只有有限扩散，所以 C_L 逐步下降到 C_0，界面前形成溶质富集层，见图 1-28（b）；以界面温度 T_i 为起点，随着 x 增大（在一定范围内），其局部凝固温度 T_L 升高，见图 1-28（c），当界面前沿液相实际温度梯度 T 大于界面处液相线斜率 T_L 时，界面前沿不出现成分过冷；当界面前沿液相的实际温度梯度不超过液相线斜率时，则出现过冷成分，其成分过冷区的宽度为 x_0，见图 1-28（d）。

1.3.2.2 "成分过冷"的判据

设纯金属平衡熔点为 T_m，液相线斜率为 m_L，则溶质成分和其平衡熔点 T_L 的关系为：

$$T_L = T_m + m_L C_L \tag{1-53}$$

将液相有限扩散下稳定阶段界面前方液相溶质浓度分布 C_L（式（1-44））代入式（1-53）得：

$$T_L = T_m + m_L C_0 \left(1 + \frac{1 - k_0}{k_0} e^{-\frac{R}{D_L} x} \right) \tag{1-54}$$

设界面前沿液相的温度梯度为 G_L，则界面前沿各处的温度为：

$$T = T_i + G_L x \tag{1-55}$$

将界面温度 T_i 在平稳态界面处的液相浓度 C_0/k_0 代入式（1-53）得：

$$T_i = T_m + m_L \frac{C_0}{k_0} \tag{1-56}$$

将式（1-56）代入式（1-55）得：

$$T = T_m + m_L \frac{C_0}{k_0} + G_L x \tag{1-57}$$

出现成分过冷的条件是：

$$\frac{\mathrm{d}T}{\mathrm{d}x} \leqslant \frac{\mathrm{d}T_L}{\mathrm{d}x} \Big|_{x=0}$$

即
$$G_L \leqslant \frac{\mathrm{d}T_L}{\mathrm{d}x} \Big|_{x=0} \tag{1-58}$$

$$\frac{\mathrm{d}T_L}{\mathrm{d}x} \Big|_{x=0} = \frac{\mathrm{d}}{\mathrm{d}x} \left[T_m + m_L C_0 \left(1 + \frac{1 - k_0}{k_0} e^{-\frac{R}{D_L} x} \right) \right] \Big|_{x=0} \tag{1-59}$$

$$= - \frac{R m_L C_0}{D_L} \frac{1 - k_0}{k_0}$$

由式（1-58）和式（1-59）可知出现"成分过冷"的判据：

$$\frac{G_L}{R} \leqslant \frac{m_L C_0}{D_L} \frac{1 - k_0}{k_0} \tag{1-60}$$

1.3.2.3 "成分过冷"的过冷度

成分过冷存在时，由式（1-54）减去式（1-55）得，其过冷度 ΔT_C：

$$\Delta T_C = T_L - T = T_m + m_L C_0 \left(1 + \frac{1 - k_0}{k_0} e^{-\frac{R}{D_L} x} \right) - (T_i + G_L x) \tag{1-61}$$

由式（1-56）得 $T_m = T_i - m_L \dfrac{C_0}{k_0}$，将其代入式（1-61）整理得：

$$\Delta T_C = -\frac{m_L C_0 (1 - k_0)}{k_0}(1 - e^{-\frac{R}{D_L}x}) - G_L x \tag{1-62}$$

当 $x>0$，令 $\Delta T_C = 0$，可得成分过冷区的宽度 x_0：

$$x_0 = \frac{2D_L}{R} + \frac{2k_0 G_L D_L^2}{m_L C_0 (1 - k_0) R^2} \tag{1-63}$$

由式（1-62）可得有利于成分过冷的条件：

（1）液体温度梯度 G_L 小；

（2）凝固速度 R 高；

（3）液相线斜率 m_L 大（$m_L < 0$）；

（4）原始成分浓度 C_0 高；

（5）液相中溶质扩散系数 D_L 小；

（6）$k_0 < 1$ 时，k_0 值小（$k_0 > 1$ 时，k_0 值大）。

1.3.3　成分过冷对界面形貌及组织影响

成分过冷对界面形貌及组织影响见图1-29。

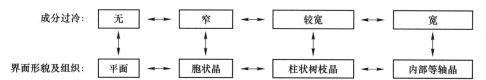

图 1-29　成分过冷对界面形貌及组织影响

成分过冷对胞状晶向树枝晶转变影响见图1-30。

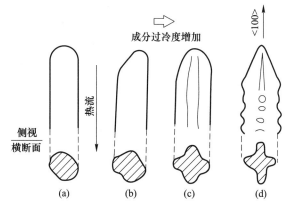

图 1-30　成分过冷对胞状晶向树枝晶转变影响示意图
（a）规则胞状晶；（b）次规则胞状晶；（c）凸缘胞状晶；（d）胞状树枝晶

图 1-31 为 Sn-0.05%Pb 合金的真实界面组织形貌，上排为凝固前沿固相形貌（凝固过程中将液体倒掉），下排为金相照片，从左到右成分过冷度增大。由图1-31可见，随着成

分过冷度增大，先在液固平界面上出现多点，然后多点连成曲线、多线围成条块、条块分化成胞晶。

　　液体温度梯度 G_L、凝固速度 R 和原始成分浓度 C_0 对界面形貌及组织影响见图 1-32，图中，从右到左，从下到上，其成分过冷度增大，其组织见图 1-33。

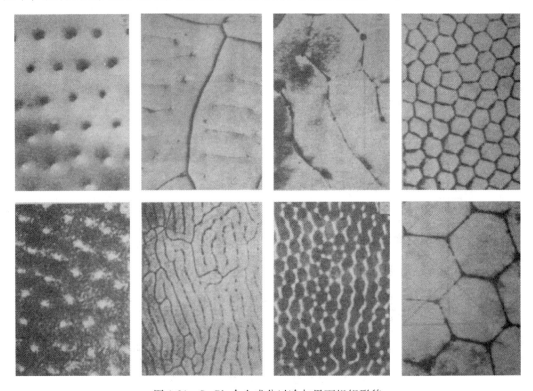

图 1-31　Sn-Pb 合金成分过冷与界面组织形貌

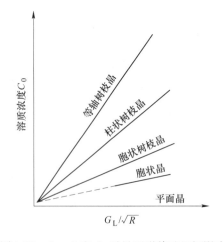

图 1-32　G_L、R 和 C_0 对界面形貌及组织影响

　　由图 1-32 中可见，随着平均凝固速度增加其从平面晶向胞状树枝晶、柱状树枝晶、树枝晶、等轴树枝晶演变。

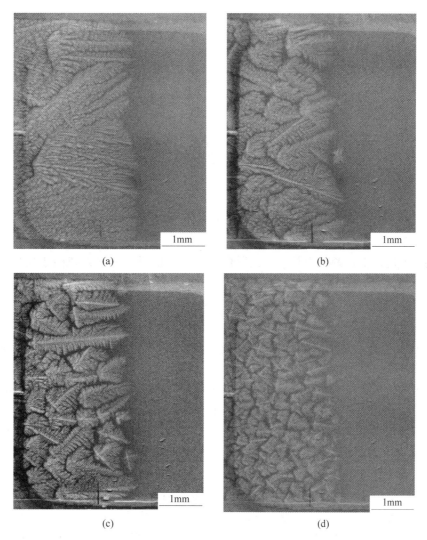

图 1-33 Al-20wt%Cu 在 $G_L = 11.1K/mm$ 不同平均凝固速度下界面和组织形貌

(a) 4.3μm/s；(b) 10.4μm/s；(c) 15.6μm/s；(d) 32.2μm/s

1.4 多相合金凝固及组织

多相合金是金属液在凝固过程中同时析出两个或两个以上新相的合金，如具有共晶、包晶或偏晶转变的合金。

1.4.1 共晶合金凝固及组织

1.4.1.1 共晶凝固（eutectic solidification）

共晶凝固的二元合金相图见图 1-34。亚共晶成分的合金，其平衡凝固先析出相为 α，过共晶成分的合金，其平衡凝固先析出相为 β，它们属于单相合金的凝固过程；共晶成分的合金，其凝固过程为 $L_E = \alpha + \beta$，属于多相合金凝固过程。

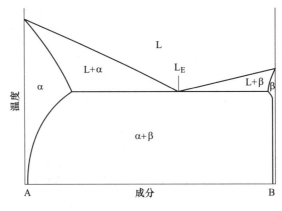

图 1-34   共晶合金相图

在共晶温度以下，两相中某一相先形核，而另一相则（一般）依附于先形核相形核，继而形成两相竞相生长长大的过程。

根据共晶两相在生长过程中表现的相互关系不同，共晶凝固方式可分为共生生长和离异生长。

（1）共生生长。凝固时，后形核相依附于先形核相表面形核，形成具有两相共同生长界面的双相核心，然后依靠溶质原子在界面前沿两相间的横向扩散，互相不断地为相邻的另一相提供生长长大所需的溶质，使两相协同生长。其特点有：两种固相能从液相中相互促进交替形核和并肩长大；虽然由液相凝固出的固相成分与液相相差很大，但液相的平均成分可以始终保持恒定。

（2）离异生长。共晶合金两相生长时，并没有共同的生长界面，而是两相分离，并以不同的生长长大速度进行凝固。

共晶凝固组织分为规则共晶组织和非规则共晶组织；一般由金属-金属形成的共晶合金，其凝固组织为规则共晶组织；一般由金属-非金属形成的共晶合金，其凝固组织为非规则共晶组织，见图 1-35；前者属于非小平面-非小平面共晶，后者属于非小平面-小平面共晶。

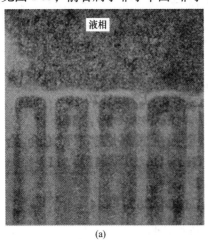

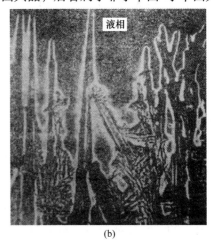

(a)   (b)

图 1-35   共晶凝固组织

（a）规则共晶组织；（b）非规则共晶组织

多数的金属-金属共晶，各方向的长大速度基本相同，因此它具有球形长大的前沿，而在共晶组织内部两相之间却是层片状的。在非定向凝固下，共晶体基本以球形长大，而球形的内部结构是由两相的层片组成，并向外散射，见图1-36，球的中心有一个核心，它是两相中的一相，起着一个共晶核心的作用。

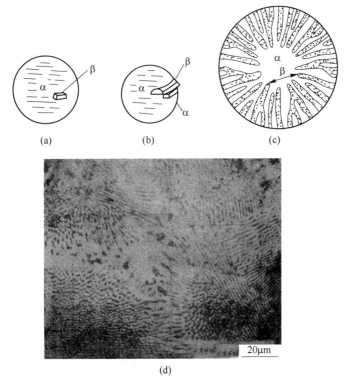

图 1-36　共晶的形核与球形长大
（a）α 形核，β 依附形核；（b）协同长大；（c）球形长大前沿；（d）Pb-Cd 共晶团

共晶中两相交替构成，并不意味着每片都要单独形核，其长大过程是通过搭桥的办法，使同类相的层片进行增殖，见图1-37。

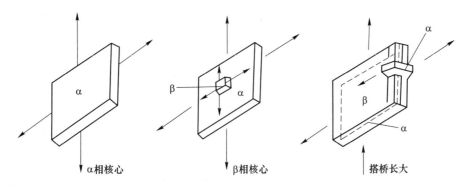

图 1-37　层片状共晶搭桥长大

在凝固速度为 $5\mu m/s$ 的条件下，体积分数与溶解熵对共晶凝固组织形貌的影响见图

1-38,非规则共晶体积分数是小平面相的体积
分数。

规则共晶（非小平面-非小平面）多由金
属-金属相或金属-金属间化合物相组成，它
们的形态分层片状或棒状，见图 1-38 中 A 区
或 B 区。规则层片状组织形貌见图 1-35（a），
共晶合金的成分决定其溶解熵，当某一相体
积分数小于某个数值时，根据最小界面能原
理，共晶将出现规则棒状，因为在相间距一
定时，棒状的相间界面积比层片状小、界面
能低。每一相的长大受另一相的影响，两相
并排地垂直于液固界面长大，液固界面近似
保持平面，其等温面基本上是平直。

非规则共晶（非小平面-小平面）多由金
属-非金属相组成，它们的组织形态虽然也可
以简化为片状和丝状两大类，但是由于其小平
面相晶体长大的各向异性（如果表面能、热传
导、最优生长方向等）很强，液固界面为特定
的晶面，共晶长大过程中，虽然也靠附近液相
中的原子横向扩散"合作地"进行长大，但其

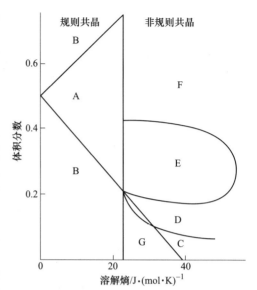

图 1-38　体积分数与溶解熵对
共晶凝固组织形貌的影响

A—规则层片状；B—规则棒状；C—破断层状；
D—不规则片状；E—复杂规则结构；
F—准规则结构；G—不规则丝状结构

液固界面的形态是非平面的，且是极不规则的，见图 1-35（b），其等温面也不平直。

图 1-38 中 C 区共晶凝固组织为破断的层状结构，见图 1-39，但在扫描电镜下观察，
小平面相并未破断，而是连续的分枝，这种分枝是为了克服非小平面相长大速度较快对小
平面相长大的堵塞作用。图 1-38 中 D 区共晶凝固组织为不规则片状，见图 1-40。图 1-38 中
E 区共晶凝固组织为复杂规则结构，见图 1-41。图 1-41 中，图（a）的 G_L 为 140℃/cm，
图（b）的 G_L 为 90℃/cm，图（c）的 G_L 为 50℃/cm；宏观上看，复杂规则结构是由很

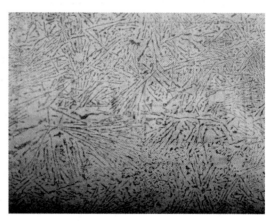

图 1-39　Ag-Pb 合金破断层状的淬火界面　　　　　图 1-40　Al-Si 合金不规则片状

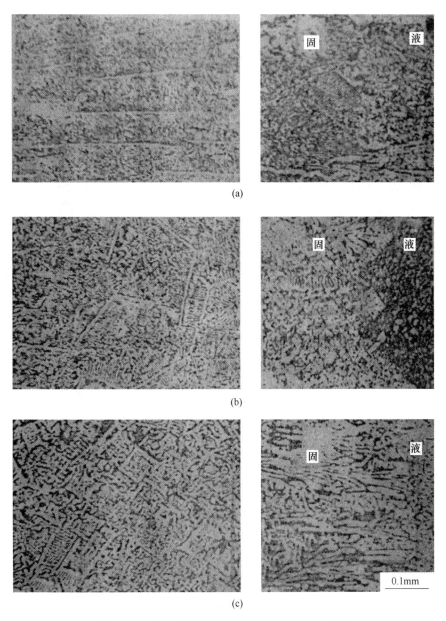

图 1-41　Pb-Bi 合金定向凝固组织（$R=4.5\mu\text{m/s}$）
（a）鱼骨状胞晶；（b）三角形胞晶；（c）立方体胞晶

多胞晶组成的，在其内部，显微结构为在一脊椎的周围规则排列着一些板条组织；随着过冷度的增加，或 $G_\text{L}/\sqrt{R}$ 减小，组织由（a）变至（c）。图 1-38 中 F 区共晶凝固组织为准规则结构，Fe-Fe$_3$C 属于此类，见图 1-42；它们是由非小平面的板片或少量的棒状组成，而基体则为小平面，只是小平面相（Fe$_3$C）不能按小平面方式，而是按非小平面方式长大；图 1-42 中白色为 Fe$_3$C，黑色为奥氏体。图 1-38 中 G 区，小平面相体积分数很小，其共晶凝固组织由体积分数较大时的层、片状结构，变薄成丝状结构。

1.4.1.2 共晶共生区

在平衡凝固条件下，共晶反应只发生在共晶成分的合金，任何偏离这一成分的合金，其凝固都不能获得100%的共晶组织。

在非平衡凝固条件下，具有共晶反应的合金，当快冷到两条液相线的延长线所包括的共晶共生区时，见图1-43，即使是非共晶成分，也可能得到100%的共晶组织，这种亚共晶或过共晶成分的合金凝固后却得到100%的共晶组织称为伪共晶组织。

共晶共生区规定了非平衡凝固条件下，共晶稳定转变的温度和成分范围。

以共晶成分为中心的对称型共生区，只发生在共晶中两相的熔点相近的金属-金属共晶系中。

对于金属-非金属共晶系中，其共生区通常是非对称型的，相图上的共晶点靠近金属组元一方，共晶共生区偏向非金属一方，这类共晶成分的合金，在快冷条件下得不到共晶组织，见图1-44。

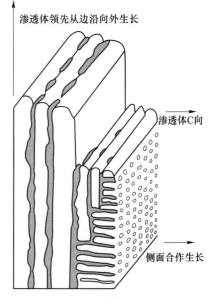

图 1-42   Fe-Fe₃C 合金准规则结构凝固组织

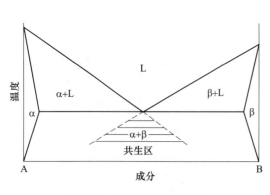

图 1-43   对称型共晶共生区

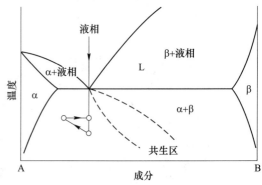

图 1-44   共晶共生区偏向非金属一方

1.4.2 包晶合金的凝固及组织

1.4.2.1 包晶凝固（peritectic solidification）

包晶凝固的二元合金相图，见图1-45；成分为 C_0 的合金液，冷到 T_1 温度时其平衡凝固出 α 相（$α_1$），$T_1 \sim T_p$ 温度凝固出 α 相（$α_1 \to α_p$），合金液变成 L_p，其属于单相合金的凝固过程；冷到 T_p 温度时发生包晶反应，即 $α_p + L_p = β_p$；在包晶反应过程中，α 相不断分解，直至完全消失，同时 β 形核长大；β 形核可以 α 相为基底，也可以液相中直接形成。

1.4.2.2 非平衡包晶凝固组织

非平衡包晶凝固过程见图1-46。

在非平衡凝固时，由于溶质在固相中的扩散不能充分进行，包晶反应之前凝固出来的

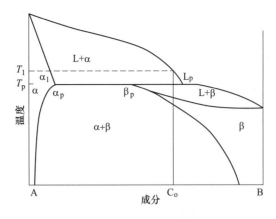

图 1-45 包晶合金相图

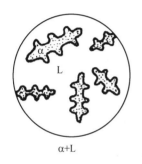

α+L　　　　　　　α+β+L　　　　　　　α+β+L

图 1-46 非平衡包晶凝固过程

α 相树枝晶心部溶质浓度低，当温度达到 T_p 时，在 α 相的表面发生包晶反应。

从形核功的角度看，β 相在 α 相表面上非均质形核要比在液相内部均质形核更有利。

α 相很快被 β 相包围，液相与 α 相脱离接触。后续只能依靠溶质元素从液相一侧穿过 β 相向 α 相一侧进行扩散才能继续下去，凝固过程受到很大抑制。

当温度低于 T_p 后，β 相继续从液相中凝固，属于单相合金的凝固过程。

Cu-Sn 相图及凝固组织见图 1-47，Sn-35wt%Cu 凝固组织，ε 相的初晶被 η 相（白色）包围，基底为共晶组织。

1.4.3 偏晶合金凝固及组织

1.4.3.1 偏晶凝固（monotectic solidification）

偏晶凝固的二元合金相图见图 1-48；偏晶成分的合金，其凝固过程为 $L_1 = α + L_2$，从 L_1 中分解出固相 α 及另一成分的液相 L_2，属于多相合金凝固过程。

液相 L_2 在 α 相四周形成，把 α 包围起来，像包晶凝固一样，但凝固的过程取决于 L_2 与 α 相的润湿程度及 L_1 和 L_2 的密度差。

如果 L_2 是阻碍 α 相长大的，则 α 相要在 L_1 中重新形核，然后 L_2 再包围它，如此进行，直到凝固终了；继续冷却时，在偏晶凝固温度和共晶凝固温度之间，L_2 将在原有的 α 相上继续沉积出 α 相，直到最后剩余的液体 L_2 凝固成（α+β）共晶。

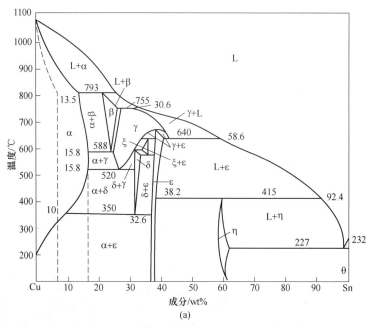

(a)

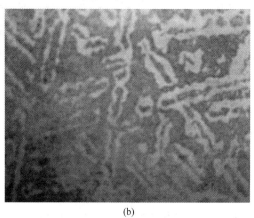

(b)

图 1-47　Cu-Sn 相图（a）及 Sn-35wt%Cu 凝固组织（b）

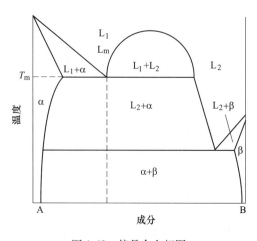

图 1-48　偏晶合金相图

如果 α 与 L_2 不润湿或 L_1 与 L_2 密度差别较大时，会发生分层现象。

1.4.3.2 偏晶凝固组织

偏晶凝固的最终组织形貌，取决于三者之间的界面张力、L_1 与 L_2 的密度差、液固界面推进速度，见图 1-49。

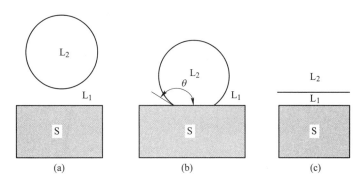

图 1-49 L_2 的形核与界面张力的关系

(a) 不润湿；(b) 部分润湿；(c) 完全润湿

A 不润湿

液相 L_2 不能在 α 固相上形核，只能孤立地在液 L_1 中形核；L_1 与 L_2 的密度差别，决定 L_2 是上浮还是下沉。

如果液相 L_2 上浮的速度大于液固界面的推进速度 R，那么它将上浮至液相 L_1 的顶部；在此况下，随温度下降，α 相沿试样垂直方向向上长大，而 L_2 将全部集中到试样的顶端，其结果是试样的下部全部为 α 相，上部全部为 β [或（α+β）共晶] 相；利用此原理可以制取 α 相的单晶，优点是不发生偏析和成分过冷，如 HgTe 单晶制备。

如果液相 L_2 上浮的速度小于液固界面的推进速度 R，那么液相 L_2 将被 α 相包围，而排出的 B 原子继续供给 L_2，从而使 L_2 在长大方向拉长，使生长进入稳定态；在低于偏晶凝固温度之后的冷却，从 L_2 液相中将析出 α 相，新生 α 相是从圆柱形 L_2 的四周附在原有的 α 相上，这样 L_2 将变细；温度继续降低，L_2 将按共晶转变。最后的组织是在 α 相的基体中分布着棒状或纤维状的 β 相晶体（共晶的 α 相可附在原有的 α 相上），见图 1-50。

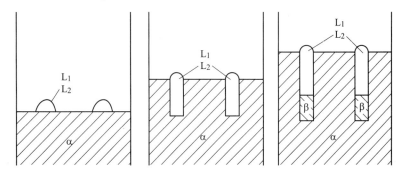

图 1-50 偏晶合金定向凝固组织（上浮速度小于界面推进速度）

Cu-Pb 相图及定向凝固组织见图 1-51，偏晶凝固：$L_1 = Cu + L_2$，L_2（Pb）的密度比 Cu

大，所以 L_2 是下沉，由于 Cu 和 L_2 完全不润湿，所以 L_2 以液滴形式沉在 Cu 表面，在界面向前推进过程中，L_2 也继续长大，最终凝固组织取决于 Cu 往前推进的速度及 L_2 液滴的长大速度；凝固速度大，L_2 液滴没有聚集成大滴就被 Cu 包围，两者并排前进而获得细小的纤维组织。反之，则获得粗大的棒状组织。

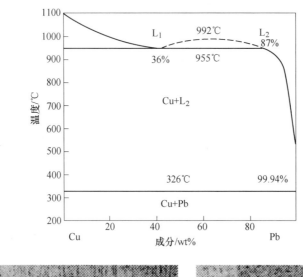

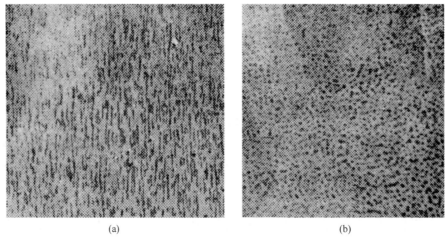

(a)   (b)

图 1-51 Cu-Pb 相图及定向凝固组织

（a）纵剖面；（b）横剖面（黑色纯铅）

B 部分润湿

α 相与 L_2 并排地长大，当达到共晶温度时，L_2 凝固成共晶组织，只是共晶组织中的 α 相与偏晶凝固产生的 α 相合并在一起，最终组织为 α 相的基底上分布着棒状或纤维的 β相。

C 完全润湿

α 相和液相 L_2 完全润湿，在 α 相上完全覆盖一层 L_2，使稳定长大成为不可能，α 相只能断续在 L_1-L_2 界面上形成，最终组织将是 α 相和β相的交替分层组织。

1.5　特殊条件下的凝固

通常条件下的凝固为在重力下，液态金属在型腔内，其降温释放的物理热和凝固潜热向四周散失，冷却凝固成固态金属。

1.5.1　定向凝固

定向凝固是指通过维持热流一维传导，使凝固界面沿逆热流方向推进，完成凝固过程。

定向凝固方法有多种，如高速定向凝固法、液态金属冷却法等方法，其原理见图 1-52 和图 1-53。

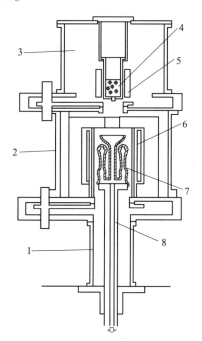

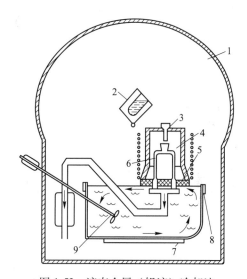

图 1-52　高速定向凝固法
1—拉模室；2—模室；3—熔室；
4—坩埚和原材料；5—水冷感应圈；
6—石墨电阻加热器；7—模壳；8—水冷底座和杆

图 1-53　液态金属（锡液）冷却法
1—真空室；2—熔炼坩埚；3—浇杯；
4—炉子的加热区；5—挡板；6—模壳；
7—锡浴加热器；8—冷热罩；9—锡浴搅拌器

高速定向凝固法有一个拉锭机构，可使模壳按一定速度向下移动；使用移动模壳（或加热器）以加强散热条件；把一个开底的精铸模壳放在水冷的铜座上，并置于石墨加热器中；加热模壳后，注入过热的合金熔液，浇注后保持几分钟，使其达到热稳定，此时开始在冷却铜座表面生成一薄层固态金属；然后，模壳以预定速度经过感应器底部的辐射挡板，从加热器中移出；为了得到最好的效果，在移动模壳时，凝固界面应保持在挡板附近。这种方法的优点如下：

（1）有较大的温度梯度，能改善柱状晶质量和补缩条件，在约 300mm 高度内可全是柱状晶；

（2）由于局部凝固时间和糊状区都变小，使显微组织致密，减小偏析；

（3）凝固速度高，R 达到 300mm/h。

当合金液浇入模壳后，按选择的速度将模壳拉出炉体，侵入金属浴，金属浴的水平面保持在凝固的液固界面附近，并使其在一定温度范围内；温度梯度 G_L 可达 200℃/cm。

液态金属作为冷却剂应满足以下要求：

（1）熔点低，热容量大，热导率高；

（2）不溶于合金中；

（3）在高真空条件下（$133.3×(10^{-4}\sim10^{-5})$ Pa），蒸气压低，可在真空条件下使用；

（4）价格便宜。

目前，普遍使用的金属浴有锡液、镓铟合金、镓铟锡合金等。镓、铟价格过于昂贵，在工业生产中难以采用，因此，至今锡液应用得较多，其熔点为 232℃，沸点为 2267℃，有理想的热学性能，只是锡对高温合金来说是有害元素，操作不善易使合金污染，严重恶化其性能。

高温合金单晶叶片制备需用定向凝固装置，见图 1-54，所制备的叶片见图 1-55。

制备高温合金单晶叶片的关键是只有一个晶粒长大，获得一个晶粒的方法有选晶法和籽晶法。

选晶法是用选晶器使较多的柱状晶在长大过程中发生"淹没"，最后只剩一个晶粒长大成整个叶片。选晶器的形状见图 1-56，常用的选晶器为螺旋状选晶器，便于制备模壳。

籽晶法是用单晶块作基底，然后在其上长大成整个叶片，籽晶法制取高温合金叶片见图 1-57。

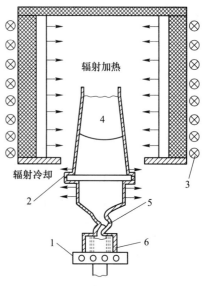

图 1-54　高温合金单晶叶片制备
1—水冷底座；2—陶瓷型；3—感应圈；
4—合金液；5—单晶选晶器；6—柱状晶起始段

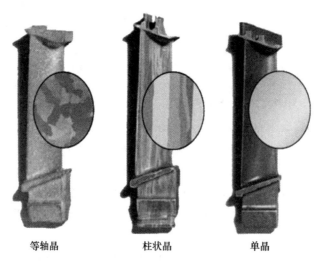

等轴晶　　　　柱状晶　　　　单晶

图 1-55　等轴晶、柱状晶和单晶叶片

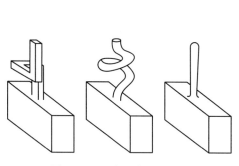

图 1-56 几种选晶器的形状

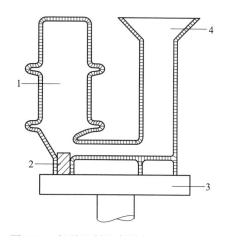

图 1-57 籽晶法制取高温合金叶片示意图
1—叶片；2—籽晶；3—水冷铜板；4—浇注系统

1.5.2 快速凝固

快速凝固是指通过对合金液进行快速冷却（$\geqslant 10^4 ℃/s$）或遏制冷却过程中的非均质形核现象，使其在很大的过冷度下发生高凝固速率（$\geqslant 1 \sim 100cm/s$），从而获得普通铸件和铸锭无法获得的成分、相结构和组织的过程。

1.5.2.1 动力学急冷

增加熔体凝固时的传热速率，提高冷却速率，使其形核时间很短、凝固速率很高，来不及在平衡熔点附近凝固，而只能在远离平衡熔点的较低温度凝固，实现这方法的技术称为动力学急冷凝固技术或熔体淬火技术。

动力学急冷凝固技术的核心是提高凝固过程中熔体的冷速，其主要特点是设法把熔体分成很小的尺寸，以增大熔体与冷却介质的接触面积。

根据熔体分离和冷却方式的不同可以分为模冷技术，雾化技术和表面熔化等技术，见图 1-58 ~ 图 1-60。

气枪法是指将合金液滴，在高压（$>50atm$，$1atm = 101325Pa$）惰性气体流（如 Ar 或 He）的突发冲击作用下，射向用高导热率材料（常用铜模）制成的急冷衬底上，由于极薄的合金液与衬底紧密相贴，因而可获得极高的冷却速度（$>10^7 ℃/s$），得到一块多孔的合金薄膜，其最薄处的厚度小于 $0.5 \sim 1.0 \mu m$，（冷却速度可达 $10^9 ℃/s$）。

普通雾化法冷却速度约 $10^2 \sim 10^3 ℃/s$，为了加快冷却，可采用冷却介质强制对流，使合金液在 Ar 或 He 等气体的喷吹下，雾化凝固为细粒，或雾化的合金在高速水流中凝固；也可将合金液喷吹到高速旋转（表面线速度可达 $100m/s$）的铜急冷盘上，在离心力作用下，合金液进一步雾化凝固成细粒向周围散开，通过装在盘四周的气体喷嘴喷吹惰性气体加速冷却，此雾化法制得的合金颗粒尺寸一般为 $10 \sim 100 \mu m$，可达到 $10^6 ℃/s$ 的冷却速度。

用激光速或电子束扫描工件表面，使工件表面极薄层的金属迅速熔化，热量由下层基底金属迅速吸收，使表面层（$<10 \mu m$）在很高的冷却速度下（$10^8 ℃/s$）自淬火式重新凝固，可在大尺寸工件表面获得快速凝固层。

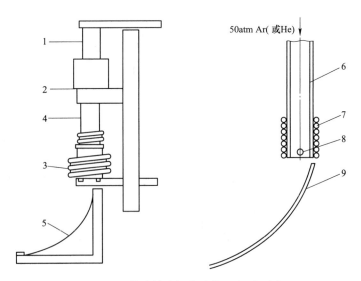

图 1-58　模冷技术气枪法装置和原理图

1—高压室；2—聚酯薄膜；3—感应线圈；4—低压室；5—铜模；6—喷射管；

7—高频（或电阻）加热器；8—合金液滴；9—急冷衬底

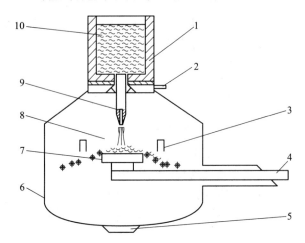

图 1-59　雾化技术喷吹离心法

1—坩埚；2—雾化气体；3—气体喷嘴（Ar、N$_2$）；4—传动机构；5—卸料口；

6—雾化室；7—离心铜盘；8—雾化液滴；9—气体喷嘴；10—合金液

1.5.2.2　大过冷凝固

大过冷凝固即提供近似均质形核的条件，以提高过冷度，从而在凝固前将熔体过冷到较低的温度，获得较大的凝固过冷度，实现快速凝固。大过冷凝固可通过使合金熔体纯净化，设法消除异质晶核的方法来实现，主要技术方法有熔滴弥散法快速凝固和经过特殊净化处理的大体积液态金属的快速凝固。

熔滴弥散法是指在细小熔滴中达到大凝固过冷

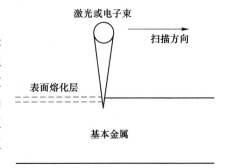

图 1-60　表面熔化技术自淬火法

度的方法，包括雾化法、乳化法、熔滴基底法和落管法。

在大体积熔体中获得大的过冷度的方法主要有玻璃体包裹法、嵌入熔体法和两相区法和电磁悬浮熔炼法。

1.5.3　半固态加工

金属半固态加工（semi-solid processing of metals）或金属半固态成形（semi-solid forming of metals），是指在金属凝固过程中，对其施以剧烈的搅拌或扰动，或改变金属的热状态，或加入晶粒细化剂，或进行快速凝固，即改变初生固相的形核和长大过程，得到一种液态金属中均匀地悬浮着一定球状初生固相的半固态浆料，使用此浆料直接进行成形加工；或先完全凝固成坯料，可按需切分坯料，将坯料重新加热到固液两相区，再进行成形加工。

目前，金属半固态加工主要分两大类：流变成形和触变成形。

（1）金属半固态流变成形。用剧烈搅拌等方法制备出预定固相分数的半固态浆料，并对半固态浆料进行保温，将该浆料直接送入成形设备中进行铸造或锻造等成形过程，这种成形工艺称为金属半固态流变成形。

按成形设备种类分类，金属半固态流变成形又可分为流变压铸（见图1-61，用压铸机成形）、流变锻造（用锻造机成形）、流变轧制（用轧机成形）、流变挤压（用挤压机成形）等。

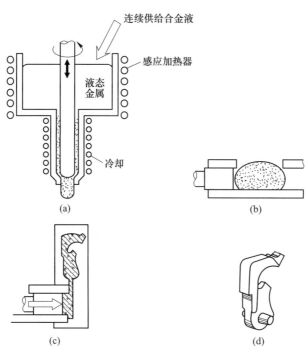

图 1-61　金属半固态流变压铸示意图

（a）连续流变器；（b）半固态浆料放入压铸机压射室；（c）压铸成形；（d）半固态压铸件

（2）金属半固态触变成形。用剧烈搅拌等方法制备出球状晶的半固态浆料，首先将其完全凝固成坯料或锭坯，可按需切分坯料，然后将坯料重新加热到固液两相区，最后将该浆料送成形设备进行铸造或锻造等成形，这种成形工艺称金属半固态触变成形。

按成形设备种类分类，金属半固态触变成形又可分为触变压铸（用压铸机成形）、触变锻造（见图1-62，用锻造机成形）、触变轧制（用轧机成形）、触变挤压（用挤压机成形）等。

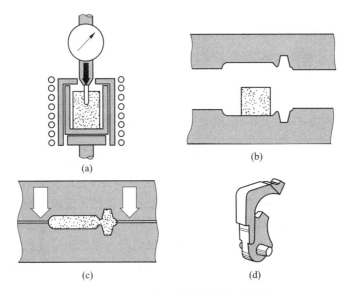

图 1-62　金属半固态触变锻造示意图
（a）半固态重新加热；（b）坯料放入锻模型腔；（c）锻压成形；（d）锻件

金属半固态浆料或坯料与传统过热的液态金属相比，其具有约一半的初生固相；与固态金属相比，其又有约一半的液相，且固相为非枝晶态。金属半固态成形加工主要优点有：

（1）方便成形。在重力下，重新加热的半固态坯料的黏度很高，方便机械搬运；在触变成形过程中，在高速剪切作用下，坯料的黏度可迅速降低，方便成形。

（2）效率高。生产效率高，如美国 Alumax 工程金属工艺公司，半固态锻造铝合金汽车制动总泵体，每小时可生产150件，而用金属型铸造，每小时只能生产24件。

（3）强度高。半固态成形时，金属不易发生喷溅，减轻了金属的氧化和裹气，提高了工件的致密性，其强度比液态金属压铸件高。

（4）性能均匀。金属半固态浆料或坯料无宏观偏析，所成形的工件也无宏观偏析，性能均匀。

（5）模具寿命长。与压铸比，金属半固态浆料或坯料的成形温度低，减轻了模具的热冲击，可提高模具的寿命。

金属半固态成形加工主要不足是成本较高。常用的电磁搅拌功率大、效率低、能耗高，所制备的金属半固态坯料的成本高，较一般制备的坯料高出约40%的费用；触变成形常用的电磁感应进行半固态重熔加热，其能耗高，且坯料表面氧化较严重，约占坯料重量5%~12%。

1.5.4　微重力凝固

前文所述的凝固过程中，重力引起的自然对流是无法消除的，为了消除重力造成的自然对流，可在微重力条件下进行研究。

1.5.4.1 微重力研究装置

空间实验室、探空火箭、飞机和落管等能提供短暂的自由落体时间段的装置，是研究微重力的重要工具。

绕地球飞行的航天器，如空间实验室是研究微重力的重要工具，图 1-63 是 Columbia STS61-C 空间实验室研究过冷现象的装置，总重量 75.5kg。

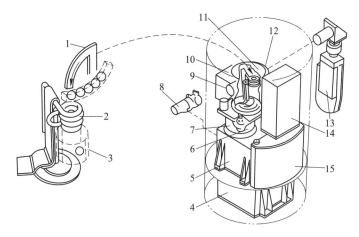

图 1-63 空间实验室研究过冷现象电磁悬浮熔炼装置

1—换料钩；2—感应线圈；3—试样笼；4—功率放大器；5—DC/AC 转换器；6—频率共振器；7—压力传感器；8—水泵；9—高温计；10—电源；11—实验区；12—照相窗口；13—照相机；14—电控箱；15—水箱

探空火箭在 9 万米以上高空，气动阻力足够小，残余重力加速度小于 $10^{-4}g$。如瑞典空间公司的火箭（MASER-14），400kg 实验有效载荷由 4 个模块组成，见图 1-64，可提供约 6min 的微重力实验时间，进入大气层后，打开降落伞，保证无机械损伤地回收，与空间实验室相比，其是一种比较经济的方法。

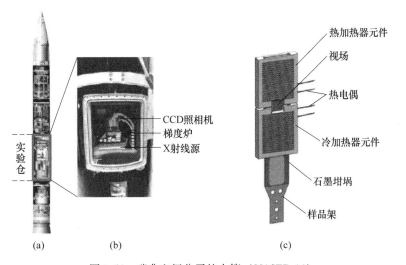

图 1-64 瑞典空间公司的火箭（MASER-14）

飞机抛物线轨迹飞行可提供 15~60s 的自由下落时间，其主要优点是研究人员能够亲自参与实验，一架次可提供多次实验，如 NASA KC-135 飞机在一次 3h 飞行，可获得 40 次实验，此方法在自由下落时间内，残余重力加速度小于 10^{-3}g。

落管可在地面上研究失重，虽然自由下落时间短，但能反复多次实验，如 NASA Marshall 空间飞行中心的落管装置，内径 25cm，高 100m，可提供 4.6s 自由下落时间，落管内抽真空到 10^{-4}Pa，可使残余重力加速度小于 10^{-6}g，见图 1-65。

1.5.4.2　马兰哥尼对流（Marangoni convection）

微重力下，自然对流减弱，到零重力下时，理应全部消除；但由于表面张力在液体界面起作用，引起一个表面张力梯度，表面张力梯度超过黏滞力，使液体流动，出现热毛细管对流。此现象由 C. Marangoni 在 1865 年发现，称为 Marangoni 对流。

马兰哥尼对流是一种与重力无关的自然对流，在具有自由表面的液体中，若沿着液体表面存在表面张力梯度，就会发生马兰哥尼对流，不需要克服激活势垒。

由温度梯度造成的温度马兰哥尼对流，很小的温度梯度就足以使其开始对流，相对容易控制使之维持稳态流动。

由浓度梯度造成的溶质马兰哥尼对流通常是不稳定的。

温度马兰哥尼对流的大小可用温度马兰哥尼数（M_{aT}）来表征：

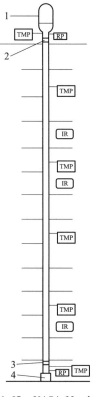

图 1-65　NASA Marshall
空间飞行中心落管
1—样品熔化装置；2，3—管子隔离阀；
4—捕获罐；TMP—涡轮分子泵；
RP—粗真空泵；IR—红外探测仪

$$M_{aT} = \frac{\overline{\alpha} l \Delta T}{\rho \eta \alpha} \tag{1-64}$$

式中，$\overline{\alpha}$ 为表面张力温度系数，即 $\frac{\partial \sigma}{\partial T}$；$l$ 为特征长度；ΔT 为温差；ρ 为密度；η 为动力黏度；α 为热扩散率。

溶质马兰哥尼对流的大小可用溶质马兰哥尼数（M_{ac}）来表征：

$$M_{ac} = \frac{\varepsilon l \Delta W_c}{\rho \eta D} \tag{1-65}$$

式中，ε 为表面张力溶质质量分数系数，即 $\frac{\partial \sigma}{\partial N_c}$；$l$ 为特征长度；ΔW_c 为溶质质量分数差；ρ 为密度；η 为动力黏度；D 为扩散系数。

1.5.4.3　微重力条件下凝固现象

实际晶体中常存在不完整性，包括成分不均匀性和结构的不完整性，不少晶体不完整性和重力有关，如应力场、位错、空洞、晶界、生长条纹及宏观不均匀等。

A 过冷与形核

为了获得大的过冷度，可创造均质形核的条件，一个重要的方法是采用无容器熔化和凝固，消除容器壁造成的异质形核。

在地面上用电磁悬浮熔化和凝固，需要有一个大的磁场强度，材料必须能导电，才能克服重力使其悬浮，但是电磁功率控制不易兼顾实现悬浮、熔化和凝固。

在微重力条件下，熔液受表面张力制约，通过电磁功率控制，能够很好地控制其悬浮熔化和悬浮凝固，实现大过冷度的快速凝固，优点是可制备大块快冷试样。

B 凝固偏析

微重力下凝固，可以排除因重力造成的溶质自然对流，减少偏析，见图 1-66。

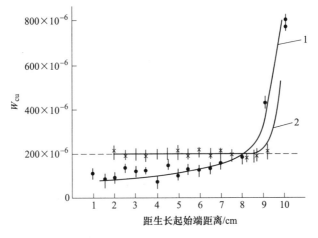

图 1-66 Al-Cu 合金定向凝固轴向 Cu 分布
1—地面条件；2—空间条件

C 凝固组织

地面生长的胞晶形状受 4 个对流环流影响，空间生长的胞晶形状规则、尺寸较大，见图 1-67。

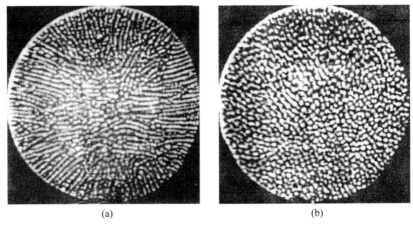

(a)   (b)

图 1-67 Pb-Tl(25mol% Tl) 合金地面生长和空间生长的胞晶
(a) 地面生长；(b) 空间生长

微重力条件下共晶合金定向凝固组织结果见表1-6，表中大部分合金系纤维间距变小（或纤维变长），而 Al-Al$_3$Ni 合金系则结果相反，纤维间距变大。

表 1-6　微重力条件下部分共晶合金定向凝固组织

序号	研究者	研究装置	合金系	结构	结果比较
1	Yue	Skylab	NaCl-NaF	纤维状	纤维较长
2	Yue	ASTP	NaCl-LiF	纤维状	纤维较长
3	Larson	ASTP	MnBi-Bi	纤维状	纤维间距较小
4	Larson	SPAR Ⅰ	MnBi-Bi	纤维状	纤维间距较小
5	Larson	SPAR Ⅳ	MnBi-Bi	纤维状	纤维间距较小
6	Larson	SPAR Ⅸ	MnBi-Bi	纤维状	纤维间距较小
7	Müller	Spacelab Ⅰ	InSb-NiSb	纤维状	纤维间距较小
8	Müller	Texus Ⅹ	InSb-NiSb	纤维状	纤维间距较小
9	Müller	S/LD-1	InSb-NiSb	纤维状	纤维间距较小
10	Hasemeyer	Skylab	Al-Al$_2$Cu	层状	缺陷密度较低
11	Favier	Texus Ⅳ，Ⅵ	Al-Al$_2$Cu	层状	无区别
12	Favier	Spacelab Ⅰ	Al-Al$_2$Cu	层状	无区别
13	Favier	Texus Ⅵ	Al-Al$_3$Ni	纤维状	纤维间距较大
14	Favier	Spacelab Ⅰ	Al-Al$_3$Ni	纤维状	纤维间距较大

1.6　金属凝固加工过程质量控制

金属凝固加工过程质量控制主要是消除或减少孔眼，裂纹，表面缺陷，形状、尺寸和重量不合格，成分、组织和性能不合格等五类铸件缺陷。

1.6.1　偏析

铸件成分的不均匀性称为偏析，可分为微观偏析和宏观偏析。微观偏析是微小范围内成分不均匀，包括枝晶偏析、胞状偏析和晶界偏析。宏观偏析是铸件各部位间成分有差异，包括正常偏析、反常偏析、带状偏析和比重偏析四种。

1.6.1.1　微观偏析（microsegregation）

A　枝晶偏析

枝晶偏析是合金以枝晶方式凝固，枝晶干的中心和外部成分不均匀。$k_0 < 1$ 的合金，枝晶干的中心最先凝固，其溶质含量最低，而外部后凝固层溶质含量逐次增多，影响因素如下：

（1）相图形状。垂直、水平距离大，偏析严重；垂直比水平影响更大，因凝固温度低扩散慢。

（2）原子扩散。扩散能力差，偏析严重，如 P 比 Si 扩散能力差，更易偏析。

（3）凝固冷速。冷速越大，过冷越大，开始凝固温度越低，扩散能力越小；但快速凝固，冷速很大，液相中的扩散也受到抑制，发生无扩散凝固，偏析反而减小。

（4）合金元素。合金元素相互影响偏析，如 C 促 S、P 偏析。

B　胞状偏析

胞状偏析是胞内和胞界成分不均匀，属于亚晶界偏析。消除或减小枝晶偏析和胞状偏析的措施如下：

（1）扩散退火（或均匀化退火）。将铸件加热到低于固相线温度 100~200℃，并长时间保温，使偏析元素进行充分扩散，达到成分均匀。

（2）后续热加工。如热轧或热锻改善偏析。

C　晶界偏析

晶界偏析是晶粒内部成分基本均匀，随凝固推进，因溶质富集，晶界处成分明显不均匀，见图 1-68。

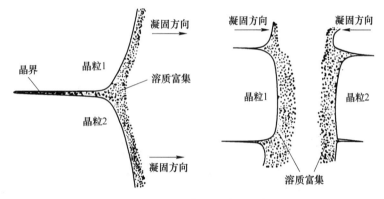

图 1-68　溶质富集晶界偏析示意图

晶界偏析对合金的性能危害很大，可使合金的高温性能降低，铸件在凝固中易产生热裂。

晶界偏析采用扩散退火很难消除，只有采用细化晶粒和减少合金中氧化物、硫化物以及某些碳化物等措施进行预防和消除。

1.6.1.2　宏观偏析（macrosegregation）

A　正常偏析

对于 $k_0<1$ 的情况，铸件先凝固区域的溶质浓度低于后凝固区域，即溶质的分布从先凝固区（外部）到（后凝区）中心逐渐增多，见图 1-69。

宏观偏析与铸件的凝固特点密切相关，如厚壁铸钢件断面 C、P、S 分布，见图 1-70。

图 1-70 中 1 区为细等轴晶区，基本来不及溶质再分配，平均溶质为平均成分；2 区为柱状晶区，先凝固部分溶质浓度低于后凝固部分；4 区为中部粗等轴晶区，接近凝固末期，溶质浓度偏高；3 区在柱状晶区与粗等轴晶区之间，为溶质富集区，溶质浓度较高的液体被阻滞在此区间。

正常偏析产生条件是冷速较慢，低熔点组元充分向内部聚集。易导致铸件性能不均匀，但可采用此方法对金属提纯。防止方法：扩散退火无效，提高冷速有效，如降低浇注温度、加速铸件凝固。

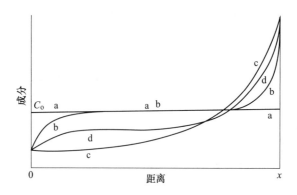

图 1-69　$k_0<1$ 原始成分 C_0 合金单向凝固后的溶质分布

a—平衡凝固；b—固相无扩散液相只有扩散；c—固相无扩散液相均匀混合；d—固相无扩散液相有扩散并有对流

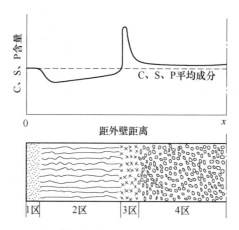

图 1-70　厚壁铸钢件断面 C、P、S 分布与凝固特点

1 区—细等轴晶区；2 区—柱状晶区；3 区—溶质富集区；4 区—粗等轴晶区

B　反常偏析

成分分别的情况与正常偏析的正好相反，对于 $k_0<1$ 的合金，铸件先凝固的外层的溶质浓度高于后凝固的内部。

引起反常偏析的原因：当存在铸件外层枝晶间隙和内部低熔点液体时，在液态金属静压力和析出气体压力的作用下，通过枝晶收缩产生的空隙渗出到外层，使外层含有较多低熔点溶质浓度。

发生反常偏析的条件：易发生于凝固温度区间宽、凝固收缩大、冷却缓慢、枝晶粗大、液态金属中含气量较高等条件下。

C　带状偏析

带状偏析是指垂直于凝固等温面推移方向的偏析带，包括两种：

（1）单向凝固带状偏析。合金单向凝固时，液固界面以平面向前推进时，由于凝固速度的波动，在铸件中产生带状偏析。

（2）枝晶凝固带状偏析。合金枝晶凝固时，存在液固两相区，液体可沿枝晶间流动，当凝固等温线移动速度发生变化时，导致铸件局部区域溶质平均成分变化，从而产生带状偏析。

D　比重偏析

比重偏析是指凝固出来的固相与液相的密度（比重）差别较大，凝固出来的固相就会上浮或下沉，而先凝固的固相溶质低（$k_0<1$），造成铸件上、下部成分的差异。

大型镇静钢锭纵断面偏析分布见图 1-71。

A 型偏析由柱状晶区的枝晶间区域流动通道凝固产生，其硫磷含量高；V 型偏析由等轴晶区晶体下沉产生，其硫磷含量高；负偏析锥由"结晶雨"堆积成锥形产生，其硫磷含量低；热顶偏析由两相区溶质富集的液相发生上浮造成，只有两相区液相密度小于液相区时才形成。

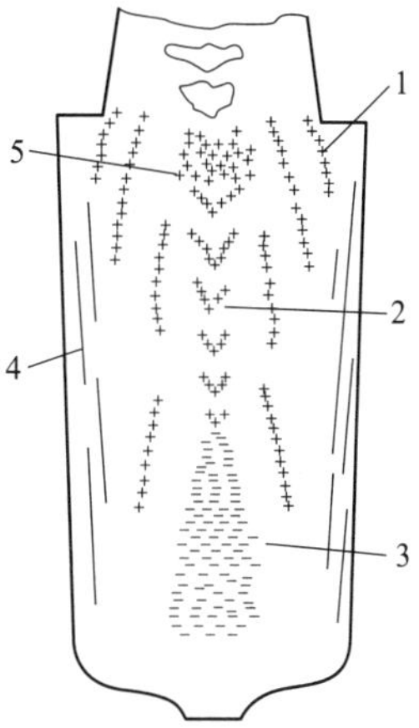

减轻宏观偏析的关键是减少液相流动，具体方法如下：

（1）加大冷却速度，缩短两相区凝固时间，减小液相流动总量；

（2）细化晶粒和枝晶间距，或者先造成枝晶骨架，增大液相流动阻力；

（3）保证液相原始成分均匀，使液相内的成分差别减小，从而减小液体流动参数；

（4）垂直凝固界面（铸锭）的高度不宜过大，以避免过高的流体静压力，从而减少液体流动速度。

图 1-71　大型镇静钢锭纵断面偏析分布示意图

+ —正偏析（硫磷比平均成分高）；
－ —正偏析；1—A 型偏析；
2—V 型偏析；3—负偏析锥；
4—带状偏析；5—热顶偏析

1.6.2　气孔

气孔是铸件中因气体分子聚集而产生的孔洞。

根据气体来源不同，气孔可分为析出性气孔、侵入性气孔、反应性气孔。

气孔或气体对铸件质量的影响有：

（1）气孔不仅减小铸件的有效承载面积，而且会引起应力集中，成为断裂的裂纹源，使力学性能降低，造成铸件报废；

（2）对承受液压和气压的铸件，气孔明显降低其气密性；

（3）若气体以溶解状态存在，虽危害较小，但也会降低铸件的韧性；

（4）合金中含有气体影响铸造性能，凝固时反压力增大，阻碍合金液的补缩，造成晶间疏松，降低合金的流动性，使铸件产生缺陷。

1.6.2.1　析出性气孔

析出性气孔是液态金属在凝固过程中，因气体溶解度下降析出气体、形成气泡未能排除而形成的气孔，其特征如下：

（1）大面积均匀分布在整个断面或某一局部区域；

（2）团球状、裂纹多角形状、断续裂纹状或混合型；

（3）H_2 或 N_2。

消除或减少析出性气孔的措施有：

（1）减少金属液原始含气量。具体措施为：1）减少各种气体来源；2）控制熔炼温度；3）采用真空熔炼。

（2）对金属液除气处理。具体措施为：1）浮游去气；2）真空去气；3）氧化去气；4）冷凝除气。

（3）阻止气体析出。具体措施为：1）提高铸件冷却速度；2）提高金属凝固时的外压。

1.6.2.2 侵入性气孔

侵入性气孔是铸型和型芯在液态金属高温作用下产生的气体，侵入金属内部所形成的气孔，其特征如下：

（1）数量较少、体积较大、孔壁光滑；

（2）梨形（梨尖指向侵入方向）、椭圆或圆形；

（3）H_2O、CO、CO_2、H_2、N_2 或碳氢化合物气体；

（4）常出现在铸件表层或近表层。

1.6.2.3 反应性气孔

反应性气孔是液态金属内部或与型芯之间发生化学反应而产生的气孔，其特征如下：

（1）液态金属与型芯之间的反应性气孔常分布在铸件表皮下 1~3mm 处（皮下气孔）；

（2）球状或梨状；

（3）H_2、CO 或 N_2。

1.6.3 夹杂

夹杂是指铸件中化学成分、物理性能不同于基体金属的组成物。

按夹杂的组成可分为单一化合物和复杂化合物等，包括：

（1）简单氧化物，如 FeO、CuO、MnO 等；

（2）复杂氧化物，$AO \cdot B_2O_3$；

（3）硅酸盐，$lFeO \cdot mMnO \cdot nAl_2O_3 \cdot pSiO_2$；

（4）硫化物，如 FeS、MnS 等；

（5）氮化物，如 VN、TiN、AlN 等。

按夹杂的来源可分为内在夹杂物和外来夹杂物，包括：

（1）浇注前形成的夹杂。这类夹杂主要来源于熔炼和炉前处理时，脱氧、脱硫产物、金属液与炉衬作用的产物；大尺寸夹杂物上浮到熔体表面，通过多次扒渣可除去；许多小尺寸夹杂物残留在金属熔体中，随液流倒入铸型，最后残留在凝固后的铸件中。

（2）浇注时形成的夹杂。这类夹杂主要为浇注和充型过程中，金属液氧化形成氧化物。

（3）凝固时形成的夹杂。这类夹杂主要为溶质再分配使金属液凝固时析出夹杂。

夹杂对铸件质量的影响如下：

（1）在力学性能上，冲击韧性下降；疲劳极限降低。

（2）在铸造性能上，显著降低金属液流动性；晶界上低熔点夹杂是产生热裂纹的主要原因之一；易产生微观缩孔和气缩孔。

（3）某些情况，对铸件质量有良好作用，如提高材料硬度、增加耐磨性（钢中氧化物、碳化物）；改善切削性能（钢中微量硫化物）；细化铸件宏观组织（某些难溶非金属夹杂物）。

排除或减少夹杂的方法如下：

（1）正确选择合金成分，控制易氧化元素含量；

（2）加溶剂；

（3）采用复合脱氧剂；

（4）在真空或保护气氛下熔炼和浇注；

（5）尽可能保证充型平稳；

（6）加过滤网；

（7）减少铸型的氧化气氛。

1.6.4　缩孔、缩松

缩孔是指铸件在凝固过程中，当液态收缩和凝固收缩大于固态收缩，在其最后凝固的部位出现的孔洞；集中缩孔是容积大而集中的孔洞，简称缩孔；分散缩孔是容积小而分散的孔洞，简称缩松，见图1-72。

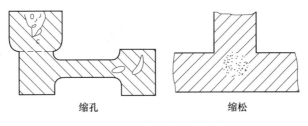

缩孔　　　　　　　　缩松

图 1-72　缩孔、缩松示意图

缩孔形成过程见图1-73。

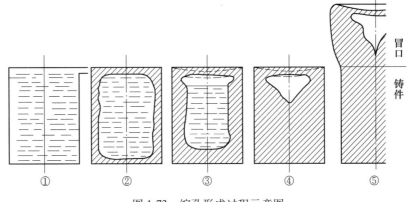

①　　　　②　　　　③　　　　④　　　　⑤

图 1-73　缩孔形成过程示意图

图1-73中缩孔形成过程为：

①　浇注初期，液态金属发生液态收缩，但铸型型腔内总是充满着金属液。

②　铸件表面凝固一层硬壳，内浇口被冻结。

③　硬壳内的液态金属发生液态收缩和凝固收缩，使液面下降；硬壳也发生收缩使铸

件外表尺寸减小，当金属的液态收缩和凝固收缩大于硬壳的固态收缩，硬壳内液面与硬壳顶端脱离，产生孔洞。

④ 凝固和收缩不断进行，最终在铸件上部形成倒锥形缩孔。

⑤ 在铸件上设置冒口，使冒口的内部形成缩孔和顶端缩凹，将冒口切除后，获得无缩孔的铸件。

产生缩孔的条件是铸件由表及里地逐层凝固，并且收缩得不到补缩，影响缩孔容积的因素有：

（1）金属的液态收缩系数越大，凝固收缩率越大，固态收缩系数越小，其缩孔容积越大；

（2）浇注温度越高，浇注速度越快，缩孔容积越大；

（3）铸型的激冷能力越小，缩孔容积越大。

缩松形成过程见图1-74。

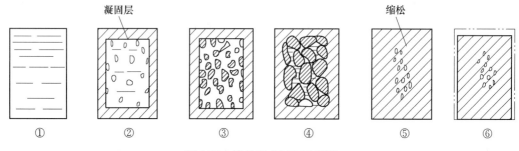

图 1-74　缩松形成过程示意图

缩松形成的基本条件是金属的凝固温度范围较宽，趋于糊状凝固；或铸件断面温度梯度很小，凝固区域很宽，金属液几乎同时凝固。

图 1-74 中缩松形成过程为：

① 浇注初期，液态金属发生液态收缩，但铸型型腔内总是充满着金属液。

② 铸件表面凝固一层硬壳，内浇口被冻结。

③ 硬壳内的液态金属发生液态收缩和凝固收缩，硬壳也发生收缩，导致铸件外表尺寸减小，当金属的液态收缩和凝固收缩大于硬壳的固态收缩，硬壳内糊状凝固产生分散孔洞。

④，⑤ 凝固和收缩不断进行，最终在铸件内部形成分散缩孔，即缩松。

⑥ 无法通过设置冒口，消除铸件内部的缩松。

金属成分与缩孔、缩松的关系见图1-75。

由图 1-75 中可见，凝固温度范围很窄（或断面温度梯度很大），逐层凝固的合金倾向于产生集中缩孔；反之，凝固温度范围很宽（或断面温度梯度很小），糊状凝固的合金倾向产生缩松。

显微缩松产生于晶间和分枝之间，只有显微镜

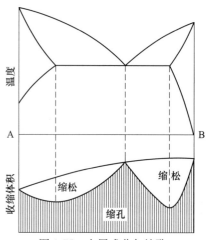

图 1-75　金属成分与缩孔、缩松的关系

下才能观察到，在各种合金铸件中或多或少都存在，一般不作为铸造的缺陷。

缩孔、缩松的危害有：

（1）影响铸件的力学性能、气密性能和耐腐蚀性能；

（2）钢材中残留的缩孔和缩松还能引起锻造时的裂纹；

（3）缩孔和缩松是铸件中的一种重要缺陷。

练习与思考题

1. 如图 1-76 所示，简述凝固温度很窄的金属停止流动方式。

2. 如图 1-77 所示，简述凝固温度范围很宽的金属停止流动方式。

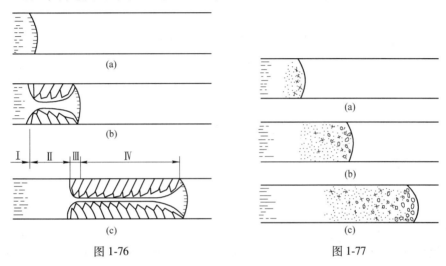

图 1-76   图 1-77

3. 影响充型能力的因素主要有哪些？

4. 影响异质形核的因素有哪些？举例说明材料加工中促进异质形核的工艺。

5. 试推导平衡凝固时溶质再分配杠杆规则公式：

$$\begin{cases} C_S^* = \dfrac{k_0 C_0}{1 - (1 - k_0)f_S} \\[2mm] C_L^* = \dfrac{C_0}{1 - (1 - k_0)f_S} \end{cases}$$

6. 哪些条件有利于增大成分过冷度值？

7. 什么是伪共晶组织，哪些条件下才能获得此组织？

8. 高温合金单晶叶片通常用在什么装置制备？如何获得一个晶粒使其长成单晶？

9. 什么是动力学急冷凝固技术，其核心是什么？

10. 金属半固态加工主要分哪两大类？简述其加工过程。

11. 在零重力下，液体的对流是否消除，为什么？

12. 简述消除或减小枝晶偏析的措施。

13. 什么是析出性气孔？简述消除或减少析出性气孔的措施。

14. 简述排除或减少铸件中夹杂的方法。

15. 什么是缩孔？简述其形成的过程、原因和条件。

16. 什么是缩松？简述其形成的过程、原因和条件。

2 焊接成形冶金基础

将工件通过加热、加压或二者并用，使工件的材质达到原子间结合而形成永久性连接的工艺过程称为焊接。近百年来，随着科学技术的发展，各种焊接方法不断出现。按照焊接过程金属所处的状态和工艺特点，可以把焊接方法分为熔化焊、固相焊和钎焊三大类。熔化焊是指母材和填充材料熔化、融合实现材料冶金连接的一类方法，也是最基本、应用最为普遍的焊接方法。

熔化焊接头的形成，一般都要经历加热、熔化、冶金反应（焊接化学冶金）、凝固结晶和固态相变（焊接物理冶金），直至形成焊接接头。焊接过程中焊接化学冶金和焊接物理冶金决定了焊接接头的组织结构及完整性，是获得具有良好性能焊接结构的理论基础。

2.1 焊接温度场与焊接热循环

2.1.1 焊接温度场

2.1.1.1 焊接温度场的概念与分类

熔化焊是指焊接过程中，采用高温热源将待焊区域加热至熔化状态并相互混合，而后冷却凝固使彼此分离的工件形成连接的一类焊接方法。很显然，在熔化焊的过程中，由于焊件快速-加热快速冷却和局部受热的特征，导致焊件的温度分布呈现出时间和空间上的不均匀分布（图 2-1），进而对焊接化学冶金和焊接物理冶金过程产生非常重要的影响。

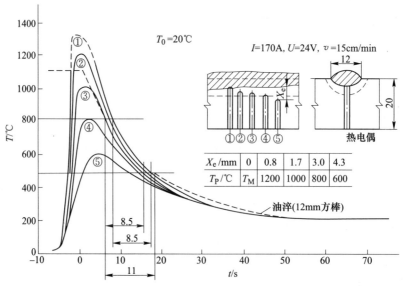

图 2-1　低碳钢焊接过程中温度在空间和时间上的不均匀分布

为了便于对焊接过程工件的热分布进行分析，学者们提出了焊接温度场的概念，即焊接工件内各个点随时间变化的温度的集合，其数学表达式为：

$$T = f(x, \quad y, \quad z, \quad t) \tag{2-1}$$

式中，T 为焊接工件上某点在某一瞬时的温度；x、y、z 为焊件上某点的空间坐标；t 为时间。

根据焊件上各点温度与时间的关系，焊接温度场分为稳态温度场、非稳态温度场和准稳态温度场。如仅将热源作用于工件某一点而不发生移动，工件上各点的温度不随时间变化，温度分布仅与焊件各点的位置有关，即 $T = f(x, \quad y, \quad z)$，称为稳态温度场；在焊接起始和焊接结束时，焊件上各点的温度随着时间发生变化，称为非稳态温度场，如前文所述；在稳定焊接过程中，焊件上各点温度虽然随时间而变化，但相对热源中心固定位置某点上的温度不随时间变化，即处于热源中心的观察者感觉不到周围温度的变化，称为准稳态温度场，见图 2-2。

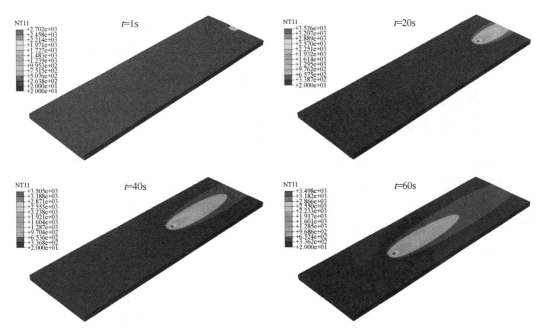

图 2-2　40Cr 钢不同焊接时刻温度场

2.1.1.2　焊接温度场的影响因素

焊接温度场的影响因素众多，主要包括以下几个方面。

A　焊接热源的性质

熔化焊的热源种类很多，如电弧、激光、电子束、氧-乙炔焰等，不同的热源种类的热量分布状态存在极大差异，进而影响到焊接温度场。如电子束焊和激光焊时，热能极其集中且热源中心能够达到的温度极高，所以温度场范围小而温度梯度大；气焊时，由于热源作用的面积较大，而热源中心能够达到的最高温度较低，因此表现出温度场范围大而温度梯度小的特征（表 2-1）。

表 2-1   各种热源的主要特性

热　源	最小加热面积/cm^2	最大功率密度/$W \cdot cm^{-2}$	温度/K
氧-乙炔焰	10^{-2}	2×10^3	3.5×10^3
金属极电弧	10^{-3}	10^4	6×10^3
钨极氩弧焊	10^{-3}	1.5×10^4	8×10^3
埋弧自动焊	10^{-3}	2×10^4	6.4×10^3
电渣焊	10^{-2}	10^4	2.3×10^3
熔化极氩弧焊（MIG）、CO_2 气体保护焊	10^{-4}	$10^4 \sim 10^5$	9×10^3
等离子弧焊	10^{-5}	1.5×10^5	$(1.8 \sim 2.4) \times 10^4$
电子束焊	10^{-7}	$10^7 \sim 10^9$	$(1.9 \sim 2.5) \times 10^4$
激光焊	10^{-8}	$10^7 \sim 10^9$	—

    图 2-3 为相同厚度低碳钢激光焊和 CO_2 电弧焊的温度场对比。在图中可以明显看出激光焊的峰值温度高、加热区域小、温度梯度大，而 CO_2 电弧焊的峰值温度低、加热区域大、温度梯度小。值得说明的是，虽然 CO_2 电弧焊的热输入远高于激光焊，但是激光焊实现了全焊透，而 CO_2 电弧焊尚未实现。因此，采用高能量集中热源，如激光焊、电子束焊、等离子弧焊等焊接方法可以显著提高焊缝熔深，在实现良好焊接的前提下降低焊接热输入。

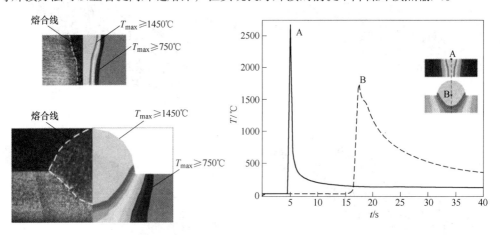

图 2-3   激光焊与 CO_2 电弧焊温度场对比

B　焊接热输入

    当焊接热源确定之后，不同的焊接热输入将导致温度场的分布出现较大差异。焊接热输入可采用焊接线能量 E 进行量化表征，即单位长度焊缝上输入的热量。

$$E = \eta P / v \tag{2-2}$$

式中，η 为加热过程中的有效系数，取决于焊接热源和环境因素；P 为焊接功率；v 为焊接速度。

    以低碳钢电弧焊为例，当 P 为常数时，随着焊接速度 v 的增加，等温线范围变小，即温度场的宽度和长度都变小，但宽度的减小更为明显，因此温度场的形状变得"细长"，见图 2-4（a）；当焊接速度 v 为常数时，随着焊接功率 P 的增加，温度场的范围随之增大，见图 2-4（b）；当焊接热输入 P/v 为定值时，随着焊接功率 P 和焊接速度 v 等比增加，会使等温线有所拉长，从而使温度场范围随之拉长，见图 2-4（c）。

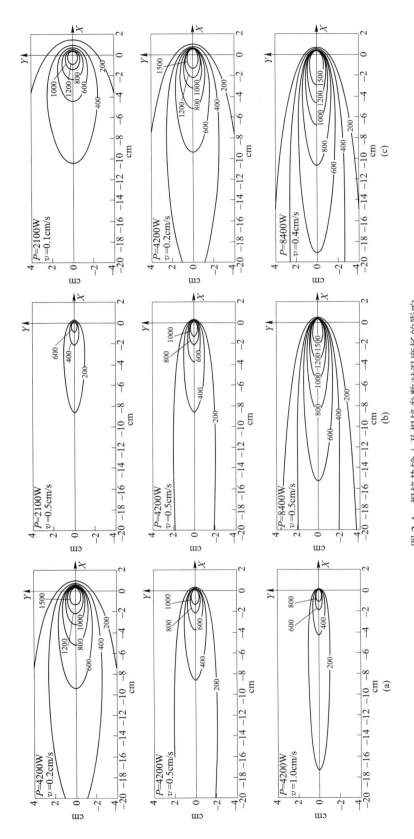

图 2-4　焊接热输入及焊接参数对温度场的影响

(a) P 为常数，v 的影响；(b) v 为常数，P 的影响；(c) P/v 为常数，P 和 v 同时变化对温度场分布的影响

C　被焊金属的热物理性质

被焊金属的热物理性质不同，必将会影响焊接温度场的分布。对焊接温度场影响较大的热物理性质包括如下几种：

（1）热导率 λ，表示金属导热的能力，指在单位时间内，沿温度梯度方向单位距离相差 1℃ 时经过单位面积所传递的热能。

（2）比热容 c，指单位质量物质每升高 1℃ 所需的热量。

（3）容积比热容 ρc_p，指单位体积物质升高 1℃ 所需的热量。

（4）热焓 H，指单位物质所具有的全部热能，与温度有关。

（5）表面散热系数 α_c，指散热体表面与周围介质每相差 1℃ 时，在单位时间内单位面积所散失的热量。

在上述各热物理性质中，热导率和容积比热容对焊接温度场的影响最为明显（表 2-2）。其中，热导率表征了材料导热的能力，其值越大，说明热源中心区域热量会以更快速度向周围区域传导；容积比热容表征材料储存热的能力，其值越大，说明材料储存热的能力越强。

表 2-2　常见金属材料的热物理性能

热物理常数	单位	低碳钢、低合金钢	不锈钢	铝	纯铜
λ	W/(cm·℃)	0.378~0.504	0.168~0.336	2.65	3.78
c	J/(g·℃)	0.625~0.756	0.42~0.50	1.0	1.32
ρc_p	J/(cm³·℃)	4.83~5.46	3.36~4.2	2.63	3.99
$\alpha=\lambda/\rho c$	cm²/s	0.07~0.10	0.05~0.07	1.00	0.95
α_c	J/(cm³·s·℃)	(0.63~37.8)×10⁻³(0~1500℃时)	—	—	—

D　焊件的形状及尺寸

焊件的几何形状、板厚、所处的状态（例如环境温度、预热和后热等）对传热过程有着较大的影响，进而可影响到温度场的分布。

以板厚的影响为例，厚度大的焊件沿长度、宽度和厚度三个方向进行固相传热，传热速度快，厚度小的焊接仅沿长度和宽度两个方向进行固相传热，传热速度慢。因此，在相同的焊接热输入条件下，厚板的温度场平面分布范围较小，薄板的温度场分布范围较大（图 2-5）。

2.1.2　焊接热循环

如 2.1.1.1 节所述，焊接温度场是指焊接工件内各个点随时间变化的温度的集合。当仅关注工件内的某一点时，其在焊接热源的作用下温度随时间的变化称为焊接热循环，即 $T=f(t)$。

在焊接过程中，对于工件内的某一点，随着热源的接近温度迅速上升达到最大值，热源远离后，温度逐渐下降，最后恢复到与周围介质相同的温度。值得注意的是，工件上不同点在焊接过程中经历的焊接热循环存在较大差异，见图 2-6，距离热源越近的点，加热速度越快，峰值温度越高，冷却速度越快。

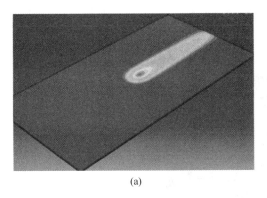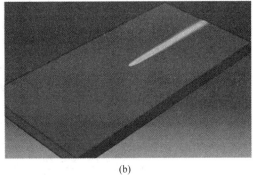

(a)   (b)

图 2-5　TC4 合金激光焊温度场分布

（a）1mm 板厚；（b）10mm 板厚

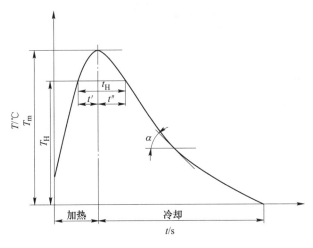

图 2-6　焊接热循环参数

T_H—相变温度

焊接热循环可以看作一种快速加热、快速冷却的热处理过程，根据焊接热循环对焊接接头组织性能的影响，通常采用以下特征参数进行描述：

（1）加热速度 ω_H。焊接条件下的加热速度比热处理条件下快得多。在热处理条件下，ω_H 往往为几至十几摄氏度每分钟，而在焊接条件下，ω_H 可达数百乃至上千摄氏度每秒。极快的加热速度带来不同一般的相变规律，如钢随着加热速度的提高，相变温度随之提高，同时奥氏体均匀化和碳化物的溶解过程也随加热速度的提高而不充分，因此必将影响到热影响区在冷却后的组织与性能。

加热速度受到若干因素的影响，如焊接方法、焊接热输入、板厚及几何尺寸，以及被焊金属的热物理性质等。

（2）峰值温度 T_m。由图 2-1 可知，焊接接头中与焊接热源距离不同的点，峰值温度有所不同。根据工件在焊接热循环过程中能够达到的峰值温度，可以将焊接接头分为焊缝、熔合区和热影响区三个区域，见图 2-7。其中，焊缝是指在焊接热循环过程中达到了完全熔化后凝固所形成的特征区（$T_m > T_L$）；热影响区是指在焊接热循环作用下，焊缝两侧处于固态的母材发生明显的组织和性能变化的区域（$T_S > T_m > T_{组织性能变化}$）；此外，在焊缝和热影响区之间通常存在一个熔合区，在焊接过程中处于固相和液相之间（$T_L > T_m > T_S$），最终形成组织性能既不等同于焊缝，也不等同于热影响区的特征区。

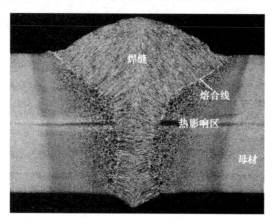

图 2-7   低碳钢高频电协同电弧焊接头形貌

     峰值温度 T_m 是影响焊接冶金过程主要因素之一。如峰值温度越高，焊接接头金属与周围物质（如保护气氛、焊剂等）的作用越剧烈；此外，在焊接低碳钢时，焊缝附近处于 1100℃以上的点（熔合区、过热区），由于高温使金属晶粒发生严重长大，焊后产生明显的粗晶脆化现象。

    （3）高温停留时间 t_H。高温的停留时间指相变温度 T_H 以上的停留时间，包括加热过程停留时间 t' 和冷却过程停留时间 t''。

     在钢的焊接过程中，高温停留时间越长，越有利于奥氏体均匀化和碳化物的溶解，增加奥氏体的稳定性。但是，当温度过高时（>1100℃），即使高温停留时间短，也会产生严重的晶粒长大现象。

    （4）冷却速度 ω_C。与热处理相类似，冷却速度是影响焊接金属（尤其是热影响区）组织性能最重要的参数之一。值得说明的是，在焊接热循环的过程中，不同时刻的冷却速度差异较大——初始时刻冷却速度较快，而后冷却速度逐渐降低。

     近年来，为了便于比较和测量，常以某一温度范围内的冷却时间代替冷却速度讨论热影响区组织性能变化。如 800~500℃的冷却时间 $t_{8/5}$，800~300℃的冷却时间 $t_{8/3}$，峰值温度 T_m 至 100℃的冷却时间 t_{100} 等。

     低合金钢几种常用焊接方法的加热速度、冷却速度等数据见表 2-3。

表 2-3   低合金钢几种常用焊接方法的加热速度、冷却速度等数据

板厚 /mm	焊接方法	焊接线能量 /J·cm⁻¹	900℃时加热速度 /℃·s⁻¹	900℃以上停留时间/s		冷却速度/℃·s⁻¹		备 注
				加热时 t'	冷却时 t''	900℃	540℃	
1	钨极氩弧焊	840	1700	0.4	1.2	240	60	对接不开坡口
2	钨极氩弧焊	1680	1200	0.6	1.8	120	30	对接不开坡口
3	埋弧焊	3780	700	2.0	5.5	54	12	对接不开坡口，有焊剂垫

板厚/mm	焊接方法	焊接线能量/J·cm⁻¹	900℃时加热速度/℃·s⁻¹	900℃以上停留时间/s 加热时 t′	900℃以上停留时间/s 冷却时 t″	冷却速度/℃·s⁻¹ 900℃	冷却速度/℃·s⁻¹ 540℃	备注
5	埋弧焊	7140	400	2.5	7	40	9	对接不开坡口，有焊剂垫
10	埋弧焊	19320	200	4.0	13	22	5	"V" 形坡口，有焊剂垫
15	埋弧焊	4200	100	9.0	22	9	2	"V" 形坡口，有焊剂垫
25	埋弧焊	105000	60	25.0	75	5	1	"V" 形坡口，有焊剂垫
50	电渣焊	504000	4	162.0	335	1.0	0.3	双丝
100	电渣焊	672000	7	36.0	168	2.3	0.7	三丝
100	电渣焊	1176000	3.5	125.0	312	0.83	0.28	板极

综上所述，焊接热循环是焊接接头接受热作用的历程，是焊接冶金行为的必要条件，具有加热速度快、峰值温度高、高温停留时间短、冷却速度快及空间分布不均匀的特征。掌握焊接热循环的规律，是对焊接冶金行为进行调控的基础，对改善焊接接头的组织、性能，提高焊接质量具有重要的意义。

2.2　焊接化学冶金

2.2.1　焊接化学冶金系统

熔化焊过程中焊接区内各种物质之间在焊接高温下的相互作用统称为焊接化学冶金。

在熔化焊的过程中，焊接区域金属在高温条件下将不可避免地与空气、工件表面吸附的水分、油污等相互作用，导致氢、氧、氮等元素进入，严重降低接头性能。因此，为了改善焊缝质量，提高接头性能，焊接时需要采用一定的方式对焊接区金属进行保护，避免焊接区金属与空气的反应，当前常见的保护方法有气保护、渣保护、气-渣联合保护、真空保护和自保护（表 2-4）。

表 2-4　焊接保护方式与对应焊接方法

焊接保护方式	焊接方法
气保护	钨极惰性气体保护电弧焊、熔化极惰性气体保护电弧焊、CO_2 电弧焊等
渣保护	埋弧焊、电渣焊等
气-渣联合保护	手工电弧焊等
真空保护	激光焊、电子束焊等
自保护	自保护焊丝焊等

与普通化学冶金不同，焊接化学冶金由于温度在时间和空间上的不均匀分布，呈现出分区域、连续的特征，且各区域的化学反应的热力学和动力学条件（如温度、反应物质的种类和溶度、时间等）不一致，因此其反应方向和反应程度也往往存在着较大差异。

不同的焊接方法有着不同的反应区。焊条电弧焊包含药皮反应区、熔滴反应区和熔池反应区（图 2-8）；熔化极气体保护焊由于没有药皮的存在，仅包含熔滴反应区和熔池反应区；非熔化极气体保护自熔焊、激光自熔焊仅有熔池反应区。

（1）药皮反应区的温度范围从 100℃ 至药皮的熔点（对于钢焊条，约 1200℃）。在药皮反应区内的主要物化反应有水分的蒸发、药皮的分解和铁合金的氧化。

（2）熔滴反应区是指从焊条（或焊丝）端部熔滴形成、长大到过渡至熔池前的整个区域，是所有使用焊条或焊丝的熔化焊接方法都具有的反应区。焊接过程中该区域的反应主要有气体的分解和溶解、金属的蒸发、合金元素的氧化和还原，以及熔滴金属的合金化等。从反应条件来看，反应温度高、反应时间短、反应相（物质）之间的接触面积大且混合强烈等是熔滴反应区的突出特点。

（3）熔池反应区是所有熔化焊接方法共有的反应区，与熔滴反应区相比，熔池反应区具有反应速度低、区域反应不一致和反应在一定的搅拌作用下进行的特点，因此，尽管熔池阶段的反应时间比熔滴阶段长（数秒到数十秒），但由于反应温度低、反应相之间接触面积小，使得熔池阶段反应速率比熔滴阶段低，对整个化学冶金反应的贡献也较熔滴阶段小。

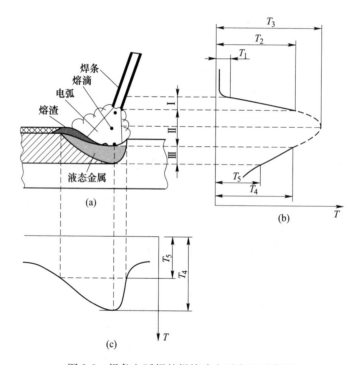

图 2-8　焊条电弧焊的焊接冶金反应区示意图
（a）焊接区要素；（b）焊接区温度在垂直方向的分布；（c）熔池温度在焊接方向的分布
Ⅰ—药皮反应区；Ⅱ—熔滴反应区；Ⅲ—熔池反应区
T_1—药皮开始反应温度；T_2—焊条端熔滴温度；T_3—弧柱间熔滴温度；T_4—熔池最高温度；T_5—熔池凝固温度

2.2.2　气体与金属的冶金反应

2.2.2.1　焊接区气体

焊接区域气体的来源主要取决于焊接方法，可以分为三个部分：

（1）焊接保护性气体（Ar、He、CO_2 等）。通过焊接材料添加气体物质将空气排开，形成一个气氛保护下的焊接冶金区域。高温下的焊接化学冶金反应将主要在金属与保护性气氛之间进行。焊接保护性气体可以是以气态焊接材料添加的，如氩气、氮气、二氧化碳气体等；也可以是以固态焊接材料添加的，这些固体焊接材料在高温下发生热分解反应，产生一定数量的气态产物，如焊条药皮中的淀粉、木粉等碳水化合物，以及碳酸盐、高价氧化物等矿物质等，这类物质又称为造气剂。

（2）杂质气体（CO_2、O_2、H_2、H_2O 等）。母材待焊部位表面的氧化物、油污以及吸附的水分，焊接材料（焊丝和焊条等）吸收水分、吸附的气体等，在受到高温加热时将发生挥发、蒸发及热分解反应，释放出一定数量的气体。

（3）其他气体（N_2、O_2 等）。包括高温下液体金属和熔渣的蒸发、残留的空气等。相对而言，这类气体的数量受焊接工艺参数的影响较大。以气体保护电弧焊为例，保护气体的流量小、气体流态紊乱等，造成保护效果变差，使空气侵入焊接冶金区域，严重降低焊缝金属的性能。

从上面的分析可以看出，对于电弧焊而言，焊接区内气体的组成主要有 N_2、O_2、H_2、CO_2、H_2O，及某些情况下的 Ar、He 等，另外还包括金属、熔渣的高温蒸气。

2.2.2.2　氮与焊接区金属的作用

A　氮的来源

残留空气或侵入的空气是焊接区内氮的主要来源。尽管焊接过程中采取了各种各样的保护措施，但是总有或多或少的空气残留或侵入焊接化学冶金区，这些少量的空气在焊接化学冶金区被液体金属吸收，造成焊缝金属中氮含量增加。

B　氮的溶解

氮的溶解反应主要发生在焊接化学冶金区的高温区域，特别是熔滴反应区，因为此处的温度高、液体金属与气体的接触面积大，这些都是气体溶解的促进因素。氮向液体金属中溶解过程与焊接方法有关，在一种焊接方法中氮的溶解途径可以是一种或多种并存。

a　分子溶解

氮分子运动到液体金属表面，被液体金属表面吸附，在液体金属表面发生分解，分解后氮原子溶入液态金属表面，并进一步扩散到液体金属内部。

b　离子溶解

在焊接热源的极高温度下，特别是存在电磁场和粒子流时，气体分子不仅会分解成原子，并且可以进一步电离成为电子和离子（图 2-9）。氮在焊接化学冶金区形成的离子有带正电荷的 N^+ 和带负电荷的 NO^-，这些带电粒子将在电场的作用下定向移动到相反的电极。与中性分子或原子的热运动不同，带电粒子在电磁场作用下不仅移动速度快，而且移动具有定向性，致使焊接化学冶金区的带电粒子在电极表面富集，增大了参与焊接化学冶金的机会。这种现象在熔化极电弧焊时表现得更加明显，因为熔化极电弧焊熔滴形成和长大过程中是电弧的一个电极，当其作为负极时，电弧气氛中的 N^+ 将在表面富集；反之，当其作为正极时，电弧气氛中的 NO^- 将在表面富集，这是熔化极电弧焊比非熔化极电弧焊气体吸收严重的一个重要原因。

c　原子溶解

氮气分子的热稳定性比较高，约在 5000K 时开始发生分解，至 8000K 时基本完全分

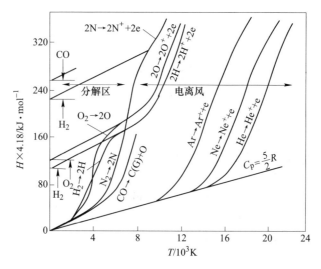

图 2-9　几种气体的热电离反应曲线

解。通常规范下电弧焊弧柱中心温度超过 5000K，而采用等离子束、激光束及电子束焊接时束流中心区域温度超过 10000K，再加上电磁场以及粒子流的作用，焊接化学冶金区域中的氮有一部分是以原子形式存在的，这些氮原子被液体金属吸附，溶入液体金属表面并扩散到液体金属内部。常见焊接方法焊接低碳钢时的焊缝金属含氮量见表 2-5。

表 2-5　常见焊接方法焊接低碳钢时的焊缝金属含氮量

焊接方法		[N]/ wt%	焊接方法	[N]/ wt%
焊条电弧焊	裸焊丝	0.08~0.228	埋弧焊	0.002~0.007
	纤维素型焊条	0.013	CO₂ 焊	0.008~0.015
	钛型焊条	0.015	熔化极氩弧焊	0.0068
	钛铁矿型焊条	0.014	药芯焊丝自保护焊	0.015~0.04
	低氢型焊条	0.010	实心焊丝自保护焊	<0.12

　　C　氮对焊接质量的影响

　　根据金属与氮相互作用的特点，可以把金属分为两类：一类是不与氮发生物理或化学反应的金属，如铜、镍等，既不溶解氮，又不形成氮化物；另一类则是与氮发生物理或化学反应的金属，包括除铜、镍等以外的其他金属。对第一类金属而言，氮气是惰性气体，因此可以用氮作为保护气体进行焊接或各类热加工；而对第二类金属，特别是目前常用的金属材料，如钢铁、铝及其合金、钛及其合金等，无论是固溶形式的氮，还是与金属形成的氮化物，往往严重地恶化金属材料的力学性能，因此，在这类材料焊接时必须考虑对焊接受热部位的保护，防止焊接过程中高温金属与氮的不良反应，以保证这些材料的焊接质量。

　　a　焊缝氮气孔

　　由于液态金属中的氮溶解度显著高于固态金属中的氮溶解度，液体金属凝固过程中氮的溶解度发生陡降。如果焊接化学冶金的高温区段（如熔滴反应区）液体金属吸收了过量的氮，超过其在固体中的溶解度时，在随后的熔池凝固过程中，这些过饱和氮将在液-固界面前沿析出，并以气泡形式从液体熔池中向外逸出。当熔池的凝固速度大于氮气泡的逸出速度时，氮气泡将残留在已经凝固的焊缝金属中形成焊缝气孔（图2-10）。焊缝氮气孔通常在保护不良的情况下产生，例如焊条电弧焊的引弧端和收尾的弧坑处。

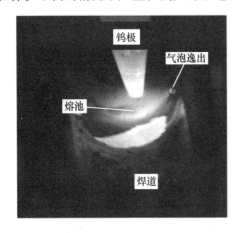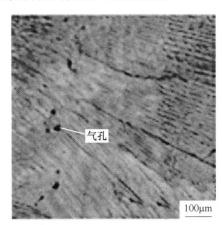

图 2-10 镍基合金 TIG 气泡溢出与焊缝金属 N 气孔形貌

b 焊缝金属的脆化

由于氮的固溶度随温度降低而下降，至室温时焊缝金属（钢铁）的固溶度非常低。因此，当氮与金属间存在化学反应时，液体金属吸收的氮一部分以过饱和固溶原子形式存在于焊缝金属的晶格中，另一部分在焊缝金属冷却过程中以氮化物（Fe_4N）形式析出，见图 2-11。这种氮化物性质较脆，并且在形态上呈针状（图2-12），固溶氮和氮化物对钢铁焊缝金属的强度有提高作用，但是对塑性和韧性的降低更为严重，特别是使焊缝金属的低温韧性急剧下降。

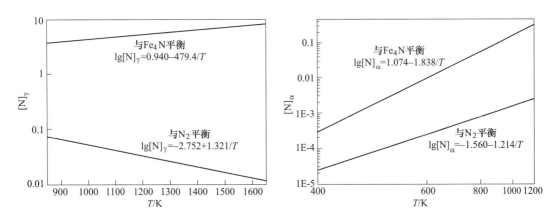

图 2-11 N 在奥氏体中和铁素体中的平衡固溶度

c 焊缝金属的时效脆化

焊缝金属中过饱和固溶的氮原子处于不稳定的高活性状态，随着时间延长将逐渐扩散至晶格不完整的地方，例如晶界、相界及位错等处，与基体金属形成氮化物（Fe_4N）而析出。时效析出的 Fe_4N 与前面提到的在焊缝金属冷却过程中形成的 Fe_4N 一样，也是脆性的针状相，严重降低焊缝金属的韧性。由于这些 Fe_4N 相是时效过程中不断析出的，因此称为焊缝金属的时效脆化。

当焊缝金属中存在能够形成稳定氮化物的元素，如钛、铝、钒、锆等，在焊缝金属冷却过程以及随后的时效过程中，焊缝中的氮优先与这些元素生成稳定的氮化物（图 2-13），并且通常这类氮化物呈细小的颗粒状，不会对焊缝金属基体造成割裂作用，因此不会降低焊缝金属的韧性。在焊缝中添加这类元素可以抑制或消除氮在钢铁焊缝中的时效脆化现象。

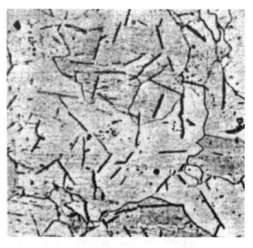

图 2-12　低碳钢焊缝中针状氮化物

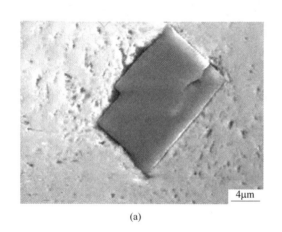

(a)

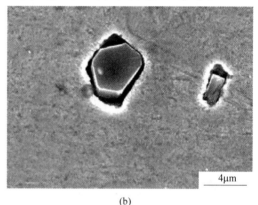

(b)

图 2-13　合金钢焊缝中 TiN（a）和 AlN（b）的形貌

2.2.2.3　氢与焊接区金属的作用

A　氢的来源

与氮不同，空气中的氢气含量不高，焊接化学冶金区氢的主要来源不是空气。自然界中的绝大多数氢不是以气体分子形式存在，而是以化合物形式存在。氢的化合物主要是氧化物，还有少量的碳化物、氮化物等。水（H_2O）是焊接化学冶金区氢的主要来源，包括各种显性水（水蒸气、吸附水、结晶水）和隐性水（化合水、有机物）。这些含氢的物质在高温下会分解出氢，与高温金属发生焊接冶金反应。

B　氢的溶解

与氮气不同，氢气分子的热稳定性较低，温度高于 2000K 即开始分解成氢原子，高于 5000K 分解基本完成，因此氢的气相溶解主要是以氢原子（H）形式。氢原子易于发生电离成为正离子（H^+）和电子。焊接冶金区气相中以 H^+ 离子的氢具有更高的活性。在电弧焊条件下，H$^+$离子受到电磁场的定向加速作用，使得其在电弧溶解速度更快，在直流反接时熔滴溶解的氢更多，高温液体金属中氢的溶解度比用平方根定律计算出来的标准溶解度要高得多。

C 氢对焊接质量的影响

a 焊缝金属的氢气孔

氢在金属中的溶解度随温度下降而降低，同一成分的金属其固体金属中的溶解度明显低于同温度下的液体金属。在焊接化学冶金的熔滴和熔池高温阶段，液体金属具有较大的氢原子溶解能力，如果焊接区气体中含有较多的含氢物质，则焊接熔池的氢含量将比较高，随着熔池温度下降，特别当熔池凝固时，氢含量超过了其溶解度（平衡饱和浓度），多余的氢将从液体金属中析出，生成不溶于金属的氢分子（氢气泡）。氢气泡在浮力以及液体金属的流动作用下上浮至液体金属表面而逸出金属，如果氢气泡的上浮速度较小，而液体金属的凝固速度又较快时，氢气泡将残留在固态焊缝金属中成为气孔。

b 焊缝金属的氢脆

含氢钢在室温附近中等变形速度下加载时塑性明显下降的现象称为氢脆。含氢量高的铁素体焊缝氢脆现象尤其明显。与母材相比，钢铁材料的焊缝金属通常含有较多的氢含量，因此氢脆现象往往发生在焊缝金属或焊接熔合区。氢脆现象是处于原子状态扩散氢的扩散引起的。当含有较多氢原子的焊缝金属发生塑性变形时，微观组织中的应力场和应变场将促进氢原子的扩散，位错滑移为氢原子提供了快速扩散的通道，而位错堆积形成的晶格缺陷为氢原子提供了聚集场所。在这些显微缺陷处氢原子的浓度不断增加，氢原子将两两结合成为氢分子，结合成的氢分子失去了晶格扩散能力，因而显微缺陷的氢原子只进不出，致使显微缺陷内部产生很高的气体压力，在显微缺陷的周围形成三向应力场，加上缺陷周围的氢含量较高，从而形成了微观脆性区（图2-14）。当金属中微观脆性区较多时就表现出了宏观的氢脆现象。

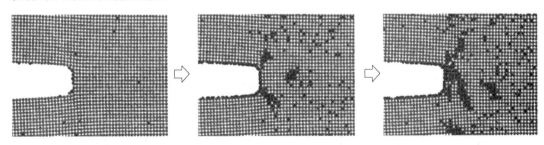

图2-14 钢中裂纹附近氢原子聚集的分子动力学模型

氢脆现象与多种因素有关。首先，焊缝金属的含氢量越高，则氢脆现象就越严重；其次，氢脆现象只有在中等温度和中等加载（变形）速度下才能表现出来，见图2-15。这是因为氢脆是氢原子扩散与位错运动共同作用的结果，只有当两者的速度相匹配时才有氢脆现象发生。氢原子的扩散速度由温度决定，位错运动速度由加载（变形）速度控制。加载速度太大（如施以冲击载荷等）、温度太低或太高（如低于$-80℃$或高于$200℃$），焊缝金属均不会发生氢脆现象。

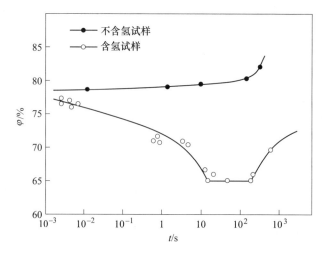

图 2-15　含氢钢断面收缩率与加载时间的关系

c　白点

氢含量较高的碳钢或低合金钢焊缝拉伸或弯曲断面上常出现银白色圆形脆性局部断点，俗称"白点"。白点直径一般为 $0.5\sim3\mathrm{mm}$，中心常可看到微小夹杂物或气孔，周围为韧性断口，状似鱼眼，因此又称为"鱼眼"。与氢脆相似，白点的产生也是由氢引起的。一般认为，白点是微小夹杂物或气孔在金属塑性变形过程中对氢原子的"陷阱"效应而引起的，即在塑性变形过程中，氢原子在微小夹杂物或气孔等缺陷处聚集并转变为氢分子，造成"陷阱"内的应力不断增大，以致局部发生脆性开裂。

焊缝金属对白点的敏感性与氢含量和组织等因素有关。氢在铁素体钢中的溶解度小、扩散速度快，易于逸出，而在奥氏体中溶解度大、扩散缓慢，难以聚集，因此，铁素体钢和奥氏体钢对白点不敏感。焊后对焊后进行除氢处理可以避免白点。

d　氢致裂纹

氢致裂纹是焊接接头在较低的温度（马氏体转变温度）下产生的一种裂纹，也称延迟裂纹。X70 管线钢氢致裂纹形貌见图 2-16。

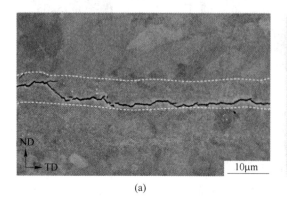

(a)

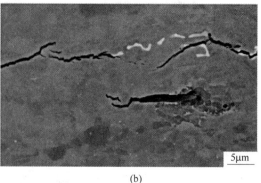

(b)

图 2-16　X70 管线钢氢致裂纹形貌

（a）低倍；（b）高倍

实际焊接接头中总存在一些微观缺陷（如微孔、微夹杂和晶格缺陷等），在应力作用下，会在微观缺陷构成的裂纹敏感区域附近形成局部三维应力场。氢具有向该区域扩散的倾向，应力随着氢的扩散而增高，缺口尖端局部塑性应变量也随氢量增多而增大，同时，微观局部塑性应变量最大的部位也是扩散氢最易于偏聚的部位。即存在一个扩散氢向应力集中场聚集扩散（也有称"浓化扩散"）的过程，这就是应力诱导扩散。在氢浓化区域，当氢的浓度达到临界值时，裂纹就会形核（启裂）并扩展。当裂纹向前延伸时，又会形成新的三维应力场。如果氢的浓化扩散尚未达到临界浓度，裂纹会暂停向前延伸，一旦氢量达到临界浓度时，裂纹又通过富氢区继续向前扩展（图2-17）。这种过程可周而复始反复不断进行，直至形成宏观裂纹。

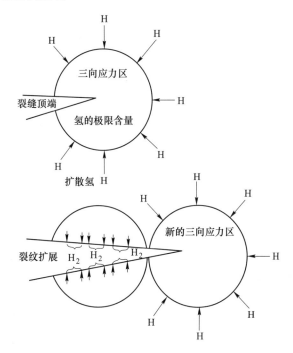

图 2-17　氢致裂纹形成和扩展机理

2.2.2.4　氧与焊接区金属的作用

A　氧的来源

焊接区的气态氧源主要有两方面：一部分来源于空气，因为氧气是空气的第二个主要组分；另一部分来源于焊接材料，水分是氧和氢的共同来源。与氮和氢相比，氧化学活性更强，除极少数贵金属外，几乎所有金属元素都可与氧生成化合物，特别是在焊接区域的高温条件下，金属的氧化反应非常强烈。焊接冶金过程中的氧化反应不可避免，氧化和脱氧反应是焊接冶金的重要内容。

B　氧的溶解

根据氧的溶解情况可以分成两类金属：溶解氧的金属和不溶解氧的金属。前者包括Fe、Ni、Ti 等，这些金属元素的氧化物能溶解于各自相应的金属中；后者包括 Mg、Al 等，这类金属焊接时形成的氧化物不溶于金属，漂浮在液体金属表面或在金属内部成为夹杂物。

在钢铁材料的焊接化学冶金区，氧的溶解途径包括气相溶解和熔渣溶解，然而无论何种溶解方式，在液体钢液中的氧都是原子氧［O］和氧化亚铁［FeO］的共存形式。氧是铁液的表面活性元素，溶解在铁液中的氧形成富氧金属层，一定温度下表面氧含量与内部氧含量存在一定的比例关系（表 2-6）。当表面氧含量达到一定数量后促使合成反应：

$$[O] + [Fe] === [FeO] \tag{2-3}$$

反应生成 FeO 的量较少时，溶解于铁液中；反应生成 FeO 的量达到一定数量后，一部分氧化铁脱离铁液而析出，析出的这部分氧化铁成为熔渣，记为（FeO）。可见铁液中氧的溶解度是指与熔渣（FeO）共存时铁液中氧的饱和浓度。

表 2-6 在不同温度下液态铁中［FeO］的溶解度与其分解压 p_{O_2}（×101.3）的关系 （kPa）

在液态铁中含量/%		温度/℃				
$S_{[FeO]}$	$S_{[O]}$	1540	1600	1800	2000	2300
0.01	0.0222	7.4×10^{-11}	1.7×10^{-10}	1.56×10^{-9}	6.1×10^{-9}	4.8×10^{-8}
0.20	0.0444	2.9×10^{-10}	6.7×10^{-10}	6.25×10^{-9}	2.4×10^{-8}	1.9×10^{-7}
0.50	0.1110	1.8×10^{-9}	4.2×10^{-9}	3.9×10^{-8}	1.5×10^{-7}	1.2×10^{-6}
1.00	0.2220	—	—	1.5×10^{-7}	6.1×10^{-7}	4.8×10^{-6}
2.00	0.4440	—	—	—	2.4×10^{-6}	1.9×10^{-5}
3.00	0.6660	—	—	—	—	4.3×10^{5}
$S_{[FeO]max}$	—	4.0×10^{-9}	1.5×10^{-8}	3.4×10^{-7}	4.8×10^{-6}	1.08×10^{-4}

C 液体金属的氧化

氧在金属中的溶解度随温度下降而降低。室温下铁中氧的溶解度几乎为零（<0.001%），因此，在高温焊接冶金区溶解在液体金属中的氧最终在焊缝金属中以氧化物夹杂形式存在。液体金属的氧溶解问题从本质上来看是焊缝金属的氧化问题。

a 铁的氧化

对于铁液-氧气二元体系，当体系中的氧气数量满足氧在铁液中的溶解度时，与铁液平衡的是纯 FeO 熔渣，有平衡反应方程：

$$2[Fe] + O_2 \uparrow === 2[FeO] \tag{2-4}$$

该反应的正反应方向是氧向铁液的溶解（氧化）过程，逆反应方向是氧化铁的分解过程。氧气是反应中唯一的气相物质，可以用氧的气压，亦为 FeO 的分解压（记为 $\{P_{O_2}\}$），作为上述反应的判据。通过比较冶金体系中氧实际气压 P_{O_2} 与 $\{P_{O_2}\}$ 的相对大小，可以确定反应进行的方向。

$$P_{O_2} < \{P_{O_2}\} \quad 金属被还原 \tag{2-5}$$

$$P_{O_2} = \{P_{O_2}\} \quad 平衡状态 \tag{2-6}$$

$$P_{O_2} > \{P_{O_2}\} \quad 金属被氧化 \tag{2-7}$$

焊接区域的气体通常是多种气体的混合物，在高温下的组成和分布难以测量。可以利用室温下测得的气相成分，计算出高温下气相中氧的分压，并与当时条件下的 FeO 的分解压 $\{P_{O_2}\}$ 作对比，以粗略判断混合气体对金属的氧化还原反应的方向。

b 合金元素的氧化

钢液中常含有其他与氧的亲和力比铁强的元素，如 C、Si、Mn 等，在焊接化学冶金区，这些合金元素也会与氧发生反应，其结果是这些合金元素在液体金属中的数量减少。

$$[C] + \frac{1}{2}O_2 \Longrightarrow CO\uparrow \tag{2-8}$$

$$[Si] + O_2 \Longrightarrow (SiO_2) \tag{2-9}$$

$$[Mn] + \frac{1}{2}O_2 \Longrightarrow (MnO) \tag{2-10}$$

如果上述反应发生在钢液的内部，反应产物不能溶于金属，而是以夹杂物形式滞留在焊缝金属内部，则这部分的氧量也计入焊缝金属的含氧量，即焊缝金属的含氧量包括原子氧和金属氧化物。

D 氧对焊接质量的影响

a 力学性能

氧在焊缝中不论以何种形式存在都会影响焊缝的力学性能，通常使强度、塑性和韧性明显下降。因此需要严格控制焊缝中的氧含量。

b 物理化学性能

氧对焊缝金属的物理和化学性能也有影响，如降低焊缝的导电性、导磁性和抗蚀性等，在焊接有色金属、活性金属和难熔金属时氧的有害作用更加突出。

c CO 气孔

溶解在熔池中的氧与碳发生反应，生成不溶于金属的 CO，在熔池结晶时 CO 气泡来不及逸出，就会形成气孔。

d 焊接工艺性能

熔滴中含氧和碳较多时，相互作用生成 CO 气体，体积发生急剧膨胀，使熔滴爆炸，造成飞溅，影响焊接过程的稳定性，见图 2-18。

图 2-18 CO₂ 电弧焊飞溅

在某些情况下，氧在焊接过程中是有益的，如铸铁冷焊时氧可用于烧去多余的碳以降低焊缝金属中的含碳量，减少补焊金属的裂纹倾向等。

2.2.3　熔渣与金属的冶金反应

2.2.3.1　熔渣的作用、成分及分类

熔渣在焊接过程中的作用包括机械保护作用、改善焊接工艺性能作用和冶金处理作用。

根据焊接熔渣的成分和性能可将熔渣分为三大类，即盐型熔渣、盐-氧化物型熔渣和氧化物型熔渣（表 2-7）。

表 2-7　熔渣类型与适用范围

熔渣类型	组　成	适用范围
盐型熔渣	金属氟酸盐、氯酸盐和不含氧的化合物	焊接铝、钛和其他化学活性金属及其合金
盐-氧化物型熔渣	氟化物和强金属氧化物	焊接合金钢及合金
氧化物型熔渣	金属氧化物组成	焊接低碳钢和低合金钢

2.2.3.2　熔渣的结构理论

熔渣的物理化学性质及其与金属的作用与液态熔渣的内部结构有密切的关系。关于液态熔渣的结构，目前有两种理论：分子理论和离子理论。

A　分子理论

熔渣的分子理论是以对凝固熔渣的相分析和化学成分分析结果为依据的，其要点如下：

（1）液态熔渣是由化合物的分子组成的，其中包括氧化物的分子、复合物的分子，以及氟化物、硫化物的分子等；

（2）氧化物及其复合物处于平衡状态，生成热效应越大，稳定性越强；

（3）只有自由氧化物才能参与和金属的反应。

B　离子理论

熔渣的离子理论是在研究熔渣电化学性质的基础上提出来的，其要点如下：

（1）液态熔渣是由阴阳离子组成的电中性溶液，熔渣中离子的种类和存在的形式取决于熔渣的成分和温度。一般来说，负电性大的元素以阴离子的形式存在，负电性小的元素形成阳离子，还有一些负电性比较大的元素，其阴离子往往不能独立存在，而是与氧离子形成复杂的阴离子。

（2）离子的分布和相互作用取决于离子的综合矩。当温度升高时，综合矩减小。离子的综合矩越大，说明它的静电场越强，与异号离子的引力越大。相互作用力大的异号离子彼此接近形成集团，相互作用力弱的异号离子也形成集团。当离子的综合矩相差较大时，熔渣的化学成分在微观上是不均匀的。盐型熔渣主要含有简单的阴阳离子，且综合矩差异不大，所以可认为是结构简单的均匀离子溶液；盐-氧化物型熔渣属于结构比较复杂、化学成分微观不均匀的离子溶液；氧化物型熔渣是具有复杂网络结构的、化学成分更不均匀的离子溶液。

（3）熔渣与金属的作用过程是原子与离子交换电荷的过程。

2.2.3.3 熔渣的碱度与其结构的关系

碱度是熔渣的重要化学性质。熔渣的其他物理化学性质，如熔渣的活性、黏度和表面张力等都与熔渣的碱度有密切关系。不同的熔渣结构理论，对碱度的定义和计算方法是不同的。

分子理论认为熔渣中的氧化物按其性质可分为三类：酸性氧化物、碱性氧化物和中性氧化物。熔渣的碱度 B_1 为碱性氧化物与酸性氧化物摩尔分数的比值：

$$B_1 = \frac{\sum (R_2O + RO)}{\sum RO_2} \tag{2-11}$$

式中，R_2O，RO 为熔渣中碱性氧化物的摩尔分数；RO_2 为熔渣中酸性氧化物的摩尔分数。碱度 B_1 的倒数称为酸度，从理论上讲，当 $B_1 > 1$ 时为碱性渣；当 $B_1 < 1$ 时为酸性渣；当 $B_1 = 1$ 时为中性渣。

离子理论把液态熔渣中自由氧离子的浓度（或氧离子的活度）定义为碱度。自由氧离子就是游离状态的氧离子。渣中自由氧离子的浓度越大，其碱度越大：

$$B_2 = \sum_{i=1}^{n} a_i M_i \tag{2-12}$$

式中，M_i 为第 i 种氧化物的摩尔分数；a_i 为第 i 中氧化物的碱度系数。当 $B_2 > 0$ 时为碱性渣；当 $B_2 < 0$ 时为酸性渣；当 $B_2 = 0$ 时为中性渣。

焊接熔渣的化学成分及碱度见表 2-8。

表 2-8 焊接熔渣的化学成分

焊条和焊剂类型	熔渣的化学成分/wt%										熔渣碱度	
	SiO_2	TiO_2	Al_2O_3	FeO	MnO	CaO	MgO	Na_2O	K_2O	CaF_2	B_1	B_2
钛铁矿型	29.2	14.0	1.1	15.6	26.5	8.7	1.3	1.4	1.1	—	0.88	-0.1
钛型	23.4	37.7	10.0	6.9	11.7	3.7	0.5	2.2	2.9		0.43	-2.0
钛钙型	25.1	30.2	3.5	9.5	13.7	8.8	5.2	1.7	2.3		0.76	-0.9
纤维素型	34.7	17.5	5.5	11.9	14.4	2.1	5.8	3.8	4.3		0.60	-1.3
氧化铁型	40.4	1.3	4.5	22.7	19.3	1.3	4.6	1.8	1.5		0.60	-0.7
低氢型	24.1	7.0	1.5	4.0	3.5	35.8	—	0.8	0.8	20.3	1.86	0.9
HJ430	38.5	—	1.3	4.7	43.0	1.7	0.45	—	—	6.0	0.62	-0.33

2.2.3.4 焊缝金属的脱氧

A 脱氧的目的和选择脱氧剂的原则

脱氧的目的是尽量减少焊缝中的含氧量，一方面要防止被焊金属的氧化，减少在液态金属中溶解的氧；另一方面要排除脱氧后的产物，因为它们是焊缝中非金属夹杂物的主要来源，而这些夹杂物会使焊缝含氧量增加。脱氧的主要措施是在焊丝、焊剂或药皮中加入合适的元素或铁合金，使其在焊接过程中夺取氧。用于脱氧的元素或铁合金称为脱氧剂。

为了达到脱氧的目的，选择脱氧剂应遵循以下原则：

（1）脱氧剂在焊接温度下对氧的亲和力应比被焊金属对氧的亲和力大。焊接铁基合金时，Al、Ti、Si、Mn 等可作为脱氧剂。实际生产中，常使用它们的铁合金或金属粉，如锰铁、硅铁、钛铁、铝粉等。在其他条件相同的情况下，元素对氧的亲和力越大，脱氧能力越强。

（2）脱氧的产物应不溶于液态金属，其密度也应小于液态金属的密度。同时，应尽量使脱氧产物处于液态。这样有利于脱氧产物在液态金属中聚合成大的质点，加快上浮到渣中的速度，减少夹杂物的数量，提高脱氧效果。

（3）必须考虑脱氧剂对焊缝成分、性能以及焊接工艺性能的影响。在满足技术要求的前提下，还应考虑成本。在 2.1 节中已指出，焊接化学冶金反应是分区域进行的。脱氧反应也是分区域连续进行的，按其进行的方式和特点可分为先期脱氧、沉淀脱氧和扩散脱氧：

B　脱氧方式

a　先期脱氧

在药皮加热阶段，固态药皮中进行的脱氧反应称为先期脱氧。其特点是脱氧过程和脱氧产物与熔滴不发生直接关系。含有脱氧剂的药皮被加热时，其中的高价氧化物或碳酸盐分解出的氧和二氧化碳便和脱氧剂发生反应。先期脱氧的效果取决于脱氧剂对氧的亲和力、脱氧剂的粒度、氧化剂与脱氧剂的比例、焊接电流密度等因素。

b　沉淀脱氧

沉淀脱氧是在熔滴和熔池内进行的。其原理是溶解在液态金属中的脱氧剂和 FeO 直接反应，把铁还原，脱氧产物浮出液态金属。

几种常见氧化物的熔点和密度见表 2-9。

表 2-9　常见氧化物的熔点和密度

氧化物	FeO	MnO	SiO_2	TiO_2	Al_2O_3	$FeO \cdot SiO_2$	$MnO \cdot SiO_2$
熔点/℃	1370	1580	1713	1825	2050	1205	1270
密度/g·cm^{-3}	5.80	5.11	2.26	4.07	3.95	4.30	3.6

锰的脱氧反应　在药皮中加入适量的锰铁，或焊丝中含有较多的锰，可进行如下脱氧反应：

$$[Mn] + [FeO] =\!=\!= (MnO) + [Fe] \tag{2-13}$$

增加金属中的含锰量，减少渣中的 MnO，可以提高脱氧效果。熔渣的性质对锰的脱氧效果也有很大的影响。在酸性渣中含有较多的 SiO_2 和 TiO_2，它们与脱氧产物 MnO 生成复合物 $MnO \cdot SiO_2$ 和 $MnO \cdot TiO_2$，从而使 MnO 减少，因此脱氧效果较好。相反，在碱性渣中 MnO 较大，不利于锰脱氧，且碱度越大，锰的脱氧效果越差。正是由于这个原因，一般酸性焊条使用锰铁作为脱氧剂，而碱性焊条不单独使用锰铁作脱氧剂。

根据钢液中锰的浓度不同，其脱氧产物 MnO 和 FeO 既可形成液态产物，又可形成固态产物。出现液态或固态产物的临界含锰量取决于钢液的温度。显然，在一定的温度下，加入过多的锰会形成固态产物，易造成焊缝夹杂。此外，温度下降会使锰的脱氧能力提高，但相对其他常用的脱氧剂来说，它是一种弱脱氧剂。

硅的脱氧反应　提高熔渣的碱度和金属中的含硅量，可以提高硅的脱氧效果：

$$[Si] + [FeO] =\!=\!= (SiO_2) + [Fe] \tag{2-14}$$

硅的脱氧能力比锰大，但生成的 SiO_2 熔点高，不易聚合为大的质点；同时，SiO_2 与钢液的界面张力小、润湿性好，因此 SiO_2 不易从钢液中分离，易造成夹杂。因此，一般不单独用硅脱氧。

硅锰联合脱氧 把锰和硅按适当比例加入金属中进行联合脱氧时，可以得到较好的脱氧效果。脱氧产物可形成硅酸盐 $MnO \cdot SiO_2$，它的密度小、熔点低，在钢液中处于液态。因此容易聚合为半径大的质点，浮到渣中，减少焊缝中的夹杂物，从而降低焊缝中的含氧量（图 2-19）。在 CO_2 保护焊时，根据硅锰联合脱氧的原则，常在焊丝中加入适当比例的锰和硅。

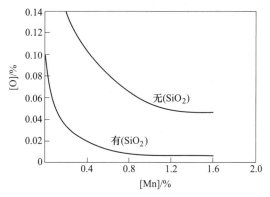

图 2-19　1600℃时 SiO_2 对锰脱氧的影响

采用含两种以上脱氧元素的复合脱氧剂是今后发展的方向。因为这种脱氧剂熔点低、熔化快且各种脱氧反应在同一区域进行，有利于低熔点脱氧产物的形成、聚合和排除，减少夹杂物的数量。

c　扩散脱氧

扩散脱氧一般在液态金属与熔渣界面上进行，以分配定律为理论基础。在熔池后部的低温区进行扩散脱氧。

在定温下，扩散脱氧的关键是降低渣中 FeO 的活度。在酸性渣中，由于 SiO_2 和 TiO_2 与 FeO 生成复合物 $FeO \cdot SiO_2$ 和 $FeO \cdot TiO_2$，使 FeO 的活度减小，有利于扩散脱氧；而在碱性渣中，FeO 的活度大，其扩散脱氧的能力比酸性渣差。熔渣中的脱氧剂可降低 FeO 的活度，加强扩散脱氧。

焊接时熔池和熔渣发生强烈的搅拌运动，在气体的吹力作用下，熔渣不断地向熔池后部运动，"冲刷"熔池，把脱氧产物带到熔渣中去。这不仅有利于沉淀脱氧，而且有利于扩散脱氧。扩散脱氧的优点是不会因脱氧而造成夹杂。但是在焊接条件下，冷速大，扩散时间短，氧的扩散又慢，扩散脱氧是不充分的。前面讨论了脱氧的方式，然而究竟在具体焊接条件下脱氧的效果如何，则取决于脱氧剂的种类和数量，氧化剂的种类和数量，熔渣的成分、碱度和物理性质，焊丝和母材的成分，焊接工艺参数等多种因素。可以看出，低氢型和钛型焊条熔敷金属的含氧量比较低。

2.2.3.5　焊缝金属的脱硫、脱磷

A　焊缝中硫的危害

硫是焊缝金属中有害的杂质之一。当硫以 FeS 的形式存在时危害性最大。因为它与液态铁几乎可以无限互溶，而在室温下它在固态铁中的溶解度极低，从而在熔池凝固时容易发生偏析，以低熔点共晶的形式呈片状或链状分布于晶界。从而增加了焊缝金属产生结晶裂纹的倾向，同时还会降低冲击韧性和抗腐蚀性。在焊接合金钢，尤其是高镍合金钢时，硫的有害作用更为严重（图 2-20）。因为硫与镍形成 NiS，而 NiS 与 Ni 会形成熔点更低的共晶 NiS+Ni（熔点 644℃），所以产生结晶裂纹的倾向更大。当钢焊缝含碳量增加时，会促进硫的偏析，从而增加它的危害性。由于上述原因，应尽量减少焊缝中的含硫量。

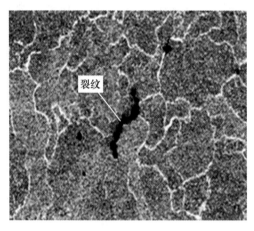

图 2-20　高镍合金钢焊接过程中硫元素引发的结晶裂纹

B　焊缝中硫的控制

控制硫的措施常用的措施主要有：

（1）限制焊接材料中的含硫量。焊缝中的硫主要来源于三个方面：一是母材，其中的硫几乎可以全部过渡到焊缝中去，但母材的含硫量比较低；二是焊丝，其中的硫约有 70%～80% 可以过渡到焊缝中去；三是药皮或焊剂，其中的硫约有 50% 可以过渡到焊缝中。可见，严格控制焊接材料的含硫量是限制焊缝含硫量的关键措施。

（2）用冶金方法脱硫。为减少焊缝含硫量，如同脱氧一样，可选择对硫亲和力比铁大的元素进行脱硫。由硫化物的生成自由能可知，Ce、Ca、Mg 等元素在高温下对硫有很大的亲和力。但是，因它们对氧的亲和力比硫大，会首先被氧化，因此在焊接条件下直接用这些元素脱硫受到限制。在焊接化学冶金中常用锰作为脱硫剂。降低温度，平衡常数增大，有利于脱硫。然而，从动力学的角度看，熔池后部温度低、冷却快、反应时间短，实际上不利于脱硫，所以必须增加熔池中的含锰量（>1%），才能得到较好的脱硫效果。

C　焊缝中磷的危害

磷在多数钢焊缝中是一种有害的杂质。在液态铁中可溶解较多的磷，并认为主要以 Fe_2P 和 Fe_3P 的形式存在。磷与铁和镍还可以形成低熔点共晶。因此在熔池快速凝固时，磷易发生偏析。磷化铁常分布于晶界，减弱了晶粒之间的结合力，同时它本身既硬又脆，这就增加了焊缝金属的冷脆性，即冲击韧度降低，脆性转变温度升高。焊接奥氏体钢或低合金钢焊缝含碳量高时，磷也会促使其形成结晶裂纹，因此有必要限制焊缝的含磷量。

D 焊缝中磷的控制

为减少焊缝的含磷量，首先必须限制母材、填充金属、药皮和焊剂中的含硫量。药皮和焊剂中的锰矿是导致焊缝增磷的主要来源。

根据焊接区内反应物质的浓度条件、焊剂性质和焊接工艺参数等因素，磷可以由熔渣向焊缝中过渡或者相反。磷一旦进入液态金属，就应当采用脱磷的方法将其清除。脱磷反应分为两步：第一步，FeO 将磷氧化生成 P_2O_5；第二步，使其与渣中的碱性氧化物生成稳定的磷酸盐。增加熔渣的碱度可减少焊缝的含磷量。在碱性熔渣中加入 CaF_2 有利于脱磷，这是因为 CaF_2 在渣中形成 Ca^{2+}，使渣中 P_2O_5 的活度下降。另外 CaF_2 会降低渣的黏度，有利于物质扩散。

应指出，由于焊接熔渣的碱度受焊接工艺性能的制约，不可过分增大；碱性渣不允许含有较多的 FeO，否则会使焊缝增氧，不利于脱硫，甚至产生气孔，所以碱性渣的脱磷效果是很不理想的。酸性渣虽然含有较多的 FeO，有利于磷的氧化，但因碱度低，所以比碱性渣的脱磷能力更差。实际上，焊接时脱磷比脱硫更困难。控制焊缝含磷量，主要是严格限制焊接材料中的含磷量。

2.2.3.6 焊缝金属的合金过渡

A 合金过渡的目的及方式

合金过渡就是把所需要的合金元素通过焊接材料过渡到焊缝金属（或堆焊金属）中去的过程。

合金过渡的目的，首先是补偿焊接过程中由于蒸发、氧化等原因造成的合金元素的损失；其次是消除焊接缺陷，改善焊缝金属的组织和性能；最后是获得具有特殊性能的堆焊金属。

常用的合金过渡方式有以下几种：

（1）应用合金焊丝或带极。把所需要的合金元素加入焊丝、带极或板极内，配合碱性药皮或低氧、无氧焊剂进行焊接或堆焊，从而把合金元素过渡到焊缝或堆焊层中去。其优点是稳定可靠，焊缝成分均匀，合金损失少；缺点是制造工艺复杂，成本高。对于脆性材料，如硬质合金不能轧制、拔丝，因此不能采用这种方式。

（2）应用药芯焊丝或药芯焊条。药芯焊丝的结构是各式各样的。最简单的是具有圆形断面的，其外皮可用低碳钢或其他合金钢卷制而成，里面填满需要的铁合金及铁粉等物质。用这种药芯焊丝可进行埋弧焊、气体保护焊和自保护焊，也可以在药芯焊丝表面涂上碱性药皮，制成药芯焊条。这种合金过渡方式的优点是药芯中合金成分的配比可以任意调整，因此可得到任意成分的堆焊金属，合金的损失较少；缺点是不易制造，成本较高。

（3）应用合金药皮或黏结焊剂。这种方式是把所需要的合金元素以铁合金或纯金属的形式加入药皮或黏结焊剂中，配合普通焊丝使用。它的优点是简单方便，制造容易、成本低；但由于氧化损失较大，并有一部分合金元素残留在渣中，因此合金利用率较低，合金成分不够稳定、均匀。

（4）应用合金粉末。将需要的合金元素按比例配制成具有一定粒度的合金粉末，将其输送到焊接区，或直接涂敷在焊件表面或坡口内，合金粉末在热源作用下与母材熔合后就形成合金化的堆焊金属。其优点是合金成分的比例调配方便，不必经过轧制、拔丝等工序，合金的损失小；但合金成分的均匀性较差，制粉工艺较复杂。

此外，还可以通过从金属氧化物中还原金属的方式来合金化，如硅锰还原反应。但这种方式合金化的程度是有限的，还会造成焊缝增氧。

B 合金过渡的过程

通过焊丝合金过渡的过程比较简单。焊丝熔化后，合金元素就溶解在液态金属中。这里主要是讨论通过药皮、焊剂和药芯焊丝合金过渡的过程。

焊接时熔滴和熔池既与气相接触，又与熔渣接触。试验表明，合金过渡过程主要是在液态金属与熔渣的界面上进行的，而通过合金元素蒸气和离子过渡是很少的。合金剂的熔点一般比较高，多数情况下来不及完全熔化就以颗粒状悬浮在液态熔渣中。由于熔渣的运动，使一部分合金剂的颗粒被带到熔渣与液态金属的界面上，并被液态金属的表面层所溶解，然后由表面层向金属内部扩散，并通过搅拌作用使成分均匀化。另外，悬浮在渣中的合金剂颗粒还有一部分没有被带到熔渣与金属的界面上，或虽被带到界面上，但因接触时间很短而没来得及过渡到金属中去。这时，随着温度的下降，合金剂颗粒被凝固在渣中，通常称其为残留在渣中的损失。

试验表明，残留损失与合金剂的密度和粒度无关，熔渣成分对它的影响也很小。实际上，在渣中含量相同的条件下，各种元素的残留损失是大致相同的。增加熔池的存在时间，加强搅拌运动可以减少残留损失。合金元素的氧化损失，取决于元素对氧的亲和力、气相和熔渣的氧化性等。残留损失和氧化损失的比例主要取决于药皮或焊剂的氧化性。

C 合金过渡系数及其影响因素

为了说明在焊接过程中合金元素利用率的高低，常引用过渡系数的概念。合金元素的过渡系数 η 等于它在熔敷金属中的实际含量与它的原始含量之比。实际上，这两种过渡形式的合金过渡系数是不相等的，尤其是当药皮氧化性较强时更为明显。只有在药皮氧化性很小，且残留损失不大的情况下，它们的过渡系数才接近相等。在一般情况下，通过焊丝过渡时过渡系数大，而通过药皮过渡时过渡系数较小。为简化计算，通常都用总过渡系数。

影响过渡系数的因素如下：

（1）合金元素的物理化学性质。合金元素的沸点越低，其蒸发损失越大，过渡系数越小。合金元素对氧的亲和力越大，其氧化损失越大，过渡系数越小。焊接钢时，位于铁左面的元素几乎无氧化损失，只有味留损失，因此过渡系数大。位于铁右面靠近铁的元素，氧化损失较小，其过渡系数较大。当用几个合金元素同时合金过渡时，其中对氧亲和力大的元素依靠自身的氧化可减少其他元素的氧化，提高它们的过渡系数。

（2）合金元素的含量。试验表明，随着药皮或焊剂中合金元素含量的增加，其过渡系数逐渐增加，最后趋于一个定值。药皮（焊剂）的氧化性和元素对氧的亲和力越大，合金元素含量对过渡系数的影响越大。

（3）合金剂的粒度。增加合金剂的粒度，其表面积和氧化损失减少，而残留损失不变，因此过渡系数增大。但如果粒度过大，则不易熔化，过渡系数减小（表2-10）。

表 2-10　不同焊接条件下的合金过渡系数

焊接方法	焊丝或焊芯	焊剂或药皮	过渡系数 η									
			C	Si	Mn	Cr	W	V	Nb	Mo	Ni	Ti
无保护焊	H70W10Cr3Mn2V	—	0.54	0.75	0.67	0.99	0.94	0.85	—	—	—	—
氩弧焊		—	0.80	0.79	0.88	0.99	0.99	0.98	—	—	—	—
埋弧焊		HJ251	0.53	2.03	0.59	0.83	0.83	0.78	—	—	—	—
		HJ431	0.33	2.25	1.13	0.70	0.89	0.77	—	—	—	—
CO$_2$ 焊		—	0.29	0.72	0.60	0.94	0.96	0.68	—	—	—	—
焊条电弧焊	H18CrMnSi	—	0.60	0.71	0.69	0.92	—	—	—	—	—	—
		赤铁矿	0.22	0.05	0.05	0.25	—	—	—	—	—	—
		大理石	0.28	0.10	0.14	0.43	—	—	—	—	—	—
		石英	0.20	0.75	0.18	0.80	—	—	—	—	—	—
		氟石	0.67	0.88	0.38	0.89	—	—	—	—	—	—
	H08A	钛钙型	—	0.71	0.38	0.77	—	0.52	0.80	0.60	0.96	0.13
		氧化铁型	—	0.14~0.27	0.08~0.12	0.64	—	—	—	0.71	—	—
		低氢型	—	0.14~0.27	0.45~0.55	0.72~0.82	—	0.59~0.64	—	0.83~0.86	—	—

（4）药皮（或焊剂）的成分。药皮或焊剂的成分决定了气相和熔渣的氧化性、熔渣的碱度和黏度，因此对合金过渡系数影响很大。

药皮或焊剂的氧化势越大，则合金过渡系数越小。当合金元素及其氧化物在药皮中共存时，由质量作用定律可知，能够提高该元素的过渡系数。若其他条件相同，则合金元素的氧化物与熔渣的酸碱性相同时，有利于提高过渡系数；性质相反，则降低过渡系数。SiO$_2$ 是酸性的，所以随着熔渣碱度的增加，硅的过渡系数减小；MnO 是碱性的，所以随碱度的增加锰的过渡系数增大。

（5）药皮重量系数。试验表明，在药皮中合金剂含量相同的条件下，K_b 增加，过渡系数 η 减小。因为药皮加厚合金剂进入金属所通过的平均路程增大，使氧化和残留损失均有所增加。为提高 η 值，可采用双层药皮，即里面一层主要加合金剂，外层加造气和造渣剂及脱氧剂。

2.3　焊缝与熔合区

2.3.1　熔池凝固与焊缝组织

熔焊时，在高温热源的作用下，母材将发生局部熔化，并与熔化了的焊丝金属搅拌混合形成焊接熔池（图 2-21）。与此同时，进行了短暂而复杂的冶金反应。当焊接热源离开以后，熔池金属便开始凝固（结晶）。

熔池凝固过程对焊缝金属的组织、性能具有重要的影响。焊接过程中，由于熔池中的

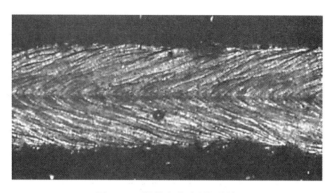

图 2-21　镀锌钢板焊缝形貌

冶金条件和冷却条件的不同，可得到性能差异很大的组织，同时有许多缺陷是在熔池凝固的过程中产生的，如气孔、夹杂、偏析和结晶裂纹等（图 2-22）。另外，焊接过程是处于非平衡的热力学条件，因此熔池金属在凝固过程中会产生许多晶体缺陷，如点缺陷（空位和间隙原子）、线缺陷（位错）和面缺陷（界面）。

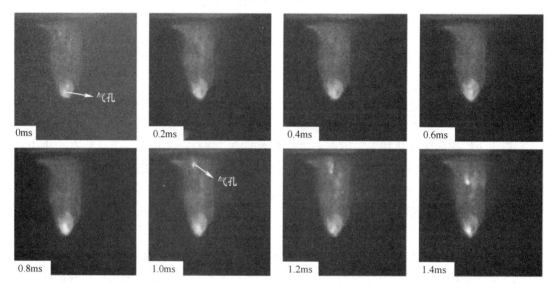

图 2-22　高镍钢激光电弧复合焊接焊缝气孔

2.3.1.1　熔池的凝固条件和特点

焊接熔池虽小，但它的结晶规律与铸钢锭一样，都是晶核生成和晶核长大的过程。然而，由于焊接熔池的凝固条件不同，与一般钢锭的结晶相比有如下的特点：

（1）熔池的体积小，冷却速度大。熔池的平均冷却速度比钢锭的平均冷却速度要大10000 倍左右。因此，对于含碳高、合金元素较多的钢种容易产生淬硬组织，甚至在焊道上产生裂纹。由于冷却很快，熔池中心和边缘还有较大的温度梯度，致使焊缝中柱状晶得到很大发展。所以一般情况下焊缝中没有等轴晶，只有在焊缝断面的上部有少量的等轴晶（电渣焊除外）。

（2）熔池中的液态金属处于过热状态。由于液体金属的过热程度较大，合金元素的烧损比较严重，使熔池中非自发晶核的质点大为减少，这也是促使焊缝中柱状晶得到发展的原因之一。

（3）熔池是在运动状态下结晶。钢锭的结晶是在固定的钢锭模中静止状态下进行的，而一般熔焊时，熔池是以等速随热源而移动。在熔池中金属的熔化和凝固过程是同时进行的，在熔池的前半段进行熔化过程，而熔池的后半段进行凝固过程。此外，在焊接条件下，气体的吹力、焊条的摆动以及熔池内部的气体外逸，都会产生搅拌作用。这一点对于排除气体和夹杂是很有利的，也有利于得到致密而性能良好的焊缝。

2.3.1.2 熔池结晶的一般规律

A 熔池中晶核的形成

晶核有两种：自发晶核和非自发晶核。

对于焊接熔池结晶来讲，非自发晶核起了主要作用。在液相金属中有非自发晶核存在时，可以降低形成临界晶核所需的能量，使结晶易于进行。在焊接条件下，熔池中存在两种所谓现成表面：一种是合金元素或杂质的悬浮质点（在一般正常情况下所起作用不大）；另一种是熔合区附近加热到半熔化状态的基体金属的晶粒表面，非自发晶核就依附在这个表面，并以柱状晶的形态向焊缝中心成长，即联生结晶（图2-23）。

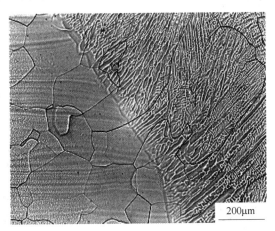

图 2-23 Ti-5Al-5V-5Mo-3Cr 合金电子束焊缝中的联生结晶

焊接时，为改善焊缝金属的性能，可通过向焊接材料加入一定量的合金元素作为熔池中非自发晶核的质点，从而使焊缝金属晶粒细化（图2-24）。

B 熔池中的晶核长大

熔池中晶核形成之后，就以这些新生的晶核为核心，不断向焊缝中成长。熔合区附近母材晶粒表面对熔池凝固晶粒向焊缝中成长起到了主要作用。也就是说，熔池金属开始结晶时，总是从靠近熔合线处的母材上联生地长大起来。但是，长大的趋势各不相同，有的柱状晶体严重长大，一直可以成长到焊缝中心，有的晶体却只成长到半途而停止。

晶粒由为数众多的晶胞所组成，在一个晶粒内这些晶胞具有相同的方位，称为“位向”。不同的晶粒具有不同的位向，称为各向异性。因此，在某一个方向上的晶粒就最易长大。此外，散热的方向对晶粒的长大也有很大的影响。当晶体最易长大方向与散热最快方向相一致时，则最有利于晶粒长大，可优先得到成长，可一直长至熔池的中心，形成粗

图 2-24　铁素体不锈钢激光焊焊缝等轴晶中心的异质晶核（Ti 的氮化物或氧化物）

大的柱状晶体。有的晶体由于取向不利于成长，与散热最快的方向又不一致，这时晶粒的成长就停止下来。柱状晶体成长的形态与焊接条件有密切关系，如焊接线能量、焊缝的位置、熔池的搅拌与振动等。

2.3.1.3　熔池结晶线速度

熔池的结晶方向和结晶速度对焊接质量有很大的影响，特别是对裂纹、夹杂、气孔等缺陷的形成影响更大。焊接熔池的外形是椭球状的曲面，这个曲面就是结晶的等温面，熔池的散热方向垂直于结晶等温面，因此晶粉的成长方向也是垂直于结晶等温面的。由于结晶等温面是曲面，因此晶粒生长的主轴必然是弯曲的。晶粒主轴的成长方向与结晶等温面正交，并且以弯曲的形状向焊缝中心成长（图 2-25）。

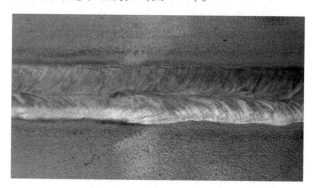

图 2-25　不锈钢 MIG 焊焊缝形貌

熔池在结晶过程中晶粒生长的方向与晶粒主轴成长的线速度及焊接速度等有密切关系：

（1）晶粒生长的平均线速度是变化的。（2）焊接工艺参数对晶粒生长方向及平均线速度均有影响。（3）当晶粒主轴垂直于焊缝中心时，易形成脆弱的结合面，因此，采用过大的焊速时，常在焊缝中心出现纵向裂纹。因此对于焊接奥氏体钢和铝合金时，应特别注意不能采用大的焊速。（4）焊接速度对晶粒生长平均线速度的影响也是非常明显的。在功率不变的情况下，增大焊接速度，晶粒生长平均线速度（即结晶速度）也增大，结晶加快。不仅如此，焊接速对结晶速度的增长率也有影响，当焊速比较小时，结晶速度的增长率比较小，上升比较缓慢；当焊速增大时，结晶速度增长率比较大，上升比较急剧。

2.3.1.4 熔池结晶的形态

焊缝中的晶体形态主要是柱状晶和少量等轴晶。在显微镜下进行微观分析，还可以发现在每个柱状晶内还有不同的结晶形态（如平面晶、胞晶和树枝状晶等），而等轴晶内一般呈现树枝状晶。这些柱状或等轴晶内部的微观形状称为亚晶。结晶形态的不同，是由金属的纯度和散热条件的不同所致。

A 纯金属的结晶形态

结晶过程中晶体的生核和长大都必须具有一定的过冷度。面结晶形态同样也受过冷度的影响。由于在纯金属凝固（结晶）过程中不存在化学成分的变化，因此整个液体中的凝固点为恒定的温度，而过冷度的大小只取决于温度的梯度。即液相中的过冷度取决于造成实际结晶温度低于凝固点的冷却条件，例如冷却速度越大，过冷度越大。

当液相温度高于固相温度，且距界面越远，液相温度越高时，称为正的温度梯度。纯金属焊缝凝固时，一般均属于这种情况。此时由于液体金属的温度高，过冷度小或为负，使伸入液体金属内部的晶体成长缓慢，因此形成平滑的晶界（即平晶）。

当距界面越远，液相的温度越低时，称为负的温度梯度。此时的温度梯度 $G<0$。由于液体内部的温度比界面低，过冷度大，因此伸入液体金属内部的晶体成长速度很快，除了主干之外，还有分枝，形成所谓树枝状晶。

B 固溶体合金的结晶形态

合金的结晶温度与成分有关，先结晶与后结晶的固液相成分也不相同，造成固液界面一定区域的成分起伏，因此合金凝固时，除了由于实际温度造成的过冷之外（温度过冷），还存在由于固液界面处成分起伏而造成的过冷，称为成分过冷。所以合金结晶时无需很大的过冷就可出现树枝状晶，而且随过冷度的不同，晶体成长也出现不同的结晶形态。

C 成分过冷对结晶形态的影响

由于过冷程度不同，焊缝组织也会出现不同的形态，一般可分以下 5 种结晶形态：

（1）平面结晶。当液相的正温度梯度 G 很大时，不与实际结晶温度线 T 相交，因此不出现成分过冷现象。此时凝固所释放的热量全部向界面后方的固体散去，使结晶界面缓慢地向前推移，结晶呈平面形态，称为平面结晶（图 2-26）。这种平面结晶多发生在高纯度的焊缝金属。

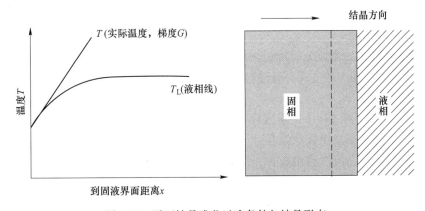

图 2-26 平面结晶成分过冷条件与结晶形态

（2）胞状结晶。当温度梯度 G 与实际结晶温度 T 有少量的相交时，即具有较小的成分过冷的条件下，便出现胞状结晶（图 2-27）。此时因平面结晶界面处于不稳定的状态，凝固界面长出许多平行束状的芽胞伸入过冷的液体内。

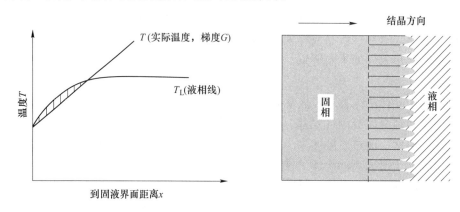

图 2-27 胞状结晶成分过冷条件与结晶形态

（3）胞状树枝结晶。当成分过冷稍大时，界面上凸起部分能够深入液体内部较长的距离，与此同时，凸起部分向周围排出溶质，于是横向也产生了成分过冷，这时从主干向横向方向伸出短小的二次横枝。但由于主干的间距较小，二次横枝也比较短，因此形成特殊的胞状树结晶（图 2-28）。

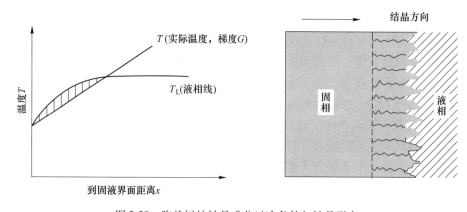

图 2-28 胞状树枝结晶成分过冷条件与结晶形态

（4）树枝状结晶。当成分过冷进一步增大，即温度梯度 G 与实际结晶温度 T 相交的面积很大时，晶体内除产生一个很长的主干之外，还向四周伸出二次横枝，形成明显的树枝状结晶（图 2-29）。

（5）等轴结晶。当液相中的温度梯度 G 很小时，将在液相中形成很宽的成分过冷区。此时不仅在结晶前沿形成树枝状结晶，同时也能在液相的内部生核，产生新的晶粒。这些晶粒的四周不受阻碍，可以自由成长，形成等轴晶（图 2-30）。

结晶形态取决于合金中溶质的浓度 C_0、结晶速度（或晶粒长大速度）R 和液相中温度梯度 G 的综合作用。当结晶速度 R 和温度梯度 G 不变时，随合金中溶质浓度 C_0 的提高，成分过冷增加，从而使结晶形态由平面晶变为胞状晶、胞状树枝晶、树枝状晶，最后到等

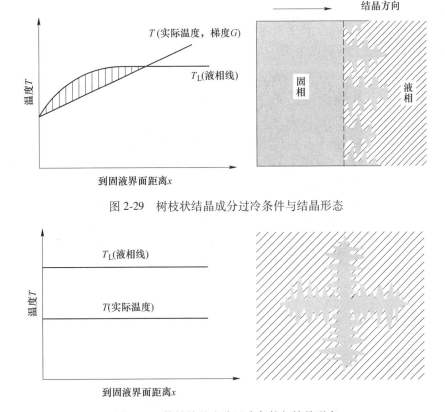

图 2-29 树枝状结晶成分过冷条件与结晶形态

图 2-30 等轴结晶成分过冷条件与结晶形态

轴晶；当合金中溶质的浓度 C_0 一定时，结晶速度 R 越快，成分过冷的程度越大，结晶形态也可由平面晶过渡到胞晶、树枝状晶，最后到等轴晶；当合金中溶质浓度 C_0 和结晶速度 R 一定时，随液相温度梯度 G 的提高，成分过冷的程度减小，因而结晶形态的演变方向恰好相反，由等轴晶、树枝晶逐步演变到平面晶。

    D   焊接条件下的凝固（结晶）形态

    由于熔池中成分过冷的分布在焊缝的不同部位是不同的，因此将会出现不同的结晶形态（图 2-31、图 2-32）。在焊缝的熔化边界，由于温度梯度 G 较大，结晶速度 R 又较小，

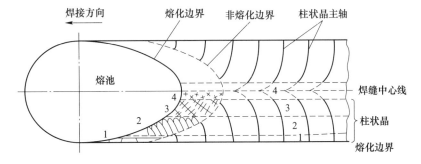

图 2-31 焊缝组织与熔池凝固行为的关系
1—平面晶；2—胞状晶；3—树枝状晶；4—等轴晶

因此成分过冷接近于0，所以平面晶得到发展。随着远离熔化边界向焊缝中心过渡，温度梯度 G 逐渐变小，而结晶速度 R 逐渐增大，因此结晶形态将由平面晶向胞状晶、树枝胞状晶（柱状晶区），一直到等轴晶发展。

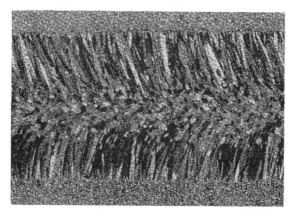

图 2-32 5052 铝合金钨极气体保护焊焊缝组织结构

但实际焊缝中，由于化学成分、板厚和接头形式不同，不一定具有上述全部结晶形态。

E 焊接工艺参数对结晶形态的影响

（1）焊接速度的影响。当焊接速度增大，熔池中心的温度梯度下降很多，使熔池中心的成分过冷加大，因此，快速焊接时，在焊缝中心往往出现大量的等轴晶，而低速焊接时，在熔合线附近出现胞状树枝晶，在焊缝中心出现较细的胞状树枝晶。

（2）焊接电流的影响。当焊接速度一定，焊接电流较小时，焊缝得到胞状晶组织；增加电流时，得到胞状树枝晶。电流继续增大，出现更为粗大的胞状树枝晶。

2.3.1.5 焊缝金属的化学成分不均匀性

在熔池进行结晶的过程中，由于冷却速度很快，已凝固的焊缝金属中化学成分来不及扩散，合金元素的分布是不均匀的，出现所谓偏析现象。

（1）显微偏析。钢在凝固过程中，液固两相的合金成分始终在变化。一般来说，先结晶的固相含溶质的浓度较低，也就是先结晶的固相比较纯，而后结晶的固相含溶质的浓度较高，并集富了较多的杂质。由于焊接过程冷却较快，固相内的成分来不及扩散，因此在相当大的程度上保持着由于结晶有先后所产生的化学成分不均匀性（图 2-33）。

当焊缝的结晶固相呈胞状晶长大时，在胞状晶体的中心，含溶质的浓度最低，而在胞状晶体相邻的边界上，溶质的浓度最高。当固相呈树枝晶长大时，先结晶的树干溶质的浓度最低，后结晶的树枝溶质的浓度略高，最后结晶的部分，即填充树枝间的残液，也就是树枝晶和相邻树枝晶之间的晶界上，溶质的浓度是最高的。焊缝中的组织由于结晶形态不同，也会具有不同的偏析程度，树枝晶界的偏析较胞状晶界的偏析严重。此外，细晶粒的焊缝金属，由于晶界的增多，偏析分散，偏析的程度将会减弱。因此，就焊缝金属中的偏析而言，希望得到细晶粒的胞状晶。

（2）区域偏析。焊接时由于熔池中存在激烈的搅拌作用，同时焊接熔池又不断向前推移，不断加入新的液体金属，因此，结晶后的焊缝，从宏观上不会像铸锭那样有大体积的

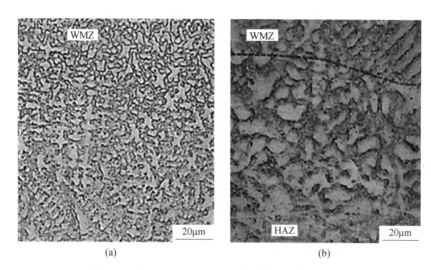

图 2-33 Inconel 718 合金 U-TIG 焊接头的显微偏析

（a）焊缝；（b）熔合区

区域偏析。但是，在焊缝结晶时，由于柱状晶体继续长大和推移，此时会把溶质或杂质"赶"向溶池的中心。这时熔池中心的杂质浓度逐渐升高，致使在最后凝固的部位产生较严重的区域偏析。当焊接速度较大时，成长的柱状晶最后都会在焊缝中心附近相遇，使溶质和杂质都聚集在那里，凝固后在焊缝中心附近出现区域偏析，在应力作用下，容易产生焊缝纵向裂纹。

（3）层状偏析。焊缝断面经浸蚀之后，可以明显地看出层状分布。这些分层是由结晶过程周期性变化，而化学成分分布不均匀所造成的，因此称为层状偏析（图 2-34）。熔池金属结晶时，在结晶前沿的液体金属中，溶质的浓度较高，同时也集富了一些杂质。当冷却速度较慢时，这一层浓度较高的溶质和杂质可以通过扩散而减轻偏析的程度。但冷却速度很快时，还没有来得及"均匀化"就已凝固，造成溶质和杂质较多的结晶层。

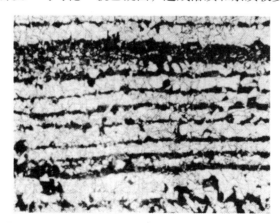

图 2-34 60CrMnMo 焊缝层状偏析高分辨形貌

由于结晶过程放出结晶潜热和熔滴过渡时热能输入的周期性变化，致使凝固界面的液体金属成分也发生周期性的变化。根据采用放射性同位素进行焊缝中元素分布规律的研究证明，产生层状偏析是由于热能的周期性作用而引起的。

2.3.2　熔合区

熔合区是整个焊接接头中一个薄弱地带，许多焊接结构的失效常常是由熔合区的某些缺陷引起的。

2.3.2.1　熔合区的结构

熔合区的组织结构比较复杂，而且其组成结构在历史上曾经存在较大的分歧。随着对熔合区认识不断深入，人们对熔合区的组成结构逐渐形成了统一的认识。一般情况下，熔合区在组成结构上大体上可以划分为非对流混合区、熔合线和部分熔化区三个部分，见图2-35。

非对流混合区是接近熔合线（T_L）处熔化，但未充分与填充材料混合的母材金属，基本上未经过对流混合，而可能经扩散混合的熔池边界区，凝固后形成的以母材成分为主的化学成分不均匀区域。部分熔化区是接近熔合线处母材金属晶粒边界（或晶粒内部）发生不同程度熔化的区域，在焊接过程中属固/液混合区。实际上，部分熔化区两个边界的峰值温度分别与母材液相线（T_L）和固相线（T_S）大致对应。熔合线为焊接接头横截面上焊缝和母材金属的分界线，即熔化焊时，未熔化的母材金属晶粒上的边缘连线。熔合线的峰值温度与母材的液相线大致对应。

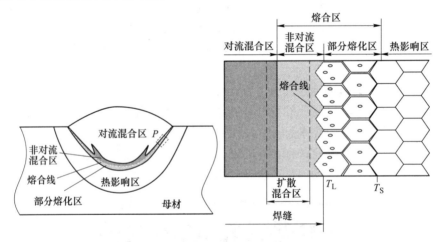

图 2-35　典型的焊接接头宏观结构与微观结构

焊缝区与熔合区有时会发生部分交叠，即焊缝区由对流混合区和非对流混合区组成。在焊接过程中，如果填充焊接材料与母材成分不同，溶质原子在化学位梯度的作用下，对流混合区与非对流混合区还会出现扩散混合的现象。扩散混合区的宽度取决于原子的扩散系数，若原子扩散系数较大，对流混合区的成分甚至可以沿液化晶界扩散至部分熔化区，相应地，扩散混合区右侧边界将进入部分熔化区。然而，虽然非对流混合区的元素成分向对流混合区也会存在液态扩散，在熔池的强对流作用下，其成分也会迅速地均匀化，不会出现大范围单纯的扩散混合现象。在焊缝凝固后，处于高温状态的非对流混合区可能会向对流混合区发生一定的固态扩散，但其范围较窄。

实际上，对于一个具体的焊接接头的熔合区，其三个组成结构有时并不是同时存在的。特别是部分熔化区，主要取决于固相线与液相线的宽度。熔合区具体由哪几种结构组成，主要依赖于母材的化学成分、填充材料的成分、焊接工艺条件以及焊缝方法等。

2.3.2.2 熔合区的性能损伤

熔合区是焊接接头比较脆弱的区域，经常会出现液化裂纹和强度与韧性损伤等问题。

A 液化裂纹

液化裂纹是熔合区最容易出现的焊接缺陷之一，熔合区典型液化裂纹形貌见图 2-36。

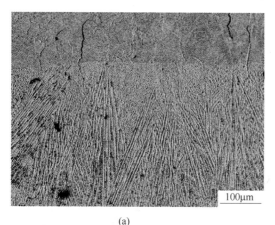
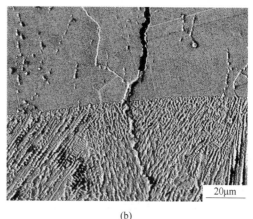

(a)　　　　　　　　　　　　　　　(b)

图 2-36　GH909 高温合金激光焊近缝区液化裂纹
（a）低倍；（b）高倍

高温液化裂纹是指近缝区部位在焊接热循环峰值温度的作用下，由于被焊金属晶界含有较多的低熔共晶而被重新熔化，在拉应力作用下沿晶界发生开裂而形成的一种裂纹。液化裂纹在被焊金属固相线稍低的温度形成，主要发生在含有铬镍的高强钢、奥氏体钢，以及某些镍基合金的近缝区或多层焊层间部位。

究其原因，当被焊母材杂质含量较高时，晶界容易形成较多的低熔杂质，如 FeS（熔点 1190℃）、Ni_3S（熔点 645℃）、Fe_3P（熔点 1160℃）、Ni_3Si_2（熔点 1150℃）等，近缝区晶界的这些低熔杂质在焊接热循环作用下往往会重新熔化而引发液化裂纹。由液化裂纹的形成机理可以推知，液化裂纹的产生主要与合金成分及其纯度有关。当母材中的硫、磷、硅、碳偏高时，液化裂纹的倾向将显著增大；合金元素含量较高的高强钢、奥氏体钢、镍基合金及铝合金等通常具有较大的液化裂纹倾向。

B 强度与韧性损伤

一般地，部分熔化区的液化成分在凝固过程中会发生严重的偏析，导致弱化的部分熔化区组织是由软的贫溶质相与脆而硬的共晶相相互毗邻而组成的混合组织。在拉伸载荷的作用下，贫溶质相由于固溶强化水平的降低，在很小的变形抗力下发生屈服，而共晶相则发生了严重的脆性断裂。例如，在 2219 铝合金熔化极气体保护焊焊缝部分熔化区的液化现象中，在紧邻富铜晶界共晶一侧存在一层贫铜的 α 相带，而且在晶粒内部的每个富铜共晶颗粒周围还存在一个贫铜的 α 相环。显微硬度研究结果表明，贫铜 α 相明显比富铜的低熔点相软。

图 2-37 为在垂直于轧制方向上进行焊接的结构拉伸试验结果。从图中可以看出，焊接接头无论在最大载荷还是在延伸率等指标上均低于其相应的母材。从图中还可以看出，

共晶断裂或者发生在共晶的晶界，或者发生在晶内的大尺寸共晶颗粒内部。图中所发生的焊接接头载荷的起伏可能与共晶的断裂有关。

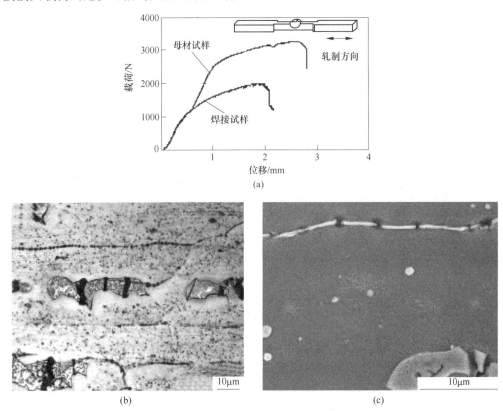

图 2-37　垂直于轧制方向上 2219 铝合金熔化极气体保护焊抗拉测试结果

2.4　焊接热影响区

2.4.1　焊接热影响区的概念与组织转变特点

在焊接集中热源的作用下，焊缝两侧不同位置经历着不同的焊接热循环，见图 2-38。离焊缝边界越近，其加热峰值温度越高，且加热速度和冷却速度也越大，焊缝两侧固态母材将发生不同程度的组织与性能的变化，这种变化对焊接接头的性能会产生较大的影响。一般地，焊缝两侧的固态母材发生明显的组织或性能变化的区域，称为焊接热影响区。焊接热影响区与熔合区相邻，二者界线的峰值温度一般认为与材料的固相线相大致吻合。在焊接过程中，热影响区的显微组织发生了明显的变化，其性能有可能受到严重的损伤。根据不同的材料特性，热影响区可能发生软化、硬化、脆化等问题。

焊接过程中，焊接热源在形成焊缝的同时不可避免地使焊缝附近的母材经受了一次加热与冷却的热作用，使其发生明显的组织与性能转变。同传统的热处理过程相比，焊接热循环具有加热速度快、峰值温度高、高温停留时间短和冷却速度快等特征，见图 2-38，这使得热影响区的组织转变具有一些新的特点。

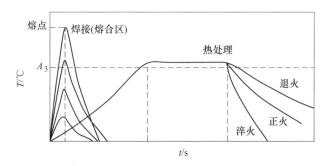

图 2-38　焊接热循环与热处理热循环比对示意图

（1）组织转变的非平衡性。焊接过程具有极高的加热/冷却速度，导致焊接热影响区的组织转变呈现严重的非平衡性。一般情况下，材料的相变需要一定的孕育期，如铁素体或珠光体向奥氏体的转变过程。在快速加热的条件下，来不及完成相变过程所需的孕育期，势必造成相变温度的提高。所以，在快速加热过程中材料相变温度将向高温推移。例如，钢在加热过程中，加热速度越快，A_{c1} 和 A_{c3} 越高，二者的差也越大（图 2-39）。

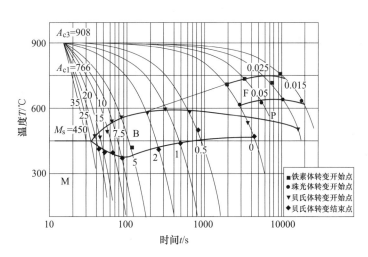

图 2-39　Q390 钢焊接 CCT 曲线图

在冷却过程中，材料相变温度向低温推移，可形成非平衡组织。例如，钢在奥氏体均质化程度相同的情况下，随着焊接冷却速度的加快，钢铁材料的相变温度 A_{c1}、A_{c3} 以及 A_{cm} 均降低。也就是说，焊接冷却过程中的组织转变也不同于平衡状态下的组织转变，转变过程向低温推移。同时，在快冷的条件下，共析成分也发生变化，甚至得到非平衡状态的伪共析组织。

（2）组织转变的不均匀性。焊接是一种局部加热过程，焊接温度场的分布极不均匀，接近焊缝一侧峰值温度高且冷却速度快，远离焊缝时峰值温度低且冷却速度较慢。由于峰值温度的不同，有可能导致不同程度的组织转变，例如，在低碳钢的焊接热影响区，从熔合区一侧起依次可能得到粗晶区、细晶区和部分细晶区。冷却速度的不同，使得在易淬火钢的焊接热影响区产生不同的程度淬硬区，如完全淬火区、不完全淬火区和回火区。

（3）成分分布的不均匀性。由于焊接加热速度快，高温停留时间短，不利于扩散过程的充分进行，热影响区的成分分布有可能出现较大程度的不均匀性。例如，如钢加热到A_{c3}以上，将发生奥氏体过程，一些在奥氏体晶粒内部的碳化物将发生溶解过程，成分将逐渐发生均匀化扩散。但是在焊接条件下，一方面有可能导致碳化物的不完全溶解，另一方面也可能导致成分均匀化不够充分。

（4）组织转变的复杂性。焊接热影响区组织转变的非平衡性导致材料的相变温度发生推移，而且在冷却过程中会形成非平衡组织。非平衡组织的转变依赖于冷却速度，而焊接过程中的冷却速度并不完全可控，且在热影响区范围内并不完全一致。成分分布均匀化程度受到焊接加热过程的影响，因而加热过程必然也会对冷却过程的组织转变产生影响。因此，热影响区组织转变的非平衡性与不均匀性特点决定了热影响区组织转变过程非常复杂，甚至难于判断。例如，焊接热循环的作用下，熔合线附近的晶粒因过热而粗化，增加了奥氏体稳定性，使淬硬倾向增大；另外，钢中的碳化物由于加热速度快、高温停留时间短而不能充分溶解在奥氏体中，降低了奥氏体的稳定性，使淬硬倾向有所降低。正是由于这两方面的共同作用，使冷却过程中马氏体转变临界冷却速度发生变化，焊接连续冷却组织转变图（CCT图）上的M_{S}点附近的曲线右移或左移（图2-39）。

2.4.2　焊接热影响区组织转变

焊接热影响区在热循环的作用下，将发生明显的组织转变过程，进一步引起其力学性能的变化。因此，研究热影响区的组织转变对焊接热影响区的组织与力学性能的控制具有极其重要的意义。钢铁材料是当今人类应用最广泛、组织转变最为复杂，同时也是人们认识最透彻的一种材料，因此本节以钢铁材料为例，对其热影响区的组织转变进行讨论。

（1）不易淬火钢焊接热影响区组织转变（图2-40）。

1）不完全重结晶区（又称不完全正火区、部分相变区和部分细晶区）。在焊接过程中，该区对应于焊接热循环峰值温度在A_{c1}到A_{c3}之间的区域，普通低碳钢约为750~900℃。该区特点为，只有部分金属经受了重结晶相变，剩余部分为未经重结晶的原始铁素体晶粒。因此，该区的组织为在未经重结晶的粗大铁素体之间分布着经重结晶后形成的细小铁素体和粒状珠光体的混合组织。

2）重结晶区（又称正火区或细晶区）。对普通的低碳钢来说，该区加热到的峰值温度范围在A_{c3}到晶粒开始急剧长大以前的温度区间，大约在900~1100℃，该区的组织特征是由于在加热和冷却过程中经受了两次重结晶相变的作用，使晶粒得到显著的细化。对于不易淬火钢来说，该区冷却下来后的组织为均匀而细小的铁素体和珠光体，相当于低碳钢正火处理后的细晶粒组织。因此，该区具有较高的综合力学性能，甚至优于母材的性能。

3）过热区（粗晶区）。该区紧邻熔合区，它的温度范围包括从晶粒急剧长大的温度开始一直到固相线温度，对普通的低碳钢来说，大约在1100~1490℃。由于加热温度很高，特别是在固相线附近处，一些难熔质点（如碳化物和氮化物等）也都溶入奥氏体，因此奥氏体晶粒长得非常粗大。这种粗大的奥氏体在较快的冷却速度下形成一种特殊的过热组织——魏氏组织。魏氏体组织是由结晶位向相近的铁素体片形成的粗大组织单元，严重

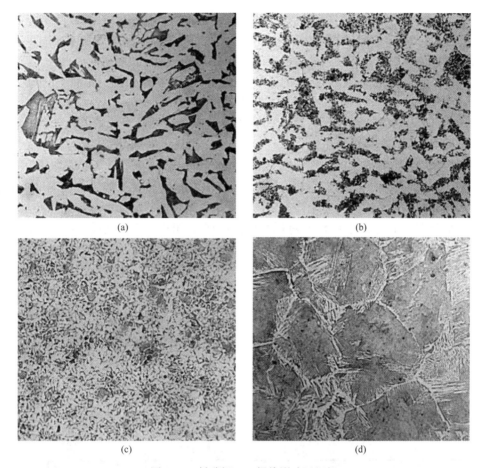

图 2-40　低碳钢 TIG 焊热影响区组织

（a）母材；（b）部分重结晶区；（c）完全重结晶区；（d）过热区

地降低了热影响区的韧性。

（2）易淬火钢焊接热影响区组织转变（图 2-41）。

1）回火区。焊前处于调质态或淬火态的母材，焊接热循环峰值温度低于 A_{c1}，但高于原来调质处理的回火温度的区域称为回火区。焊前是完全淬火态时，距焊缝越近的点，经历的峰值越高，回火作用越大，硬度越低。焊前是调质状态时，组织和性能发生的变化程度取决于焊前调质状态的回火温度，峰值温度低于回火温度的区域其组织性能不发生变化；峰值温度高于回火温度的区域将会出现软化现象。

2）不完全淬火区。在焊接过程中，近缝区的峰值温度被加热到 $A_{c1} \sim A_{c3}$ 时，铁素体基本上不发生变化，只有珠光体及贝氏体等转变为含碳量较高的奥氏体。当焊接冷却速度较快时，奥氏体转变为马氏体；当焊接冷却速度较慢时，也可能形成铁素体与碳化物构成的中间体，这种发生不完全淬火的区域称为不完全淬火区。不完全淬火区相当于不易淬火钢中的不完全重结晶区。

不完全淬火区组织转变机理在加热阶段与上述不完全重结晶区域类似，其组织转变主要取决于冷却速度，但是该区域的冷却速度较过热区略低。在不完全淬火区的各类组织中，由于马氏体是由含碳量较高的奥氏体转变而来，因而它属于高碳马氏体，具有又脆又硬的性质。因此，不完全淬火区的脆性也较大，韧性较低，仅次于完全淬火区中的过热区。

3）完全淬火区。易淬火钢在焊接过程中近缝区的峰值温度被加热到 A_{c3} 以上时，将彻底进行了奥氏体转变，在焊接快冷后形成的淬火组织的区域，称为完全淬火区。该区域包括了相当于不易淬火钢焊接热影响区的过热区和正火区（重结晶区）两部分，分别称为粗晶淬火区和细晶淬火区。其中，在粗晶淬火区，由于晶粒严重长大以及奥氏体均质化程度高，而增大了淬火倾向，易于形成粗大的马氏体组织；在细晶淬火区，由于淬火倾向较低，而能够形成细小的马氏体组织。

实际上，易淬火钢完全淬火区的转变机理在加热阶段与不易淬火钢的重结晶区和过热区几乎完全相同，所不同的是在冷却阶段完全淬火区的组织转变依赖于冷却速度。由于焊接热输入和冷却速度的不同，完全淬火区还有可能得到少量的贝氏体。因此，完全淬火区的组织特征是粗细不同的马氏体与少量的贝氏体的混合组织，它们同属马氏体类型。

在完全淬火区内，过热区部分的粗大马氏体组织决定了该区具有较高的硬度、较低的塑性与韧性，并使该区成为易淬火钢焊接接头中性能较差、易于出现焊接缺陷的一个薄弱环节。因此，在分析焊接热影响区淬硬倾向和脆化倾向时，通常都以过热区部分为具体的研究对象。

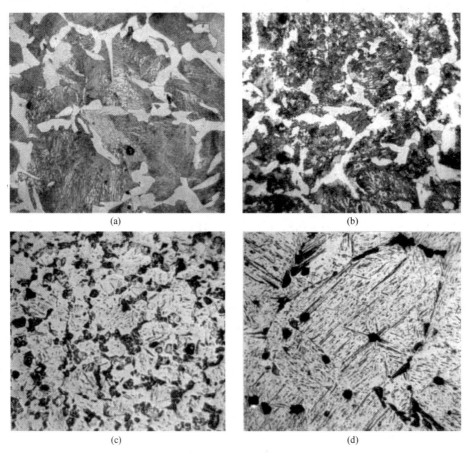

图 2-41   中碳钢 TIG 焊热影响区组织
（a）母材；（b）不完全淬火区；（c）细晶完全淬火区；（d）粗晶完全淬火区

2.4.3　焊接热影响区的性能损伤

焊接热影响区的性能损伤主要包括软化、硬化和脆化等。由于焊接热影响区范围小，各处性能又极不均匀，为了方便起见，常用硬度的变化来判定热影响区的性能变化。硬度高的区域，强度也高，塑性与韧性下降，测定热影响区的硬度分布可以间接估计热影响区的强度、塑性和裂纹倾向等影响硬度的因素。

2.4.3.1　焊接热影响区软化

（1）硬度分布。钢的焊接热影响区的硬度与钢本身的材质和焊前热处理工艺有关。对于易淬火的调质钢而言，为获得良好的综合力学性能，通常采用调质处理，即淬火+回火的热处理工艺。因此，这类钢在焊接过程中，若在近缝区的峰值温度高于焊前回火温度的局部区域，则有可能会出现软化现象。如图 2-42 所示为低合金钢不同处理状态下焊接接头的硬度分布。在图中可以明显地看出在接近焊缝区域，由于其峰值温度高且冷却速度快，发生了较强的淬硬倾向。但是热影响区的峰值温度在 A_{c1} 附近时，根据不同的热处理状态，将出现不同程度的软化倾向。若焊前为退火状态，则热影响区不出现软化区域；若焊前为淬火+回火处理状态，则焊接热影响区的硬度降低的程度和范围随回火温度降低而增大。因此，低合金调质钢的焊接热影响区具有一定的软化倾向，造成了接头强度的损失，而且软化程度随着母材焊前强化程度的增加而增大。

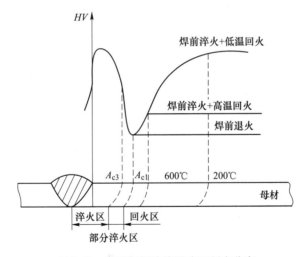

图 2-42　低碳钢焊接热影响区硬度分布

（2）防止措施。一般地，钢的回火软化程度取决于回火温度与回火时间。焊后重新进行调质处理可以将钢热影响区的性能恢复到焊前水平。但是，很多大型的结构件没有办法进行焊后热处理，采用合适的焊接方法和焊接工艺就成为必然选择。钢的回火软化程度和软化区的宽度与焊接线能量、焊接方法有很大关系。一般地，线能量越小，加热冷却速度越快，受热时间越短，软化程度越小，软化区的宽度越窄。

2.4.3.2　焊接热影响区硬化

（1）硬度分布。硬化是钢焊接热影响区的一个比较普遍的现象。

热影响区硬化可以明显地提高热影响区冷裂倾向，脆性增大。如图 2-43 为

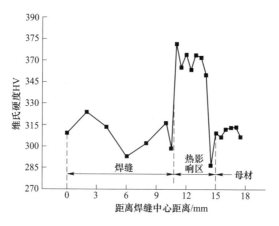

图 2-43　10Ni5CrMoV 钢接头的硬度分布

10Ni5CrMoV 钢焊接接头的硬度分布，图中可以明显地看出，在热影响区发生了硬化现象。对于易淬火钢在正火或退火条件下焊接，其热影响区的淬火区必然会发生较大的淬硬倾向，这种淬硬倾向与回火软化恰恰相反，焊前强化程度越低，淬硬倾向也就越明显。

　　钢的热影响区的淬硬倾向，必然会造成热影响区脆性及冷裂敏感性的增大，因此常用热影响区的最高硬度 H_{max} 来间接判断热影响区的性能。焊接热影响区的最高硬度主要取决于被焊钢材的化学成分和冷却条件。因此，可将 H_{max} 写成碳当量 C_{eq} 和冷却时间 $t_{8/5}$ 的函数，即

$$H_{max} = f(C_{eq}, \quad t_{8/5}) \tag{2-15}$$

　　碳当量 C_{eq} 是将钢中包含碳在内的所有合金元素，按其对淬硬倾向的影响程度，认为折算成相当于碳的影响而得到的一个量值，即

$$C_{eq} = \sum_{i=1}^{n} c_i w_i \tag{2-16}$$

式中，w_i 和 c_i 分别是某合金元素的质量分数和碳当量系数。由于各个国家采用的合金体系以及试验方法不同，因此给出了不同系列的碳当量系数 c_i，使用时应根据具体情况加以合理选择。表 2-11 给出了常见碳当量的计算公式。应该指出不同的碳当量公式具有不同的适用范围，详见相关参考文献。例如，国际焊接学会（IIW）推荐的 C_E 主要适用于中、高强度的非调质合金高强钢 $\sigma_b = 500 \sim 900MPa$。当 $C_E(IIW) < 0.40\%$，且板厚小于 20mm 时，钢材淬硬倾向不大，焊接性良好；而当 $C_E(IIW) = 0.40\% \sim 0.60\%$，特别当大于 0.5% 时，钢材易于淬硬，焊接性能较差。

表 2-11　碳当量计算公式

c_i	C	Si	Mn	Cu	Ni	Cr	Mo	V	B
C_E（IIW）	1	—	1/6	1/15	1/15	1/5	1/5	1/5	—
P_{cm}	1	1/30	1/20	1/20	1/60	1/20	1/15	1/10	5
C_{eq}（WES）	1	1/24	1/6	—	1/40	1/5	1/4	1/14	
$D_{2.6}$（Düeren）	1	1/25	1/16	1/16	1/60	1/20	1/40	1/15	
C_{ES}（Stout）	1	—	1/6	1/40	1/20	1/10	1/10	—	

（2）防止措施。除进行焊后回火处理外，对于不能进行热处理的工件，可以采用预热的办法或采用较大的热输入方法来降低母材的淬硬倾向。但是对于某些调质钢来说，在焊接的热影响区可能又同时存在着软化问题，因此，在选择焊接工艺过程中要同时考虑硬化和软化两方面的因素。

2.4.3.3 焊接热影响区脆化

韧性是指材料在塑性应变和断裂全过程中吸收能量的能力，它是强度和塑性的综合表现。材料的韧性越高，意味着材料的脆性越小，抵抗冲击破坏的能力也就越强。材料的韧性可以用冲击韧性或韧-脆转变温度来表征。冲击韧性可反映金属材料对外来冲击负荷的抵抗能力，一般由冲击韧性值（a_K）和冲击功（A_K）表示，其单位分别为 J/cm^2 和 J。一般地，冲击韧性值或冲击功越大，材料的韧性也越高。韧脆转变温度为温度降低时金属材料由韧性状态变化为脆性状态的临界温度。韧脆转变温度越低，材料在韧性条件下服役的温度越宽，材料的韧性也越高。

焊接热影响区的脆化是焊接接头力学性能损伤的最重要表现之一。焊接热影响区是组织分布极其不均匀的区域，这种组织的不均匀性必然会导致韧性的不均匀。图 2-44 所示为 16Mn 钢焊接热影响区脆性转变温度分布。可以看出，在整个焊接接头，细晶区（峰值温度 900℃ 左右）的韧性最好，过热粗晶区的韧性最差，同时存在峰值温度较低的时效脆化区。根据被焊钢种的不同和焊接时的冷却条件不同，在焊接热影响区可能出现不同的脆性组织。这些脆性组织需要根据具体的焊接条件与材料成分进行具体判断。大体上来说，焊接热影响区的脆化有多种类型，如粗晶脆化、组织脆化、析出脆化、热应变时效脆化等。

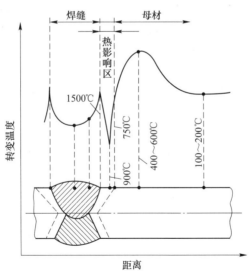

图 2-44　16Mn 钢焊接热影响区脆性转变温度分布

（1）粗晶脆化。粗晶脆化是指焊接热影响区因晶粒粗大而发生韧性降低的现象。焊接过程中由于受热的影响程度不同，在焊接热影响区靠近熔合线附近的过热区将发生严重的晶粒粗化。晶粒直径 d 与脆性转变温度 V_{Trs} 的关系见图 2-45。从图中可以明显地看出，晶粒越粗大，则脆性转变温度越高，也就是脆性增加。

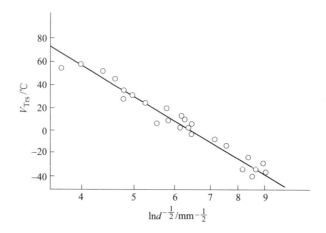

图 2-45   晶粒直径 d 与脆性转变温度 V_{Trs} 的关系

母材的化学成分是影响晶粒长大的本质因素。由于晶粒长大是相互吞并、晶界迁移的过程，如果钢中含有 Nb、Ti、Mo、V、W、Cr 等氮化物或碳化物强形成元素，就会阻碍晶界迁移，防止晶粒长大。例如，18Cr2WV 钢，含 Cr、W、V 等合金元素，晶粒长大受到抑制；而 23Mn 和 45 钢，不含碳化物元素，加热超过 1000℃ 时晶粒显著长大。晶粒越粗，脆性转变温度越高，脆性增加。

（2）组织脆化。组织脆化是指焊接热影响区因形成脆硬组织而引起韧性降低的现象，具有包括片状马氏体脆化、M-A 组元脆化、遗传脆化等。

1）片状马氏体脆化。对于不易淬火的低碳钢和某些低合金钢来说，焊接热影响区即使出现马氏体，一般也是韧性较好的板条马氏体，不会使脆性增加；而对于易淬火的低碳调质钢、中碳钢和中碳调质钢来说，焊接热影响区很容易出现又脆又硬的片状马氏体（图 2-46），从而引起脆化。

片状马氏体的出现与采用的焊接冷却速度密切相关。一般来讲，冷却速度越大，越容易形成片状马氏体，脆化倾向越大。因此，单纯从减小这种脆化倾向出发，应采用较高的焊接热输入，以降低冷却速度过高带来的不利影响；但焊接热输入较高时，会增大粗晶脆化倾向，因此应采用适中的热输入，最好是配合预热及缓冷措施。

2）M-A 组元脆化。某些低合金钢的焊接热影响区处于中温上贝氏体的转变区间，先析出含碳很低的铁素体，并且逐渐扩大，而使碳大部分集富到被铁素体包围的岛状残余奥氏体中去。当连续冷却到 400~350℃ 时，残余奥氏体的碳浓度可达 0.5%~0.8%，随后这些高碳奥氏体可转变为高碳马氏体与残余奥氏体的混合物，这种组织即 M-A 组元（图 2-47）。M-A 组元是焊接低合金高强钢时在中等冷却速度条件下形成的，出现在焊缝和焊接热影响区的基体上，具有粒状或块状的高碳奥氏体小岛，可转变为 M-A 组元。残余奥氏体增碳后易于形成高碳马氏体，裂纹沿 M-A 组元的边界扩展。M-A 组元存在时，成为潜在的裂源。焊后回火热处理有助于 M-A 分解，改善焊接热影响区的韧性。

M-A 组元的形成及数量与钢的合金成分、合金化程度以及冷却速度有关。在合金成分简单、合金化程度较低的钢中，奥氏体的稳定性较小，不会形成 M-A 组元，而是分解为铁素体和碳化物。在含碳量和合金成分高的钢中，易于形成片状马氏体；只有在低碳低合

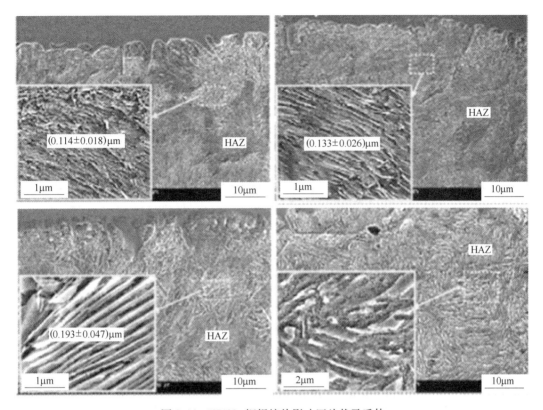

图 2-46　U71Mn 钢焊接热影响区片状马氏体

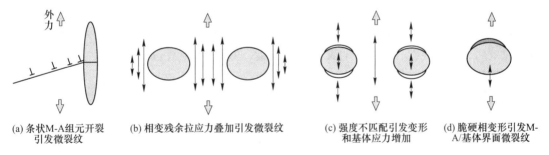

(a) 条状M-A组元开裂　(b) 相变残余拉应力叠加引发微裂纹　(c) 强度不匹配引发变形　(d) 脆硬相变形引发M-
　　引发微裂纹　　　　　　　　　　　　　　　　　　和基体应力增加　　　　A/基体界面微裂纹

图 2-47　M-A 组元诱发开裂机制

金钢中，并且冷却速度在中等范围内，才能形成 M-A 组元。如图 2-48（a）所示，当冷却速度较高或冷却时间较短时，主要形成片状马氏体；随着冷却速度的降低或冷却时间的增加，M-A 组元的数量不断增加；当冷却速度较小或冷却时间较长时，奥氏体会分解为铁素体和碳化物，因而 M-A 组元反而会减少。相应的 M-A 组元的数量对脆性转变温度的影响见图 2-48（b）。可以发现，随着 M-A 组元的增多，脆性转变温度迅速升高，即 HAZ 发生脆化。应该指出，在长冷却时间时，虽然 M-A 组元发生分解，但是由于此时晶粒过渡长大，热影响区的脆性仍然很高是由粗晶脆化所致。

　　3）组织遗传脆化。厚板结构多层焊时，若第一焊道的 HAZ 粗晶区位于第二道的正火区（相变重结晶区），按一般的规律，粗晶区的组织将得到细化，从而改善了第一粗晶区

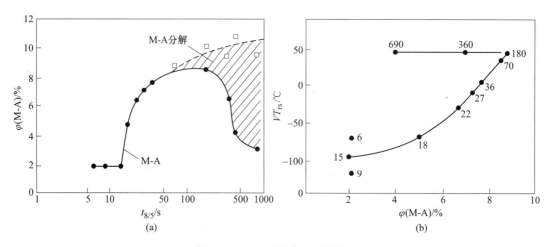

图 2-48   M-A 含量与 $t_{8/5}$ 的关系

（a）M-A 组元含量随冷却时间的变化；（b）M-A 组元含量对脆性转变温度的影响

的性能。但某些钢种实际上并未得到改善，仍保留粗晶组织和结晶学取向，这种现象称为"组织遗传"（包括粗晶和组织），有这种遗传而引起的脆化称为遗传脆化，又称局部脆化。

一般情况下，在加热调质钢时，奥氏体的形成可有两种不同的机制，即有序转变和无序转变。由于非平衡组织从奥氏体中是按有序转变生成马氏体或贝氏体，因此，在快速加热情况下，它们又很容易按有序转变生成奥氏体。新形成的奥氏体与原始非平衡组织有一定的位相关系，因而就使得新形成的奥氏体继承了原奥氏体晶粒的大小、形状和取向，这便是组织遗传现象。

（3）时效脆化。时效脆化是指焊接热影响区在 A_{c1} 以下的一定温度范围内，经一定时间的时效后，因出现碳、氮原子的聚集或析出碳、氮的化合物沉淀相而发生的脆化现象，具体包括热应变时效脆化和相析出脆化。

1）热应变时效脆化。钢材的焊接过程中，在热影响区上处于 200~400℃ 温度范围内的区域，由于承受热应变而引起碳、氮原子向位错移动，经一定时间的聚集，在位错周围形成对位错产生钉扎作用的"柯氏"气团（图 2-49），从而造成该区域的脆化，即所谓的热应变时效脆化。

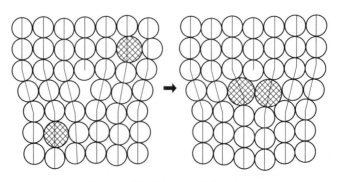

图 2-49   "柯氏"气团形成示意图

热应变时效脆化一般发生在峰值温度 A_{c1} 以下的亚热影响区中，该区域有时会被称为蓝脆区。由于低碳钢或碳锰系低合金钢中含有较多的自由氮原子，因而他们的热应变时效脆化倾向较大；当钢种含有较多的 Ti、Al 及 V 等强碳化物和氮化物强形成合金元素时，可明显减小这种时效脆化倾向。因此，当焊接没有 Ti、Al 及 V 等合金元素的低碳钢和碳锰系低合金钢时，要特别重视 A_{c1} 以下亚热影响区中的蓝脆问题，在工艺上要设法降低蓝脆区的宽度以及这个温区的停留时间。

2）相析出时效脆化。在钢材的焊接过程中，在热影响区上温度处于一定范围内（一般为 $400 \sim 600℃$）的区域，由于快速冷却造成了碳和氮的过饱和而处于不稳定状态，经一定时间的时效后，在晶界析出对位错运动产生阻碍作用的碳化物和氮化物沉淀相，从而造成热影响区的脆化，即所谓的析出相时效脆化（图 2-50）。

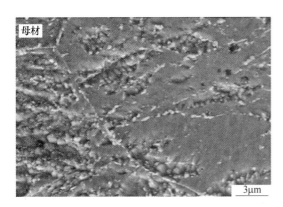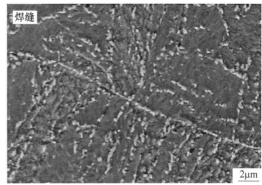

图 2-50 P92 钢焊接热影响区和焊缝析出相

一般来讲，热影响区中的碳和氮的过饱和程度越大，析出相时效脆化越明显。但应指出，当沉淀相以弥散而细小的质点分布于晶内时，它们并不会增加脆性，反而对韧性有利；只有当沉淀相分布于晶界，并发生聚集或以膜状分布时，才会成为脆化的源头。

2.5 3D 打印激光选区熔化成形原理

选区激光熔化技术是 3D 打印技术中的重要组成部分，其采用了快速成形的基本原理，即先在计算机上设计出零件的三维实体模型，然后通过专用软件对该三维模型进行切片分层，得到各截面的轮廓数据，将这些数据导入快速成型设备，设备将按照这些轮廓数据，控制激光束选择性地熔化各层的金属粉末材料，逐步堆叠成三维金属零件（图 2-51）。

2.5.1 激光与材料作用的物理基础

激光是原子系统在受激放大过程中产生的一种高强度的相干光。利用激光的高能光束对材料进行有选择扫描，使材料吸收能量后温度迅速升高，即可实现金属粉末材料的激光加工。

激光与材料相互作用时，遵循能量守恒定律

$$E_0 = E_{反射} + E_{吸收} + E_{透射} \tag{2-17}$$

式中，E_0 为入射到材料表面的激光能量；$E_{反射}$ 为被表面粉末材料反射的激光能量；$E_{吸收}$ 为被表面粉末材料吸收的激光能量；$E_{透射}$ 为激光透过表面粉末材料后仍保留的能量。

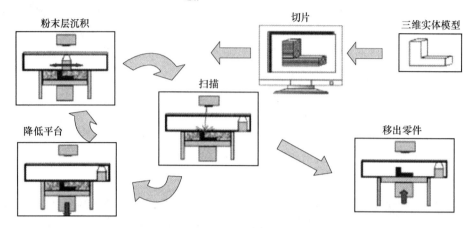

图 2-51　激光选区熔化成形原理示意图

对于不透明材料，透射率能量为 0，有

$$1 = \frac{E_{反射}}{E_0} + \frac{E_{吸收}}{E_0} \tag{2-18}$$

式中，$E_{反射}/E_0$ 为反射率 R；$E_{吸收}/E_0$ 为吸收率 A。

随穿透路程的增加，光强按指数规律衰减，深入表面以下处的光强为

$$I(x) = I_0 e^{-\alpha x} \tag{2-19}$$

式中，I_0 为表面（$x=0$）处的透射光强；α 为材料的吸收系数。如把光在材料内的穿透深度定义为光强降至 I_0/e 时的深度，则穿透深度为 $1/\alpha$，趋肤深度为 δ。激光对金属的趋肤深度很薄，从波长 $0.25\mu m$ 的紫外光到 $10.6\mu m$ 红外光，趋肤深度仅为 10nm 数量级。

金属对激光的吸收与波长、材料性质、温度、表面状况、偏振特性等一系列因素有关。

（1）波长的影响。在可见光及其邻近波长区域，不同金属材料的反射率呈现出错综复杂的变化，但是在红外光区（$\lambda > 2\mu m$），金属的反射率都表现出共同的规律性。如图 2-52 所示，当激光波长大于 $2\mu m$ 时，随着波长的增加，金属材料对激光的反射率逐步上升。

（2）激光功率的影响。材料对激光的吸收率随着激光功率的变化而变化。如激光功率在 $100 \sim 500W$ 范围内，随着激光功率的增加，钨对激光的吸收率先下降后上升，铝对激光的吸收率先变化不大而后上升，316L 不锈钢对激光的吸收率先上升后达到稳定，见图 2-53。

（3）偏振的影响。光为横波，由相互垂直并与传播方向垂直的点振动和磁振动组成，电场矢量 E 决定了光的偏振方向。根据电场矢量的振动方向与入射面的方位关系，光可分为与入射面的方位平行的 P 偏振光和与入射面的方位垂直的 S 偏振光（图 2-54）。

金属对激光的吸收率与激光偏振和角度的依赖关系为：

$$A_p(\theta) = 1 - R_p(\theta) = \frac{4n\cos\theta}{(n^2 + k^2)\cos^2\theta + 2n\cos\theta + 1} \tag{2-20}$$

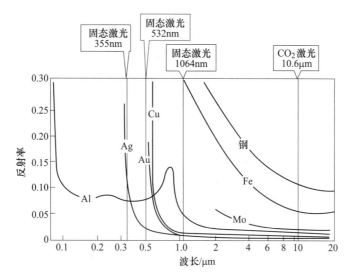

图 2-52　不同金属材料对激光的吸收率

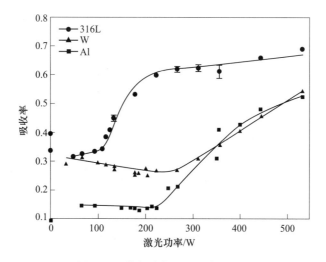

图 2-53　激光功率对吸收率的影响

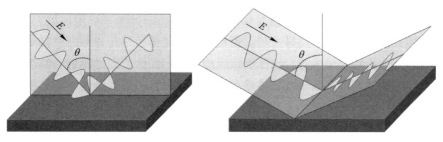

图 2-54　P 偏振光和 S 偏振光

$$A_{\mathrm{s}}(\theta) = 1 - R_{\mathrm{s}}(\theta) = \frac{4n\cos\theta}{(n^2 + k^2) + 2n\cos\theta + \cos^2\theta} \tag{2-21}$$

对于平行偏振光，吸收率与入射角的依赖关系表现在布儒斯特角时吸收率具有最大值，而在 0° 和 90° 时有最小值。垂直偏振光则相反，随着入射角的增大，吸收率持续下降。

（4）表面状态的影响。金属在高温条件下形成的氧化膜会使吸收率提高，各种表面涂层也是提高吸收率的重要方法。粗糙的表面有利于激光吸收率的提高，但当温度接近于熔点时，吸收率将下降至理想表面的吸收率；抛光表面与理想表面的反射率一致，处理过的反射率降低，氧化表面反射率最低（图 2-55）。相比于块状材料，当激光作用于金属粉末时，由于粉末颗粒表面粗糙和颗粒间存在空隙带来的多次反射效应，光线在粉末中的透射深度大于在块体中的值，粉末系统吸收的能量也大于块体吸收的能量，且吸收能量最多处不是粉末的表面，而是距表面一定深度处。

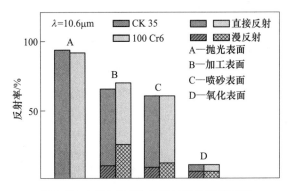

图 2-55　不同表面处理钢对激光的反射率

2.5.2　激光选区熔化成形的传热学理论

热传导、热对流和热辐射是热传递的三种基本方式。在激光选区熔化成形过程中，这三种热传递方式往往同时存在。激光与粉末材料相互作用时以热辐射为主，熔化的粉末材料内部、粉末材料与外界之间存在热对流，未熔化粉末颗粒之间、气相与粉末颗粒间以热传导的形式进行热传递，因此，激光选区熔化成形涉及各种传热方式，是一种复合传热过程。

在激光选区熔化成形过程中，激光照射在粉床表面，能量被粉末材料吸收，部分热量传导至粉床内部；部分在表面由于辐射传热或对流换热而外逸至周围环境。在粉末内部，多种热传导机理决定了热量的传导过程：颗粒内部的热传的热传导→通过接触点附近气体层的热传导→气体内热传导→穿过固体颗粒间接触面→固体表面的辐射→邻近孔隙间的辐射传热。由于气体热导率远低于金属热导率，因此，颗粒间的接触热导率在粉床的有效热导率中占主导地位。

如 2.2.1 节所述，不同金属材料的热导率 λ 和容积比热容 ρc_p 存在较大差异，因此，当不同种类的金属粉末在吸收激光辐射能量后，热量向热源未作用区域（内层区域和周围区域）的扩散行为存在较大差别，进而对温度场的分布产生显著的影响。一般而言，金属粉末的热导率 λ 越大、容积比热容 ρc_p 越小，则激光辐射区域能量越低，而热量传递范围越广。虽然金属粉末由于表面粗糙和颗粒间存在空隙带来的多次反射效应，导致粉末材料比相应的实体材料表现出更高的吸收率，但是相比于块体材料，金属粉末的热导率低，取决于粉末的致密度：

$$K = K_s \frac{\rho}{\rho_s} \tag{2-22}$$

式中，K_s 为在温度 T 时相应实体材料的热导率；ρ 为粉末密度；ρ_s 为相应实体材料密度。

　　在金属粉末激光成形实验中，粉末的密度一般只有相应实体材料密度的 20%～40%，其理论热导率只有相应实体材料的 20%～40%。实际上，金属粉末的实测热导率要比由上式计算出的值低得多，如实际测量铜粉的热导率为 0.24W/(m·K)，而金属铜的热导率为 399W/(m·K)，后者约为前者的 1663 倍。由于粉末的热导率低，熔化金属粉末比熔化金属块体需要更多的热量以及更长的时间。

2.5.3　激光选区熔化成形的微熔池熔化与凝固

　　激光选区熔化成形所采用的激光束直径通常为 100μm 左右，而激光器调制脉冲输出脉宽为 100～150μs，因此，在激光熔化金属粉末材料的过程中，激光与材料相互作用的区域非常小，形成的熔池尺寸在 100～200μm，称为微熔池。

　　在金属粉末的激光选区熔化成形过程中，单一粉末承受激光辐照时间极短，不超过 2.5ms，结合金属的热导率较高、散热较快的因素，粉末经历了瞬间熔化和瞬间凝固的变化过程。通常来讲，当金属粉末开始发生熔化并在达到完全熔化之前，即温度在 T_S～T_L 范围内，已经可以发生流动。但是，在该温度条件下，液体金属的流体团簇尺寸和簇流激活能均较高，液体金属的表面张力和黏度较大，难以实现有效流动。因此，对于金属粉末的激光选区熔化成形，完全熔化-凝固是唯一可行的机制。关于金属的快速融化、快速凝固过程的理论在第 1 章已经进行详细阐述。

　　粉末颗粒在激光照射下，温度升高，粉末原子振动幅度加大，发生扩散，接触面上有更多的原子进入原子作用力的范围，颗粒间的连接强度增大，即连接面上原子间的引力增大，形成黏结面，并且随着黏结面的扩大，原来的颗粒界面处形成熔化连接界面。单组分金属粉末的激光熔化成形过程一般可分为三个阶段：第一个阶段，部分颗粒表面局部熔化，粉末颗粒表面微熔液相使颗粒之间具有相互的引力作用，表面局部熔化的颗粒黏结相邻的颗粒，此时产生微熔黏结的特征；第二个阶段，金属粉末颗粒吸收能量进一步增加，表面部分熔化量相应增多，熔化的金属粉末达到一定量以后形成金属熔池，随着激光束的移动，在以体积力和表面力为主的作用力的驱动下，熔池内的熔体呈现相对流动状态，同时产生粉末飞溅；第三个阶段，熔体在熔池中对流，不仅加快金属熔体的传热，而且还将熔池周围的粉末黏结起来，进入熔池的粉末在流动力偶的作用下很快进入熔池内部。在沿激光移动方向的截面内，熔池前沿的金属颗粒不断熔化，后沿的液相金属持续凝固，随着激光束向前运动，在光束路径内逐步形成连续的凝固线条，实现成形（图 2-56）。

2.5.4　激光选区熔化成形的界面润湿行为

　　在激光选区熔化成形过程中，为了提高粉末的成形性，必须提高液体金属的润湿性，即液化金属在未熔粉末表面的润湿铺展能力。良好的润湿使层间结合致密，零件成形质量提高，润湿性较差时，液态金属难以均匀铺展，与基底的重熔深度减小，并降低微熔池稳定性，影响成形质量。

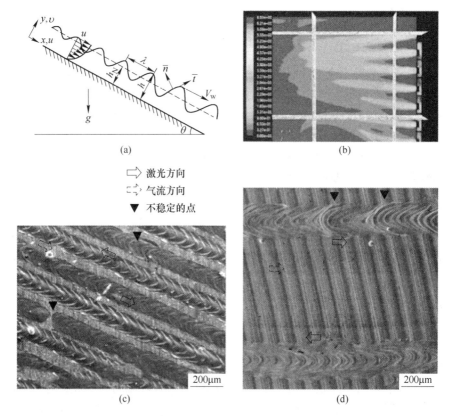

图 2-56　SLM 过程中液膜流动示意图（a）、设备中气流速度场（b）以及
气流剪切力对熔体流动稳定性的影响（c）和（d）

从润湿的概念上来看，根据液体与固体之间是否发生界面反应，可将润湿分为反应润湿和非反应润湿。在激光选区熔化成形过程中，金属或者合金粉末成分均匀，液体金属与未熔粉末表面界面反应较弱，甚至不会发生界面反应，因此，普遍认为其润湿体系为非反应润湿体系，润湿行为及机理可以采用经典 Young 方程进行分析：

$$\cos\theta = \frac{\sigma_{gs} - \sigma_{ls}}{\sigma_{gl}} \tag{2-23}$$

式中，θ 为润湿角；σ_{gl} 为液体金属的表面张力；σ_{gs} 为未熔粉末的表面张力；σ_{ls} 为液体金属与未熔粉末间的界面张力。很明显，随着液体金属表面张力和液体金属与未熔粉末间界面张力的减小，未熔粉末的表面张力增大，体系的润湿性有所改善。激光选区熔化成形中，任何影响到液体金属表面张力、未熔粉末的表面张力和液体金属与未熔粉末间的界面张力的因素，如温度、粉末成分、表面氧化物等，都将影响最终的体系润湿性。

2.5.4.1　温度的影响

一般而言，随着温度的上升，激光选区熔化成形体系的润湿性变好。温度对温度润湿性的影响从本质上来说是通过对液体金属表面张力的影响导致的。温度对表面自由焓的影响可由表面化学热力学普遍关系式，利用状态函数的全微分性质得到：

$$dG = -SdT + VdP + \sigma dA + \sum\mu_i dn_i \tag{2-24}$$

式中，G 为表面自由焓；T 为温度；P 为压力；σ 为表面张力；A 为表面面积；$\sum \mu_i dn_i$ 为与成分相关函数。在恒压条件下，且不考虑成分变化有：

$$dG = -SdT + \sigma dA \tag{2-25}$$

对上式进行全微分，可得：

$$dG = \frac{\partial G}{\partial T}dG + \frac{\partial G}{\partial A}dA \tag{2-26}$$

$$\frac{\partial G}{\partial T} = -S, \frac{\partial G}{\partial A} = \sigma \tag{2-27}$$

$$T\frac{dS}{dA} = -T\frac{\partial \sigma}{\partial T} \tag{2-28}$$

由于 $\frac{dS}{dA}$ 代表扩大单位面积时体系所吸收的热量，为正值，所以有 $\frac{\partial \sigma}{\partial T}<0$，即随着温度 T 的上升表面张力 σ 下降。

由式（2-28）可知，在温度变化范围不大时，表面张力随温度的升高而呈现下降趋势。这是一个普遍的关系，各种金属表面张力随温度变化的关系大体上可以归结为这种关系。但是表面张力随温度升高而下降的这种趋势也不是无限的，对液体来说，到"临界点"（即液-气相界面消失，气态与液态无法区分的温度）时，表面张力降低为 0。图 2-57 为铋的表面张力随温度变化的实测值。由图可见，不同氧分压条件下的数据虽然存在差异，但与温度之间都定性地满足线性关系。

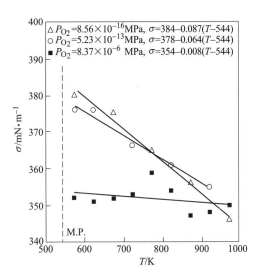

图 2-57　不同氧分压下铋的表面张力随温度变化的实测值

2.5.4.2　成分的影响

表面张力和界面张力是材料和材料体系本身的特性之一，反映了材料内部的原子对原子吸引力的强弱，因此，对不同的材料和材料体系来说，表面张力和界面张力显然是不同的（表 2-12），必然要影响到体系的润湿性。

表 2-12　不同液态合金体系中各组元的表面张力

体系（A-B）	温度/K	组元 A 表面张力/N·m^{-1}	组元 B 表面张力/N·m^{-1}
Ag-Bi	1373	0.896	0.316
Ag-Pb	1273	0.916	0.388
Ag-Sn	1250	0.903	0.496
Cu-Al	1373	1.326	0.803
Cu-Fe	1823	1.223	1.854
Cu-Ni	1823	1.185	0.740
Cu-Pb	1373	1.327	0.372
In-Pb	723	0.530	0.443
Sn-Fe	1913	0.436	1.600
Sn-Zn	723	0.8	0.533

2.5.4.3　表面氧化物的影响

在常规条件下，如果不进行预处理，大多数金属粉末表面都有一层氧化膜。氧化物的熔点一般都比较高，即使在激光条件下熔化，由于较大的流体团簇尺寸和簇流激活能，导致其表面张力值很低。因此，激光选区熔化时将导致 $\sigma_{sg} < \sigma_{sl}$，产生不润湿现象，表现为液体金属凝缩成球，无法在未熔粉末表面铺展。由此可见，在激光选区熔化成形之前必须对金属粉末进行去除氧化膜处理。

2.5.4.4　粉末状态的影响

由于粉末的实际表面并不是可以满足 Young 方程的理想表面，因此，粉末的表面状态必然影响熔化液体金属的润湿行为。

在润湿理论中，母材的表面粗糙度在许多情况下会影响到液相金属对它的润湿。将液滴置于粗糙表面，液体在固体表面上的真实接触角几乎是无法测量的，实验测得的只是其表观接触角。而表观接触角与界面张力的关系是不符合 Young 方程的，但应用热力学可以导出与 Young 方程类似的关系式，即威舍尔（Wenzel）方程：

$$cos\theta_e = \frac{\gamma(\sigma_{gs} - \sigma_{ls})}{\sigma_{gl}} \tag{2-29}$$

将 Wenzel 方程与 Young 方程比较可得：

$$\gamma = \frac{cos\theta_e}{cos\theta} \tag{2-30}$$

式中，θ 为具有原子（分子）水平平整表面上的接触角；θ_e 为在粗糙度为 γ 的表面上的接触角（表观接触角）；$\gamma \geqslant 1$ 为粗糙因子，定义为真实平面的表面积与理想平面的表面积之比。

由前式可以看出，当 $\theta < 90°$ 时，$\theta_e < \theta$，即表面粗糙化后较易被液体润湿，因此在粗糙金属表面上的表观接触角更小；当 $\theta > 90°$ 时，$\theta_e > \theta$，即表面粗糙化后的金属表面上的表观接触角更大，见图 2-58。

2.5.4.5　表面活性物质影响

在激光选区熔化成形过程中，当金属粉末为多元合金时，由于合金组分对界面张力的影响不同，使某种成分被有选择性地吸附（或排斥）到相界面上（或离开相界面）。根据最小自由焓原理，如果某成分能降低界面张力，则该成分一定会被吸附到界面上来，从而

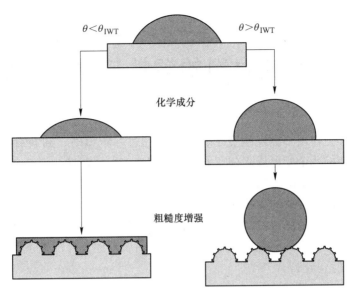

图 2-58　Wenzel 方程示意图

使该成分的表相浓度大于体相浓度，即为"正吸附"。反之，如果某成分使固/液相界面张力增大，则会被排斥离开相界面，从而使该成分的表相浓度小于体相浓度，为"负吸附"。

　　表面活性物质用量虽少，但其可以发生强烈的正吸附作用，使其富集于相界面，从而大大降低了界面张力，极大程度地改善了液态金属对未熔化粉末的润湿过程。因此，当激光选区熔化多元合金粉末时，第三类物质，即表面活性物质，具有重要意义。

练习与思考题

1. 什么叫作焊接温度场？什么叫作准稳态温度场？
2. 焊接热循环的特点、特征参数分别是什么？思考一下哪些因素会影响到焊接热循环。
3. 什么是焊接化学冶金系统？焊接化学冶金系统包括哪几个部分？
4. 氮对焊接质量有哪些影响？可以通过哪些方式控制焊缝中的含氮量？
5. 焊缝中氢致裂纹的形成与扩展机理是什么？可以采取哪些方式避免氢致裂纹的产生？
6. 综合分析熔化焊过程中的脱氧方式和各自的优缺点。
7. 讨论焊接参数对焊缝显微结晶形态的影响。
8. 简述焊缝中可能出现的偏析现象有哪几种？分别可以通过哪些方式避免焊缝金属中偏析的产生？
9. 不易淬火钢和易淬火钢的焊接热影响区分别包括哪几个区域？各区域会发生哪些性能损伤现象（如软化、硬化、脆化等）？
10. 某合金钢成分如下：C 0.15 wt. %，Cr 7.58 wt. %，Ni 1.46 wt. %，Mn 0.87 wt. %，V 0.15 wt. %，Cu 0.06 wt. %，Mo 0.25 wt. %，V 0.18 wt. %，该合金钢的碳当量是多少？
11. 金属对激光的吸收率受到哪些因素的影响？
12. 在激光选取熔化成形过程中，已熔化液体金属在未熔化粉末表面的润湿受到哪些因素影响？提出三种可以改善润湿性的方法。

3 金属材料的塑性与塑性变形机理

金属材料在外力作用下会发生变形，当外力超过一定值时，卸载后变形不能完全消失，而会留下一定的残余变形或永久变形，称为塑性变形。塑性变形是一种最常用材料加工的工艺方法。材料加工的目的有两个：一是改变材料的形状；二是改善其性能。材料经过塑性成形，使其具有需要的形状和性能，才能体现出它的价值。

为了达到有效地控制材料性能的目的，在现代缺陷理论的基础上，阐明金属塑性变形的变形机理、金属材料塑性的主要影响因素，从而为合理地选择加工条件、保证塑性变形过程的进行提供理论基础。

3.1 金属材料的塑性

3.1.1 塑性概念

塑性是指金属在外力作用下发生永久变形而不破坏其完整性的能力。塑性的好坏用金属在断裂前产生的最大变形程度来表示。因此，塑性是金属抵抗断裂能力的一种量度。

因为塑性反映出了金属断裂前的最大变形量，所以它表示了加工时金属允许加工量的限度，是金属重要的工艺性能，或称为加工性能。塑性越好，意味着金属具有更好的塑性成形适应性。在使用条件下，如果金属具有良好的塑性，在发生断裂前能产生适当的塑性变形，就能避免突然的脆性断裂，因此，塑性同样是金属重要的使用性能。

塑性的大小是相对的，即使是同一种材料在不同的变形条件下，也会表现出不同的塑性。例如，通常情况下铅的塑性极好，但在三向拉应力状态下却表现出很大的脆性；而大理石和红砂石等脆性材料在特殊的三向压应力下却表现出很好的塑性。

3.1.2 塑性指标

在实际情况下，需要用一种数量来表示塑性，这就是塑性指标。由于影响因素复杂，很难找出一种通用指标来描述塑性，一般采用某种变形方式下的力学性能试验、模拟某种塑性加工过程的模拟试验两种方法来确定各种具体条件下的塑性指标。常用的塑性指标有如下几种：

（1）断后伸长率和断面收缩率。金属在拉伸试验条件下，根据断裂前的最大变形量，可以测定断后伸长率 A 和断面收缩率 Z 两个塑性指标。其数值分别为：

$$A = \frac{L_f - L_0}{L_0} \times 100\% \tag{3-1}$$

式中，L_0 为原始标定长度；L_f 为断裂后标定区变形后长度。

$$Z = \frac{A_0 - A_f}{A_0} \times 100\% \tag{3-2}$$

式中，A_0 为拉伸试样原始面积；A_f 为断口处的断面积。

断后伸长率和断面收缩率均包括了塑性失稳，即缩颈出现前、后的均匀变形、局部变形两部分。其中均匀变形阶段，处于单向拉简单应力状态，根据体积不变定律，伸长率和面缩率可以互相换算。一旦出现缩颈，变形区将处于三向拉复杂应力状态。因此，断后伸长率主要受均匀变形的影响，与材料的应变硬化能力有关。而断面收缩率主要来源于缩颈过程，数值与试样的几何学有关，具有结构敏感性。因此，通常拉伸试验要求试样满足一定几何相似条件，所测得的塑性值才具有可比性。

（2）压缩率。金属在压缩试验（也称为镦粗试验）条件下，根据破坏前的最大变形量，可以测定其塑性指标压缩率 ε，也称相对变形量。其数值为

$$\varepsilon = \frac{H_0 - h}{H} \times 100\% \tag{3-3}$$

式中，H_0 为试样原始高度；h 为变形后产生肉眼可见的第一条裂纹时试样的高度。

试验时，受与工具接触面摩擦的影响，工件将不再处于单向压简单应力状态，可能因变形的不均匀而出现鼓形，此时测得的压缩率尤其具有局限性。另外，如果在高温下对塑性较高的金属进行压缩试验，可能在极大的变形程度下表面也不出现裂纹，从而测不出塑性值。与工具接触面摩擦条件和试样的原始尺寸对测定结果影响很大。因此，为使测量值具有可比性，必须定出试验的具体条件，例如 H_0 一般取原始直径 D_0 的 1.5 倍。

（3）扭转数或扭转角。扭转数或扭转角是指金属在扭转试验条件下，破坏前的最大扭转圈数 n 或扭转角度 θ。扭转试验由于试样从开始变形到破坏为止，整个长度上的塑性变形均匀分布，试样在全部变形过程中保持圆柱形，不像拉伸试验时会出现缩颈、压缩试验时会出现鼓形，从而排除了变形不均匀性的影响。因此，扭转数 n 最能反映以剪切应力为主的塑性变形能力。这种变形条件和无缝金属管材生产的斜轧穿孔时的变形条件相似。

（4）冲击吸收功。在高速塑性成形过程中，变形物体的受力状态不同于低速成形，常用冲击吸收功 K 作为塑性指标。金属在冲击试验条件下，可以测定使试样破坏所消耗的功。在同一变形力作用下，吸收功越大，则金属破坏时所产生的变形程度就越大。

此外，还可以采用其他试验方法测定金属材料的塑性指标，例如弯曲试验条件下出现裂纹时的弯曲角度或弯曲次数等。由于变形条件对金属塑性有很大的影响，所以要注意的是目前还没有哪一种试验方法能测出所有塑性成形方法都能适用的塑性指标。每种实验方法测得的塑性指标，仅能表明金属在该变形过程中所具有的塑性。但是各种塑性指标可以定性地说明在一定的条件下金属塑性状态，仍有相对的比较意义。

3.2 金属材料塑性变形机理

金属塑性变形包括晶内变形和晶间变形。通过各种位错运动而实现晶内的一部分相对于另一部分的剪切运动，称为晶内变形。剪切运动有不同的机理，其中在常温下最基本的形式是滑移、孪生。在 $T \geq 0.5T_m$（T_m 为熔化温度）时，可能出现晶间变形。当变形温度比晶体熔点低很多时，起控制作用的变形机理是滑移和孪生。在高温塑性变形时，扩散机

理起重要作用。

在金属和合金的塑性变形过程中，常常有几种机理同时起作用。各种机理作用的情况受许多因素影响，例如晶体结构、化学成分、相状态等材料的内在因素，变形温度、变形速度、应力状态等外部条件。因此，要研究和控制材料的变形过程，掌握基本的塑性变形机理很有必要。

3.2.1　单晶体塑性变形机理

在常温和低温下，单晶体的塑性变形主要通过滑移方式进行，此外还有孪生和扭折等方式。至于扩散性变形及晶界滑动和移动等方式主要见于高温形变。

3.2.1.1　滑移

滑移是指在切应力的作用下，晶体的一部分沿一定晶面和晶向，相对于另一部分发生相对移动的一种运动状态。这些晶面和晶向分别被称为滑移面和滑移方向。滑移的结果是大量的原子逐步从一个稳定位置移动到另一个稳定的位置，产生宏观塑性变形。

通常每一种晶胞可能存在几个滑移面，而每一个滑移面又同时存在几个滑移方向，一个滑移面和其上的一个滑移方向构成一个滑移系，见图3-1。当应力超过晶体的弹性极限后，晶体中就会产生层片间的相对滑移，大量层片间的滑动累积构成了晶体的宏观塑性变形。

如图3-2所示，面心立方晶体的滑移变形是沿着密排的八面体平面｛111｝上的密排方向<110>进行的。4个取向不同的｛111｝平面中，每个平面上有3个完全位错的柏氏矢量a<110>/2的方向<110>，所以，可能的滑移系统为12个。表3-1是常见金属的滑移面和滑移方向。

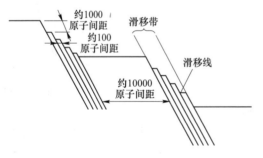

图3-1　滑移带形成示意图

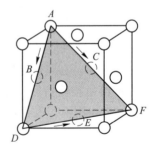

图3-2　面心立方晶胞内的
｛111｝<110>滑移系

体心立方晶体的密排面是｛110｝，滑移总是沿着密排方向<111>。每个<111>方向可能有12个参与滑移的平面，即3个｛110｝面、3个｛112｝面和6个｛123｝，构成12个最容易发生滑移的滑移系统。体心立方金属共有4个<111>方向，所以构成48个滑移系统。由于体心立方晶体的每个滑移方向上可能有12个滑移面参与滑移，因此，体心立方晶体中的螺位错很容易实现交滑移。

密排六方晶体中｛0001｝面是密排面，[11$\bar{2}$0]是密排方向，在｛0001｝面上共有3个[11$\bar{2}$0]方向，共组成3个滑移系统。

表 3-1　常见 fcc、bcc 和 hcp 金属的滑移系

金　　属	滑移面	滑移方向
面心立方		
Cu、Al、Ni、Ag、Au	{111}	<100>
体心立方		
α-Fe	{110} {112} {123}	<111>
W、Mo、Na（$0.08 \sim 0.24 T_m$）	{112}	<111>
Mo、Na（$0.26 \sim 0.50 T_m$）	{110}	<111>
Na、K（$0.80 T_m$）	{123}	<111>
Nb	{110}	<111>
密排六方		
Cd、Be、Te	{0001}	<11$\bar{2}$0>
Zn	{0001} {11$\bar{2}$2}	<11$\bar{2}$0> <11$\bar{2}\bar{3}$>
Ti、Zr、Hf	{10$\bar{1}$1} {0001}	<11$\bar{2}$0> <11$\bar{2}$0>
Mg	{11$\bar{2}$2} {10$\bar{1}$1} {10$\bar{1}$0}	<10$\bar{1}$0> <11$\bar{2}$0> <11$\bar{2}$0>

虽然晶体的滑移是在切应力作用下进行的，但其中所有滑移系并不是同时参与滑移，而是当外力在某一滑移系中的分切应力达到一定临界值时，该滑移系才会发生滑移，该分切应力称为滑移的临界分切应力。

如图 3-3 所示，设有一截面积为 A 的圆柱形单晶体受轴向拉力 F 的作用，φ 为滑移面法线与外力 F 中心轴的夹角，λ 为滑移方向与外力 F 的夹角，则拉力 F 在滑移方向的分力为 $F\cos\lambda$，而滑移面的面积为 $A/\cos\varphi$。因此，外力在该滑移面沿滑移方向的分切应力 τ 为：

$$\tau = \frac{F}{A} \cdot \cos\varphi \cdot \cos\lambda \qquad (3-4)$$

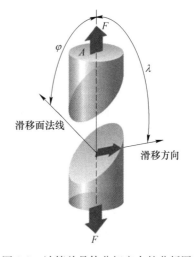

图 3-3　计算单晶体分切应力的分析图

式中，$\dfrac{F}{A}$ 为试样拉伸时横截面上的正应力；$\cos\varphi \cdot \cos\lambda$ 为取向因子或施密特因子。

当滑移系中的分切应力达到临界分切应力值而开始滑移时，F/A 为宏观上的起始屈服强度 σ_s；施密特因子为分切应力 τ 与轴向应力 F/A 的比值，其值越大，则分切应力越大。不难看出，对任一 φ 角而言，若滑移方向是位于 F 与滑移面法线所组成的平面上，即 $\varphi + \lambda = 90°$，则沿此方向的 τ 值较其他 λ 时的 τ 值大，这时施密特因子 $\cos\varphi \cdot \cos\lambda = \cos\varphi \cdot \cos(90° - \varphi) = 1/2\sin2\varphi$，因此当 φ 值为 45°时，施密特因子具有最大值 $1/2$。

综上所述，滑移的临界分切应力是一个真实反映单晶体受力起始屈服的物理量。其数值与晶体的类型、纯度、温度以及该晶体的加工和处理状态、变形速度、滑移系类型等因素有关。

此外，具有多组滑移系的晶体，滑移首先在取向最有利，即分切应力最大的滑移系中进行，但由于变形时的晶面转动，另一组滑移面上的分切应力也可能逐渐增加到足以发生滑移的临界值以上，于是晶体的滑移就可能在两组或更多滑移面上同时或交替进行，从而产生多系滑移。除多系滑移外，具有较多滑移系的晶体还可能发生交滑移，即在两个或多个滑移面沿着某个共同的滑移方向同时或交替滑移。交滑移的实质是螺位错在不改变滑移方向的前提下，从一个滑移面转到相交接的另一个滑移面的过程，因此交滑移使滑移有更大的灵活性。

由于晶体的滑移必须在一定外力作用下才能发生，但实际测得晶体的临界分切应力值较理论计算值低，表明晶体滑移并不是晶体的一部分相对于另一部分沿着滑移面作刚性整体位移，而是借助位错在滑移面上的运动逐步进行的，位错要运动就要克服阻力。

位错运动的阻力首先来自点阵阻力，即派-纳力。

派尔斯、纳巴罗及其他学者在经典的弹性介质假设和滑移面上原子的相互作用为原子相对位移的正弦函数假设的基础上，求出了单位长度位错的激活能 $\Delta\widetilde{\omega}$（即派尔斯垒）和其临界切应力（派-纳力）τ，它们按指数规律随面间距 a 和柏氏矢量 b 的比值 a/b 而变化。

$$\Delta\widetilde{\omega} \approx \frac{Gb^2}{2\pi k}\exp\left(-\frac{2\pi a}{kb}\right) \tag{3-5}$$

$$\tau_p \approx \frac{2G}{k}\exp\left(-\frac{2\pi a}{kb}\right) \tag{3-6}$$

式中，螺位错的 $k = 1$；刃位错的 $k = 1 - \nu$。

派-纳模型所给出的解仅仅在定性上是正确的，从式（3-6）可以看出，位错运动所需的派-纳力比晶体产生整体、刚性滑移所需要的理论切屈服应力 $\tau_m = \dfrac{G}{2\pi}$ 小许多倍。柏氏矢量 b 值越小，滑动面面间距 a 越大，则临界切应力 τ_p 就越小。当 a/b 稍有增加，就会对 τ_p 产生强烈的影响。在其他条件相同时，刃位错的活动性比螺位错的活动性大。派-纳力还和原子键的类型以及位错宽度有关，在此不作详细论述。

3.2.1.2　孪生

在切应力作用下，晶体的一部分相对于另一部分沿一定晶面（孪生面）和晶向（孪生方向）发生切变的变形过程称为孪生，变形和未变形两部分晶体合称为孪晶，见图 3-4。

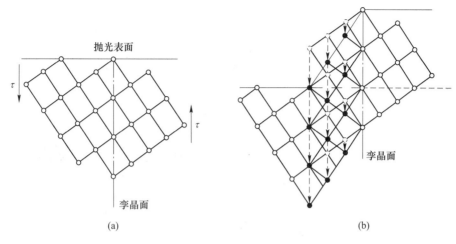

图 3-4 切应力作用下孪生形成示意图

在晶体中形成孪晶的主要方式有 3 种：一是通过机械变形而产生的孪晶，也称"形变孪晶"或"机械孪晶"，它的特征是通常呈透镜状或片状；二是"生长孪晶"，包括晶体自气态（如气相沉积）液态（液相凝固）或固体中长大时形成的孪晶；三是变形金属在其再结晶退火过程中形成的孪晶，也称为"退火孪晶"，往往以相互平行的孪晶面为界横贯整个晶粒，在再结晶过程中通过堆垛层错的生长形成，它实际上也应属于生长孪晶，系从固体中生长过程中形成。

孪生是塑性变形的基本机理之一，常作为滑移不易进行时的补充。但它与沿着滑移面上的滑移方向产生的相对切变不同，有自己的特点。孪生是位错运动的结果，不改变晶体结构。从宏观上看，孪生是晶体在剪应力作用下发生的均匀剪切变形，从微观上看，孪生是晶体的一部分相对于另一部分沿一定晶面和晶向平移，这些与滑移都是相同的。

如图 3-5 所示，区别于滑移，孪生本身对晶体变形量的直接贡献是较小的，孪生时原子的位移小于孪生方向的原子间距，滑移时原子的位移是沿滑移方向原子间距的整数倍，往往很大；但孪生改变了晶体位向，即已孪生部分和未孪生部分具有对称的位向关系，从

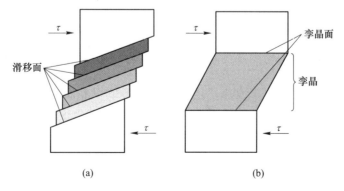

图 3-5 单晶体受到切应力作用
（a）滑移；（b）孪生

而使其中某些原本处于不利的滑移系转换到有利于发生滑移的位置，可以激发进一步的滑移和晶体变形，这样滑移和孪生交替进行，使晶体获得较大变形量，而滑移不改变位向；此外，孪生是分位错运动的结果，并无确定的临界分切应力；虽然从宏观上看，滑移和孪生都是均匀切变，但从微观上看，孪生比滑移更均匀，因为孪生时每相邻两层平行与孪生面的原子层都发生同样大小的相对位移，而相邻滑移线间的距离达到几十纳米以上，相邻滑移带间的距离更大。

3.2.1.3 扭折

由于各种原因，晶体中不同部位的受力情况和形变方式可能有很大差异，对于那些既不能进行滑移也不能进行孪生的地方，晶体将通过其他方式进行塑性变形——扭折，见图3-6。事实上孪生本身也是晶体的一种扭折现象，不过它是整齐的、对称的扭折。作为另一种形变方式的扭折并不包括孪生，但孪生可以伴生有扭折现象。

图 3-6   Ti$_2$AlC 增强镁基复合材料扭折带的场发射扫描电镜

扭折是在滑移受阻、孪生也不利的条件下产生的，是一种协调性的形变。和孪生不同，扭折区晶体的取向发生了不对称性的变化，扭折带大多是由折曲和弯曲两部分组成的。折曲区有清晰的界面，上下界面由符号相反的两列刃型位错线组成；弯曲区由同号位错堆集而成，取向是逐步过渡的，但左、右两侧的位错符号正相反。这说明扭折带起先是一个由其他区域运动过来的位错的汇聚区域，位错的汇聚引起了弯曲应力，使晶体发生折曲和弯曲而形成了扭折带。所以扭折也是晶体松弛应力的方式之一，否则晶体会发生断裂。晶体经扭折之后，扭折区内的晶体取向与原来的取向不再相同，有可能使该区域内的滑移系处于有利取向，从而产生滑移。如滑移系较多的面心立方金属 Al，在复杂应力作用下，由于滑移受阻，也可以发生弯曲或扭折。在扭折带内，由于取向改变往往会出现二次滑移带。

扭折带不仅限于上述情况下发生，还会伴随着形成孪晶而出现。在晶体作孪生变形时，由于孪晶区域的切变位移，迫使与其接壤的周围晶体产生很大的应变，特别是在晶体两端受有约束的情况下（如拉伸夹头的限制作用），与孪晶接壤地区的应变更大，为了消除这种影响来适应其约束条件，在接壤区往往形成扭折带以实现过渡。

3.2.1.4 扩散

当金属在高温塑性变形时，扩散起着重要的作用。扩散作用是双重的，一方面，它对剪切塑性变形机理可以有很大影响；另一方面，扩散可以独立产生塑性流动。扩散塑性变形机理包括扩散-位错机理、溶质原子定向溶解机理、定向空位流机理。

（1）扩散-位错机理。当温度较高具有扩散条件时，扩散过程从几个方面影响位错运动。扩散对刃位错的攀移和螺位错的割阶运动产生影响。特别是扩散对刃位错攀移速度的影响，在变形温度超过 $0.5T_m$，变形物体承受中等或较高应力水平时，是扩散-位错机理控制着蠕变变形过程的机理，也正是扩散-位错机理的速度控制着蠕变的速度，因此也称为位错蠕变机理。蠕变是弹性变形部分地转变为塑性变形的过程，也就是在应力恒定时，随着时间增长总变形量（弹性变形与塑性变形之和）增加的过程。在蠕变过程中，蠕变速率不断增加，很快导致材料的最终断裂。材料蠕变性能的变化反映了应变硬化和软化之间的相互作用的不断变化。

扩散时溶质气团对位错运动的限制作用，随着温度的变化而不同。一般室温下，溶质原子的扩散速度很低，位错运动速度受扩散速度制约，位错被气团锚住了，在大应力下出现了屈服效应现象。温度较高，中等扩散速度下，位错不能摆脱气团包围，就出现了动态形变时效，发生蓝脆。随着温度的升高，扩散可以减轻由溶质原子对位错钉扎而形成的气团对位错运动的限制作用。气团的可动性增加了，材料的塑性得到改善。

（2）溶质原子定向溶解机理。晶体没有受到力作用时，溶质原子在晶体中的分布是随机的、无序的。如碳原子在 $\alpha\text{-Fe}$ 中，施加弹性应力 σ（低于瞬时屈服应力的载荷）时，碳原子在棱边中点随机均匀分布的情况被破坏，通过扩散，优先聚集在受拉的棱边，在晶体点阵的不同方向上产生了溶解碳原子能力的差别，称为定向溶解。这种择优分布的固溶体不可避免地伴随着晶体点阵和整个试样的变形，也就是产生了所谓的定向塑性变形。应力松弛和弹性后效现象就是这种机理作用的结果。在应力作用下，溶质原子产生定向溶解；去掉应力后，定向溶解的状态又要消失。这种扩散引起的原子流动是可逆的。

（3）定向空位流机理。定向空位流机理是指在一定的温度条件下，由于应力诱导作用，使晶界产生空位的能量提高，造成空位在晶界上的迁移。空位流实际上就是原子流，只不过原子流的方向和空位流的方向相反。定向空位流机理是由扩散引起的不可逆的塑性流动机理。

3.2.2　多晶体塑性变形特点及机理

3.2.2.1　多晶体变形的微观特点

与单晶体的塑性变形相比，多晶体的塑性变形有 3 个突出的微观特点，即多方式、需协调和不均匀。

（1）变形方式多。多晶体的塑性变形方式除了滑移和孪生外，还有晶界滑动和迁移，以及点缺陷的定向扩散。滑移和孪生是室温下塑性变形的重要方式，此时外加应力超过晶体屈服极限。

晶界滑动和迁移是高温下的塑性变形方式之一，此时外加应力往往低于该温度下的屈服极限。如果试验温度非常高，则外加应力非常低，那么还可能出现由于点缺陷的定向扩散而引起的塑性变形（也称扩散蠕变）。在这种情况下，由于温度极高，间隙原子和空位等点缺陷和迁移率很大，在外加应力作用下它们将发生定向扩散：间隙原子运动到与拉应力垂直的晶面之间，使晶体沿拉应力方向膨胀，或者空位运动到与压应力垂直的晶面上，使晶体沿压应力方向收缩。

由此可见，多晶体可能有 4 种微观的塑性变形方式。至于哪种方式占主导地位，取决于变形温度和压力。

（2）变形传递需要协调。与单晶体不同，多晶体变形时开动的滑移系统不仅仅取决于外加应力，而且取决于协调变形的要求。理论分析表明，为了维持多晶体的完整性，即在晶界处既不出现裂纹，也不发生原子的堆积，每个晶粒至少要有 5 个滑移系统同时开动。实验观察也证明，多滑移是多晶体塑性变形时的一个普遍现象。需注意的是，滑移带在同一晶粒中是平行的，但穿过晶界时是不连续的。这说明多晶体塑性变形时，每个晶粒的滑移既分别进行，又相互协调的多滑移特征。但正因为如此，多晶体中相邻晶粒位向不同而产生内应力。

（3）变形存在不均匀。与单晶体相比，多晶体的塑性变形更加不均匀。除了更多系统的多滑移外，由于晶界的约束作用，晶粒中心区的滑移量也大于边缘区（即晶界附近的区域）。在晶体发生转动时，中心区的转角大于边缘区，因此，多晶体变形后的组织中会出现更多、更明显的滑移带、形变带和晶面弯曲，也会形成更多的晶体缺陷。

3.2.2.2　晶间滑动机理

晶间滑动机理是综合的变形机理，它和晶内滑移、扩散塑性机理是互相协调的。因此，即使在两个晶粒最简单的情况下，由于晶界一般说来不是平坦的平面，两晶粒沿晶界产生相对切变时，必须伴随其他机理来协调。对超塑性变形，普遍认为晶间滑动机理为其控制机理。为改善材料的超塑成形性，并尽可能提高成型效率，需要加强该种形变机理的作用，细化晶粒就是采用的有效措施之一。

3.2.3　塑性变形机理图

金属材料在塑性变形时，当所处的变形条件（例如应力、温度、应变速率）或金属的组织结构（例如晶粒大小）不同时，将有不同的塑性变形机理起作用；或者在特定的条件下，起作用的几种塑性变形机理中，将有某一种机理起控制作用。因此，确定在各种特定条件下，支配材料性能的变形机理是很重要的。

在工程应用上，往往针对不同的材料，通过求解各种变形机理的本构方程（应力、温度、材料常数和应变速率关系的表达式），并分析各种变形机理的相互依赖或相互独立的关系，在应力-温度坐标上做出变形机理图，以表示出在某一个应力-温度范围内对应变速率起控制作用的变形机理。变形机理图又称为塑性变形的相图，其基础是本构方程。

纯银（晶粒大小为 $32\mu m$）的变形机理图见图 3-7，给出了不同变形机理起控制作用的应力-温度区间。由图可以看出，当温度较低（$T/T_m < 0.5$），应力值很高时，起控制作用的变形机理是位错的滑移机理。当 $T/T_m > 0.5$、应力值不是很高时，位错易于攀移，扩散-位错机理（位错蠕变）将是控制应变速率的机理。当温度再增高，而应力再降低些时，扩散流变的定向空位流机理起控制作用。由于在描述晶间滑动机理这一综合的变形机理的本构方程中，尚有不确定因素存在，因此在图中没有标出晶间滑动机理。

在确定某种特定条件下的控制机理后，就可以根据不同的需要，设法改进材料来抑制或加强该种变形机理的作用，甚至改变控制变形机理的类型来满足生产和使用材料的要求。变形机理图广泛应用于不锈钢、铝及铝基复合材料、镁合金、镍及镍合金、钛及钛合金等。因此，变形机理图理论预报不仅对材料成形科学的基础研究具有重要的意义，而且还为材料实际生产过程中热加工工艺的制订及优化提供了重要的理论依据。

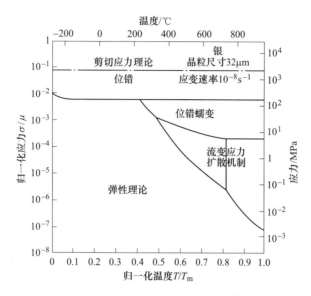

图 3-7　纯银在晶粒尺寸为 $32\mu m$，应变速率为 $10^{-8}/s$ 下的变形机理图

3.3　金属材料塑性的主要影响因素

影响塑性的因素很多，大致可分为材料的内在因素和外部的变形条件。内在因素包括材料的化学成分、组织结构，外部的变形条件包括变形温度、应变速率、应力状态、变形的均匀性等。特定金属材料的塑性不是固定不变的，而是随着这些因素的变化而变化。

为了提高塑性成形的效率和质量，工程实践中总是希望金属具有较高的塑性。因此，研究如何提高金属的塑性具有十分重要的意义。研究塑性的影响因素是为了改善塑性和选择合适的变形方法，确定最佳的变形温度、变形速度、应力状态等变形条件及许用的最大变形量。

3.3.1　化学成分和组织结构对塑性的影响

金属材料的化学成分繁多，其元素种类、含量、相对比例各不相同，对塑性影响各不相同。纯金属和合金比较，一般纯金属有较好的塑性。

不同晶体结构的金属，塑性不同。一般来说，面心立方结构的金属塑性最好，其次是体心立方结构的金属，密排六方结构的金属塑性最差。单相合金同多相合金材料比较，一般是单相合金材料的塑性好一些。因为各相的性质不同，变形的难易程度是不同的。存在第二相的材料，第二相粒子的性质、数量、大小、形状和分布对塑性都有很大的影响。晶粒细小均匀的组织比晶粒粗大不均匀的组织塑性好，特别是冷变形时这种影响的差别更显著。变形组织比铸态组织塑性好。

3.3.2　变形温度和应变速率对塑性的影响

变形温度对塑性影响的一般规律是温度升高，塑性改善。因为温度升高，热激活作用增强，位错的活动性能提高，可能出现新的滑移系统，使扩散塑性变形机理同时起作用，令塑性变形容易进行。同时，温度升高有利于回复和再结晶软化过程的发展，可使变形过程造成的破坏和缺陷修复，从而提高塑性。

如果温度发生变化时金属材料发生了可能引起脆性的组织结构变化，则可能出现脆性温度区。以碳钢为例，其塑性随温度的变化曲线上可能主要有 4 个脆性区、3 个塑性较好的区域，见图 3-8。

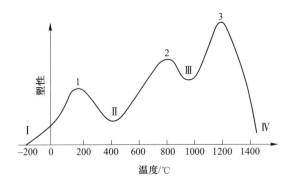

图 3-8　碳钢的塑性随温度的变化曲线

脆性区 I 为低温脆性区，一般塑性都极低，到−200℃时几乎完全丧失掉塑性，通常与杂质对位错的作用有关。脆性区 II 为位于 200~400℃范围内的蓝脆区，一般由动态形变时效产生。脆性区 III 为位于 800~950℃范围内的红脆区，或称热脆区，与低熔点元素的存在，如硫对塑性的影响有关，也可能与奥氏体、铁素体两相共存产生不均匀变形有关。脆性区 IV 接近于熔化温度，金属可能过热或过烧，削弱了晶界的强度。

必须说明的是，同种金属材料在其他条件改变时，塑性随温度的变化规律可能发生变化。就碳钢来说，也不一定就肯定出现 4 个脆性区，数量可能减少也可能增加。例如，不存在动态形变时效的条件时，就不会出现蓝脆区。不同金属材料塑性随温度的变化规律一般是不同的，因此，其他金属材料不一定都像碳钢那样，在塑性随温度的变化曲线上出现 4 个脆性区。

应变速率对塑性的影响是比较复杂的，具有两面性。一方面，应变速率增加，位错运动没有足够的时间，不利于异号位错的合并、重排，不利于回复和再结晶等软化过程的进行，不利于变形过程中形成的内裂修复，从而应变硬化加剧，对塑性不利，称为应变速率硬化效应。另一方面，应变速率增加，变形热来不及散发，提高了变形温度，可以促进变形过程中产生的排列混乱的位错重新排列为某些低能组态，有利于异号位错合并，可降低位错密度，促进回复和再结晶，促进裂纹修复。同时，提高应变速率的热效应，还可能促使扩散塑性变形机理发生作用。这些作用有利于塑性变形与塑性提高，称为应变速率软化效应。分析应变速率对塑性的影响时，不能脱离温度的影响。因为变形过程中所引起的金属组织结构的变化是变形温度和应变速率综合作用的结果。

在分析应变速率的增加而引起的热效应对塑性的影响时，还应注意到，如果材料的塑性-温度曲线上有脆性区，提高应变速率的热效应是使材料由脆性区进入塑性区时，则提高应变速率对塑性就是有利的；如果热效应升高的温度是使材料由塑性区进入脆性区时，则提高应变速率对塑性就是不利的。

冷变形过程中，软化过程不明显，当应变速率提高到足够大的程度时，由于变形温度显著地升高，可能使变形金属发生一些回复现象，从而提高了塑性。因此，在冷变形条件下，有时提高应变速率对于塑性变形是有益的。对于热加工，提高应变速率产生软化效应的影响相对较小，因此利用提高应变速率来提高塑性的作用不是很显著。

此外，对于明显偏离常规数值范围的应变速率条件，对塑性的影响有其特殊性。一方面，爆炸成形时应变速率高达 $10^4 \sim 10^8/s$，难加工金属都可以很好地成形。这说明超高应变速率下可使金属的塑性大大提高。另一方面，特定的一些材料在超低的应变速率（$10^{-4} \sim 10^{-1}/s$）下，能够表现出超常的塑性。

3.3.3 应力状态和不均匀变形对塑性的影响

从提高塑性的角度来看，各种应力状态中三向压应力最好，其次是两压一拉，再次是两拉一压，三向拉应力对塑性潜能的发挥最不利。这是因为压应力阻止或减少晶间变形，而拉应力促进晶间变形，加速晶界破坏；压应力有利于抑制或消除晶体中由于塑性变形引起的各种微观破坏，而拉应力促使各种破坏发展、扩大；三向压应力能抵消由于变形不均匀所引起的附加拉应力。在加工设备上也可以采取增强三向压应力的措施以提高材料的塑性。例如利用限制宽展的孔型或 Y 型三辊轧机来轧制型材，采用模锻、四锤头高速对打的旋转精锻等均可提高材料的塑性。

金属塑性变形时，变形体内变形的不均匀分布，不但能使变形体外形歪扭和内部组织不均匀，而且还使得变形体内应力分布不均匀。外力作用在变形体内所引起的应力称为基本应力。由于变形体内变形不均匀，而变形体的整体性又限制这种不均匀变形的自由发展时，变形体内各部分间产生了互相平衡的应力。这种由于变形不均匀而出现的应力称为附加应力。附加应力的出现影响了变形体的应力分布。在变形不均匀的实际塑性变形过程中，变形体所承受的应力是基本应力和附加应力的代数和，这个实际所承受的应力称为工作应力。

变形不均匀产生的附加应力，将使变形体内各个部分的工作应力与基本应力差异较大。这就可能在变形体内某些部分，当基本应力的数值不很大，且低于金属的断裂强度时，由于附加应力的存在，使得工作应力达到了金属的断裂强度，金属出现断裂，因而使塑性降低。这是一种相互叠加的基本应力和附加应力都是拉应力的情况。即使当基本应力为压应力，在叠加上很大的附加拉应力后，出现达到断裂强度的工作应力时，也会产生断裂。

3.3.4 其他因素对塑性的影响

除了上述主要影响因素以外，变形状态、尺寸效应、周围介质、相变和孪生等其他因素也会对塑性产生影响。

一般认为，压缩变形有利于塑性发挥，而延伸变形则对塑性有损害。所以主变形图中压缩分量越多，对于发挥塑性越有利。即两向压缩一向伸长的主变形图最好，其次是一向压缩一向伸长者，一向压缩两向伸长的主变形图最差。这是因为金属中，特别是铸坯中，不可避免地或多或少存在着如气孔、夹杂、缩孔等缺陷，经一向压缩两向伸长变形后，使点状缺陷变为面缺陷，因而对塑性的危害大。但经两向压缩一向伸长的变形后，面缺陷可被压小而变成线型缺陷，减少其危害。

实验和生产经验均说明变形金属的体积增大时，塑性变差。这是因为在平均单位体积内的缺陷数量相同的条件下，体积更大的金属试样，缺陷分布更不均匀，薄弱点更加集中。

周围介质在很多情况下都可能对金属的塑性产生影响。例如镍合金在含硫的煤气炉中直接加热时，硫被吸收生成的 Ni_3S_2 与 Ni 形成低熔点的共晶呈薄膜状分布于晶界，产生红脆性。有些介质吸附在变形金属的表面，例如合适的润滑剂，可提高金属的塑性变形能力。

室温下相对稳定的残余奥氏体，发生变形时诱发残余奥氏体向马氏体转变，使强度和塑性同时提高，称为相变诱发塑性效应（transformation induced plasticity，TRIP）。塑性变形时，产生的形变孪晶不仅适应了塑性变形，而且为成核和调节位错提供了足够的位置，同时，孪晶边界阻碍了位错运动，使强度和塑性同时提高，称为孪生诱发塑性（twinning induced plasticity，TWIP）效应。

3.4　金属材料的超塑性

超塑性的定义目前还没有一个严格确切的描述。通常认为超塑性是指在拉伸条件下材料表现出超常的伸长率，而不产生缩颈与断裂的现象，当伸长率不小于100%时即可视为超塑性。实际上，有些超塑性材料伸长率可达到百分之几百甚至百分之几千。超塑性还可理解为在特定的内部组织和外部工艺条件下，材料具有超常的均匀变形的能力。

超塑性成形的主要优越性在于能够极大地发挥材料塑性潜力，并大大降低变形抗力，从而有利于复杂零件的精确成形。这对于难成形金属材料来说具有重要意义，但也存在加工时间较长等不足。

3.4.1　超塑性的分类

在钢铁、有色金属等金属材料中，具备超塑性的组织状态和控制条件不断被开发出来，甚至陶瓷、有机高分子等一些非金属材料也被发现具有超塑性。按照实现超塑性的组织、温度、应力状态等条件，可将超塑性分为以下3类：

（1）细晶超塑性。细晶超塑性又称恒温超塑性，或组织超塑性、结构超塑性，一般所指超塑性多属此类。其产生的第一个条件是材料具有热稳定性好、均匀超细的等轴晶粒，晶粒尺寸通常小于 $10\mu m$；第二个条件是变形温度 $T>0.5T_m$，并且在变形时温度保持恒定；第三个条件是应变速率较低，一般为 $10^{-4}\sim10^{-1}/s$，要比普通金属拉伸试验时应变速率低至少一个数量级。

细晶超塑性已在实际生产中得到应用，形成了一些成熟的工艺，例如主要用于盒形类零件生产的气胀成形工艺、主要用于复杂板结构件生产的超速成形与扩散连接工艺，以及模具型腔的超塑性成形工艺等。

（2）相变超塑性。相变超塑性又称变温超塑性或动态超塑性，不要求材料有超细晶粒，但要求其具有固态相变或同素异构转变。在一定的温度和负荷条件下，使材料在相变温度附近反复加热和冷却，经过一定循环次数的相变或同素异构转变而获得超常的伸长率。相变超塑性的主要控制因素是温度幅度和温度循环率。相变超塑性的总伸长率与温度循环次数有关，循环次数越多，所得的伸长率也越大。例如碳素钢和低合金钢，加一定负荷，同时于 A_1 温度上下施以反复的一定范围的加热和冷却，每循环一次，则发生 α↔γ 的两次转变，可以得到二次跳跃式的均匀延伸，这样多次的循环即可得到累积的超常伸长率。

不同于细晶超塑性，相变超塑性不要求材料进行晶粒的超细化、等轴化和稳定化的预先处理，但是必须给予动态热循环作用，这给生产上带来困难，较难应用于超塑性成形加工。

（3）其他超塑性。近年来发现普通非超塑性材料在一定条件下快速变形时，也能显示出超塑性。例如热轧低碳钢棒加速加热到 α+γ 两相区保温 5～10s，快速拉伸，伸长率可达到 100%～300%。这种短时间内产生的超塑性可称为短暂超塑性。短暂超塑性是在再结晶及组织转变时极不稳定的显微组织状态下生成等轴超细晶粒，并在此短暂时间内快速施加外力才能显示出超塑性。从本质上来说，短暂超塑性是细晶超塑性的一种，控制细小的等轴晶粒出现的时机是实现短暂超塑性的关键。

某些材料伴随着相变过程可以产生超常的塑性，这种现象称为相变诱发超塑性。例如钢在 M_s 点以上一定温度区间变形，可以诱发不稳定的奥氏体向马氏体转变，从而得到超常的延伸。利用相变诱发超塑性，可使材料在成形期间具有足够的塑性，成形后又具有较高的强度和硬度，这对高强度材料具有重要的意义。

3.4.2　超塑性宏观变形特征与力学特性

3.4.2.1　超塑性变形的宏观变形特征

材料在超塑性状态下的宏观变形具有变形量大、无缩颈、流变应力小、成形适应性和质量好等特征。

（1）变形量大。超塑性材料在单向拉伸时 A 值极高，表明其在变形稳定性、均匀性方面要比普通材料好得多。这样使材料成形性能大大改善，可以使许多形状复杂、难以成形的材料变形成为可能。

（2）无宏观缩颈。一般金属材料在拉伸变形过程中，当出现缩颈后继续发展，具有明显的宏观缩颈，直至断裂。通常情况下，脆性材料拉伸变形时面缩率 $Z \approx 0$，一般塑性材料 $Z < 60\%$。超塑性材料变形时虽有初期缩颈形成，但由于缩颈部位变形速度增加而发生局部强化，从而使变形在其余未强化部分继续进行，这样使缩颈传播出去，结果获得巨大的宏观均匀的变形。因此可以说，超塑性的无缩颈是指宏观的变形结果，并非真的没有缩颈。

（3）流变应力小。超塑性材料在变形过程中的变形抗力很小，它往往具有黏性或半黏性流动的特点。在最佳超塑性变形条件下，其流动应力 σ 通常只是常规变形的几分之一，甚至几十分之一。由于超塑性成形时载荷低、速度慢、不受冲击，因此模具寿命长。

（4）成形适应性和质量好。超塑性成形时，不但金属变形抗力小，而且流动性和充形性好，可一次成形形状极为复杂的工件。超塑性成形不存在由于硬化引起的回弹导致零件成形后的变形问题，因此零件尺寸稳定。超塑状态下的成形过程是较低速度和应力下的稳态塑性流变过程，因此成形后残余应力很小，不会产生裂纹、弹性回复和加工硬化，且成形后材料仍能保持等轴细晶组织、无各向异性，常规塑性加工成形时极易出现的各种缺陷在超塑成形时大多不会出现。超塑性成形尤其适用于曲线复杂、弯曲深度大、用冷加工成形困难的钣金零件成形。

3.4.2.2 超塑性变形的宏观力学特性

超塑性变形与普通金属变形有很大区别，类似于黏性物质的流动，变形没有（或很小）应变硬化效应，工程应力-应变曲线见图3-9（a）；真应力-真应变关系类似于理想刚塑性体，见图3-9（b）。

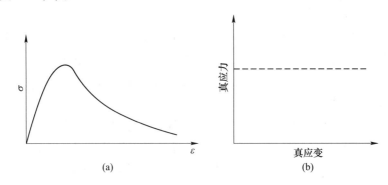

图 3-9　超塑性材料工程应力-应变曲线（a）和真应力-真应变曲线（b）示意图

超塑性材料虽然没有（或很小）应变硬化效应，但对变形速度十分敏感，有应变速率硬化效应。为了描述超塑性的力学特征，1964 年 Backofen 提出应力 σ 与应变速率 $\dot{\varepsilon}$ 的关系式：

$$\sigma = K \cdot \dot{\varepsilon}^{m} \tag{3-7}$$

式中，σ 为真应力；$\dot{\varepsilon}$ 为应变速率；m 为应变速率敏感性指数；K 为决定于试验条件的常数。室温下对于普通金属材料 $m \approx 0.02 \sim 0.2$，而超塑性材料一般在 0.5 左右。

m 是描述塑性的一个重要参数，m 值对横截面面积减小率（$-\mathrm{d}A/\mathrm{d}t$）与瞬时横截面面积（A）关系的影响见图3-10。m 值反映了材料拉伸时抵抗颈缩的能力，具有大 m 值的材料，对局部收缩的抗力增大，截面变化平缓，有出现大延伸率的可能性，有可能发生大的延伸变形。因此，可以用应变速率敏感性指数 m 值的大小来定义超塑性，即当材料的 m 值大于 0.3 时，可视为其具有超塑性。

3.4.3　细晶超塑性微观变形机理

超塑性微观变形机理不仅可以揭示超塑性变形的本质，而且可以为制备超塑性合金提供理论依据。但是由于超塑性变形的复杂性，目前尚无一个可以完善地解释所有超塑性合金变形行为的理论。普遍认为，对细晶超塑性变形起主导作用的是晶间滑动。但是晶间滑动不是独立的变形机理，必须要求扩散、晶内变形协调配合。

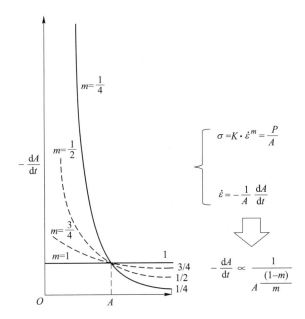

图 3-10 m 值对横截面面积减小率（$-\mathrm{d}A/\mathrm{d}t$）与瞬时横截面面积（A）关系的影响

练习与思考题

1. 为什么没有哪一种试验方法能测出所有塑性成形方法都能适用的塑性指标？

2. 滑移系统和点阵阻力有什么关系？

3. 单晶铝拉伸测试，其滑移面法向量和拉伸轴的夹角为 28.1°，3 个可能的滑移方向和拉伸轴的夹角分别为 62.4°，72.0°，81.1°。

    （1）这 3 个滑移方向中哪个最容易发生滑动？

    （2）如果塑性变形发生在 1.95MPa 拉伸应力作用下，确定铝的临界分切应力。

4. 列举滑移和孪生在变形机制、产生条件和最终结果方面的主要区别。

5. 设 S 为材料拉伸时的实际应力，σ 为条件应力，试证明材料拉伸失稳时，在颈缩点处 $\dfrac{\mathrm{d}S}{\mathrm{d}\varepsilon}=\dfrac{S}{1+\varepsilon}$ 成立。

6. 铝的临界分切应力为 $2.40\times10^5\,\mathrm{Pa}$，当拉伸轴为［001］时，引起屈服所需要的拉伸应力是多少？

7. 多晶体金属材料塑性变形具有哪些特点？

8. 影响金属材料内在和外部因素分别有哪些？

9. 金属材料塑性变形机理图的基础是什么，其意义和价值何在？

10. 简述超塑性变形的宏观变形特征与力学特性。

4 金属材料的强韧性与强韧化机理

金属材料在静态载荷的作用下抵抗永久塑性变形和断裂的能力，称为强度。材料强度越高，可承受的载荷越大。理解强化机理的关键在于位错运动与力学行为之间的关系。因为宏观的塑性变形对应于微观大量位错运动，金属塑性变形的能力取决于位错运动的能力。通过减少位错的运动，可提高强度，也就是说，需要较大的外力来产生塑性变形。相反，位错运动的阻碍越小，金属变形的能力越大，金属变得越弱。实际上，所有强化机理都遵循这个简单的原理，限制或阻碍位错的运动使材料变得更强。

冶金和材料工程师经常被要求设计具有高强度及一定塑性的合金，即追求强塑性合理匹配。然而，金属材料的强度与塑性是一对本征的矛盾，均与可发生永久变形的难易程度有关。当被强化时，通常会降低金属材料的塑性。因此，研究和应用某强化机理时，需要同时关注其对塑性的影响。工程师可使用几种强化机理，材料的选择最终取决于在特定应用下保持所需力学性能的能力。理解材料强韧化机理，掌握材料强韧化现象的物理本质，是合理运用和发展材料强韧化方法，从而挖掘材料性能潜力的基础。

4.1 金属材料的强度

4.1.1 金属材料的屈服强度

材料的组织结构与性能变化的关系是材料塑性变形结果的体现。作为力学性能的屈服强度是金属各种性能中最重要的性能之一。从使用金属材料的角度来看，大部分的工程构件和机器零件在服役过程中不允许有塑性变形产生，因此屈服强度为其上限应力。但从压力加工的角度来讲，要改变金属的形状和尺寸，使其成为性能和形状规格都符合需要的材料，基本条件就是使金属发生塑性变形，外加应力至少要达到屈服强度，所以它又是金属塑性加工时的下限应力。

金属的屈服强度是指金属抵抗塑性变形的抗力。定量地讲，屈服强度是指金属发生塑性变形时的临界应力。金属抵抗塑性变形能力的大小显然与加载的应力状态有关，同时它要受变形温度、应变速率和变形量等外在实验条件和内在的成分、组织状态的影响。但是，屈服强度作为金属材料的力学性能指标，专指在单向应力状态和相应的变形温度、应变速率和变形程度下，产生塑性变形所需要的单位变形力。

4.1.1.1 理论屈服强度

经典塑性变形理论对塑性变形的描述是，滑移是一部分晶体在滑移面上，沿着滑移方向，相对于另一部分晶体的刚性整体式地切变。按照这个理论可以估计出纯金属的理论屈服强度。

两层原子间的作用力有两种：每层上原子间的相互作用力，这与两层原子间的相对位移无关；上下两层原子间的相互作用力，这种力显然是周期性的。一般状态下，在晶体的滑移方向上施加切应力 τ，在两层原子之间即产生位移 x。当 $x=0$ 时，$\tau=0$；当位移为原子间距 b 时，$\tau=0$；当位移量为平衡位置中间，即 $x=\dfrac{b}{2}$ 时，$\tau=0$。这种切应力与位移之间的关系可近似表示为正弦关系：

$$\tau \approx \tau_{\mathrm{m}}\sin2\pi\frac{x}{b} \tag{4-1}$$

式中，τ_{m} 为最大切应力幅值。

原点附近的 x/b 很小，因此可简写为：

$$\tau \approx \tau_{临}2\pi\frac{x}{b} \tag{4-2}$$

应力、应变关系近似符合胡克定律：

$$\tau = G\frac{x}{a} \tag{4-3}$$

式中，G 为晶体的切弹性模量；a 为两层相邻原子的间距。

$$\tau_{临} \approx \frac{Gb}{2\pi a} \tag{4-4}$$

令 $a=b$，则：

$$\tau_{临} \approx G/2\pi(10^{-4}) \tag{4-5}$$

式中，$\tau_{临}$ 为临界切应力，即理论切屈服强度。一般金属的切弹性模量 G 为 $10^4\sim10^5\mathrm{MPa}$，晶体的理论屈服强度为 $10^3\sim10^4\mathrm{MPa}$ 数量级。而实验测得纯金属单晶体的屈服强度大致为 $1\mathrm{MPa}$，理论值是实际值的 1000 倍以上，这说明把滑移过程看作是整体刚性的移动与实际相差较远。

4.1.1.2 实际屈服强度

金属的理论屈服强度来源于金属原子间的结合力，它是金属原子间结合力大小的反映。从金属的原子间结合力出发，可推导出理论屈服强度的 $\tau_{\mathrm{m}} \approx G/2\pi$ 的数值。

推导出来的理论屈服强度是实测数值的 1000 倍多，证明实际晶体的滑移过程不是刚性整体的移动，通常设想滑移是逐步进行的过程。因为实际晶体中存在着各种晶体缺陷，特别是存在着位错，位错很容易运动，因而不能充分发挥出原子间结合力的作用，所以金属（特别是纯金属单晶体）实际屈服强度远低于理论值。

实际晶体的屈服强度取决于什么呢？从各种塑性变形机理的分析中看到，金属塑性变形的实质就是位错的运动（或者更全面严格地说就是晶体的缺陷运动）。因此金属的实际屈服强度，即塑性变形实际所需要的临界力 τ_{c}，就是产生一定切变量的位错运动所需要的应力。因此，开动位错源所需的应力 τ_{d} 和位错在运动过程中遇到的各种阻力构成了金属的实际屈服强度。位错运动过程中遇到的点阵阻力 τ_{p}、切割林位错所引起的阻力用 $\tau_{s'}$、林位错的应力场对运动位错的阻力用 $\tau_{s''}$、割阶运动所引起的阻力 τ_{D} 等各种阻碍时引起的阻力，合称为摩擦阻力。τ_{c} 和 $\tau_{s''}$ 是长程力，一般由位错弹性应力场引起，它们对温度变化不敏感，受热激活过程的影响较小。而其他几项应力，τ_{d}、τ_{p}、$\tau_{s'}$、τ_{D} 正相反，它们为短程力，对温度敏感，受热激活过程的影响很大。在实际金属中通过塑性加工、合金化、热处理等工艺手段所引起的屈服强度的变化，主要是通过改变这些阻力来实现的。

4.1.2 金属材料的断裂强度

金属材料在足够大的外力作用下会依次发生弹性变形、稳态均匀塑性变形、失稳局部塑性变形，最后发生断裂。断裂是金属变形过程中的一个非常重要的阶段。那么应力要达到什么数值金属材料才会发生断裂？所以应该对断裂强度进行分析。断裂强度是金属对断裂的抗力，定量地说，就是材料发生断裂时的临界应力。和金属的屈服强度一样，金属的断裂强度取决于原子间的结合力。同理论屈服强度相类似，也可以从原子间结合力出发，推导出金属的理论断裂强度。

4.1.2.1 理论断裂强度

对理想完整晶体纯脆性断裂过程进行分析。假设断裂过程中完全不产生塑性变形，断裂是在垂直于断裂面的拉应力作用下，某两个相邻的原子面同时直接分离造成的。要使该相邻的原子面能同时直接分离，则所加的外应力应大于原子间结合力的最大值。这个最大值就是理论断裂强度。

原子间结合力可以用双原子模型来描述。为了便于分析，把两原子间合力作用线近似地用正弦曲线代替，则欲使两原子分离时所受到的原子间吸引作用的结合力

$$\sigma = \sigma_{max} \cdot \sin \frac{2\pi \cdot x}{\lambda} \tag{4-6}$$

式中，σ_{max} 为原子间相互吸引力的极大值；λ 为正弦函数的波长；x 为原子间位移。

σ_{max} 就是理论断裂强度。因为如果 $\sigma \geq \sigma_{max}$，两原子就可以直接分离开了。

式（4-6）中，当 x 数值很小时，$\sin \frac{2\pi \cdot x}{\lambda} \approx \frac{2\pi \cdot x}{\lambda}$，于是

$$\sigma = \sigma_{max} \cdot \frac{2\pi \cdot x}{\lambda} \tag{4-7}$$

x 既然很小，即限制于弹性变形范围，根据胡克定律

$$\sigma = E \cdot \varepsilon = \frac{E \cdot x}{a_0} \tag{4-8}$$

式中，ε 为原弹性应变；a_0 为原子间平衡距离。代入式（4-7）得：

$$\sigma_{max} = \frac{E \cdot \lambda}{2\pi a_0} \tag{4-9}$$

假设断裂过程中所消耗的功全部转化为断裂后新产生的两个晶体表面的表面能，单位面积的表面能用 γ_s 表示，则断裂过程中每单位面积所消耗的功

$$U_0 = \int_0^{\lambda/2} \sigma_{max} \cdot \sin \frac{2\pi \cdot x}{\lambda} dx = \frac{\lambda \cdot \sigma_{max}}{\pi} \tag{4-10}$$

这个功应与断裂时形成的两个新产面的表面能相等，即

$$\frac{\lambda \cdot \sigma_{max}}{\pi} = 2\gamma_s \tag{4-11}$$

将式（4-11）代入式（4-9），则可得理论断裂强度

$$\sigma_{max} = \left(\frac{E \cdot \gamma_s}{a_0} \right)^{\frac{1}{2}} \tag{4-12}$$

代入各参数的具体数值，即可获得 σ_{max} 值。例如，铁的 $E = 2 \times 10^5 MPa$，$\gamma_s = 2J/m^2$，$a_0 = 2.5 \times 10^{-10} m$，则 $\sigma_{max} = 4.0 \times 10^4 MPa = E/5.5$。通常 σ_{max} 变化在 $E/4 \sim E/15$，习惯上 $\sigma_{max} \approx E/10$。

4.1.2.2 实际断裂强度

实际金属材料的断裂应力仅为理论值的 $1/10 \sim 1/1000$。这个事实，使人们产生了类似于屈服强度低于理论值是因为金属中存在着位错等微观缺陷的设想一样，认为断裂强度低于理论值是因为材料中存在某种缺陷，使断裂强度显著下降。

为了解释脆性断裂时断裂强度的理论值与实际值的巨大差异，格雷菲斯（A. A. Griffith）提出实际材料中已经存在裂纹，但平均应力很低时，局部应力已达到 σ_{max}，从而使裂纹快速扩展并导致脆性断裂，这就是格雷菲斯公式。裂缝失稳扩展的临界应力为：

$$\sigma_c = \left(\frac{2E \gamma_s}{\pi a} \right)^{\frac{1}{2}} \tag{4-13}$$

式中，σ_c 为实际断裂强度。由于格雷菲斯公式只适用于裂纹尖端塑性变形可以忽略的情况，奥罗万（E. Orowan）和欧文（G. R. Irwin）提出表面能应由形成裂纹表面所需的表面能和产生塑性变形所需的塑性功构成。于是修正了格雷菲斯公式，提出了格雷菲斯-奥罗万-欧文公式：

$$\sigma_c = \left[\frac{2E(\gamma_s + \gamma_p)}{\pi a} \right]^{\frac{1}{2}} \tag{4-14}$$

因此，材料中如果存在微小裂缝，则断裂强度的确可能降低很多。说明材料中存在微裂缝是实际断裂强度远比理论断裂强度低的原因。

4.2 金属材料的强化机理

多晶体金属材料的塑性变形是较为复杂的，既要克服晶界的障碍，又要求各晶粒的变形互相协调配合。它的强化机制是一个相对简单的过程，塑性变形所需的位错运动由于在其滑移面上引入运动障碍而变得困难。

结构材料的强度和韧性通常是矛盾的，提高强度的同时，塑性往往会降低。金属材料的位错等晶体缺陷密度与强度的关系见图 4-1。金属材料晶体的强化主要是尽可能地减少晶体中的可动位错，抑制位错源的开动，使金属材料接近金属晶体的理论强度；大大增强晶体缺陷的密度，在金属中造成尽可能多的位错运动障碍。

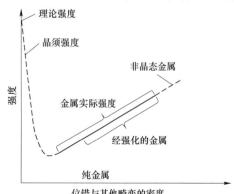

图 4-1 金属材料的位错等晶体
缺陷密度与强度的关系

4.2.1 形变强化

形变强化是指金属材料在再结晶温度以下塑性变形时，强度和硬度升高，阻碍金属的进一步变形，而塑性和韧性降低的现象，又称应变硬化、加工硬化或位错强化。由于金属在塑性变形时，晶粒发生滑移，出现位错缠结，使晶粒拉长、破碎和纤维化，对位错的滑移产生巨大的阻碍作用，可使金属的变形抗力显著提高，这是产生形变强化的主要原因。形变强化的程度通常用加工后与加工前表面层显微硬度的比值和硬化层深度来表示。

单晶体应力-应变曲线也称加工硬化曲线，见图4-2，塑性变形部分由三阶段组成：

Ⅰ阶段（易滑移阶段）：单一的滑移系开动，滑移的总量主要通过新滑移面的开动，不是靠原滑移面增加滑移量来实现。由于此时应力小，同一滑移面放出的位错间隔比较大。该阶段硬化来自单个位错间的长程应力场，加工硬化率很低，约为 $10^{-4}G$ 数量级（G 为材料切变模量）。

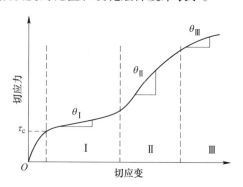

图4-2 单晶体切应力-切应变曲线

Ⅱ阶段（线性硬化阶段）：原滑移系位错塞积产生的长程应力场导致次滑移系开动，产生大量森林位错，位错大量交割，增加滑移阻力。该阶段加工硬化率较大，$\theta \approx G/300$。

Ⅲ阶段（抛物线型硬化阶段）：应力达到一定值时，螺型位错大量交滑移到别的滑移面，或塞积群前的障碍在塞积群的高应力集中下被摧毁，从而使高应力场得以松弛，降低硬化率。

晶体受晶体结构类型、晶体取向、杂质含量与温度等影响，见图4-3，其硬化曲线可能有所变化，但保持相同的基本特征。如面心立方金属形变强化特点为屈服极限较低，往往低于其他晶体；硬化速率高于其他晶体；伸长率高（塑性好）；不发生脆性解理断裂。体心立方金属有一个明显屈服点，当应力低于上屈服点，只有弹性形变；应力超过上屈服极限，突然发生显著塑性形变，继续发生塑性形变所需要的应力迅速减小到下屈服极限，外加应力恒定在下屈服极限，试样继续伸长，到第Ⅲ阶段试样开始发生明显硬化。

多晶体必有多组滑移系同时作用，因此多晶体的应力-应变曲线不会出现Ⅰ阶段，因此其硬化曲线斜率更高，见图4-4。

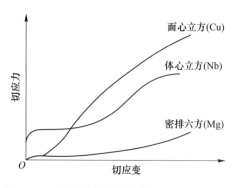

图4-3 不同晶体结构单晶体的形变强化曲线

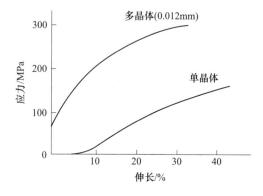

图4-4 单晶体与多晶体应力-应变曲线比较

通常有关形变强化机制导出的强化效果表达式为：

$$\sigma = \sigma_0 + \alpha \cdot G \cdot |\vec{b}| \cdot \sqrt{\rho} \qquad (4\text{-}15)$$

式中，σ_0 为位错交互作用外的影响因素；α 为系数，与材料有关，取值 $0.3\sim0.5$；G 为剪切模量；b 为柏氏矢量；ρ 为位错密度。σ_0 是与温度相关的量，随着温度的降低而增大，导致了如铁素体钢等材料在零度以下的脆性断裂。在较高温度下，强化效果 σ 由与温度无关的部分主导，塑性变形导致位错密度增加，这些位错相互缠结阻碍彼此运动，在宏观上导致应变硬化。高温下强化效果是位错密度 ρ 的平方根的线性函数。根据式（4-15），影响形变强化主要因素如下：

（1）变形温度。温度越高，屈服极限越低，硬化速率越小。

（2）应变速率。增加变形速度相当于降低温度，在高速变形时可以使刚才的屈服极限提高一倍，硬度显著增加伸长率减小 50%，脆性转变温度升高，材料变脆。在普通拉伸试验范围内变形速度对拉伸曲线影响不大。

（3）晶粒度。晶粒越细，屈服极限和硬度越高，面心立方、密排六方金属，晶粒越细硬化越快；体心立方晶体硬化曲线形状主要取决于间隙式杂质元素。

（4）合金元素。使材料屈服极限和硬化速率提高，延长硬化阶段也易使金属变脆。

形变是简单高效的强化方法，特别是对于那些不能以热处理方法提高强度的金属尤为重要。有些加工方法要求金属必须有一定的加工硬化，例如金属高强丝材的冷拉拔。在加工过程中，形变强化使塑性变形抗力不断增加，金属的进一步冷加工需要消耗更多的功率，并且不得不进行中间退火才能够继续加工。此外，形变强化受到两个限制：一是使用温度不能太高，否则由于退火效应，金属会软化；二是由于硬化会引起脆化，不适用于本来就很脆的金属。因此，形变强化并不是广泛应用的强化方法。

4.2.2 细晶强化

细晶强化是通过细化晶粒提高金属力学性能的一种强化方式。目前，晶粒大小对金属屈服强度的影响，一般用霍尔-佩奇（Hall-Petch）的实验规律来描述，即屈服强度与平均晶粒直径平方根的倒数呈线性关系：

$$\sigma_y = \sigma_i + \frac{k_y}{\sqrt{D}} \qquad (4\text{-}16)$$

式中，σ_y 为屈服强度；D 为平均晶粒直径；σ_i 为摩擦应力，与温度相关；k_y 为实验常数，与参加滑移的滑移系数目有关，滑移系少则 k_y 大。由式（4-16）可见，晶粒细化增加了金属材料的强度，细晶强化的本质是晶界对塑性变形过程的影响，主要是在温度较低时晶界阻碍滑移进行引起的障碍强化作用，和变形连续性要求晶界附近多系滑移引起的强化作用，见图 4-5。

（1）晶界的障碍强化作用。晶界两侧晶粒取向不同，滑移从一个晶粒延伸到下一个晶粒是不容易的，晶界存在着阻碍塑性变形进行的作用。原因是位错滑移到晶界附近，晶界上原子排列遭到破坏，存在应力场，与晶界应力场相互作用；晶界的另一侧，晶粒取向不同，对接近晶界位错起斥力作用。在外力、晶界吸引力及取向不同斥力作用下，位错在晶

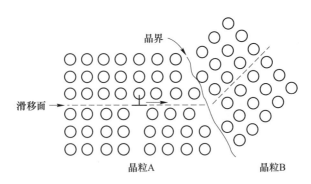

图 4-5   变形传递过程中晶界对位错运动的影响

界前一定距离的地方受阻,不能通过晶界,塞积大量位错。塞积位错足够多时,领先位错的前端产生应力集中。由此可见,要实现塑性变形从一个晶粒传递到下一个晶粒,就必须外加以更大的力,这就是晶界的障碍强化作用。

(2) 晶界的多系滑移强化作用。多晶体材料中,一个晶粒产生滑移变形而不破坏晶界连续性,相邻的晶粒必须有相应的协调变形才行。理论计算证明,相邻晶粒通过滑移协调一个可以变成任意形状的晶粒的变形至少需 6 个滑移系统。所以多晶体的塑性变形,一旦变形传播到相邻的晶粒,就产生了多系滑移。其应力应变曲线没有单系滑移阶段,起始就为多系滑移阶段。因此,位错运动遇到的障碍比单系滑移多,阻力要增加。而且随着变形量的增加,阻力增加很快,这就是多系滑移所产生的强化作用。

在不同的晶体结构中,多系滑移强化和障碍强化所起作用的大小是不同的。体心和面心立方晶体金属中,滑移系统多,多系滑移强化效果比障碍强化大得多。实验证明,同样纯度的多晶体和单晶体相比,多晶体的强化程度大约要比易滑移取向的单晶体高四倍,比多系滑移取向的单晶体高一倍。由此说明,滑移系统多的多晶体中,多系滑移起着主要的强化作用。室温下变形的六方金属晶界的障碍强化是主要的。

细晶强化的独特之处在于,它是一种在不损失甚至提高塑性的情况下强化金属材料的重要手段。这是因为细化晶粒一方面有利于变形的协调,进而有利于变形的传递和均匀化,减少应力集中引起的开裂机会;另一方面,可减少晶界上偏聚的杂质原子浓度。但是细晶强化也有其局限性:

(1) 细晶强化主要适用于微米级晶粒,并不适用于宏观、纳米级晶粒。一般晶粒尺寸位于微米级范围内,金属的强度随晶粒尺寸的变化符合 Hall-Petch 关系。但是细晶强化不能无限制地提高强度,在纳米晶材料中出现了偏离甚至反 Hall-Petch 关系的现象。这主要是因为当晶粒尺寸为纳米级时,晶粒中存在的位错极少,位错塞积模型失效,并且晶界区域在应力作用下会发生弛豫过程而使强度下降。

(2) 高于等强温度时,晶界成为薄弱区,细晶强化失效。当塑性变形温度高于 $0.5T_m$ 时,原子活动能力增大,原子沿晶界的扩散速率加快,使高温下的晶界具有一定的黏滞性,极大降低了变形阻力,即施加作用时间很长的小应力,晶粒也会沿晶界产生相对滑动,多晶体晶粒越细,蠕变速度越大。因此,在多晶体材料中存在等强温度 T_E,也称为等内聚温度。低于 T_E 时,晶界强度高于晶粒内部,高于 T_E 时,晶界强度低于晶粒内部,此时晶体强度变化与 Hall-Petch 关系相反。

虽然在极端条件下有上述局限，但是不可否认细晶强化仍然是副作用小，甚至能够全面提升材料性能的强化机理，因此应用极其广泛。为了得到细化甚至超细化晶粒，主要可以采用以下方法：

（1）细化凝固晶粒。主要通过控制浇注过程和传热条件、化学处理、机械处理和外加物理场等方法。化学处理是指在金属液中添加少量的孕育剂或变质剂，促进非均匀形核。机械处理是指通过机械搅拌或振动，借助金属液对流运动破碎枝晶、增殖晶核。外加物理场处理是指利用金属液与外加电流、磁场或超声波等的相互作用。

（2）细化铸坯再加热晶粒。通过控制温度和时间等加热条件、采用微合金化技术等阻止加热时晶粒长大。

（3）塑性变形细化晶粒。利用多次反复高温变形再结晶细化晶粒，采用微合金化技术等阻止再结晶后晶粒长大、实现未再结晶区低温形变以及变形后的控制冷却进一步细化晶粒。累积叠轧、等通道角挤压、高压扭转、连续剪切变形等特种塑性成形技术甚至能够制备出超细晶组织。

（4）热处理细化晶粒。通过多次反复快速加热冷却的循环淬火处理过程中的同素异形转变来细化晶粒。一般循环 3~4 次细化效果最佳，循环 6~7 次细化程度达到最大。

4.2.3　固溶强化

通常，金属材料以合金为主，特别是作为工程材料，极少使用纯金属。加入合金元素形成固溶体后，一般塑性变形都要困难些，应变硬化的能力也要比纯金属高。合金元素固溶于基体金属中造成一定程度的晶格畸变，从而使合金强度提高的现象称为固溶强化（图 4-6）。其原因可归结于溶质原子和位错的交互作用，引起的晶格畸变增大了位错运动的阻力，使滑移难以进行，从而使合金固溶体的强度增加，塑性则有所下降。

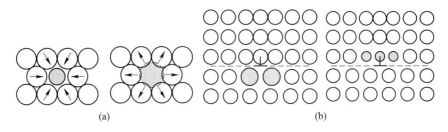

(a)　　　　　　　　　　　　　(b)

图 4-6　置换溶质原子对基体原子产生的晶格畸变（a）和置换溶质原子相对于刃型位错的可能位置（b）

置换固溶体和间隙固溶体都会产生固溶强化现象。通过适当控制溶质含量，可以在明显提高强度的同时，还能保证足够高的塑性，所以固溶体一般具有较好的综合力学性能。这使得固溶强化成为一种重要强化方法，得到广泛应用。

合金元素加入到纯金属基体中形成固溶体后，其屈服强度的变化有以下特点：

（1）使初始屈服应力（完全退火状态的材料开始塑性变形时的屈服应力）和整条的应力-应变曲线都向上升高，硬化系数一般比纯金属要高。此外，在一些固溶体中，还会出现明显的屈服效应。

（2）在一般稀固溶体中，屈服应力随溶质浓度的变化可表示为：

$$\sigma = \sigma_0 + K \cdot C^M \tag{4-17}$$

式中，σ 为固溶体的屈服应力；σ_0 为纯金属的屈服力；C 为溶质的原子浓度；K，M 为决定于基体和合金元素性质的常数，M 数值介于 $1/2\sim1$。

在低浓度时，合金元素的影响比较强烈。不同溶质原子引起的固溶强化效果差别很大。固溶强化的效果不仅取决于它的成分，还取决于固溶体的类型、结构特点、固溶度、组元原子半径差等一系列因素。

（1）溶质原子的原子数分数越高，强化作用越大，特别是原子数分数很低时，强化效应越显著。

（2）溶质原子与基体金属的原子尺寸相差越大，强化作用越大，见图 4-7。

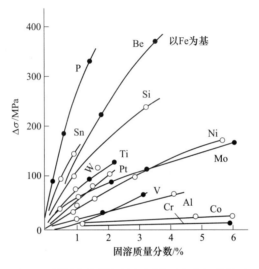

图 4-7　屈服强度增加量与固溶元素之间的关系

（3）间隙型溶质原子比置换原子有更大固溶强化效果，且间隙原子在体心立方晶体中的点阵畸变是非对称的，强化作用大于面心立方晶体；但间隙原子固溶度有限，强化效果也有限。

（4）溶质原子与基体价电子数相差越大，强化效果越好。

固溶体合金的强化机理实质是溶质原子与位错的相互作用。溶质原子固溶于基体中主要通过与位错的 4 种相互作用产生强化效果：弹性相互作用、化学相互作用、电学相互作用和几何相互作用。其中最主要的是弹性相互作用。

晶体中有位错存在就有弹性应力场存在。溶质原子在晶体中与位错的弹性相互作用主要包含 3 个方面内容：溶质原子钉扎位错形成原子气团，合金的弹性模量发生变化，引起阻碍位错运动的弹性应力场。

在金属基体中，固溶的溶质原子除可提高金属强度之外，还会影响金属塑性。钢中马氏体组织充分利用了间隙原子的固溶强化作用。马氏体间隙溶碳量增至 0.4% 时，其硬度猛升到 60HRC，塑性指标 Z 低到 10%，继续提高碳量，1.2%C 时硬度为 68HRC，而 Z 则低于 5%。可见随着固溶 C 原子的增加，在提高强度的同时，塑性损失较大。Ni 添加到 α-Fe 中形成固溶体，已成为改善塑性的主要手段。Ni 可改善塑性的原因是 Ni 可促进交滑移，特别是基体金属，在低温下易于发生交滑移。

4.2.4 第二相粒子强化

有限的固溶能力决定了单相合金借助于固溶强化提高强度必然有限，必须进一步以更多的相来强化，即通过弥散分布于基体的第二相粒子，阻碍位错运动引起强化。第二相是材料中不同于基体相的所有其他相的统称，一般非连续分布在基体相中。

在讨论多相合金的塑性变形时，通常按第二相粒子尺寸大小将合金分成两类。如果第二相粒子与基体晶粒的尺寸属同一数量级，即组成合金的两相粒子大小相当，称为聚合型合金；第二相粒子细小、弥散地分布在基体晶粒内，称为弥散型合金。

当组成合金两相的晶粒尺寸属同一数量级，并且都具有塑性时，合金特性决定于两相的体积分数。假设合金的各相在变形时应力/应变相等，可用等应力/应变法计算合金平均流变应变/应力：

$$\sigma_s = f_1 \sigma_1 + f_2 \sigma_2 \tag{4-18}$$

$$\varepsilon_s = f_1 \varepsilon_1 + f_2 \varepsilon_2 \tag{4-19}$$

式中，f_1，f_2为两个相的体积分数，$f_1+f_2=1$；σ_1，σ_2为两个相在给定应变时的流变应力；ε_1，ε_2为两个相在给定应力时的应变。

实际上，这类合金发生塑性变形时，滑移通常先在较软相中发生。只有当第二相为较强相，且体积分数大于30%时，才能起明显强化作用。当两相合金中一相为塑性相，而另一相为硬脆相时，合金力学性能主要取决于硬脆相的大小、形状和分布。铁素体-马氏体双相钢，在软铁素体基体上分布岛状的硬马氏体，屈服强度低、连续屈服、应变硬化率很高，进而表现出优异的成形性和抗碰撞性等力学性能特征。

当第二相以细小弥散微粒分布于基体相中，将产生显著的强化作用。若第二相粒子是通过过饱和固溶体的时效处理而沉淀析出并产生强化的，则称为沉淀强化，或时效强化、析出强化；若第二相粒子是借助于粉末冶金、内氧化等方法加入而产生强化的，则称为弥散强化。无论是哪一种办法制备的弥散分布型合金，在组织中的第二相都是细小、弥散地分布于塑性基体中，只是沉淀强化和弥散强化的机理不尽相同。

4.2.4.1 沉淀强化

在第二相析出的各个阶段，强化机理不同。晶体中的位错在运动过程中和第二相质点相遇时，根据第二相质点大小不同和是否与基体保持共格关系的情况不同，见图4-8，可以以切过或绕过方式通过，从而形成了不同的强化机理。

（1）当第二相粒子较为细小时，位错将切过粒子使其随基体一起变形，见图4-9。在这种情况下，强化作用主要取决于粒子本身的性质以及其与基体的联系，因此切过机制较为复杂，产生强化的原因也较多。一般来说，位错切过粒子出现了新的表面积，提高了总的界面能。若质点有序，位错切过质点后打乱滑移面上的有序排列，产生反相畴界，能量升高。此外，位错切过与基体晶体点阵不同的第二相粒子时，也会引起滑移面原子错排，给位错运动带来困难。

（2）当第二相质点长大到位错难以借助于切过的方式通过的时候，位错只能用绕过的方式前进，见图4-10。一般发生在与基体没有共格关系的弥散合金，以及与基体有共格关系的部分合金中，位错通过形成位错环绕过第二相。

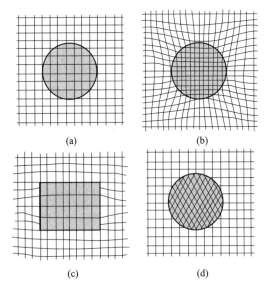

图 4-8   基体与析出相之间不同的晶体学关系

（a）完全共格；（b），（c）共格；（d）非共格

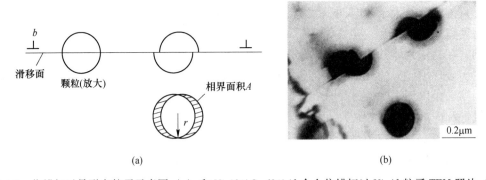

图 4-9   位错切过易形变粒子示意图（a）和 Ni-19%Cr-69%Al 合金位错切过 Ni₃Al 粒子 TEM 照片（b）

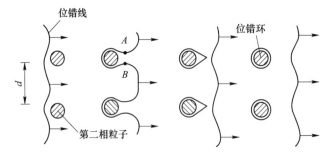

图 4-10   位错绕过不易形变的粒子示意图

第二相粒子阻挡了位错的前进，使位错线绕其发生弯曲，r 为位错弯曲线的曲率半径。根据位错理论，迫使位错弯曲到相应程度所需的切应力为：

$$\tau = \frac{Gb}{2r} = \frac{Gb}{\lambda} \qquad (4\text{-}20)$$

式中，r 为曲率半径；λ 为粒子间距；G 为基体剪切模量；b 为柏氏矢量。

当位错弯曲使得 $r = \lambda / 2$ 时，所需的切应力 τ 最大，达到临界切应力。当外加的应力能达到临界切应力 τ 时，位错线可以继续前进，否则位错就会受阻而停止下来。随着弯曲程度加大，围绕着第二相粒子的位错线左右相遇成环，正负位错抵消，留下位错环，位错线的剩余部分继续向前移动，该机制称为奥罗万机制，已被实验所证实。如果单从绕过机理来分析，质点间距 λ 越小，所需临界切应力 τ 越大，强化效果越好。但实际上并非如此，而是存在着一个 10nm 数量级的最佳间距。

不难看出强化效果与第二相粒子的大小、分布状态有关，见图 4-11。体积分数 f 一定时，粒子减小，数量必然增多，粒子间距 λ 以及半径 r 就小。位错总是选择最容易、需要克服最小阻力的方式来通过第二相粒子。如果第二相比基体小且更软，位错运动的阻力随 $\sqrt{f \cdot r}$ 的增加而增加，位错会以切过的方式通过第二相质点，如图 4-11 中曲线 B 所示；如果第二相粒子较大，位错会以绕过的方式通过，强化效果随 r 的增加而减小，因此粒子越多，粒子间距越小，强化作用越好，如图 4-11 中曲线 A 所示；当第二相粒子尺寸为两曲线交点 P 所对应的大小时，位错运动遇到阻力最大，获得最佳的强化效果，对应尺寸即为最佳粒子尺寸。

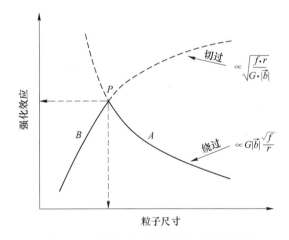

图 4-11 强化效应对析出物尺寸的依赖性

4.2.4.2 弥散强化

由于第二相与基体没有共格关系，且尺寸较大，因此弥散强化合金是通过绕过机理来强化合金的。强化相质点和基体金属都被研制成微细的粉末，然后通过机械混合、压制烧结而成，因此没有沉淀析出过程以及各阶段的区别。第二相在基体中一般溶解度都很小，甚至在高温下也是如此，热稳定性很好，所以弥散强化是热强材料的重要强化手段。弥散强化合金没有像沉淀强化合金那样要求随温度降低，固溶体的溶解度要降低的限制，因此，从理论上讲可以设计大量的弥散强化合金。

弥散强化是指在软金属基体中加入硬的、不溶的第二相。这里很重要的是区分弥散强化金属和颗粒增强金属基复合材料。前者中第二相的体积分数通常较低，最大为 3% ~

4%。其核心是利用小而硬的粒子阻碍位错运动，进而在材料刚度没有受太大影响的条件下强化金属。而后者是利用颗粒的高刚度，形成刚度更高的复合材料。

总的来说，第二相强化对屈服强度的增强效果非常显著，且工艺流程简单。在保证第二相与基体形成良好界面的基础上，通过热力学、动力学控制第二相的分布形态、体积分数以及与基体的匹配关系是提升强化效果的关键。

4.2.5　叠加理论

单一强化方式所产生的强化效果在很大程度上是有限制的，或者在强化效果达到一定程度后将具有饱和性。实际应用上金属材料的强化是由多种强化方式共同叠加作用的。很多学者通过大量的实验对各种强化方式的叠加问题进行了深入的研究，提出了相应的经验叠加方法。

不同强化方式所产生的强化效果的叠加问题是一个复杂的问题。因为一方面，各种微观缺陷之间实际上都或多或少地存在相互作用，这种作用对位错运动的阻力很难定量估算；另一方面，从上述强化方式的微观分析中可看出，每一种具体的强化方式实际上均涉及多种微观机制。当某种微观机制起主导作用时，可能与其他强化机制基本相互独立，其强化作用具有线性叠加性，但当该种微观机制非主导时，则可能与其他强化机制的相互作用很大，因而强化效果将不具备线性叠加性。因此，叠加原则在很大程度上实际是一种经验关系，仅在一定范围内才适用。

（1）线性叠加。当所涉及的强化方式较少，且各种强化方式的强化效果较小时，不同强化方式之间的相互作用较小，复杂叠加效果可忽略，采用直接线性叠加。而当某一强化方式的强化效果远大于其他强化方式的强化效果时，可以忽略同类其他强化方式的强化效果，而将非同类强化方式产生的强化效果直接线性叠加。

$$\sigma = \sigma_0 + \sigma_{ss} + \sigma_{gs} + \sigma_d + \sigma_{prec} \tag{4-21}$$

式中，σ_0 为形变强化；σ_{ss} 为固溶强化；σ_{gs} 为细晶强化；σ_d 为位错相互作用产生的强化效应；σ_{prec} 为析出强化。

（2）非线性叠加。然而，当所涉及的强化方式较多，或各种强化方式的强化效果均较大时，直接叠加将可能高估总的强化效果，这时采用均方根叠加方法可以较好地描述非线性叠加效果。

$$\sigma = \sqrt{\sigma_1^2 + \sigma_2^2} \tag{4-22}$$

理论上，由于各个强化因子间的相互作用十分复杂，所以用线性或非线性的方式将它们叠加起来的结果并不精确，但通过这种方式叠加起来的数值与实测值能基本相符，说明这样的处理方法还是有效可行的。

4.3　金属材料的韧性与韧化机理

4.3.1　韧性概念与指标

韧性是指材料在断裂前吸收塑性变形功和断裂功的能力。韧性越好，则发生脆性断裂的可能性越小。在实际情况下，需要用一种数量来表示韧性，这就是韧性指标，可分为静力韧性、冲击韧性和断裂韧性指标。

4.3.1.1 强塑积

强塑积是表征金属材料在静拉伸时强韧性水平的静力韧性，其数值等于拉伸真实应力-应变曲线所包围的面积，表示在拉伸试验过程中所吸收的能量，或外力拉断试样时所做的功。但工程上用近似计算方法，认为韧性材料静力韧性 U_T 是抗拉强度 R_m 与断后伸长率 A 的乘积：

$$U_T = R_m \cdot A \tag{4-23}$$

对于在服役中有可能遇到偶然过载的机件，是必须考虑的重要指标。高的强塑积值可以显著提高构件抗冲撞能力，也可以提高管件在井下的膨胀能力和抗挤毁能力。低碳钢和传统高强度钢的强塑积值仅为 10000~12000MPa·%；近年来大量应用的 TRIP 钢的强塑积已达 20000~25000MPa·%，TWIP 钢的强塑积则高达 50000MPa·% 以上。

4.3.1.2 冲击韧性

冲击韧性是指材料在冲击载荷作用下吸收塑性变形功和断裂功的能力，可反映材料内部的细微缺陷和抗冲击性能。其实际意义在于揭示材料的变脆倾向，可反映金属材料对外来冲击负荷的抵抗能力，一般由冲击韧性值（a_k）和冲击功（A_k）表示，单位分别为 J/cm^2 和 J。

a_k 值取决于材料及其状态，同时与试样的形状、尺寸有很大关系，特别是对材料的内部结构缺陷、显微组织的变化很敏感，这恰是静载实验所无法揭示的。冲击功对于检查金属材料在不同温度下的脆性转化最为敏感，而实际服役条件下的灾难性破断事故，往往与材料的冲击功及服役温度有关。

4.3.1.3 断裂韧性

断裂韧性是阻止宏观裂纹失稳扩展能力的度量，可用能量释放率 g、应力强度因子 K、裂纹尖端张开位移（CTOD）和 J 积分等描述裂纹尖端的力学状态的单一参量表示。

在加载速度和温度一定的条件下，对某种材料而言断裂韧性是一个常数，与裂纹本身的大小、形状及外加应力大小无关，是材料固有的特性，只与材料本身、热处理及加工工艺有关。当裂纹尺寸一定时，材料的断裂韧性值越大，其裂纹失稳扩展所需的临界应力就越大；当给定外力时，材料的断裂韧性值越高，其裂纹达到失稳扩展时的临界尺寸就越大。

4.3.2 韧化机理

各种工程结构都曾出现过不少低于材料屈服强度下重大的脆性断裂事故，促使人们认识到只追求提高金属材料强度，而忽视韧性的做法是片面的。通常希望所使用的材料既有足够的强度，又有较好的韧性。为了满足这种需求，对于金属材料，不仅要设法提高其强度，而且也需要提高其韧性。

金属材料的断裂类型主要分为韧性断裂和脆性断裂。前者指在断裂之前发生一定的塑性变形，例如宏观塑性变形不小于 5%；后者则包括解理断裂、沿晶断裂。韧性断裂是微孔形成、聚集长大的过程，在这种断裂机制中，塑性变形起着主要作用。因此，改善金属材料韧性断裂的途径是：（1）减少诱发微孔的组成相，如减少沉淀相数量；（2）提高基体塑性，从而可增大在基体上裂纹扩展的能量消耗；（3）增加组织的塑性形变均匀性，这主要为了减少应力集中;(4) 避免晶界的弱化,防止裂纹沿晶界的形核与扩展。此外,金属材料的各种强化机理都会对其韧性产生影响,下面分别予以讨论:

1) 形变强化对韧性的影响。位错密度对金属材料的塑性和韧性的影响是双重的。一方面,提高位错密度会提高强度,而降低塑性和韧性。均匀分布的位错对韧性的危害小于位错列阵;另一方面,可动的未被锁住的位错在裂纹尖端塑性区内的移动可缓解尖端的应力集中,对韧性损害小于被沉淀相或固溶原子锁住的位错,所以提高可动位错密度对塑性和韧性的加强都是有利的。这两者中通常前者起主要作用,因而在冷加工变形中,位错增加使材料强度提高,但塑性和韧性都随冷变形量的增加而受到不利的影响。

2) 细化晶粒对韧性的影响。改变金属材料基体相的晶粒尺寸对塑变性能的影响是十分令人感兴趣的问题。因为唯独细化晶粒既能提高强度,又能明显优化塑性和韧性。在实际生产中,实现晶粒细化的办法有很多种,而且都非常有效。当晶粒尺寸较小时,晶粒内的空位数目和位错数目都比较少,位错与空位以及位错间的弹性交互作用的机遇相应减少,位错将易于运动,即表现出好的塑性;又因位错数目少,位错塞积数目减少,只能造成轻度的应力集中,从而推迟微孔和裂纹的萌生,增大断裂应变。此外,细晶粒为同时在更多的晶粒内开动位错和增殖位错提供了机遇,即细晶粒能使塑性变形更为均匀,表现出较高的塑性。

3) 固溶强化对韧性的影响。固溶强化是指利用点缺陷对金属基体进行强化,加入基体的合金元素在基体的固溶强化中可以有两种形式,即间隙式固溶强化和置换式固溶强化。

间隙式固溶强化造成晶格的强烈畸变,因而对提高强度十分有效,但由于间隙原子在铁素体晶格中造成的畸变是不对称的,所以随着间隙原子浓度的增加,塑性和韧性明显降低。置换式溶质原子造成的晶格畸变比较小,而且畸变大多是呈球面对称的,因此置换式溶质原子的强化作用要比间隙式溶质原子小得多,但对韧性的削弱不明显,或基本上不削弱基体的塑性和韧性。

4) 第二相粒子对韧性的影响。一般来说,第二相粒子强化会危害到金属材料的塑性和韧性。这是因为第二相粒子常以本身的断裂,或粒子与基体间界面的脱开作为诱发微孔的位置,从而降低塑性应变,以致断裂。具体对塑性和韧性不利影响的程度,与第二相粒子的性质、数量、大小、形状和分布有关。第二相粒子自身表现为塑性,减少粒子数量和尺寸,改善粒子形状和分布,有利于提升塑性和韧性。

练习与思考题

1. 已知某材料的 $\gamma_s = 2\mathrm{J/m}^2$,$E = 2 \times 10^5 \mathrm{MPa}$,$a_0 = 2.5 \times 10^{-10}\mathrm{m}$,求这种材料的理论断裂强度,并讨论理论断裂强度和实际断裂强度。

2. 简述多晶体金属产生明显屈服的条件,并解释 bcc 与 fcc 金属屈服行为不同的原因。

3. 与单晶体相比,多晶体金属材料的塑性变形有什么特点,对于多相金属材料,晶粒平均直径 d 与屈服强度 σ_s 的关系是什么?平均晶粒直径为 $50\mu\mathrm{m}$ 的铁的屈服强度是 135MPa,当平均晶粒直径为 $8\mu\mathrm{m}$ 时,屈服强度升高到 260MPa,试确定屈服强度为 205MPa 时,铁的平均晶粒直径。

4. 渗碳体的存在情况对碳钢抗拉强度 R_m 和伸长率 A 的影响见表 4-1。据此引用表中数据简述多相合金中，第二相的大小、形状和分布将如何影响碳钢的力学性能？

表 4-1　渗碳体的存在情况对碳钢力学性能的影响

力学性能	工业纯铁	共析钢（0.8%C）					1.2%C
		片状珠光体（片间距≈6300Å）	索氏体（片间距≈2500Å）	屈氏体（片间距≈1000Å）	球状珠光体	淬火+350℃回火	网状渗碳体
R_m/MPa	275	780	1060	1310	580	1760	700
A/%	47	15	16	14	29	3.8	4

5. 实验上观察到许多单晶金属的临界分切应力 τ_{Cross} 是位错密度 ρ_D 的函数：

$$\tau_{Cross} = \tau_0 + A\sqrt{\rho_D}$$

式中，τ_0 和 A 为常数。对铜而言，当位错密度为 $10^5 mm^{-2}$ 时，临界分切应力为 2.10MPa。已知本题中，铜的 A 值为 6.35×10^{-3} MPa·mm，试计算位错密度为 $10^7 mm^{-2}$ 时的 τ_{Cross}。

6. 如图 4-6 所示，请指出刃型位错附近最有可能存在间隙杂质原子的位置，并根据晶格应变简要解释原因。

7. 考虑铝合金的沉淀强化，在经过适当的热处理后，合金的结构中分布着间距为 $0.2\mu m$ 的沉淀相，试计算位错绕过机制开动所需的应力。（已知晶格常数 $a_0 = 0.4nm$，剪切模量 $G = 30GPa$）

8. 对于 Al-Mg 合金，第二相粒子 Al_2Mg 的体积分数为 14%，试计算位错切过机制与位错绕过机制转化时颗粒的临界间距。（已知 $r_{Al_2Mg} = 1400mJ/m^2$，原子半径 $r_{Al} = 0.143nm$，$G_{Al} = 26.1GPa$）

9. 人们常采用反复弯折的方法折断金属丝，当加速弯折时，能够减少折断金属丝所需要的弯折次数，其内在的塑性变形原理是什么？

10. 金属材料的哪一种强化机理能在提高强度的同时，不降低，甚至提高塑性、韧性，为什么？

5　回复与再结晶

经过塑性变形的金属在加热和保温过程中，会发生微观组织变化，同时引起宏观性能的改变。这是由于金属塑性变形时外力所做的功，虽然大部分耗散于摩擦阻力和变形发热，但仍有一部分储存在金属材料的内部。这部分储存能主要以点缺陷、位错、亚晶、堆垛层错等晶格畸变或其他晶格缺陷的形式存在。储存能升高使材料处于热力学不稳定的高自由能状态，因此，材料有向低自由能状态自发转变和恢复的趋势。但是在室温下，由于原子活动能力小，自发恢复得非常缓慢。当温度升高后，通过原子的扩散作用，使得晶体缺陷减少或晶格重新排列，材料恢复为低自由能稳定状态。

形变金属材料在加热过程中，依次经历回复、再结晶及晶粒粗化三个阶段的变化，即在较低温度或在较早阶段发生回复，在较高温度或较晚阶段发生再结晶及长大粗化。回复是指形变金属在加热初期，仅发生某些亚结构变化的过程；再结晶是指无畸变的新晶粒形核和长大，并逐步吞噬原始形变晶粒的过程，包括形核开始到变形晶粒被完全消耗、新晶粒互相接触为止的整个过程。随后若继续升温或保温，则发生晶粒的粗化。但这三个阶段不是绝对的分开，常有部分重叠。

如图 5-1 及图 5-2 所示，冷变形金属在退火过程中，在回复阶段，光学显微组织没有明显变化，即晶粒的形状和大小与变形状态一样，仍然保持纤维状或扁平状。在性能方面，强度与硬度变化不大，内应力、电阻则明显下降。在再结晶阶段，畸变程度大的区域首先产生新的无畸变晶粒的核心，然后逐渐长大并消耗周围的变形晶粒，直到变形组织完全变为新的、无畸变的细小等轴晶粒为止。在性能方面，强度与硬度明显下降、塑韧性大幅提高。再结晶结束之后，在晶界表面能的驱动下，新晶粒相互吞食而发生长大和粗化，最后得到尺寸较稳定的晶粒。

了解形变金属回复与再结晶的发展规律，对于改善和控制金属材料的组织和性能具有重要的意义。

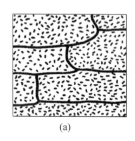　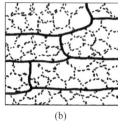　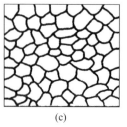　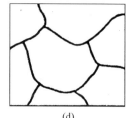

(a)　　　　　　　(b)　　　　　　　(c)　　　　　　　(d)

图 5-1　形变金属升温退火时微观组织变化示意图
（a）冷变形态；（b）回复；（c）再结晶；（d）晶粒长大

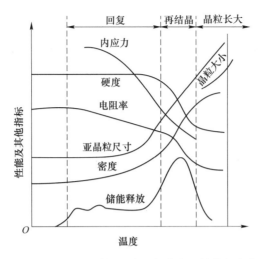

图 5-2 形变金属升温退火时部分宏观性能的变化

5.1 形变金属的回复

5.1.1 回复过程

回复是指形变金属升温和保温过程中，在新的无畸变晶粒出现之前微观亚结构与宏观性能的变化。回复是通过点缺陷消除、位错对消和重新排列来实现的。对于冷变形材料，后一个过程是主要的。位错重新排列形成小角度晶界，并使小角度晶界迁动。这些结构变化在形变基体各处或多或少地同时发生，可以认为回复过程是均匀的。图 5-3 所示为形变金属回复时不同阶段结构变化的示意图。图 5-3（a）和（b）所示为形变形成的位错缠结和回复初期的胞状结构，图 5-3（c）所示为胞内位错的重新排列和对消，图 5-3（d）所示为胞壁锋锐化形成的亚晶，图 5-3（e）所示为亚晶的长大。退火时这些结构变化的各个阶段是否发生取决于材料的纯度、应变量和退火温度等。

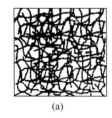 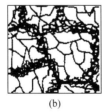 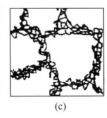 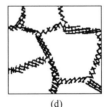 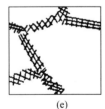

| (a) | (b) | (c) | (d) | (e) |

图 5-3 形变金属材料回复各阶段的组织演化示意图
（a）位错缠结；（b）位错胞结构；（c）胞内位错对消；（d）形成亚晶；（e）亚晶长大

回复按照退火温度高低，分为低温、中温、高温回复，发生的组织变化与图 5-3 对应。需要注意的是，高、中、低温之分只是相对的，这几个各阶段之间也没有明确界限，它们之间会相互重叠。

低温回复主要是空位的运动。在热激活作用下，空位陷入位错或晶界中而消失，或者相互结合后组成较稳定的位错环。低温回复后，空位密度明显降低、电阻率下降，胞状亚组织等细微结构基本上不变。

中温回复主要是位错的重新组合。同一滑移面上的异号位错相互吸引而抵消，位错偶极子的两条位错线相抵消，同时，变形胞状亚组织转变成典型的亚晶粒。这个过程中，金属的微细结构发生了变化。

高温回复主要是多边形化和亚晶合并。通过攀移使位错重新分布，形成沿垂直滑移面方向排列，并具有一定取向差的位错墙，形成多边化结构。多边化结构及胞状亚晶粒通过亚晶界迁移和亚晶粒合并的方式逐渐粗化。在一定的条件下，亚晶可长到很大尺寸，这种情况称为连续再结晶。不过需要注意的是，连续再结晶是在原始变形晶粒的晶体学位向范围内进行的，相邻亚晶（连续再结晶晶粒）仍保持小角度界面，其实质还是属于亚晶粗大化范畴，不是真正的再结晶。亚晶及其粗化过程，都需要位错的滑移和攀移，因为攀移激活能比较高，所以该过程是最缓慢的转变环节，对过程起着控制性作用。

不同温度回复的微观机制不同，所需的激活能不同，说明了回复进程的复杂性。从回复特征可以看出，回复过程中电阻率的明显下降主要是由于过饱和空位的减少和位错应变能的降低；内应力的降低主要是由于晶体内弹性应变的基本消除；硬度及强度变化不大是由于位错密度下降不多，亚晶还比较细小。

5.1.2 回复动力学

回复的驱动力是弹性畸变能，回复程度随温度和时间的变化而变化。力学、电阻的回复具有相同的特征，如图 5-4 所示为相同变形程度的纯金属锌的回复动力学曲线。图中横坐标为时间，纵坐标为残余加工硬化分数 $Y = (\sigma_r - \sigma_0)/(\sigma_m - \sigma_0)$，$\sigma_0$、$\sigma_m$、$\sigma_r$ 分别代表变形前、变形后和回复退火后的屈服应力。显然，Y 越小，表示回复的程度越大。

从图中曲线可以看出，回复具有如下几个特点：（1）没有孕育期；（2）在一定温度下，初期的回复速率很大，随后逐渐变慢，直至趋近于 0；（3）每个温度的恢复程度都有一个极限值，且退火温度越高，极限值越大，而达到此极限值所需的时间越短；（4）预变形量越大，起始的回复速率越快；（5）晶粒尺寸越小，回复过程越快。

显然，回复是一个热激活过程，它需要一定的激活能 Q。回复的程度是温度和时间的函数，回复初期变化快，随后变慢，到达极限后停止。由此，按照 Arrhenius 方程，回复的动力学曲线可近似地表达为：

$$\frac{1}{t} = A\exp\left(-\frac{Q}{RT}\right) \tag{5-1}$$

式中，t 为回复到一定程度所需时间；R 为气体常数；T 为绝对温度；A 为常数；Q 为回复过程的激活能，应由回复机理来确定。

对公式（5-1）两边取对数可得：

$$\ln t = C + \frac{Q}{RT} \tag{5-2}$$

式中，C 为常数。可以看出，$\ln t$ 与 $1/T$ 为线性关系，直线斜率 $\frac{Q}{R}$。按这一关系可以通过实验求得不同回复温度下回复到某一程度的时间 t，作出 $\ln t$-$1/T$ 图（图 5-5），从而求出激活能。把实验求得的激活能，和某些已知过程的激活能相比较，可以推断回复过程的机制。

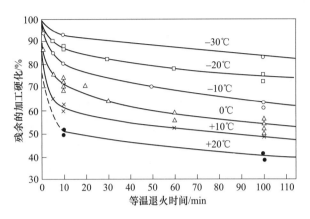

图 5-4 在-50℃变形的单晶锌的回复动力学曲线

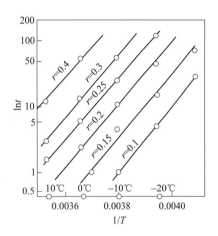

图 5-5 在-50℃变形的单晶锌回复到不同的 Y 值所需的时间与温度的关系

纯锌的实验结果表明，回复的激活能与自扩散的激活能很相近。而自扩散主要依靠空位的运动和空位的形成，这就又从另一个角度说明了空位在回复过程中的重要作用，即回复是与空位的运动和产生密切相关的。而空位的产生，是和位错的攀移相联系的，所以回复过程还应伴有位错的攀移。

纯铁的实验结果表明，回复的激活能随回复时间而不同。短时回复时，与空位运动的激活能相近；而长期回复时，与自扩散的激活能相等。这说明，Fe 在短时回复时，主要靠空位的运动；而长期回复时，还要依靠空位的形成。

堆垛层错能强烈影响回复阶段位错重新组合倾向，堆垛层错能越低，扩展位错越宽，这就意味着更难发生亚晶形成及粗化所必需的交滑移过程。因此，具有高堆垛层错能而位错分裂甚微的铝，这些过程很容易进行，而在具有低堆垛层错能的黄铜中，则一般观察不到亚晶形成及粗化的过程。

5.1.3 回复机制

从上述可以看出，回复过程主要发生的是位错的运动。下面着重介绍这方面的机理。

5.1.3.1 位错的滑移和攀移

在晶体的塑性变形过程中，位错沿着一定的晶面发生滑移或滑动。由于位错间相互干扰以及其他阻碍作用，使得形变后在某些滑移面上塞积着大量位错，使材料处于严重的畸变状态。在随后的加热回复过程中，这些塞积的位错会重新恢复滑动，并逐渐将位错调整到能量较低的状态，从而减小或消除材料内应力。在这个过程中，处于同一滑移面上的符号相反的位错，如果由于滑移而碰在一起，那么它们将会相互对消，所以回复过程会使位错的密度有所降低。

除了位错的滑移之外，还会发生位错的攀移。所谓攀移是指刃型位错沿着与其滑移向量（或柏氏矢量）相垂直方向上的运动。显然，如果刃位错向上攀移一个原子间距，就意味着从位错线下边抽掉一整排的原子。反之，则需要在半原子面的下端增添一整排原子。攀移需要大量空位向位错中心扩散，或由位错中心向外扩散。如图5-6所示，若一个空位移到了刃位错滑移面与位错线相邻的位置上，则位错核心处的原子将有可能"跃迁"到空位处，造成半原子面（位错核心）向上移动一个原子间距，这一刃位错"吸收"空位的过程称为正攀移。反之，若有原子填充到半原子面下方，造成位错核心向下移动一个原子间距，则称为负攀移。

由此可见，位错的攀移是一个完全依靠扩散而进行的缓慢过程，也是一个吸收或产生点缺陷的过程。位错不可能整体同时进行攀移，在攀移过程中，一条位错线可能分别处于不同晶面上，中间以一小段位错折线相连接起来，见图5-7，这段小折线也称为位错割阶。位错的攀移也可看作由割阶沿位错运动造成的。事实上，在形变过程中，由于位错的相互交截，就已经产生了大量割阶，这就给回复过程中的位错攀移创造了更有利的条件。

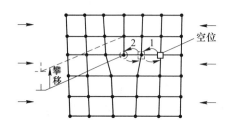

图5-6　正刃型位错攀移的示意图

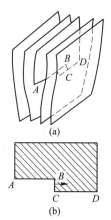

图5-7　割阶运动引起位错攀移的示意图
（a）以及（a）的剖面侧视图（b）

由于正攀移导致了多余半原子面的退缩，所以将使晶体在垂直半原子面方向收缩；反之，负攀移将使晶体在垂直半原子面方向膨胀。因此，在垂直半原子面方向施加的压应力会促使正攀移的发生，反之，拉应力则会促使负攀移的发生。这是攀移与滑移在力学影响上的主要差别，因为滑移是由剪应力，而非正应力促成的。位错的滑移与攀移的另一个差异在于温度相关性。温度的升高能大大增加位错攀移的概率。相比而言，温度对滑移的影响则要小得多。

位错的攀移和滑移相结合起来，可以进一步使处于不同滑移面上的异号位错合在一起而对消，并可使一个区域内的同号或异号位错间按较稳定的形式重新调整和组合。

5.1.3.2　亚晶的形成与长大

晶体材料形变后容易形成大量位错胞，它们的边界区域由相互纠结着的、具有一定宽度的位错发团组成。在加热回复时，位错胞壁变薄、胞内位错逐步减少，形成界面清晰的亚晶组织。图5-8是形变纯铝在200℃经不同时间回复前后的电镜组织照片。由图中可以看出，形变后亚晶虽粗略可辨，但亚晶是杂乱无章的（图5-8（a））；回复热处理0.5h后，边界开始规整化（图5-8（b））；回复50h后，边界已基本平直（图5-8（c））并出现新的位错网络；回复300h后，亚晶内已看不出位错，表明位错密度显著减小，并且亚晶界更清晰明确（图5-8（d））。

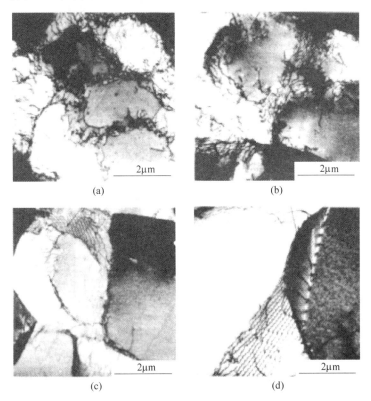

图 5-8　纯铝在 200℃ 下经 5% 冷加工后形变形态保温回复（a）、
0.5h（b）、50h（c）和 300h（d）后的电镜组织照片

　　清晰明确的亚晶组织形成后，亚晶即可借界面的移动而相互吞食并长大。亚晶的长大主要取决于两个条件：一是相邻亚晶间的畸变能相差较大，界面移向畸变能较大（即位错密度较大）的那个亚晶；二是亚晶界面能的高低不同，而这又取决于两相邻亚晶的取向差，以及其界面的曲率大小。取向差越大，或界面曲率越大，则界面能越高，界面便越不稳定，界面的活动性也就越大，这样界面便向着能使畸变能和界面能减小的方向移动。

　　若在形变过程中不出现亚晶或胞状组织，即位错发团分散分布着，则在回复阶段，首先是位错发团的凝集，而后再按上述过程进行。

5.1.3.3　亚晶合并

　　研究发现，在某些情况下，相邻两个亚晶可以像水银珠似的合并成一个。虽然亚晶合并的机理还有待研究，但无论如何两个不同取向的晶体的合并绝不会像液珠那么简单。它们必须进行相对的转动，直到取向完全一致时，才可能合并，否则界面无论如何不可能消失。问题的关键在于如何进行转动。图5-9提供了亚晶合并可能形式之一的示意图，以供参考。

　　由图5-9可看出，一个亚晶的转动会牵动和其相邻的所有亚晶的取向关系。这是一个复杂的运动，要求相关的所有亚晶界中的位错都进行相应的运动和调整，而首先是处于那

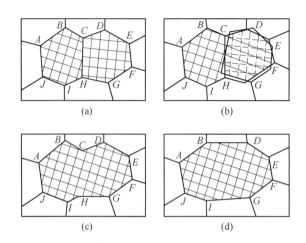

图 5-9　两个亚晶经过转动合并成一个亚晶后，亚晶界向外推移的过程示意图

（a）合并前的亚晶组织；（b）亚晶之一（右）逐渐转动；

（c）刚合并后的亚晶；（d）合并后亚晶界向外推移

两个将要合并的亚晶界面上的位错必须完全撤出去，或就地消失掉。这说明亚晶的合并需要处于各界面上的，以及邻近各区域内的位错进行区域性的重新调整，这就要求位错能够进行包括攀移和交滑移在内的各种运动，扩散更是不可或缺。

5.1.3.4　多边形化

对单晶体的试验表明，当试样受到轻微弯曲而后退火时，单晶体将变为由许多取向略有差异的小晶块所组成，这种现象叫多边形化。形变金属中的位错通过攀移等运动，将同号位错排列成位错墙，组成低能量的小角度晶界，并形成由小角度晶界组成的类似多边形的网状结构，称为多边形化过程。多边形化是一种重要的回复机制。

图 5-10（a）和（b）表示一个体心立方晶体以（$\overline{2}11$）为轴弯曲形变前后的示意图。一般来说，晶体的弯曲是由同号正位错沿滑移面水平塞积在晶体一端而造成的。退火时，位错借助攀移和滑动，由能量较高的水平塞积逐步变为能量较低的垂直堆积，形成较整齐的位错壁，见图 5-10（c）。晶体被这些垂直堆积的位错壁分隔成许多取向不同的小晶块。

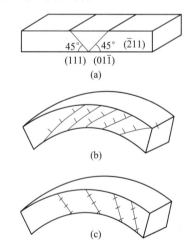

图 5-10　体心立方晶体弯曲前（a）后（b）以及加热多边形化（c）后的示意图

（（$01\overline{1}$）为滑移面）

由于原始变形组织中位错组态不同，多边形化分为两类：第一类为稳定多边形化；第二类为再结晶前多边形化。稳定多边形化在同号刃型位错沿滑移面上塞积，导致点阵弯曲的晶体过程中发生位错的运动和重排，位错由沿滑移面的水平排列转变为沿垂直滑移面的排列，形成位错壁，组成亚晶界。亚晶界将弯曲变形晶体分割成具有低界面曲率、小角位向差的小晶块，即形成亚晶。变形金属回复中发生稳定多边形化过程

的驱动力来自应变能的降低，当同号刃位错沿滑移面水平排列，其应变能是叠加的，多边形化后，同号位错垂直滑移面排列，其应变场可部分抵消，从而使应变能降低，变形储能部分释放。

另一类再结晶前多边形化是在变形后具有位错胞结构的晶体中发生，变形后位错的分布不是均匀的，而是塞积在位错胞壁。当加热发生多边形化过程时，通过螺位错的交滑移和刃位错的攀移，引起位错的重新分布和部分消失以及位错胞壁的平直化，形成具有相当高曲率较平直的亚晶界，此时，由空间位错网络所分开的位错胞就转化为由更规则、更薄而较平直的亚晶界所分开的亚晶。

两类多边形化的形成取决于变形程度。一般，小变形下不形成位错胞结构，位错成缠结状且大致均匀分布，同号刃型位错在滑移面上塞积，因此发生稳定多边形化，在大变形下，形成位错胞结构，回复中发生再结晶前多边形化。

两类多边形化过程对变形金属的再结晶影响不同。稳定多边形化结构稳定，其亚晶界不易迁移，不能成为再结晶的核心。发生稳定多边形化释放了形变储能，降低了再结晶驱动力，会阻碍以后的再结晶过程。而再结晶前多边形化所形成的亚晶，具有高的迁移率，因此可成为再结晶核心而促进再结晶过程。

因此，在大变形材料中，变形后具有胞结构，多边形化形成具有高曲率的亚晶，可作为再结晶的核心，多边形化基本是再结晶的起始阶段。而如果变形较小，在加工硬化第一阶段内或在第二阶段开始时变形，变形后不形成胞结构，多边形化的影响取决于加热温度。当在相当低的温度加热时，位错靠攀移和交滑移重新分布，形成亚晶具有低曲率、低迁移率的亚晶界，这种结构对再结晶核心的形成不利，多边形化与再结晶过程相互竞争。而在较高加热温度下，保守滑移起重要作用，位错以不同方式重新分布，在稳定亚晶界形成之前首先形成空间位错网络及其以后的平直化，以这种方式形成的新的亚晶界并不严格地垂直于滑移面，而且具有较大的曲率和较高的迁移率，所形成的某些亚晶也可成为再结晶的核心。

多边形化过程由于依靠原子的扩散和位错的攀移，必须在较高的温度下进行，如变形5%的纯铝（99.99%）的多边形化温度约为400℃，但当在一定变形条件下（如变形量大于15%），再结晶温度只有380℃，低于多边形化温度，此时，多边形化过程不再出现，而只发生再结晶过程。多边形化温度受金属纯度影响，杂质原子可钉扎位错，阻碍位错攀移，推迟多边形化过程，如纯度为99.4%的铝，多边形化温度由400℃升高至580℃左右。影响多边形化过程的另一因素是层错能。具有低层错能的金属（如铜、银、铅和γ-Fe），较层错能高的金属（铝、镍等），多边形化过程更不易进行，这是由于低层错能金属，扩展位错宽度大，不易滑移，也难以束集而攀移，因而阻碍多边形化过程，只有在应力作用下使位错束集，才可攀移发生多边形化。

冷加工态 Ti6Al4V 钛合金在 760℃下经过 30min 退火，空位浓度降低，位错克服金属变形结构的钉扎作用而运动，主要表现为螺位错交滑移和刃位错攀移。位错运动使得滑移面上的异号位错相互吸引而抵消，重新分布形成位错墙。螺位错的交滑移使得位错密度下降，并形成封闭的网状位错结构，即多边形化结构（图 5-11）。由于刃位错、螺位错及混合位错组态的改变，改变了冷变形状态下晶体内位错的杂乱分布状态，并释放了一定能量，变得较为稳定。

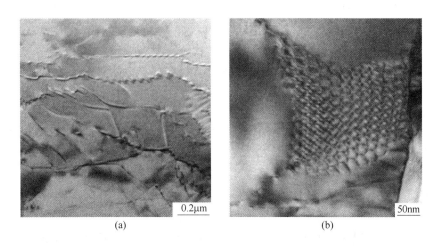

| (a) | (b) |

图 5-11　冷变形态 Ti6Al4V 钛合金在 760℃下经 30min 退火后的多边形化组织

5.1.4　回复退火

金属材料在加工过程中产生的内应力会保留一部分在工件中，称为残余应力。残余应力会导致工件破裂、变形或尺寸变化，并且残余应力还会提高金属的化学活性，使得工件发生晶间应力腐蚀。因此，残余应力会极大地影响材料的使用性能，甚至会导致工件过早失效。在再结晶温度以下对形变金属加热，去除残余内应力，但仍保持原始相变组织及加工硬化效果的热处理工艺，称为去应力退火或回复退火、低温退火。在去应力退火过程中，金属材料组织及性能的变化，相当于形变金属的回复过程。

在实际生产中，去应力退火工艺的应用比上述定义广泛得多。热锻轧、铸造、各种冷变形加工、切削或切割、焊接、热处理，甚至机器零部件装配后，在不改变组织状态，保留冷作、热作或表面硬化的条件下，对钢材或机器零部件进行较低温度的加热，以去除内应力，减小变形开裂倾向的工艺，都可称为去应力退火。在预先形变热处理工艺中，低温冷变形后进行的中间回火，也是一种回复性质的处理。其目的是为了得到比较稳定的位错（亚晶组织），在进行快速淬火加热和最后的回火处理后，仍能够保持良好的形变强化的效果。

进行去应力退火时，金属在一定温度作用下，通过内部局部塑性变形（当应力超过该温度下材料的屈服强度时）或局部的弛豫过程（当应力小于该温度下材料的屈服强度时）使残余应力松弛而达到消除的目的。在去应力退火时，工件一般缓慢加热至较低温度（灰口铸铁为 500~550℃，钢为 500~650℃，有色金属合金冲压件为再结晶开始温度以下），保持一段时间后，缓慢冷却，以防止产生新的残余应力。由于材料成分、加工方法、内应力大小及分布的不同，以及去除程度的差异，去应力退火温度范围很宽。

去应力退火并不能完全消除工件内部的残余应力，只能大部分消除。要使残余应力彻底消除，需将工件加热至更高温度。在这种条件下，可能会带来其他组织变化，危及材料的使用性能。

5.2　形变金属的再结晶

如 5.1 节所述，金属的回复过程中只发生了位错的滑移、攀移和重新组合，位错并未消失。因此，回复完成后，晶粒内仍然保留较高的应变储存能。在更高温度、更长保温时间条件下，材料可发生再结晶。再结晶是指在形变晶粒基础上产生新的无畸变的、具有低位错密度的等轴晶粒（即在所有方向上尺寸大致相同）的过程。图 5-12 所示为稀土镁合金再结晶过程的几个阶段。在这些显微照片中，小的、斑点状晶粒是那些发生再结晶的晶粒。新晶粒经过微小晶核的形核和长大，然后逐步吞噬，并最终完全取代原有变形晶粒。再结晶完成后，材料中的储存能得以释放，性能恢复到变形前的状况。

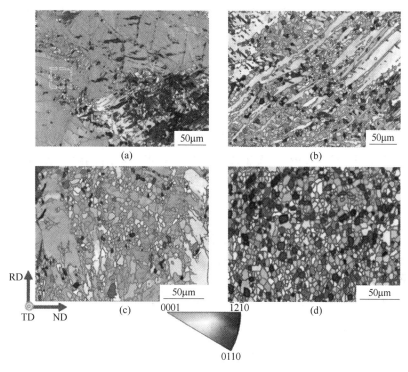

图 5-12　镁合金的再结晶过程

再结晶是控制晶粒大小、形态、均匀程度、获得或避免晶粒择优取向的重要手段，也是消除加工硬化的重要软化手段。再结晶过程工艺参数会对金属材料的强韧性、热强性、冲压性和电磁性等性能产生重大的影响。可见，再结晶并不是简单地恢复到变形前组织的过程，而是一个显微组织、宏观性能发生巨大变化的过程。这就启示人们如何掌握和利用这个过程，使组织向着更有利的方向发展，从而达到改善性能的目的。

5.2.1　再结晶形核与长大过程

在一定的退火温度、保温时间条件下，在变形金属或合金的显微组织中，产生无畸变的新晶粒——再结晶核心，并且新晶粒不断长大，直至原来的变形组织完全消失，金属或合金的性能也发生显著变化，这一过程称为再结晶。再结晶过程包含新晶粒形核和晶核长大两个基本过程。

5.2.1.1　再结晶形核

早期认为再结晶形核与相变过程相同，即在畸变严重的高能区域通过热激活形成临界尺寸的无畸变的新核心。这种机制在热力学上是可能的，但在动力学上有困难，因为依靠热激活能不足以形成临界尺寸大小的无畸变区，并且在试验中也没有得到证实。因此，经典的均匀形核机制不适用于再结晶形核。

近年来，在透射电子显微镜观察的基础上建立起在低能区形核的近代再结晶形核理论。该理论认为再结晶形核不是在畸变最严重的高能区域，而是在邻接畸变最严重的无畸变区或低畸变区形核。实验观察表明，对于不同的金属或不同的变形量，再结晶核心可通过下面几种形式产生。

（1）晶界弓出形核机制。晶界弓出形核机制是指原变形晶界的某些部位突然迅速凸出，而后成长变为新核心的一种形核机制。多晶体在变形时，各晶粒的形变不同、位错密度也不同。如图 5-13 所示，两个相邻晶粒 A 和 B，晶粒 A 的应变能低于晶粒 B。按照能量最低原理，两晶粒组成的系统，其能量有降低趋势。因此，在一定的温度下，AB 晶界上的某一小段会突然向晶粒 B 侧弓形凸出，弓出晶界掠过的部分其储存能得到释放，系统的应变能下降。但另外，由于弓出造成晶界面积增加、界面能上升。当弓出界面的曲率半径很小时，曲率引起的驱动力很大，弓出晶界不稳定，容易向晶粒 A 回迁，即再结晶晶核不能稳定存在。只有当释放的储存能大于增加的界面能时，弓出晶界才能稳定存在，继而产生再结晶。当以上两个驱动力达成平衡时，再结晶形核处于临界状态。

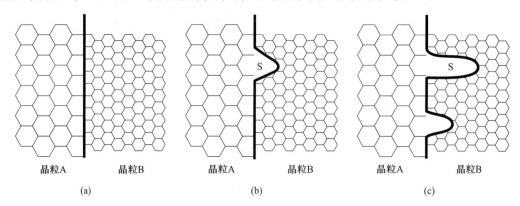

图 5-13　具有亚晶组织晶粒间的凸出形核示意图

晶界弓出形核一般发生在形变较小的金属中，发生凸出的晶界均是迁移率较大的大角度晶界。图 5-14 是在高纯度铝中晶界推移形核并成长后的实际照片，在暗亮相邻的两个形变晶粒中，右侧亮晶粒 A 的畸变小、左侧暗晶粒 B 的畸变大。可以看出，原晶界处晶粒 A 向着晶粒 B 弓出推进。在弓出部分中，形变引起的畸变能基本已消失，取向也基本上和晶粒 A 一致。虽然说是形核，实际看来只是一个成长现象。但是，这个成长并不是随处都可以进行，也不是一开始就能进行，而是有选择的，并且要经过一个相当长的孕育阶段后才能稳步成长。

（2）亚晶合并形核机制。在 5.1 节已经讲过，形变金属在回复时，位错会重排并形成

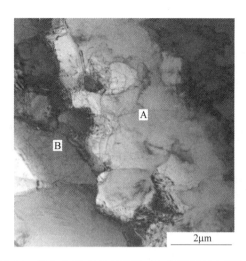

图 5-14　铝合金经 10% 变形短时加热的透射电镜组织

亚晶界或多边形化。多边形化的亚晶粒很小、亚晶界的曲率半径大，因而不易迁移。但随着温度升高、保温时间延长，某些亚晶界处的位错可通过攀移、交滑移而迁出，这导致亚晶界缩短甚至消失。如图 5-15 所示，亚晶粒 A、B 之间的亚晶界消失后，亚晶粒 A、B 合并为一个亚晶 AB，还可进一步合并成亚晶 ABC。合并后的较大亚晶与周围较小亚晶的取向差增大，并逐渐形成大角度晶界。当合并的亚晶达到临界尺寸时，再结晶形核的核心就产生了。通常，在变形程度较大且具有高层错能的金属中，多以这种机制形核。

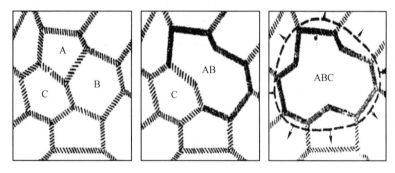

图 5-15　亚晶合并形成再结晶晶核的示意图

当 304L 奥氏体不锈钢的亚晶长人到较大尺寸时，如果亚晶相遇形成了一条平直的亚晶界，它们之间的晶界迁移也可以由亚晶合并机制进行，如图 5-16 所示亚晶粒 1、2 之间的界面（见箭头 1 所指）。原始亚晶粒 1、2 之间的亚晶界（见箭头 1 方向）已大部分消失，但还存在一段亚晶界（见箭头 2 所指），以及一段位错墙（见方框内）。

（3）亚晶成长形核机制。若材料变形程度大、位错密度高等原因导致亚晶界的曲率半径较小时，则亚晶界容易移动。亚晶界在移动过程中，清除并吸收所掠过亚晶粒区域中的位错，进而导致移动中的亚晶界有更多的位错，这也使得相邻亚晶粒的取向差增大，并逐渐发展成大角度晶界。当这种大角度晶界包围的晶粒达到临界值时，同样也成为再结晶形核的核心。图 5-17 所示为亚晶成长形核机制示意图。

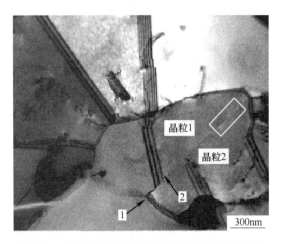

图 5-16　304L 奥氏体不锈钢的亚晶合并形核过程

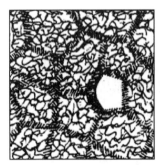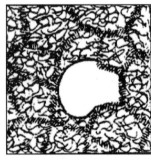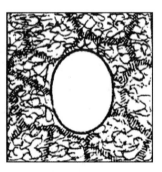

图 5-17　再结晶的亚晶成长形核过程示意图

图 5-18 为 304L 奥氏体不锈钢室温等径角挤压，并经 600℃ 退火后的透射电镜照片。可以看出，在剪切带内部或交割处的高密度位错区域形成大量的位错胞（见图中的方框内所指），胞壁为高密度的位错墙。退火过程中，位错在热动力条件下运动并相互作用，促使位错墙向亚晶界转变，从而形成具有清晰界面的亚晶（见图中右上角圆圈内的晶粒 1）。亚晶向高应变区生长，其界面的位向差逐渐增大，部分边界形成了大角度界面（见图中圆圈内的晶粒 2）。晶界的继续迁移就会形成完全由大角度晶界组成的再结晶晶粒（见图中圆圈内的晶粒 3）。

总之，无论晶界弓出、亚晶合并或成长机制，所谓再结晶核心是通过某些现成的活动性较大的界面突发式的移动而形成的。这些现成界面可以是原始大角晶界、通过亚晶成长而逐步形成的大角亚晶界或已存在于形变基体中的大角亚晶界。这些形核机制分别发生在不同变形程度的金属材料中。

5.2.1.2　再结晶晶核的长大

晶核形成之后，具有临界曲率半径的大角界面（晶界或亚晶界）开始向周围畸变区域自发迁移。在此过程中，晶核逐步吞噬形变基体，在形变基体中长大，直到基体全部演变成无畸变的等轴晶粒组织，再结晶即完成。大角界面迁移的驱动力是无畸变新晶粒与周围畸变基体之间的应变能差，晶界向着其曲率中心的反方向移动。由于形变基体中的畸变能

图 5-18　304L 不锈钢变形后的再结晶亚晶成长形核过程

分布很不均匀，而晶界易于优先向畸变能大的地方推移，所以在长大过程中，界面总是参差不齐的，甚至呈锯齿状，这是一般再结晶过程中的一个明显特征。

再结晶核心的长大速度以 G 表示，核心长大速度即界面迁移速度，可以导出：

$$G = \frac{D_b}{K_B T} \cdot \frac{E_s}{\lambda}$$

式中，D_b 为晶界处自扩散系数；λ 为界面宽度；K_B 为玻耳兹曼常数；E_s 为单位摩尔的形变储能。

可以看出，随形变储能 E_s 增大，晶核长大速度增加。而增大预先变形量、原始细小晶粒均可以增大形变储能，从而增加长大速度。自扩散系数 D_b 与温度有 $D_b = D_0 e^{-Q_g/RT}$ 的关系，因而上式可写成：

$$G = \frac{D_0}{K_B T} \cdot \frac{E_s}{\lambda} \cdot e^{-Q_n/RT} = G_0 \cdot e^{-Q_n/RT}$$

式中，Q_g 为扩散激活能。

随温度升高，长大速度加快。此外，微量溶质原子和杂质原子阻碍界面迁移而使晶核长大速度降低。

5.2.2　再结晶温度及其影响因素

通常发生再结晶有一个温度范围，开始生成新晶粒的温度称为开始再结晶温度，显微组织全部被新晶粒所占据的温度称为终了再结晶温度或完全再结晶温度。开始再结晶温度可通过光学显微镜下观察到第一颗新晶粒，或者晶界上出现"锯齿状"边缘时的温度确定。变形程度大时可用 X 射线衍射法测定，即观察连续衍射环背底上出现第一个清晰的斑点时的温度。工程实际应用中规定，冷塑性变形度达到 70% 以上的金属材料在保温 60min 内，再结晶程度达到 95% 以上的最低温度为再结晶温度。影响再结晶温度的因素很多，如合金成分、变形程度、原始晶粒度、保温时间、杂质等。

（1）变形程度的影响。随着变形程度增大，储存能增多，再结晶的驱动力增大，再结晶容易发生，因此再结晶温度降低。同时，由于再结晶形核速率和长大速率增大，开始再结晶和完成结晶需要的时间缩短。当变形达到一定程度之后，再结晶温度逐渐稳定而趋于一个稳定值，常以该稳定值为再结晶最低温度。表 5-1 列出了一些金属的最低再结晶温度和熔点。

表 5-1　一些金属的最低再结晶温度和熔点

金属	最低再结晶温度/℃	熔点/℃	金属	最低再结晶温度/℃	熔点/℃
Sn	−4	232	Au	200	1063
Pb	−4	327	Cu	200	1085
Zn	10	420	Fe	450	1538
Al	150	660	Ni	600	1453
Mg	200	650	Mo	900	2610
Ag	200	962	W	1200	3410

有资料给出铁（含 0.064%Si、0.46%Mn）退火 1h 发生再结晶的开始温度 T_r^s 和完成温度 T_r^f 与变形程度的关系，见表 5-2。可以看出，小变形条件下，T_r^s 和 T_r^f 相差较大，随变形程度增大，二者相差变小。另外，二者都随变形程度增大而降低。

表 5-2　不同变形程度的铁发生再结晶的开始和完成温度

变形程度/%	10	25	40	55	70	80
T_r^s /℃	700	600	580	560	540	520
T_r^f /℃	850	660	630	580	570	560

（2）原始晶粒尺寸的影响。在其他条件相同的情况下，原始晶粒越细小，则变形抗力越大、形变储存能越高，因此再结晶越容易发生、再结晶温度越低。同时，原始晶粒越细小，晶界的总面积越大，经相同程度的塑性变形后，在晶界附近塞积的位错以及因此导致的晶格畸变的区域也就越多，从而提供了更多的形核场所，因此再结晶的形核率更大，形成的晶粒也更小。

（3）微量溶质原子的影响。微量溶质原子的存在对金属的再结晶有非常大的影响，金属纯度越高，再结晶温度越低。溶质原子易在位错及晶界处偏聚，因此对位错的滑移与攀移，以及晶界的迁移起阻碍作用，不利于再结晶的形核和长大，阻碍再结晶过程，因而使再结晶温度提高。对于工业纯金属，最低开始再结晶温度与熔点 T_m 有如下关系：$T_r^s = (0.35 \sim 0.4)T_m$；对于高纯金属，$T_r^s = (0.25 \sim 0.35)T_m$，甚至更低，温度均为 K 氏温度。表 5-3 所示为部分金属通过不同熔炼方式（即纯度不同）后，再结晶温度的差异。

表 5-3　不同方法熔炼的某些金属的再结晶温度

熔炼方法	Ni		Fe		Cr[①]	
	$T_r^s/℃$	$\dfrac{T_r^s}{T_r^f}$[②]	$T_r^s/℃$	$\dfrac{T_r^s}{T_r^f}$[②]	$T_r^s/℃$	$\dfrac{T_r^s}{T_r^f}$[②]
真空感应熔炼	300	0.32	375	0.36	750	0.45
大气感应熔炼	550	0.45	500	0.45	790	0.50

①Cr 用无坩埚的方法重熔；②温度之比是绝对温度之比。

不同溶质原子对再结晶的影响程度不同，这是由它们与位错及晶界间具有不同的交互作用能，同时不同溶质原子在金属中还具有不同的扩散系数所致。微量溶质元素对光谱纯铜（纯度为 99.999%）在冷变形 50% 后再结晶温度的影响见表 5-4。

表 5-4　微量溶质元素对 50%变形纯铜再结晶温度的影响

材料	光谱纯铜	光谱纯铜+0.01%Ag	光谱纯铜+0.01%Cd	光谱纯铜+0.01%Sn	光谱纯铜+0.01%Sb	光谱纯铜+0.01%Te
50%再结晶温度/℃	140	205	305	315	320	370

（4）第二相粒子及杂质的影响。第二相粒子对再结晶的影响主要取决于其大小及分布，既可能提高再结晶温度，也可能降低再结晶温度。金属在塑性变形过程中，第二相粒子会阻碍位错的运动而引起位错的塞积，在基体中产生了许多有利于再结晶形核的局部晶格畸变区，因此增加变形储存能，促进再结晶，降低再结晶温度。然而变形材料在退火时，第二相粒子又会阻碍位错重排成大角度晶界，阻碍大角度晶界迁移（即核的生长过程）形成再结晶晶核，从而使再结晶受到阻碍。

以上两种作用究竟哪种是主要的，通常取决于第二相粒子的尺寸和间距。若第二相粒子小而且多时，它会阻碍再结晶形核，而提高再结晶温度，相反则可降低。

（5）加热速度及保温时间的影响。加热速度过慢或过快，均可使再结晶温度升高。这是由于加热速度过慢，则有足够的时间回复，点阵畸变度降低、储能减小，使再结晶驱动力减小，再结晶温度升高；加热速度过快，则因各温度下停留时间过短而来不及形核与长大，使再结晶温度升高。

保温时间越长，再结晶温度越低。这主要是由于温度高于 0K 时，材料中的原子都具有一定的扩散能力。温度高，原子的扩散能力强；温度低，原子的扩散能力弱。在较低温度下，原子经长时间扩散仍然可以形核而发生再结晶。表 5-5 给出高纯铝的再结晶开始温度与时间的对应关系。

表 5-5　纯铝的 T_r^s 与 t 的对应关系

$T_r^s/℃$	0	25	40	60	100	150
t	48d	336h	40h	60h	1min	5s

5.2.3　再结晶形核及长大速率的影响因素

再结晶形核速率与再结晶温度有一定的关联关系，上述因素中降低再结晶温度的因素均能提高形核速率，反之，提高再结晶温度的因素均能降低形核速率。另外，退火温度越高，则位错容易攀移、亚晶界容易移动，因此故亚晶更易合并达到再结晶形核临界半径，即形核速率越快。

再结晶晶核的长大速率可用单位时间内晶核周围的晶界迁移长度 u 来表示。晶界处的自扩散系数大，则 u 大；变形程度大、再结晶前的原始晶粒细小，即储存能大、驱动力大，则再结晶晶核的生长速率 u 大。此外，较高温度会增大原子在晶界的扩散，因此温度高，则 u 大。但杂质原子会阻碍晶界的迁移，从而降低 u。

5.2.4 再结晶晶粒大小及其影响因素

再结晶后晶粒大小对材料的工艺、力学和物理化学性能都有很大的影响。晶粒细小均匀的材料，变形均匀，变形容易协调，塑性韧性好，加工性能好；晶粒细小均匀的金属材料的变形抗力大，材料的屈服强度高；晶粒细化，晶界面积增加，使单位面积上偏聚的杂质原子数量减少，可降低脆性转化温度。可以看出，晶粒细化是提高材料性能的重要手段之一。对于没有固态相变的金属材料来说，形变后再结晶是细化晶粒的唯一途径。因此，研究再结晶后晶粒大小的影响因素是很有实际意义的。

再结晶完成后，形变组织消失，全部演变为新的等轴晶粒。再结晶后晶粒尺寸取决于形核率 $\dot{N}$ 和长大速度 G，它们之间有下列关系：

$$d = C \left(\frac{G}{\dot{N}} \right)^{\frac{1}{4}}$$

式中，C 为系数。可见，随着 $\dot{N}$ 增加、G 降低，再结晶晶粒尺寸变小。凡影响 $\dot{N}$、G 的因素，均影响再结晶后的晶粒大小，主要包括：

(1) 预先变形程度。当退火时间、退火温度一定时，再结晶后晶粒大小和预先变形程度的关系见图 5-19。当变形程度非常小时，形变储存能不足以驱动再结晶形核及长大，因此不发生再结晶，只发生原始晶粒的长大。当变形量在某一临界范围时（Al、Mg 为 2% ~ 3%，Fe、Ni 为 8% ~ 10%）时，金属中仅少数晶粒变形，变形分布很不均匀，所以再结晶时形核率 $\dot{N}$ 小、生长率 G 大，极易发生大晶粒吞并小晶粒而快速长大，结果得到极粗大的晶粒组织。这个临界预变形量称为临界变形度，生产上应尽量避免在这个范围内的塑性变形加工。当变形超过临界变形度以后，随变形程度的增大，晶粒的变形更加强烈和均匀。之后在再结晶退火时，形核数量快速增加，使得再结晶后的晶粒越来越细小。但是当变形度过大（约≥90%）时，晶粒可能再次出现异常长大，一般认为这是由形变织构造成的。

(2) 退火温度。由前述可知，再结晶晶粒大小由 $\frac{G}{\dot{N}}$ 决定，而 G 和 $\dot{N}$ 都适合 Arrhenius 方程，即有以下关系：

$$\dot{N} = \dot{N}_0 e^{-Q_n/RT}, \quad G = G_0 e^{-Q_g/RT}$$

其中，Q_n 和 Q_g 接近相同，因而预计提高退火温度，不仅使再结晶晶粒尺寸明显增大，而且还会影响到临界变形度（图 5-20）。随着退火温度升高，其临界变形度减小，在较小的变形程度下即可发生再结晶。

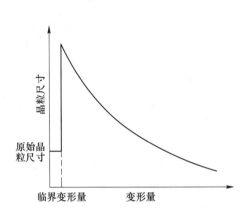

图 5-19　温度一定时变形量与晶粒大小的关系

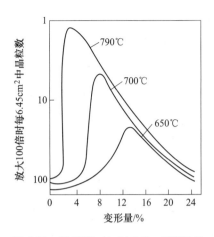

图 5-20　低碳钢（0.06%C）变形量及
退火温度对再结晶晶粒大小的影响

（3）原始晶粒。变形前的原始晶粒越细小均匀，则变形后晶粒破碎程度越均匀，再结晶后的晶粒越细。

（4）合金元素和难熔杂质。通常杂质妨碍再结晶晶粒长大，对组织细化有一定影响，特别是分布在晶界上的杂质成连续膜时，造成的障碍作用更大。

（5）加热速度。加热速度对再结晶的影响是抛物线型的。加热速度非常缓慢时，由于回复充分，储存能减少，再结晶的驱动力降低，使再结晶温度升高。加热速度非常快时，来不及再结晶形核与长大，使得再结晶温度提高，因此再结晶晶粒尺寸较细小。

冷拔态 Monel 400 合金丝材在不同温度、时间退火处理后，微观组织演变见图 5-21。可以看出，700℃退火后，晶界处开始出现细小的再结晶，保温 5~60min 之后，组织中仍存在未再结晶的变形组织（黄色非等轴晶粒），且晶粒大小不均匀。800℃退火后，变形组

(a1)　　　　　　　　　　(b1)　　　　　　　　　　(c1)

(a2)　　　　　　　　　　(b2)　　　　　　　　　　(c2)

图 5-21　不同退火制度下 Monel 400 合金丝材的 MTEX 处理 EBSD 图像
（a1）~（a5）700℃；（b1）~（b5）800℃；（c1）~（c5）850℃；
（a1）~（c1）5min；（a2）~（c2）10min；（a3）~（c3）20min；（a4）~（c4）30min；（a5）~（c5）60min

织已逐步消失，晶粒形状相对规则，为晶界平直的再结晶晶粒，随着时间延长，晶粒大小逐步均匀。850℃退火后，变形带基本消除，组织成完全再结晶组织，晶粒大小相对均匀，随保温时间延长，晶粒大幅粗化。

5.3　再结晶后的组织

再结晶退火后的金属材料组织发生很大的变化，如晶粒等轴化、择优取向等，下面进行详细讲述。

5.3.1　再结晶后晶粒长大

再结晶完成之后，新的、细小的、无畸变的等轴晶粒相互接触，形变储存能完全释放。继续保温或升温，会使晶粒长大并进一步粗化，同时引起性能变化，如强度、韧性下降。晶粒发生长大、粗大化的方式分为正常长大和异常长大，下面分别讨论。

5.3.1.1 正常晶粒长大

正常长大由再结晶晶粒依靠大角度晶界的移动并吞食其他晶粒实现，它可以使系统总的界面能减小，因此是一个自发过程。晶粒界面的不同曲率是造成晶界迁移的直接原因，因为界面弯曲后，必然会有表面张力指向曲率中心，力图使界面向曲率中心移动，在此过程中，晶界不断平直化，见图 5-22。因此，晶粒长大过程就是"大吞并小"和"凹面变平"的过程。

在平面坐标内，晶界平直且夹角为 120° 的六边形是晶粒的最终稳定形状（图 5-23）。这种长大要求大多数晶粒几乎同时、逐渐、均匀地长大，晶界移动服从以下两个基本规律：

（1）弯曲晶界向其曲率中心移动；

（2）晶界交会点处的表面张力趋向于平衡状态。

由规律（2）可知，三叉晶界交会点趋向于满足张力平衡关系：

$$\frac{T_1}{\sin\theta_1} = \frac{T_2}{\sin\theta_2} = \frac{T_3}{\sin\theta_3}$$

对于大角晶界，由于 $T_1 = T_2 = T_3$，因此 $\theta_1 = \theta_2 = \theta_3 = 120°$。

对于较大的再结晶晶粒，边数较多，其顶角大于 120°，张力平衡要求其晶界向外弯曲，使该晶粒长大；反之，晶粒减小。即大晶粒通过吞食小晶粒长大。最后，稳定的二维晶粒组织应该是六边形大晶粒组织（十四面体）。

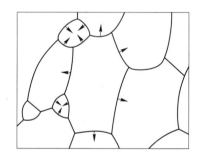

图 5-22　晶粒长大时晶界移动方向

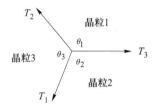

图 5-23　三叉晶界张力平衡关系

需要注意的是，再结晶后晶粒的长大是界面向曲率中心移动，其驱动力是减小表面能；而再结晶核心的长大是界面背向曲率中心的移动，因为核心长大的驱动力是减小畸变能。减小表面能是晶粒长大的热力学条件，满足这个条件只说明晶粒有长大的可能，而长大与否还需满足动力学条件，这就是晶界的活动性。温度是影响晶界活动性的最主要因素，晶界的活动性与晶界扩散系数有直接关系。为了阻止金属在高温下晶粒的长大，可加入一些合金元素，在晶界附近析出并形成一些颗粒很小的第二相，使其钉扎住晶界，阻碍晶界的移动。

5.3.1.2 异常晶粒长大

一般情况下，再结晶完成后，晶粒长大随温度的增加是缓慢且连续变化的。但某些特殊的金属材料，在特定条件下，当温度升高到某一临界值之后，发生少数晶粒突发性迅速长大的现象。即出现晶粒择优快速粗化，使得晶粒之间的尺寸差距显著增大。之后粗大晶粒还会进一步吞食周围的小晶粒，直至小晶粒全部消失，最终形成异常粗大的组织。这种现象称为异常晶粒长大，也称为二次再结晶。

显然，二次再结晶并非重新产生新的晶核，而是在一次再结晶晶粒长大的过程中，某些局部区域的晶粒产生了优先长大，属于特殊条件下的晶粒长大过程。一般认为，造成少数晶粒迅速长大的原因是那些能够强烈阻碍晶粒长大的因素在组织中分布不均，且突然消失造成的。例如，当钉扎晶界的第二相粒子分布不均，在退火温度高于其溶解温度时，第二相粒子溶解，晶界脱离其钉扎束缚作用，就开始快速长大。

发生异常晶粒长大或二次再结晶需要有以下 3 个条件：

（1）稳定的基体。一次再结晶完成后发生晶粒长大，长大过程中由于某些因素的阻碍，大部分晶粒长大缓慢，以致在晶粒长大结束时，整体上形成稳定的细晶粒基体。阻碍长大的因素有：

1）弥散第二相粒子阻碍界面迁移和晶粒长大；

2）形变织构引起再结晶织构，使得晶粒间取向接近，位向差较小，因而界面迁移率低，阻碍晶粒长大；

3）薄板材料有表面热蚀沟存在，阻碍界面迁移、晶粒长大。

（2）有利晶粒。在正常长大后的稳定细晶基体中，存在少数有利长大的晶粒，可作为二次再结晶的核心，这些有利长大的晶粒有以下几种情况：

1）具有有利尺寸。由于第二相粒子的不均匀分布和不均匀溶解，基体中具有较少微粒的晶粒容易长成较大晶粒，因而在细晶粒基体中出现少数尺寸较大的晶粒，细晶粒包围的这些较大晶粒是大于六面的多面体，具有外凹的界面，获得继续长大的能力，这些较大的晶粒就是具有有利尺寸的核心晶粒。

2）具有有利位向。基体存在再结晶织构，在织构基体中含有一定数目不同位向晶粒的"夹杂"，其中，具有特殊位向差的晶粒有高的界面迁移率，容易长大，可成为具有有利位向的核心晶粒。在大变形情况下这种有利晶粒起作用。

3）具有有利表面。对薄板或线材，表面能低的晶粒较为稳定，有利于长大，可成为核心晶粒。

4）具有有利能量。一次再结晶结束时，由于许多原因，晶粒可有不同的缺陷浓度和体积能。如亚晶聚合作为核心形成的再结晶晶粒比亚晶界迁移形成的晶粒缺陷多，包含第二相微粒多的晶粒可能有较高的位错密度，某些晶粒比其他晶粒有较低的体积弹性畸变能，也可作为二次再结晶的核心。

（3）高温加热。只有在高温加热条件下，具有有利长大晶粒的稳定基体中，第二相粒子发生溶解，才能创造晶粒长大的条件。此时，具有有利条件的晶粒以明显高于其他晶粒的长大速率迅速长大，并且吞噬其他小晶粒，最终形成粗大晶粒。

通常来讲，二次再结晶对材料的力学性能产生不利的影响，但有时会出现其他有益的物理化学性能。如硅钢中若形成强的再结晶织构（110）[001]（即高斯织构）和粗大尺寸晶粒，对提高其软磁性能非常有利，使其适合于做变压器铁芯。冷轧变形程度为 50% 的 0.35mm 厚的硅钢（w_{Si}=3%）薄板，当在不同温度退火 1h 后，其二次再结晶晶粒长大的情况见图 5-24。图中实线表示原硅钢片含有少量 MnS，再结晶完成后晶粒先是均匀长大，而在 920℃ 左右时发生晶粒突然长大，个别晶粒接近晶粒平均尺寸的 50~100 倍，见电子背散射图图 5-25。硅钢中的二次再结晶主要是由于：1）冷变形造成了变形织构，再结晶退火至一定温度时，又形成了再结晶织构。当形成织构后，各个晶粒的取向趋于一致，晶粒间的位向差很小时，晶界是不易移动的。因此，形成强烈织构后晶粒是不易长大的。2）因加入了少量杂质形成第二相（如硅钢中的 MnS），强烈钉扎住晶界，阻碍了晶界的移动，晶粒也不易长大。这两种因素同时结合薄板的生产条件，又附加了不易长大的因素。但是当加热到高温，某些局部地区的 MnS 夹杂溶解，使得该处的晶粒优先长大，吞并了周围的晶粒，这就形成了晶粒的反常长大。

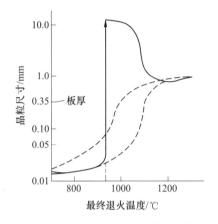
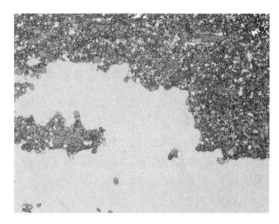

图 5-24 硅钢片退火 1h 后晶粒尺寸的变化　　　图 5-25 硅钢中二次再结晶的反常晶粒

5.3.2 退火孪晶

5.3.2.1 退火孪晶形成机制

面心立方金属和合金，如铜及铜合金、镍及镍合金、奥氏体不锈钢等，在冷变形并退火过程中容易出现孪晶。因为是在退火过程中形成的，所以称为退火孪晶，以与形变中形成的机械孪晶相区别。退火孪晶的典型形态见图 5-26，第一种形态是贯穿晶粒的完整退火孪晶，第二种是未贯穿晶粒的不完整退火孪晶，第三种是在晶界交角处的退火孪晶，在图中以 B、C、A 分别给出。孪晶部分与基体的位向不同，因腐蚀方法不同，或显示不同颜色，或以孪晶界与基体分开，二条平行的孪晶界为共格界面，其余部分为大角非共格界面。

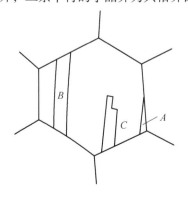

图 5-26 退火孪晶形态示意图

　　退火孪晶是在晶粒生长过程中形成的，其形成机制主要有两种理论：一是生长事故模型；二是堆垛层错形核模型。下面分别进行简要介绍。

　　生长事故模型（图 5-27）认为，为了降低系统总的界面能，晶粒 A、B 之间和晶粒 A、C 之间的大角度晶界迁移时会发生原子的偶然错排，从而形成共格孪晶界，但这一过程必须满足一个条件，即结束时的总界面能必须小于起始时的总晶界能。后来经过进一步的研究，认为晶界角处倾斜的 <111> 小台阶面在一定条件下会形成层片状孪晶。

　　孪晶的层错形核模型认为，金属及合金再结晶时，孪晶在界面迁移过程中形核，随着界面的不断迁移，孪晶会逐渐延长。图 5-28 从能量的角度解释了孪晶宽度随着退火时间的延长而不断增长的原因。当晶界 AB 的界面能高于晶界 BC 的界面能，那么孪晶界可以沿着垂直于 {111} 的方向移动来降低系统的界面能，从而促进孪晶宽化。同时，非共格孪晶界朝着相反的方向移动，孪晶宽度将逐渐增加。

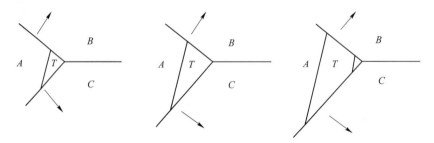

图 5-27　退火孪晶形成的生长事故模型

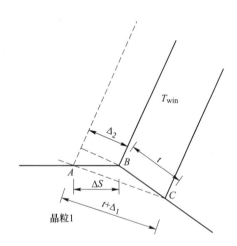

图 5-28　退火孪晶形成的层错形核模型

　　无论是哪一种形成机制，退火孪晶的形成都与层错的形成有关，在退火过程中先形成层错，然后不断生长，最终转化成退火孪晶的晶核。图 5-29 为室温一道次等径角挤压的试样经 600℃ 退火时形成的层错，该层错处于亚晶界的前沿，可以认为是在亚晶界（晶界）迁移时刚刚形成的，其宽度较窄，约为 14.5nm。从层错前沿的消光条纹分析，其产生是由于大角度界面的迁移结果。层错向长度及宽度方向生长，到一定的尺寸后，可以转化成退火孪晶的晶核，然后晶核随晶界迁移而长大。

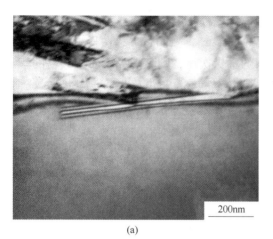

(a)　　　　　　　　　　　　　　　(b)

图 5-29　退火过程中形成的层错和孪晶
（a）层错；（b）孪晶

由图 5-30 可看出孪晶的生长方式，在长度方向，孪晶一端为共格界面，随晶界迁移而长大，如——箭头所指。通常认为，退火孪晶的长大是层错束（或称薄孪晶）连续叠加到孪晶上的结果，而不是因孪生位错以极轴机制长大。从白框内的层错形貌看，尾端形成了台阶状，是逐渐叠加形成的，并使层错逐渐变厚。因此，孪晶在厚度方向的长大，也可以认为是以叠加层错束的方式而长大的，并在尾部形成了台阶（见----箭头方向）。从图中——箭头所指可以看出，晶界迁移与孪晶生长不同步，晶界迁移的速度可以高于孪晶的生长速度。孪晶带两侧互相平行的孪晶界与基体之间属于共格的孪晶界，晶带在晶粒内终止处的孪晶界以及共格孪晶界的台阶处均属于非共格的孪晶界。但并不是所有的层错都能转变成退火孪晶的晶核，如图 5-30 中----框内未转变的小层错，其转变条件需要进一步研究。

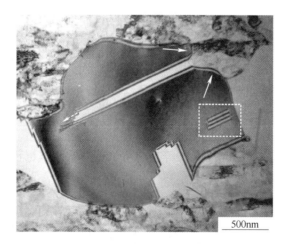

图 5-30　退火孪晶的生长

5.3.2.2　退火孪晶形成的能量条件

如前所述，孪晶是在晶粒长大阶段形成的。对于面心立方金属来说，在晶界角处的

{111} 面上，原子沿着 <11$\bar{2}$> 方向堆垛次序出现错误，产生层错或共格孪晶界，并在一定能量条件下，生长成退火孪晶。随着大角晶界的移动，孪晶长大，在长大过程中，如果原子在 {111} 面上再次发生错排而恢复原来的堆垛次序，则又形成第二个共格的孪晶界。退火孪晶分布在两条平行孪晶界间。孪晶与母体晶粒之间的共格界面是 {111} 晶面，共格孪晶界有着十分低的晶界能。

退火孪晶形成过程见图 5-31 所示，其中 A、B、C 是相交于一点的三个原始晶粒，T 是起始于三晶粒交点，且在晶粒 C 中形成的退火孪晶。形成退火孪晶的能量条件是形成孪晶后的界面能量低于形成前的大角界面能，以图分析，要求满足以下关系：

$$A_{TC}\gamma_C + A_{TA}\gamma_{TA} + A_{TB}\gamma_{TB} < A_{TA}\gamma_{AC} + A_{TB}\gamma_{BC}$$

或

$$A_{TC}\gamma_C + (A_{TA} + A_{TB})\gamma_P < (A_{TA} + A_{TB})\gamma_i$$

式中，A 为两个晶粒之间的界面面积；γ_C 为共格界面能；γ_i 为大角界面能；γ_P 为具有特殊位向关系的大角界面能。由于 γ_C 很小，具有特殊位向关系的大角界面能 γ_P 小于 γ_i，因此以上能量条件可以满足，从而形成退火孪晶。

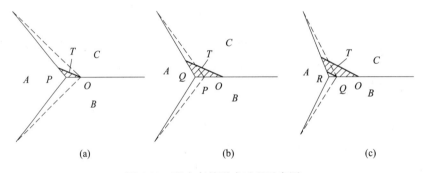

图 5-31　退火孪晶形成过程示意图

在晶粒继续长大过程中，贯穿晶粒的孪晶可以自晶界断开，形成中断在晶粒内的孪晶，以降低能量。当贯穿晶粒的完整孪晶随晶粒长大，其长度达到晶粒直径时，则该晶粒中的共格界面能为 $E_C = \pi R^2 \gamma_C$，非共格界面能为 $E_C = 2\pi R \gamma_i$，R 为晶粒半径，二者的比值 $\dfrac{E_C}{E_i} = R\left(\dfrac{\gamma_C}{\gamma_i}\right)$，随晶粒尺寸而增大。此时，随晶粒长大，孪晶界面能增加的走度比晶界能要快，为降低能量，孪晶由界面分开，转变为中断在晶内的不完整孪晶。在端部形成新的一部分非共格大角界面，当 $\dfrac{\gamma_C}{\gamma_i}$ 值较大时，孪晶由界面分开的几率也较高。

5.3.3　再结晶织构

通常，具有变形织构的金属经再结晶后的新晶粒若仍具有择优取向，则称为再结晶织构。再结晶织构是在金属冷变形织构，如冷拔形成的丝织构、冷轧板材形成的板织构的基础上，在再结晶（一次、二次）过程中形成的。再结晶织构有两种情况：一种是保持与原形变织构相同；另一种是原有形变织构消失，形成新的再结晶织构，其形成机制在第 7 章详细介绍。

5.4　再结晶与相变、回复的区别

相变是指物质从一种相转变为另一种相的过程。在物质系统中，物理、化学性质完全相同，且与其他部分具有明显分界面的均匀部分称为相。与固、液、气三态对应，物质有固相、液相、气相，固相有不同晶体结构、化学组成之分。再结晶从转变过程来看，与固态相变非常相似，均是新晶粒吞噬旧晶粒并不断长大，直至原始组织完全消失的过程，形核都需要一定的孕育期，转变之后宏观性能都有显著变化。但是本质上，二者并不相同。

首先，相变会使金属材料的晶体结构、组成成分发生变化，但再结晶前后新旧晶粒的晶体结构和化学成分通常不会改变。相变的前后，金属的点阵类型发生变化，如钢中奥氏体转变为马氏体的相变，即由面心立方结构转变为体心四方结构。再结晶前后，金属的晶格点阵类型没有变化。晶界是一个边界，在边界的两边是成分和晶体结构都相同，但取向不同的两个区域。以再结晶晶界弓出形核为例，弓出之前晶界两侧的晶粒成分结构相同，仅畸变和位错数量不同。弓出形核后掠过的区域，其晶格结构和化学成分都没有变化，也就没有新相的生成。亚晶合并、亚晶生长形核与此类似，后期的晶核生长也只是晶界的移动，并未涉及晶体结构和成分的改变。比如，将冷变形后的 α-Fe 进行再结晶，结果获得的无应变晶粒仍是 α-Fe，而非 γ-Fe 或其他晶型，因此再结晶不属于相变。

其次，转变驱动力不同。相变驱动力是吉布斯自由能差，是自由能较低的新相在自由能较高的旧相中进行生核和成长的过程，相变阻力主要来自异相间的界面能。而再结晶则是无畸变能或畸变能较低的晶粒在畸变能较高的基体中生核和成长的过程。再结晶形核是形变金属单位体积内储存的能量转变为界面能的过程，形核的条件是这个转变过程的总能量降低。再结晶驱动力是形变贮能，变形晶界的某一段突然弓出，深入至畸变大的相邻晶粒中，在推进的这部分区域内，形变贮能完全消失，形成新晶核，再结晶的阻力则来自晶界能。

另外，再结晶温度受合金成分、形变程度、原始晶粒度、退火温度等因素的影响，在一定的范围内变化。但是相变温度仅受合金成分影响，不受形变程度、组织形貌的影响。再结晶在局部高能量区域内形核，形成的大角度边界发生迁移时，核心长大。核心朝取向差大的形变晶粒长大，因此再结晶过程具有方向性特征。再结晶后的显微组织呈等轴状晶粒，以保持较低的界面能。

再结晶与回复的关系则是相互依存却又竞争的平衡关系。回复过程中位错重排形成了亚晶粒、亚晶界，但该过程却不是再结晶。因为亚晶界是小角度晶界，其两边的亚晶粒在形成时，并没有晶粒取向的显著改变，而再结晶过程要形成的是大角度晶界，大角度晶界两侧的晶粒取向差很大。

回复和再结晶的驱动力都是储存能，因而这两个过程是相互竞争的。一旦发生了再结晶，已经再结晶的区域已消除了变形结构，那里就不会有回复发生。所以，回复的程度取决于再结晶的难易。相反，因为回复降低了储存能即降低了再结晶的驱动力，因此，预先的回复会推迟再结晶的发生。另外，回复过程可提供再结晶核心，所以这两个过程之间没有明显的界线。

练习与思考题

1. 回复退火处理可能使冷变形后的金属材料组织结构发生怎样的变化，有什么实际意义？
2. 如何控制金属材料再结晶后的晶粒大小和均匀性？
3. 简述冷变形后的金属材料，发生的回复和再结晶的主要的共同点和不同之处。

6 金属及合金的热加工及软化

6.1 热变形原理

随着变形温度升高，金属原子间的结合力削弱，易产生滑移变形，从而塑性上升，变形抗力减小。升温还有利于再结晶的充分进行和硬脆第二相的固溶，进一步提高金属的变形。当变形温度超过再结晶温度（T_R）时，称为热变形。冷变形则是在不产生回复和再结晶的温度以下，完全发生加工硬化的温度进行的加工变形。温变形是在介于冷变形和热变形之间的温度进行的加工变形。随着变形温度升高，金属将同时发生组织软化和加工硬化，材料变形行为变得复杂。掌握热变形原理对指导金属及合金产品的加工有重要意义。

6.1.1 热变形温度的选择原理

由于各种金属的再结晶温度相差很大，热变形温度的概念是相对的。工业纯铁在450℃以上的变形是热变形，铅在室温下的变形也是热变形，而钨在1000℃的变形为冷变形。热变形一般发生在金属熔点绝对温度的 0.75~0.95 倍的温度范围内，即（0.75~0.95）T_m（单位：K）。

例如，考虑变形生热，热变形的温度应与金属熔点之间保持一个安全距离，至少约为0.05T_m（单位：K）。合金元素的加入会降低金属的熔点，纯 Mg 的熔点为650℃，在 Mg 中加入 Sn 形成 Mg-Sn 合金，忽略金属实际熔化需要的过热度，在共晶温度561℃以上，合金中形成液相。因此，Mg-Sn 合金的热变形温度一般不应超过519℃。实际上，大多数文献中，Mg-Sn 系合金的热变形温度范围为 250~400℃。

根据合金的相图（图6-1（a））、塑性图（图6-1（b））、再结晶图（图6-1（c））和变形抗力图（图6-1（d）），可以确定热变形温度范围：上限温度应确保金属不会融化，且避免产生过度氧化，一般低于 0.95T_m（单位：K）。若该合金中含有低熔点物质，则需降低温度以防止局部过烧，造成变形材料的脆裂。或者通过多级热处理，在较低温度将低熔点物质固溶进入合金基体，然后在高温变形。从塑性图看，变形温度应取在塑性指数最大的区域。

通常为了充分降低变形抗力，减轻设备负担，下限温度要保证变形过程中，再结晶能充分地进行。热变形温度的下限，一般约为 0.75T_m。传统认为，热变形在单相区进行有利于组织性能控制。但这需要针对具体材料进行分析，某些钢在两相区热变形可以获得很好的力学性能。

从加工难易程度的角度思考，降低变形抗力是优化热变形温度的重要指标。基于变形抗力图，在上限和下限温区内，选择最合适的变形温度，使得热变形在金属变形抗力较小的区间内完成。

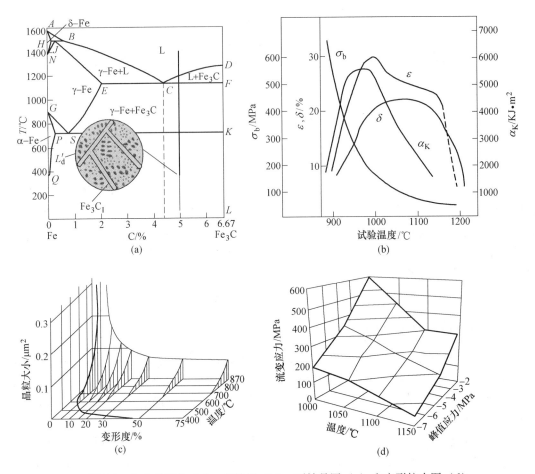

图 6-1　合金的相图（a）、塑性图（b）、再结晶图（c）和变形抗力图（d）

6.1.2　晶内变形和晶间变形

经过热加工的金属材料，大都属于多晶体。多晶体塑性变形的基本单元是单晶体。金属单晶变形（即晶内变形）的主要方式有位错滑移和变形孪生，在高温下，变形孪生不易发生，以位错滑移为主。

大多数金属是立方或六方晶体结构。面心立方（fcc）结构的金属，例如铜（Cu）、铝（Al）和 γ-Fe 等，易在密排面 {111} 上，沿着密排方向 <110> 发生位错滑移，即 {111}<110> 滑移系。因此，在一般情况下铜合金具有 12 个滑移系（4 个独立的平面，3 个独立的方向）。实验表明，若温度升高，不常见的滑移系 {100}<110> 和 {110}<110> 就会被开动，导致滑移面的数目有所增加，但是，其滑移方向并未改变，因此，在高温下，面心立方晶体具有 14 个滑移系。镁合金为密排六方结构，在温度低于 225℃ 时，其滑移变形沿着密排面 {0001} 的密排方向 <11$\bar{2}$0> 进行，只有 3 个几何滑移系和 2 个独立滑移系。图 6-2 所示为面心立方晶格的滑移示意图和密排六方晶格示意图。

对金属材料施加外力时，在晶面上产生的应力可以分解为正应力（σ）和切应

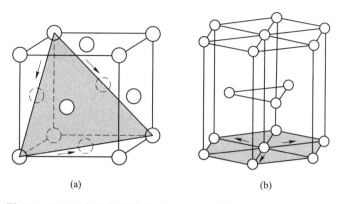

图 6-2 面心立方晶格的滑移（a）以及密排六方晶格的滑移（b）

力（τ）。其中，正应力垂直于晶面，会使金属材料产生弹性变形或断裂；切应力与晶面平行，并可以使晶格发生畸变，使得晶粒的一部分相对另一部分沿着某一晶面（即滑移面，也是密排面）产生相对滑动，从而引起晶粒内部发生塑性变形。对于单晶体而言，其滑移示意图如图 6-3 所示。在图 6-3（b）中可以看出，切应力较小时，撤除所加外力，原子就会回到原来所在位置，单晶粒发生弹性变形；若切应力加大，原子则会产生较大的滑移，撤回所加外力，原子也回不到原来的位置，变形也不会消失，而产生塑性变形。一般来说，金属的滑移难易度与金属的滑移系多少有关，滑移系越多，金属越容易变形，其塑性也就越好，因此，拥有面心立方结构的铜合金要比体心立方结构的铁的塑性好。

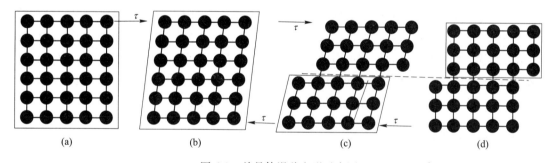

图 6-3 单晶体滑移变形示意图
（a）未变形；（b）弹性变形；（c）弹塑性变形；（d）塑性变形

常用的金属材料为多晶体，可以将多晶体的塑性变形看成多个单晶粒变形后的结果。但是，由于多晶体中每个晶粒的位向都有所不同，当对金属/合金施加外力时，各个晶粒的变形受到其他晶粒的影响，并且，晶界的存在导致各个晶粒产生滑移的先后顺序有所不同，因此，多晶体的塑性变形有自己一定的特征，要比单晶体复杂得多，不能简单以单个晶粒变形的综合效果来判断。一般而言，多晶体的塑性变形会受到晶粒取向和晶界两个方面的影响。

首先，多晶体在塑性变形过程中，晶界的存在会对其变形产生一定的阻碍作用。晶界是结构相同而取向不同的晶粒之间的界面。在晶界上，原子排列从一个取向过渡到另一个取向，晶界处原子排列处于过渡状态，会有大量的晶体缺陷，因此，所产生的位错在此处滑移会受到一定的阻碍，此处的塑性变形抗力较高，变形难以进行。因此可以得出结论，金属材料的晶粒越细小，晶界相对也就越多，对位错的阻碍作用也就越强烈，因此，细化晶粒可以使得合金的强度得到一定程度的提高。其次，多晶体的塑性变形还必须协调不同位向的晶粒。由于不同晶粒的位向不同，因此在塑性变形过程中，各个晶粒的受力情况也有所不同，有的晶粒会优先产生滑移，而另外一些晶粒的滑移就相对较晚。由此可见，任何一个晶粒的滑移都会受到周围晶粒不同程度的影响，只有当外力大到能克服各个晶粒之间的影响，使得所有晶粒达到协调，不但可以满足自身的滑移条件，而且还能保持多晶体的结构连续性，才能使材料发生塑性变形。最后，由于各个晶粒的大小、形状、位置的不同，造成晶粒的变形是不均匀的。图 6-4 所示为多晶体塑性变形的示意图。在材料的外侧，晶粒的变形量较大，在材料心部，晶粒的变形量则相对较小，这就造成每个晶粒的形变量与晶粒所在的位置有很大关系。

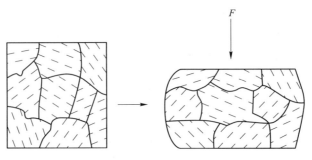

图 6-4　多晶体塑性变形示意图

由以上分析可知，多晶体的塑性变形必须要克服较大的阻力。金属材料内部的晶粒越细，单位体积的晶粒数越多，滑移面和滑移方向也就越多，变形可以分散在更多的晶粒内进行，使得外力带来的应力得到更多的分散，不会造成应力在个别晶粒的内部集中，从而使得材料不易断裂，且具有较高的抗塑性变形能力。所以，在铜合金的研究和生产中，大都采用一定的方式和技术细化晶粒，以提高合金的力学性能。

6.1.3　热变形组织及性能变化

已知金属热变形是在再结晶温度以上进行的，热变形可以认为是加工硬化和再结晶两过程的重叠。但在加工变形过程中或者变形结束时，都具有相当高的温度，变形金属可充分软化，因此不会显示硬化的后果。经过热变形，金属组织结构和性能发生以下变化：

（1）改造铸态组织。铸态金属组织中的缩孔、疏松、空隙、气泡等缺陷得到压缩或焊合，铸态组织的物理、化学和结晶学方面的不均匀性会得到改造（图 6-5（a））。

（2）晶粒细化和夹杂物破碎。铸态金属中的柱状晶和粗大的等轴晶，经过锻造或轧制等热变形以及对再结晶的有效控制，可变为较细小均匀的等轴晶粒。变形金属中（如各种坯料）粗大不均匀的晶粒组织，通过热变形和有效的再结晶控制，也可变为细小均匀的等轴晶粒。如果热变形和随后的冷却条件适当地配合，还可以得到强韧性能很好的亚晶组织。细小均匀的亚晶组织、亚晶组织具有强度高、塑性好、韧性好、脆性转化温度低的特点。热变形能够破碎夹杂物和第二相，并能改变它们的分布，这对改善性能十分有益。夹杂物对变形组织的影响不仅同它的总量有关，而且还与夹杂物的大小和分布有关。通过热变形破碎夹杂物，并改善它集中分布的状态，尽可能地使其分布在较大的范围内，就可分散它的不利作用，从而降低其危害性。

（3）形成纤维组织（fiber structure）。铸态金属在热变形中所形成的纤维组织与金属在冷变形中由于晶粒被拉长而形成的纤维组织不同。前者是由金属铸态结晶时所形成的枝晶偏析，在热变形中保留下来，并随着变形而延伸形成"纤维"（图6-5（b））。

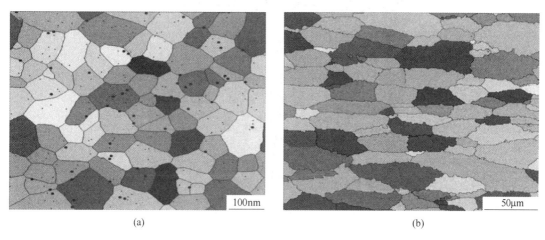

| (a) | (b) |

图6-5　铸态组织（a）和纤维组织（b）

（4）形成带状组织（banded structure）。热变形之后形成的带状组织，可表现为晶粒带状和碳化物带状两种。如低碳钢在热变形中有时会出现呈带状排列的珠光体。这是因为热变形时夹杂物排列成纤维状，缓慢冷却后，铁素体首先在夹杂物周围析出并排列成行，珠光体也随之成行析出，形成先共析铁素体和珠光体交替相间的带状显微组织；先共析铁素体因两相区的低温大变形量而被拉长时形成的带状组织，均属于晶粒带状组织。枝晶偏析严重的高碳钢，如果热变形前或热变形过程中未作均匀化退火，加工后被破碎的碳化物颗粒会沿钢材延伸方向形成碳化物带状组织。终轧温度过高、冷却速度过慢、压缩比不足都会增大碳化物带状的级别（图6-6）。

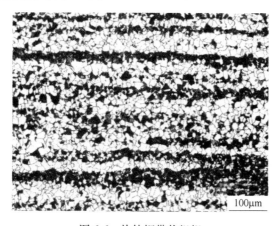

图6-6　热轧钢带状组织

（5）形成网状组织（network structure）。高碳钢的轧前加热温度一般都高于A_{cm}（固溶度线）线，加热时碳化物几乎全部溶解。轧材如果终轧温度过高，在轧后冷却过程中，900℃左右就开始沿晶界析出碳化物，在700~750℃范围内急剧形成网状。如果终轧温度控制低一点，例如900~700℃范围内终轧并轧后快速冷却，就可以消除或减少网状碳化物（图6-7）。

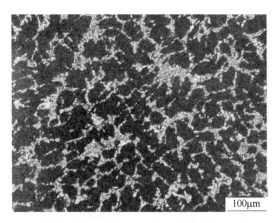

图6-7　网状碳化物组织

6.1.4　热变形特点

在一定条件下，热变形较冷变形而言具有一系列的优点：

（1）变形抗力低。在高温时，原子的运动及热振动增强，加速了扩散过程和溶解过程，使金属的临界切应力降低；另外，使许多金属的滑移系统数目增多，有利于变形的适应性（或协调性）；这些均使加工过程中的加工硬化现象因再结晶的完全而被消除。因而是加工时金属抵抗能力减弱而降低了能量的消耗。

（2）塑性升高。因为变形温度升高后，由于完全再结晶使加工硬化消除，在断裂与愈合的过程中，使愈合的速度加快，并为具有扩散性质的塑性机构的同时作用创造了条件。虽然在热变形的温度范围内，某些合金的塑性有波动，如α-Fe与γ-Fe在800~900℃的相变，使塑性有所下降。但就总体来说，热变形温度范围内的金属塑性还是高的。

（3）不易产生织构。在高温下产生滑移的系统较多，使滑移面和滑移方向不断发生变化。因此，在热加工工件内择优取向或方向性小。

（4）生产周期短。在生产过程中，不需要像冷变形一样进行中间退火，从而使整个生产工序简化，提高了生产率。

（5）组织与性能基本满足要求。这是热变形能存在和发展的基本特点。

上述优点使热变形在生产实践中得到广泛的应用，但仍然存在许多不足之处：

（1）对于细或薄的加工件，由于散热较快，在生产中要保持热加工的温度条件是很困难的。因此，对于生产细或薄的金属材料，一般仍然采用冷变形的方法。

（2）产品表面光洁度与尺寸精确度较差，这是因为在加热时，金属的表面要生成氧化物，在加工时，这些氧化物不易清除干净，造成加工产品的表面质量和尺寸的精度不如冷变形好；另外，在冷却时的收缩，也能使表面质量和尺寸精度降低。

（3）组织与性能不均匀。在热加工结束后，由于冷却等原因，使产品各处温度难于保持均匀一致，温度偏高处的晶粒尺寸要比低处的大一些。

（4）产品的强度不高。热变形时，由于温度高的原因，对金属起到了软化的作用。

（5）金属的消耗较大。加热时表面氧化烧损，在变形过程中氧化皮脱落，以及由于缺陷造成切损增多。

（6）不易加工含有低熔点物质的合金。例如，在一般的碳钢中含有较多的 FeS，或在铜中含有 Bi 时的热变形，由于在晶界上有这些杂质组成的低熔点共晶体发生熔化，使晶间的结合遭到破坏而引起金属的断裂。

6.2　动　态　回　复

普遍来说，随着温度降低，材料的塑性降低，硬度提高。韧性材料随着温度降低而变脆的现象称为韧脆转变。因此，为了降低成形抗力，提高成形能力，普遍采用升高温度加工的方式。温度升高后，金属材料除了产生应变硬化，还产生应变软化，释放内应力，降低变形抗力，更好地承受变形。

在高于再结晶温度进行的热变形过程中，因塑性变形引起的硬化过程与回复引起的软化过程同时存在，将这种在金属内部同时进行加工硬化与回复软化的过程称为动态回复（dynamic recovery）。主要包含两个重要因素：（1）动态回复利用热加工的余热进行，不需要重新加热，不同于静态回复；（2）动态回复在塑性变形过程中进行，而不是在变形停止之后。如图 6-8 所示，铝合金的层错能相对较高，较高的温度或较低的应变速率可以提供较高的激活能或足够的时间，使位错通过攀移和滑移进行重排或相互抵消，即引发动态回复，因此，形成了许多锯齿状边界的亚晶，但仍然存在一些位错缠结。

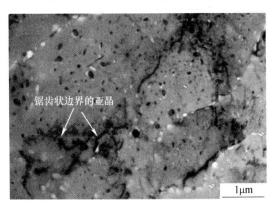 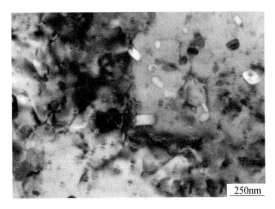

锯齿状边界的亚晶

1μm　　　　　250nm

图 6-8　7075 铝合金在 380℃以 $1s^{-1}$ 应变速率变形后的 TEM 形貌

6.2.1　动态回复时的应力-应变曲线

材料热变形发生动态回复时的真应力-真应变曲线如图 6-9 所示，分为 3 个阶段：

第 I 阶段，微应变阶段。在应变初期，应力增加很快，但应变量不大（<1%）。加工硬化开始出现，此时动态回复尚未进行或进行得很微弱。

第Ⅱ阶段，均匀变形阶段。当应力达到屈服应力以后，变形进入第二阶段，加工硬化率逐渐降低，金属材料开始均匀塑性变形。伴随加工硬化作用的加强，开始出现动态回复并逐渐加强，其造成的软化逐渐抵消加工硬化作用，使曲线的斜率下降并趋向水平。

第Ⅲ阶段，稳态流变阶段。加工硬化率趋于零，由变形产生的加工硬化与动态回复产生的软化达到动态平衡，流变应力不再随应变的增加而增大，应力-应变曲线保持水平状态。

达到稳态流变时的应力值与变形温度和应变速率有关。提高变形温度或降低应变速率，都将使稳态流变应力降低。图 6-10 为真空熔化的纯铁在高温下及不同应变速率变形时的应力-应变曲线。由于试验是以扭转方式进行，因此图中的应力和应变分别由切应力 τ 和切应变 γ 表示。由图中可以看出：（1）曲线起始部分的加工硬化系数 $\mathrm{d}\tau/\mathrm{d}\gamma$ 随变形温度的升高和应变速率的降低而减小；（2）大于一定应变以后，加工硬化作用停止，出现不随应变而增高的稳定状态的流变应力；（3）在某些条件下，稳定态会被应力随应变而周期性变化的波动曲线所代替。

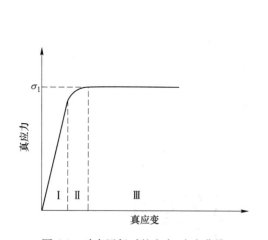

图 6-9　动态回复时的应力-应变曲线

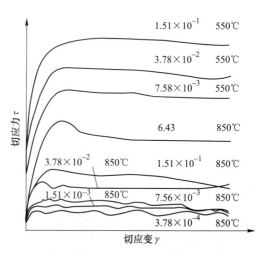

图 6-10　真空中熔化的纯铁在高温下以不同应变速率变形时的应力-应变曲线

6.2.2　动态回复时的组织变化

在变形的第Ⅰ阶段，随着变形的进行，由于加工硬化，金属中位错的密度将由退火态的 $10^4 \sim 10^7\,\mathrm{cm}^{-2}$ 增至 $10^7 \sim 10^8\,\mathrm{cm}^{-2}$，并且加工硬化速率较快，造成变形抗力不断增加。

在第Ⅱ阶段，位错密度继续增大，但变形中部分位错相互抵消，部分位错重新排列，使材料发生动态回复，位错的消失率也不断增大。当位错排列并发展到一定程度后，形成清晰的亚晶界，称为动态多边形化。由于位错的增殖速度与变形量无关，仅是应变速率和有效应力的函数，而位错的消失速度却随着应变量增加和位错密度升高而增大。因此，随着变形量的增加，位错消失的速度加快，从而提高了软化效果。

到第Ⅲ阶段，由于位错的增殖率和消失率达到平衡，加工硬化和软化达到平衡，位错密度维持在 $10^{10} \sim 10^{11}\,\mathrm{cm}^{-2}$，位错密度基本恒定，此时位错已排列成小角亚结构，位错通过攀移、交滑移从节点和位错网中脱出而与异号位错相互抵消。

在动态回复过程中，显微组织最明显的变化是通过多边形化或位错胞规整化形成大量的亚晶（subgrains），如图 6-11 所示，它们的出现标志着动态回复的发生。虽然随变形的进行，金属中晶粒的外形随金属整体延伸成纤维状，但晶粒中的这些亚晶始终保持等轴状。

图 6-11　Al 在 300℃下 1s⁻¹ 扭转应变为 3.2 变形后的亚晶形貌

亚晶的平均大小及相互间位向差取决于金属的类型、变形温度和应变速率。当材料一定时，变形温度 T 越高或应变速率 $\dot{\varepsilon}$ 越低，则亚晶平均直径 d 越大。亚晶尺寸增大时，亚晶中含有较少的位错，亚晶界中的位错密度也小，并且排列整齐，轮廓清晰。亚晶的平均直径 d 与温度和应变速率 $\dot{\varepsilon}$ 之间的关系为

$$d^{-1} = a + b\lg Z \tag{6-1}$$

式中，a 和 b 为常数；Zener-Hollomon 参数 $Z = \dot{\varepsilon}\exp[Q/(RT)]$；$Q$ 为激活能；R 为气体常数。

动态回复亚组织的上述特征是不可能靠冷变形加静态回复得到的。此时，金属的位错密度低于相应冷变形量时的位错密度，而高于相应冷变形后再经静态回复时的位错密度。同样亚组织的尺寸大于相应冷变形的胞状组织的尺寸，而小于相应静态回复时亚组织的尺寸。此时塑性变形的金属内不存在冷变形时的高位错密度，经冷变形后再进行回复退火也得不到动态回复变形时的高位错密度。

高温变形后，立即对铝合金材料进行观察，在组织中可看到大量的回复亚晶。图 6-12 为铝合金以一定的变形条件完成热变形后的组织结构图，软化机制主要为动态回复。在热压缩的应变条件下 7075 铝合金中分布着大而不规则的晶粒（晶界由黑色线条描绘），而晶粒内部有大量因动态回复形成的亚晶（亚晶界由白色线条描绘）。

6.2.3　动态回复对室温力学性能的影响

利用亚晶来强化金属材料具有重要的工业意义。动态回复所获得的稳定亚组织可通过热变形后的迅速冷却而保留下来，其强度远远高于再结晶组织，已成功用于提高建筑用铝镁合金挤压型材的强度。除了提高强度，动态回复还能降低晶间断裂的倾向，使变形态金属在室温的延展性明显增加。将动态回复亚晶的平均直径记为 d，其与室温屈服强度的关系是：

$$\sigma = \sigma_A + Nd^p \tag{6-2}$$

式中，σ_A 为无亚晶的粗大晶粒的屈服强度；N 为常数，代表滑移越过亚晶界要克服的阻力；p 为常数，铝、工业纯铁、Fe-3%Si、锆合金等材料的 $p = -1$。

图 6-12　7075 铝合金在 380℃以 $1s^{-1}$ 应变速率热压缩后的 EBSD 图

6.2.4　动态回复的机制

　　热加工过程中动态回复主要通过热激活、空位扩散以及刃型位错的攀移、螺位错的交滑移实现。应变速率一定时，在较低温度时主要是点缺陷的移动和消失，中间温度时位错重新排列组合（包括位错的交滑移与异号位错抵消），温度较高时发生位错攀移、亚晶界合并和多边化过程，容易形成多边化的亚结构。而温度一定时，应变速率升高，则动态回复受到抑制。这是由于应变速率较高时，达到同一应变所需时间更少，动态回复的时间不充分，空位与位错密度增加，导致应力上升，产生加工硬化。

　　位错相消时的速度取决于已有位错密度和位错运动的难易性。位错相消机制可以认为是由于螺位错通过交滑移从它们原来存在的滑移面内逸出，随后在新的滑移面上与异号的螺位错相抵消。因此，一定的应力及高温有助于交滑移。高温也有助于刃位错通过攀移离开原属滑移面，到达新的滑移面与异号刃型位错相抵消。位错的交滑移和攀移有助于位错脱锚，使位错增殖速度和相消速度相当，达到位错密度的平衡状态，从而表现出水平的流变应力。

　　层错能较高的金属（例如铝，见表 6-1）热加工时，由于扩展位错宽度较小，位错的攀移、交滑移和脱锚等回复过程容易进行，因而在变形过程中动态回复占主导作用。动态回复消耗变形储能，因此强烈影响再结晶的形核。若动态回复较强，位错密度大幅降低，使得材料在变形过程中始终难以达到动态再结晶所需的临界位错密度，则不易发生动态再结晶。层错能较低的材料（例如铜，见表 6-1）不易发生位错交滑移，动态回复难以抵消形变时位错的积累，动态再结晶为主要的软化方式。

表 6-1　金属的层错能

金属	Zn	Mg	Cu	Al	Ni
层错能 γ/J·m^{-2}	0.14	0.13	0.04	0.23	0.25

总的来说，动态回复是金属在热加工时可能发生的一种重要的组织演变机制，其特点及应用为：

（1）层错能高的金属，发生动态回复的能力强；

（2）塑性变形使晶粒沿变形方向伸长，动态回复时在伸长的晶粒中产生近似等轴的亚晶粒；

（3）溶质原子常常阻碍动态回复，而促进再结晶形核；

（4）细小第二相颗粒可以稳定亚晶界，提高稳态流变应力，推迟动态再结晶；

（5）屈服强度与亚晶尺寸成反比，保留动态回复组织至室温可以强化材料。

6.3　动态再结晶

工程上常将再结晶温度以上的加工称为热加工，将再结晶温度以下而又不加热的加工称为冷加工，而温加工则介于二者之间，其变形温度低于再结晶温度，却高于室温。也有分类把除了热加工之外的都称为冷加工。热加工过程中，在金属内部同时进行着加工硬化与回复再结晶软化两个相反的过程。金属冷形变后，加热过程中发生的再结晶，称为静态再结晶；而在金属热变形的过程中发生的再结晶，称为动态再结晶（dynamic recrystallization）。

相比于静态再结晶，动态再结晶具有以下特点：（1）动态再结晶要达到临界变形量和在较高的变形温度下才能发生；（2）与静态再结晶相似，动态再结晶易在晶界及亚晶界形核；（3）动态再结晶转变为静态再结晶时无需孕育期；（4）动态再结晶所需时间随温度升高而缩短。

6.3.1　动态再结晶的真应力-应变曲线

发生动态再结晶时真应力-真应变曲线如图 6-13 所示。

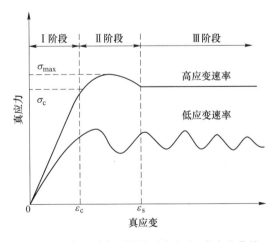

图 6-13　发生动态再结晶时真应力-真应变曲线

（1）高应变速率下发生动态再结晶的材料的真应力-真应变曲线包括 3 段：

第 Ⅰ 阶段，微应变加工硬化阶段（$\varepsilon < \varepsilon_c$）。应变低于临界值 ε_c（开始发生动态再结晶

的临界应变度），应力随应变增加很快，呈线性增长状态，金属出现加工硬化，不发生动态再结晶。

第Ⅱ阶段，动态再结晶开始阶段（$\varepsilon > \varepsilon_c$）。应变达到临界值 ε_c，动态再结晶开始并出现软化作用，但此时加工硬化仍然占据主导地位，导致应力随应变上升的幅度逐渐降低；当 $\sigma = \sigma_{max}$ 后，动态再结晶的软化作用超过加工硬化，应力随应变增加而降低。

第Ⅲ阶段，稳态流变阶段（$\varepsilon > \varepsilon_s$）。当应变超过 ε_s（发生均匀变形的应变量），随应变的增加，加工硬化和动态再结晶引起的软化趋于平衡，流变应力趋于稳定。

（2）低应变速率下发生动态再结晶的材料的真应力-真应变曲线。当应变速率较低时，稳态流变曲线出现波动，这与变形引起的加工硬化和动态再结晶产生的软化交替作用及周期性变化有关。

当温度一定时，随应变速率增加，动态再结晶的真应力-真应变曲线向右上方移动，最大应力对应的应变增大；而应变速率一定时，温度升高，真应力应变曲线会向左下方移动，最大应力对应的应变减小。

6.3.2 影响动态再结晶的因素

（1）层错能。材料的层错能（SFE，γ_{SFE}）对动态再结晶有显著影响。密排晶体结构可以看成由许多密排原子面按照一定顺序堆垛而成，实际晶体结构中，密排面的正常堆垛顺序有可能遭到破坏和错排，称为堆垛层错。由于发生错排，而破坏了晶体结构的完整性和周期性而产生的能量，即称为堆垛层错能，简称层错能。

由于位错具有很高的能量，在实际晶体中，组态不稳定的位错会转换为组态稳定的位错；具有不同伯氏矢量的位错可以合并成一条位错线，反之亦然。材料学中，把一个全位错分解为两个不全位错，中间夹着一个堆垛层错的整个位错组态称为扩展位错，扩展位错有一定的宽度：

$$d = Gb_1 b_2 / 2\pi\gamma \tag{6-3}$$

式中，d 为扩展位错的宽度；G 为切变模量；b_1，b_2 为柏氏矢量的长度；γ 为层错能。由此可以看出扩展位错的宽度 d 与层错能 γ 成反比关系。

在回复过程中，材料储存的能量主要通过位错的湮灭和重排成较低能量的结构来降低，这两者都是通过位错的滑移、攀移和交叉滑移来实现的。对于高层错能的金属来说，如铝合金、镍合金等，全位错分解成两个不全位错更加困难。而与此同时，由于高层错能金属的扩展位错很窄，螺型位错的交滑移和刃型位错的攀移较容易进行，导致亚组织中的位错密度降低。在高温变形过程中，很容易发生快速的动态回复，这通常会导致剩余的位错难以储存足够多的能量以维持动态再结晶，从而更容易发生动态回复，难以发生动态再结晶。

另外，低层错能会促进更宽的扩展位错的形成，从而使交叉滑移或攀移变得更加困难，这类材料包括银、奥氏体不锈钢等。对于这些材料，在动态回复过程中，很难形成亚晶结构；相反，位错密度增加到很高的水平，局部位错密度的差异变得足够大，有着足够多的储存能形成新的晶粒，也就更容易发生动态再结晶。

（2）第二相粒子与溶质原子。众所周知，第二相颗粒在再结晶中起重要作用。细小弥散分布的粒子往往会阻碍晶界的运动，并减缓再结晶和晶粒生长的过程。相反，由于在变形区储存了大量能量，粗大的成分颗粒可以通过颗粒刺激成核加速再结晶。另一方面，溶质的拖曳效应以更复杂的方式降低了边界的流动性。细小颗粒和溶液中合金元素的溶质拖曳作用都将减缓晶界的迁移，从而阻碍动态回复，有利于动态再结晶的发生。

（3）热加工参数。动态再结晶后的晶粒大小与流变应力成反比。同时，应变速率越低，变形温度越高，则动态再结晶后的晶粒度越大，而且越完整。因此，控制应变速率、温度、每道次变形的应变量和间隔时间，以及冷却速度，就可以调整热加工材料的晶粒度和强度。

6.3.3 动态再结晶机制

动态再结晶机制一般可分为非连续动态再结晶（DDRX）、连续动态再结晶（CDRX）、孪晶诱导动态再结晶（TDRX）和颗粒诱导形核（PSN）。

DDRX 机制有明显的形核和生长过程，晶粒的形核由晶界迁移主导，形核过程以锯齿状晶界和晶界弓出为特征。变形中，由于应变分配不均匀，在原始粗晶的尖端处易出现应力集中，并形成位错源，导致相邻晶粒间的位错密度差异较大。为缓解应力集中，降低系统的自由能，局部晶界发生弓出迁移，形成了细小、无畸变的 DRX 晶核。

CDRX 没有明显的形核和生长过程，主要特征是与晶粒亚结构和位错密切相关的小角度晶界（LAGBs）通过旋转逐渐形成大角度晶界（HAGBs）。LAGBs 与位错和亚结构密切相关。变形过程中，部分累积位错演化为亚晶，亚晶界通过不断吸收周围位错发生转动，逐渐转变为 HAGBs，最终形成 DRX 晶粒。简单来说，这种没有形核过程、通过亚晶粒渐进式旋转形成的 DRX 晶粒称为 CDRX。CDRX 过程可以通过点对原点的累积取向差是否超过 15°来区分。

TDRX 与孪晶的形成密切相关，由于储存了较高的应变能，孪晶为 DRX 提供了形核位点。孪晶形成后，孪晶界作为位错运动的障碍，在变形孪晶周围形成高密度位错，并储存了大量应变能，为 DRX 的形核提供了驱动力。孪晶界与位错的交互作用促使 TBs 逐渐转变为 HAGBs，孪晶区域最终被破碎和球化。

通常，粗大的第二相颗粒（$\geqslant 1\mu m$）通过形成变形区促进新晶粒形核，激活 PSN 机制，变形区内，亚晶界的快速迁移产生的取向差累积形成了 HAGBs。硬质颗粒在变形中会阻碍位错的运动，在其周围形成应力集中区，这些应力集中区域由于晶格畸变存储了大量的形变能，提高了 DRX 驱动力。颗粒团簇周围累积的位错密度比单个粒子高，因此可以为 DRX 提供更多的形核位点，促进细小的 DRX 晶粒形成。

铸态 Zn-0.8Mn 合金在 $150\sim300℃$，$0.01\sim10s^{-1}$ 条件下的热压缩变形中激活了上述 4 种 DRX 机制。如图 6-14 中黑色点划线框所示，可以观察到明显的锯齿形晶界和晶界弓出，表明激活了 DDRX 机制，随变形温度的升高和应变速率的降低，DDRX 机制逐渐加强。沿晶界 L1 和穿过晶内 L2（图 6-14（a））的累积取向差超过了 15°，而局部取向差（点对点）在 $2°\sim15°$发展，变形晶粒内部和晶界边缘形成的较大取向差梯度加速了渐进式晶格旋转，激活了 CDRX，最终形成 DRX 晶粒。随应变速率升高，CDRX 机制加强；随温度升高，CDRX 机制减弱。晶粒分布显示（图 6-14（a）中实线框），孪晶界充当了 DRX 形核位点，在其周围形成了细小的 DRX 晶粒，表明激活了 TDRX。沿晶界形成的尺寸大于 $1\mu m$ 的 $MnZn_{13}$ 颗粒周围分布着大量由颗粒诱导形核机制主导的细小 DRX 晶粒（图 6-14（a）~（c）中虚线框）。高温下，PSN 效果显著。

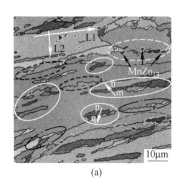 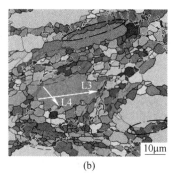 

(a)   (b)   (c)

图 6-14　铸态 Zn-0.8Mn 合金等温压缩变形时的 EBSD 图谱

(a) $T=150℃$，$\dot{\varepsilon}=0.01\mathrm{s}^{-1}$，$\varepsilon=0.8$；(b) $T=300℃$，$\dot{\varepsilon}=0.01\mathrm{s}^{-1}$，$\varepsilon=0.8$；(c) $T=300℃$，$\dot{\varepsilon}=10\mathrm{s}^{-1}$，$\varepsilon=0.8$

6.3.4　动态再结晶模型

（1）临界应变模型。当应变量达到发生动态再结晶的临界应变时，动态再结晶才能发生。因此，对整个动态再结晶模型来说，临界应变模型的确定至关重要，建立临界应变模型的关键是峰值应变模型的确定。因此，峰值应变模型是应变速率和温度的函数，随着变形温度的升高、应变速率的降低，应力随之下降。峰值应变随着温度的降低、应变速率的升高而显著增加，临界应变数学模型采用如下公式：

$$\varepsilon_\mathrm{c} = a_1\varepsilon_\mathrm{p} \tag{6-4}$$

$$\varepsilon_\mathrm{p} = a_2\varepsilon^{m_1}\exp\left[Q_1/(RT)\right] \tag{6-5}$$

式中，ε_c 为动态再结晶发生的临界应变；ε_p 为峰值应变；Q_1 为材料热变形激活能；ε 为应变速率；R 为气体常数；T 为绝对温度；a_1，a_2，m_1 为材料常数（实验确定）。

（2）动态再结晶体积分数模型。为避免传统观测金相试样组织时人为因素的干扰，本书按下式确定动态再结晶量：

$$X_\mathrm{drex} = \frac{\sigma_\mathrm{wh} - \sigma}{\sigma_\mathrm{s} - \sigma_\mathrm{ss}} \tag{6-6}$$

式中，X_drex 为动态再结晶体积分数；σ_wh 为加工硬化-动态回复阶段的应力；σ_s 为加工硬化和动态回复达到平衡时的应力；σ_ss 为加工硬化和动态再结晶回复达到平衡时的稳态应力；σ 为加工硬化-动态再结晶阶段的应力。

（3）动态再结晶晶粒模型。为建立动态再结晶晶粒模型，分别取不同的变形温度、应变速率、应变量进行压缩，变形后立即淬火制成金相试样，测定动态再结晶结束时的晶粒尺寸。在稳定变形阶段，独立于原始晶粒尺寸 d_0 的动态再结晶晶粒尺寸可描述为：

$$D_\mathrm{drex} = a_4\dot{\varepsilon}m_4\varepsilon h_4\exp\left[Q_1/(RT)\right] \tag{6-7}$$

式中，D_drex 为动态再结晶晶粒尺寸；Q_1 为材料热变形激活能；$\dot{\varepsilon}$ 为应变速率；ε 为应变；h_4，a_4，m_4 为材料常数，由实验数据回归得到。

6.4 热加工图

"可加工性（workability）"是材料在塑性变形过程中不发生破坏所能达到的变形能力。金属材料的"可加工性"是衡量其成形性能的重要指标，也是金属机械加工的一个重要工程参数。材料的可加工性分为两部分：应力状态可加工性和内在可加工性。前者主要通过施加的应力与变形区的几何形状来控制，与机械加工过程密切相关，与材料特性无关。后者则依赖于材料的成分、微观组织和变形工艺参数，例如温度（T）、应变速率（$\dot{\varepsilon}$）和应变量（ε）等。

通过测量变形抗力（强度）和断裂前的塑性变形程度（延展性），可以评估材料的可加工性。评估的关键是测量和预测断裂前的变形极限。热加工图是一种评价材料可加工性的图形，是金属材料加工工艺设计的一种有力工具。通过以 T 和 $\dot{\varepsilon}$ 为坐标轴绘制而成的热加工图，可以分析和预测材料在不同区域，即不同变形条件下的变形状态和变形机制，例如动态再结晶、绝热剪切、开裂等，从而获得材料塑性变形的稳定区域和失稳区域的加工条件（工艺参数），实现优化加工工艺参数、避免缺陷产生的目的。

根据不同的理论基础，热加工图主要可分为 3 类：第一类是基于原子模型的热加工图，例如 Ashhy 和 Frost 的变形机制图和 Raj 图；第二类是基于动态材料模型的热加工图；第三类是基于极性交互模型的热加工图。

近年来，热加工图理论已经在钢铁、铝、镁、镍、铝、铜、锌及其合金以及复合材料等领域得到推广应用。采用热加工图理论分析材料在不同热加工条件下的微观变形机制和热变形行为，可以准确评估金属材料的热加工性能，并优化热加工工艺参数，达到控制产品性能和组织的作用。

6.4.1 热加工图的理论基础

热加工图理论发展至今，依赖的主要物理模型有原子模型（atomic model）、动态材料模型（dynamic materials model）和极性交互模型（polar reciprocity model）。

6.4.1.1 原子模型

Frost 和 Ashby 首次采用 Ashby 图描述材料对加工工艺参数的响应。Ashby 图主要适用于低应变速率下的蠕变机制，适用范围较窄，而一般金属塑性加工是在高于蠕变机制几个数量级的应变速率下进行的，因此，Ashby 图不能预测其他的变形机制。

为了解决 Ashby 加工图的局限性，Raj 等人综合考虑了变形温度和应变速率的影响，将原子理论与热力学参数相结合，建立了不出现失稳状态的安全图——Raj 加工图。Raj 加工图的建立过程中主要考虑了 3 种损伤机制和 1 种安全机制。损伤机制：（1）高温低应变速率下三角晶界处产生的楔形开裂；（2）低温高应变速率下软基体组织硬质相附近产生的空洞；（3）高应变速率下绝热剪切带的形成。安全机制：动态再结晶。纯铝的 Raj 加工图如图 6-15 所示。

Raj 加工图的建立，完善并扩展了原子模型加工图的概念，有助于更科学地阐释材料热变形过程中的微观机制。但在实际应用过程中，仍然存在一定的局限性：（1）Raj 加工图仅适用于纯金属和简单合金，复杂合金不适用；（2）建立过程需确定大量材料常数，涉

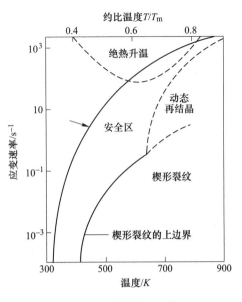

图 6-15　纯铝的 Raj 图

及的原子活动机制多，理论计算复杂；（3）仅建立了几种简单的原子模型，不适用各种变形机制。

6.4.1.2　动态材料模型

动态材料模型（dynamic materials model，DMM）最初由 Gegel 等人提出，此后，Prasad 等人根据不可逆热力学、物理系统模拟和大塑性变形连续介质力学理论完善了动态材料模型。基于动态材料模型方法建立的热加工图，能够评估金属材料在不同变形条件下的热加工性能，预测金属材料热成形过程中可能出现的失稳状态，对优化热加工工艺具有指导意义。

动态材料模型反映了宏观塑性变形和微观组织演变之间的关系，阐明了外界环境对工件体系所做功的流向分配。热加工过程中，此模型把热变形工件看成一种非线性功率耗散体，而材料的整个加工过程被看作一个能量耗散系统，能量的耗散取决于材料的加工流变行为。外界输入的能量分两部分耗散：一部分是材料发生塑性变形所消耗的能量 G，其大部分能量转换为了热能，小部分以晶体缺陷能的形式存储；另一部分是塑性变形过程中微观组织演变耗散的能量 J，与动态回复、动态再结晶、相变等过程有关。

DMM 理论显示，热变形过程中材料吸收的能量 P 由两部分，即功率耗散量 G 和功率耗散协量 J 组成：

$$P = \sigma\dot{\varepsilon} = G + J = \int_0^\varepsilon \sigma \mathrm{d}\dot{\varepsilon} + \int_0^\sigma \dot{\varepsilon}\mathrm{d}\sigma \tag{6-8}$$

G 和 J 两种能量的分配比例由应变速率敏感指数 m 决定：

$$m = \frac{\partial J}{\partial G} = \frac{\partial \ln\sigma}{\partial \ln\dot{\varepsilon}} \tag{6-9}$$

一定温度和应变条件下，材料变形中所受的流变应力（σ）与应变速率（$\dot{\varepsilon}$）存在如下关系：

$$\sigma = K\dot{\varepsilon}^{m} \tag{6-10}$$

式中，K 为常数；m 为应变速率敏感系数。

功率耗散协量 J 在一定温度和应变条件下可表示为：

$$J = \int_{0}^{\sigma} \dot{\varepsilon}\,\mathrm{d}\sigma = \frac{m}{m+1}\sigma\dot{\varepsilon} \tag{6-11}$$

材料系统能量耗散示意图如图 6-16 所示。在理想的线性耗散状态下，即 $m=1$ 时，J 达到最大值 $J_{\max}$，$J_{\max} = \sigma\dot{\varepsilon}/2 = P/2$。

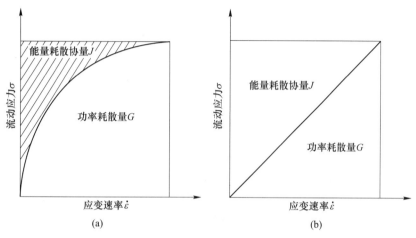

图 6-16　材料系统能量耗散示意图
（a）非线性能量耗散图；（b）线性能量耗散图

功率耗散效率 η 是材料塑性变形中因微观组织演变耗散的能量与线性耗散能量的比值，其公式如下：

$$\eta = \frac{J}{J_{\max}} = \frac{2m}{m+1} \tag{6-12}$$

式中，η 为无量纲参数，其数值大小反映了材料在不同变形条件下组织演变的微观机制。η 随温度和应变速率变化构成的三维图称为功率耗散图，根据功率耗散图可以分析不同变形条件下材料所对应的塑性变形机制。然而，只根据功率耗散图难以全面评价材料的可加工性，还需结合失稳判据进一步确定。

目前发展的塑性失稳判断准则主要分为两大类：一类是唯象准则；另一类是基于动态材料模型的塑性失稳准则。

唯象准则中，Semiatin 等人根据力平衡方法，提出了加工硬化（或软化）率和局部流变判据：

$$\alpha = \frac{1}{\dot{\varepsilon}} = \left(-\frac{1}{\sigma}\frac{\mathrm{d}\sigma}{\mathrm{d}\varepsilon}\right)\frac{1}{m} = -\frac{\lambda}{m} \tag{6-13}$$

式中，m 为应变速率敏感系数；λ 为加工硬化（或软化）率。

Semiatin 等人通过微观组织观察，并根据经验判断，钛合金中塑性流动稳定准则为 $\alpha>5$，但是此数值是根据经验得来，没有严密的理论依据，而且参数 α 的取值范围会因材料不同而改变，即使是同一种材料，合金成分不同，α 的取值范围也会不同。通过上述分析发现，采用唯象准则判断材料加工过程中的失稳过程具有一定缺陷。

　　因此，研究者们根据不可逆热力学极值原理，相继提出了基于 DMM 的几种塑性失稳判断准则：

　　（1）Prasad 等人根据最大熵产生率原理，建立了耗散函数 $D(\dot{\varepsilon})$ 与应变速率（$\dot{\varepsilon}$）之间的不等式：

$$\frac{\mathrm{d}D}{\mathrm{d}\dot{\varepsilon}} < \frac{D}{\dot{\varepsilon}} \tag{6-14}$$

　　当 $D(\dot{\varepsilon})$ 与 $\dot{\varepsilon}$ 满足上述关系式时，系统不稳定，失稳将会发生。根据 DMM 理论，耗散函数 $D(\dot{\varepsilon})$ 与耗散协量 J 是等价的，因此，上述不等式可转化为：

$$\frac{\mathrm{d}J}{\mathrm{d}\dot{\varepsilon}} < \frac{J}{\dot{\varepsilon}} \tag{6-15}$$

材料流变失稳准则为：

$$\xi(\dot{\varepsilon}) = \frac{\partial\ln[m/(m+1)]}{\partial\ln\dot{\varepsilon}} + m \tag{6-16}$$

　　当 $\xi(\dot{\varepsilon}) < 0$ 时，系统不稳定，材料进入流变失稳区，在该区域加工的材料可能会产生微观组织上的缺陷，如裂纹、剪切带、空隙等。相反，$\xi(\dot{\varepsilon}) > 0$ 时，代表加工的安全区，该区域一般与动态回复、动态再结晶和超塑性相关。在一定条件下，失稳参数 $\xi(\dot{\varepsilon})$ 的数值随温度和应变速率的变化绘制的等高线图即是材料的流变失稳图。该塑性失稳准则应用范围最广，已经在 Ti 合金、Al 合金、Cu-Zn 合金和 304 不锈钢等材料中得到验证。

　　（2）Murty 等人认为对于符合复杂本构方程的材料，σ-$\dot{\varepsilon}$ 曲线不满足幂律方程，因而提出了符合任意类型 σ-$\dot{\varepsilon}$ 曲线类型的流变失稳准则。

　　组织演变相关的功率耗散协量 $J = \int_0^{\sigma} \dot{\varepsilon}\mathrm{d}\sigma$ 的微分形式：

$$\mathrm{d}J = \dot{\varepsilon}\mathrm{d}\sigma = m\sigma\mathrm{d}\dot{\varepsilon} \tag{6-17}$$

不等式 $\frac{\mathrm{d}J}{\mathrm{d}\dot{\varepsilon}} < \frac{J}{\dot{\varepsilon}}$ 可以转化为：

$$\frac{\dot{\varepsilon}}{J}\frac{\mathrm{d}J}{\mathrm{d}\dot{\varepsilon}} < 1 \rightarrow \frac{P}{J}m < 1 \tag{6-18}$$

由于：

$$\eta = \frac{J}{J_{\max}} = \frac{2J}{P} \tag{6-19}$$

　　因此，得到适合任意类型 σ-$\dot{\varepsilon}$ 曲线类型的流变失稳准则为：

$$\xi(\dot{\varepsilon}) = \frac{P}{J}m - 1 = \frac{2m}{\eta} - 1 \leqslant 0 \tag{6-20}$$

Murty 等人提出的准则简便快捷、分析准确，适用广泛。

　　（3）Gegel 和 Alexander 等人根据 Lyapunov 函数 $L(m, s)$ 稳定性准则，以连续介质力学、热力学以及稳定性理论为基础，推导出塑性失稳判据：

$$\frac{\partial\eta}{\partial\ln\dot{\varepsilon}} \leqslant 0, 0 \leqslant \eta \leqslant 1 \tag{6-21}$$

$$\frac{\partial s}{\partial \ln \dot{\varepsilon}} \leqslant 0, \qquad s \geqslant 1 \tag{6-22}$$

$$s = -\frac{1}{T}\frac{\partial \ln \sigma}{\partial(1/T)} \tag{6-23}$$

Gegel 和 Alexander 等人创建的失稳判据具有一定局限性，只适用于本构关系符合的材料。

6.4.1.3 极性交互模型

动态材料模型理论考虑了应变速率对流变应力的依赖关系，然而，对于应变速率不敏感的材料，不能忽视加工历史对流变应力的显著影响。Rajagopalachary 和 Kutumbarao 根据 Hill 塑性关联流动法则，提出了极性交互模型（polar reciprocity model，PRM），该模型综合考虑了加工历史和应变速率对流变应力的影响。

PRM 模型把总瞬时功率分成两部分：即硬化功率 $\dot{W}_H$ 和耗散功率 $\dot{W}_D$。基于硬化功率 $\dot{W}_H$ 的内在热加工参数 ξ 存在如下等式：

$$\xi = \frac{\dot{W}_H}{\dot{W}_{Hmin}} - 1 \tag{6-24}$$

极性交互模型中，本构方程如下：

$$S = H(E^P) + CF(\dot{E}^P) \tag{6-25}$$

式中，$H(E^P)$ 和 C 为与应变历史相关的函数。

$$H(E^P) = S\frac{\int_0^{E_1} S dE - \int_0^{E_1} S_{min} dE}{\int_0^{E_1} S dE} \tag{6-26}$$

式中，S_{min} 为材料塑性流动开始到应变为 E_1 时的最小流动应力。

当应力和应变速率间满足极性交互关系时，则有：

$$H(E^P) = (E^P)^{m'} \tag{6-27}$$

式中，m' 为修正的应变速率敏感系数。

综合上式可以得到：

$$\xi = 1 - \frac{S - S_b}{S}\frac{2m'}{m'+1} \tag{6-28}$$

当 ξ 趋近于 1 时，材料在塑性变形过程中易失稳。Rajagopalachary 等人将 PRM 加工图理论成功地应用于工业纯钛以及 TB5、TB9 和 Ti-15333 等钛合金的热变形行为。

6.4.2 热加工图的应用分析

热加工图一般是以应变速率-温度为坐标的等高线图。热加工图不仅能直接表示材料的安全区和失稳区，还能反映材料在不同工艺参数下的热变形机制。通常热加工图中安全区域内组织表现为动态回复和再结晶及超塑性。在热加工图中失稳区域内变形，材料组织会出现绝热剪切、局部流变、裂纹等现象。

热加工图不同区域的解释如下：

（1）动态再结晶区域。动态再结晶一般出现的温度区间为 $(0.7 \sim 0.8)T_m$，应变速率范围随材料的层错能不同而不同，低层错能材料为 $0.1 \sim 1s^{-1}$，相应的最大耗散效率为 $30\% \sim 35\%$；高层错能材料为小于 $0.001s^{-1}$，相应的最大耗散效率为 $50\% \sim 55\%$。

（2）超塑性区域。一般在温度为 $(0.7 \sim 0.8)T_m$，应变速率小于 $0.01s^{-1}$ 出现超塑性，在此区域的耗散效率一般都大于 60%，且随应变速率降低，耗散效率急剧上升，热加工图上表现为密集的功率耗散曲线。

（3）流变失稳区域。绝热剪切通常出现在与拉伸轴呈 $45°$ 方向，可通过微观组织观察确定，一般为一条模糊的条带。开裂与超塑性区域，都具有较高的耗散效率，可通过组织观察区分。在高变形温度和低应变速率的条件下变形，可能会在晶界处出现空洞形核。

目前国内外学者采用热加工图研究了不锈钢、铝合金、镁合金、钛合金等材料的可加工性。袁武华等人探究了 0Cr16Ni5Mo 低碳马氏体不锈钢的热变形行为，利用 DMM 理论构建了 0Cr16Ni5Mo 低碳马氏体不锈钢的热加工图，获得了该材料的最优热加工工艺参数。Yunwei Gui 等人研究了固溶态 Mg-4Y-2Nd-1Sm-0.5Zr 合金的组织演变和热加工图谱，通过热加工图的预测，确定最佳热变形加工温度为 $450 \sim 500℃$、应变速率为 $0.01 \sim 0.1s^{-1}$、应变为 0.8。Changmin Li 等人基于热加工图和显微组织研究了 Ti-6554 合金的可加工性，热加工图中的峰值效率出现在 $680℃/0.001s^{-1}$ 和 $770℃/0.001s^{-1}$，效率值分别为 0.47 和 0.48。不稳定区域主要出现在高应变速率范围内，典型的不稳定性现象是流动局部化。

练习与思考题

1. 如何提高金属的塑性，最常用的措施是什么？

2. 纤维组织是怎么形成的，它的存在有何利弊？

3. 请论述多晶体热变形激活能的理论意义，并介绍其在控制应力的高温塑性（蠕变）变形实验中的计算方法。

4. 简述静态回复与动态回复的区别与联系；分析动态回复过程中晶体缺陷的行为变化，并说明力学性能、物理性能的变化。

5. 说明动态回复过程中的组织变化与动态回复机制，并与动态再结晶相比较，说明区别与联系。

6. 其他条件相同时，请将铝、铜、银、金、锌、镁、锆等金属发生再结晶的几率从大到小进行排列。

7. 高应变速率的条件下，如果减小晶粒尺寸，那么动态再结晶曲线将会如何变化？并说明理由。

8. 同样晶粒大小的动态再结晶组织的强度和硬度与静态再结晶相比是升高了还是降低了？并说明理由。

9. 如图 6-17 所示为 0Cr16Ni5Mo 不锈钢的热加工图，根据图回答：

（1）根据本章内容，说明实际生产中加工参数选取原则；

（2）根据图 6-17 指出该材料具有良好加工性能的变形参数范围，并说明为什么在该范围。

10. 阐述动态材料模型，并讨论热加工工件所受应力 σ 与应变速率 $\dot{\varepsilon}$ 的动态关系。

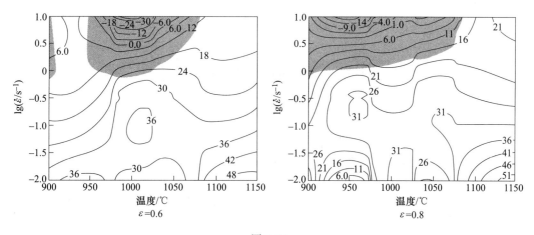

图 6-17

7 金属中的织构

材料可以是金属、无机非金属陶瓷、高分子聚合物或液晶；固态物质有人工制造的材料，也有自然界中广泛存在的矿物岩石。织构（texture）一词在材料科学、力学、地质、地理、矿物学等学科中都很常用，但在不同领域的含义可能不同，应首先加以区分。同时，了解这个术语在不同领域的差异也能拓宽视野、相互对比，更好地理解本课程中特指的金属中的织构概念。晶态的金属中织构的含义是多晶体中晶粒取向的分布（一些文献更具体地指出织构是多晶体中晶粒取向的择优分布），也称晶体学织构。类似地，晶态陶瓷、晶态岩石、晶态聚合物中的织构也是指晶体学织构。图 7-1 示意性展示了两个多晶样品（板材）中组织或晶粒形貌是相似的，但晶体取向（见晶胞的放置方式）分布是不同的，对应的织构也就不同。地质学、岩石学中织构的含义也可以是晶粒或矿物晶体尺寸、相互间的分布及均匀的程度。高分子聚合物中织构也称织态结构，可以指存在于多相（或共聚物或共混物）高分子材料的凝聚态结构，这时织构具有金属材料中"组织"的含义。液晶材料中织构是通过偏光显微镜展示出来的，是指液晶薄膜在光学显微镜（正交偏光）下用平行光系统观察到的图像，包括消光点或其他形式消光结构的存在乃至颜色变化等，是液晶体中缺陷集合的产物。可见，不同材料，织构含义可以完全不同。本章讨论的是晶态金属中的晶体学织构，以后简称织构。

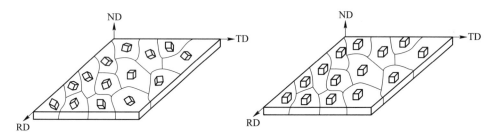

图 7-1　晶态金属多晶体中织构的含义——晶粒取向的（择优）分布

织构不仅存在于不同晶体结构的金属材料中，也存在于包含块体和薄膜或涂层的陶瓷材料中，如 Al_2O_3、Si_3N_4、ZrO_2 和高温超导体中。另外，在各类矿物岩石（碳酸钙、石英、橄榄石和硅酸盐、氧化物）、冰中也存在织构；织构还是地球经历应变后的"指示剂"，或显示出的形变痕迹；经历不同地质演变的岩石中有不同的织构。此外，在矿物化的生物（贝壳、恐龙）化石中都存在织构。织构信息表明这些岩石、化石可能经历了怎样的演变过程。对金属材料来说，其典型的加工过程是铸造、热冷形变、再结晶退火、相变处理、薄膜沉积或涂层、氧化，相应地就会出现铸造织构、形变织构、再结晶织构、相变织构、沉积织构或涂层织构。

织构的出现有其必然性，首先是因存在"各向异性"的外场或方向性的外场，比如温度场、力场、磁场、电场等，再加上晶体本身各向异性的作用而产生的。晶体本身的各向异性指单晶中不同晶体学方向的生长速度差异、晶体滑移或孪生总是发生在特定的滑移面（孪生面）上，或相变时所受到的应变能或表面能是各向异性的，从而导致固态相变中出现新/母相之间特定的取向关系等。总之，晶体内部的各向异性以及外界施加的方向性温度场、电磁场、应变场共同作用在材料中会产生织构。

德国著名织构专家 H. J. Bunge 提到，材料性能的 20% ~50% 受织构影响。织构会影响多晶体材料的弹性模量、泊松比、强度、韧性、塑性（包括深冲性）、磁性、电导、热膨胀系数等。表 7-1 给出晶体材料中一些织构控制和利用的例子。金属中出现织构后，它的力学性能、磁学性能和导热性能等会出现各向异性，即方向性。织构的出现是否有利视具体使用场合而定。例如，为了避免力学性能的不均匀性，不希望出现织构，但是有时可利用织构达到定向强化的目的。

表 7-1　一些应用织构的场合

编号	材料的织构特征
1	硅钢（或电工钢）的 <100> 方向对应高的磁感应强度
2	深冲压钢板的 {111} 面织构具有高的深冲压性能
3	超导镍带的 {100} 面对应高性能超导薄膜的外延生长
4	电容器铝箔的 {100} 面及高的比电容水平
5	$PbTiO_3$ 铁电薄膜（001）面的高自发极化和热释电系数
6	AlN 压电薄膜 [001] 方向的高超声波传播速度
7	Nd-Fe-B 基永磁合金中 $Nd_2Fe_{14}B$ 相易磁化 [001] 方向的高磁性
8	$Tb_xDy_{1-x}Fe_2$ 磁致伸缩材料 [111] 方向的高磁致伸缩应变
9	InSb 磁阻材料（111）面灵敏的物理磁阻效应

图 7-2 为日本材料学家 Honda 于 1928 年测出的体心立方结构纯铁单晶的磁感应强度与晶体学方向的关系。可以看到，沿体心立方金属铁的 <100> 方向施加磁场时，磁感应强度 B 迅速增加，很快达到饱和值 2. 05T（特斯拉）；而沿铁的 <111> 方向逐渐增加磁场强度时，磁感应强度增加较慢，且很难达到磁饱和值。由图中可知，曲线的斜率是磁导率，因此铁的 <100> 方向是磁感应强度高、磁导率高的方向，称为易磁化方向；而 <111> 方向相反，称为难磁化方向。通过这个性能特点优化多晶铁硅材料晶粒的偏转，可使几乎所有晶粒的 <100> 方向都平行于板材的轧向，进而可用作定向磁场下使用的变压器铁芯材料。

就金属中的织构现象来说，对其研究主要在 20 世纪 30 年代。织构（texture）一词来自拉丁文"编织物"的含义；1924 年德国金属学家 F. Wever 最先用 X 射线衍射（XRD）方法及极图表示了形变铝中的织构。织构的研究与织构测试技术是同时发展的，传统的织构测定是用 XRD 法测出晶体材料中的织构，用极图表示织构；从 20 世纪 60 年代起发展了由极图数据计算出更精确描述织构的取向分布函数 ODF（orientation distribution function）方法。但用传统 XRD 法获得的织构数据缺乏与材料内部组织相关联的信息，即不知道不同的织构组分来自样品中哪些微观区域，及不同织构组分相互间的空间联系。20 世纪 90 年代开发出在扫描电镜下的电子背散射衍射 EBSD（electron back scattering diffraction）系统，可将组织与取向分布（织构）的信息同时测定出来，这就建立了织构与组织位

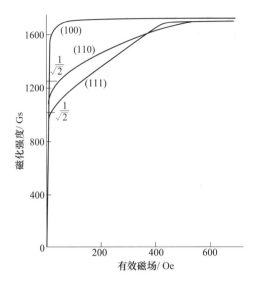

图 7-2 体心立方 Fe 单晶不同晶体学方向下磁感应强度与磁场强度的关系

置（甚至空间）上的直接联系，并提出了微织构（microtexture）的概念，这使揭示织构形成原因及机制非常便利，由此也出现了取向成像（orientation mapping 或 orientation imaging microscopy）等新的术语。基于 EBSD 技术的织构分析方法称为现代织构分析技术。取向成像得到的信息要比传统金相法多得多，因为它不仅包含金相法得到的相组成，晶粒尺寸大小、形状、分布的基本信息，还包括晶粒的取向、取向分布、不同相之间的取向关系、晶粒内的取向梯度，甚至位错密度等不能直接观察到的信息。

7.1 织构的基本概念、分类及表示方法

织构定义为多晶中晶粒取向的统计分布状态；也可定义为多晶中晶粒取向的择优分布状态。在理解织构概念时有 3 个要点：一是多晶中才有织构；二是要准确知道什么是取向；三是要理解取向的统计分布，而不是直接在显微镜下可以观察到的组织形貌。取向或织构信息要用衍射的方法测定。

7.1.1 取向概念及表示

取向定义为晶体坐标系相对于样品坐标系的方位或旋转关系。方位的含义如图 7-3 所示，当晶体坐标系（由[100]-[010]-[001]构成）与样品坐标系（由轧向 RD-侧向 TD-法向 ND 组成）是图 7-3 这样的旋转关系时，晶胞的某个晶面（hkl）将平行于样品的轧面（等于该面的法线平行于 ND），同时晶体的某个晶向 [uvw] 平行于样品的轧向 RD。所以这个晶粒的取向可用密勒指数（hkl）[uvw] 表示，且 [uvw] 一定处在（hkl）晶面上。它隐含了晶体学坐标系与样品坐标系的平行关系。

以密勒指数表示的取向虽然简单，但不直观。实际应用时一般以二维图形的方式表示。所用的图形有极图等。极图是指按极射赤面投影方法将取向所指的晶体坐标系相对于样品坐标系的关系表示出来，{hkl} 极图是指在极图中只显示 {hkl} 晶面极点的投影位

置。极射投影方法表示一个取向的原理如
图 7-4 所示。在图 7-4（a）中一个任意取
向的晶胞处在单位球（指半径为 1）的中
心，在单位球上标出了样品坐标系（RD-
TD-ND）的位置，同时球心部小晶胞的 3
个晶体坐标轴（[100]-[010]-[001]）方
向也标出。晶体坐标系的 3 个<100>
轴（或 3 个{100}面法线延长线）与单
位球有 3 个交点，这 3 个交点向球下方南

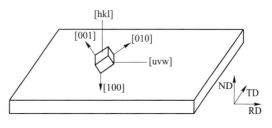

图 7-3　以密勒指数表示的板材样品
坐标系下一个晶粒的取向

极（是 ND 或北极的反向位置）投影，穿过水平的赤道面（即由 RD-TD 组成的面）时有 3
个交点，这就是晶体坐标系的 3 个轴在极射赤面投影的原理下投影得到的位置，称为该取
向的 {100} 极图；它显示了两种坐标系的旋转关系，是个以二维图形方式表达的取向。
应用这种极射投影法的原因是它是保角的投影，将三维空间的角度关系不变地保留在二维
图形上；也就是说，在这个二维投影图上的 2 个极点之间的角度就是它们在三维空间中的
实际角度。

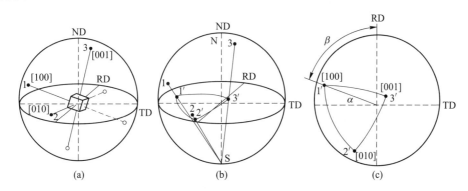

图 7-4　{100} 极图的作法及一个晶粒取向的 {100} 极图表示法
（a）极射赤面投影法；（b）投影图/只给出 {100} 极点；（c）得出 {001} 极图

　　一个取向的 {100} 极图是指将这个取向对应的晶体坐标系下的 3 个 {100} 极点表示在
样品坐标系下；这个取向也可以用 {111} 极图表示，这时极图上出现的是对应晶胞的 4 个
{111} 面的极点的投影。尽管两个不同的极图表示的是同一个取向，但极图类型不同，投影
点位置和数目自然也不同。图 7-5 分别给出用 {100} 和 {111} 极图表示的（110）[001]
取向（这个取向称高斯（Goss）取向，其出现的案例在第 5.4 节中介绍）。

7.1.2　织构的概念及表示

　　7.1.1 节介绍了一个取向的含义及表达方法，大量的取向分布叠加在一起就代表整体
样品的织构信息。成千上万个晶粒取向表示在一个极图中，投影点非常多，一些点会重
叠，难以看清不同位置的强度差异，如图 7-6（a）所示；所以多晶取向分布一般用等高线
表示，即将每个晶粒代表的大小权重考虑在内，每个晶粒的取向看成是有含一定半高宽的
高斯函数峰，而不是一个离散点，然后进行叠加，就可换算出等高线分布的极图，这时就

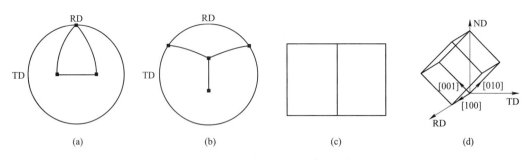

图 7-5 (011)[100]取向的不同图形表示法

(a) {001} 极图;(b) {111} 图;(c) 单胞俯视图,向上为轧向,纸面为轧面;(d) 单胞空间方位图

能看出各织构组分的位置及强弱情况,如图 7-6(b)所示。这是 Fe-3%Si 取向硅钢经 91%形变量轧制并再结晶退火后的 {100} 极图。

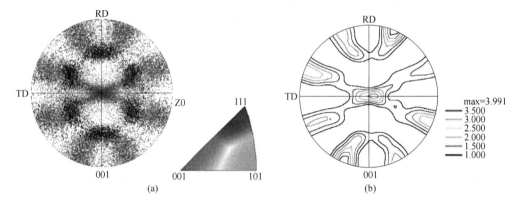

图 7-6 Fe-3%Si 取向硅钢经 91%形变量轧制并再结晶退火后的 {100} 极图

(a) 以散点形式表示,不同晶体学方向与颜色的关系见取向三角形;(b) 以等高线形式表示

XRD 织构测定方法是将样品薄板做绕 2 个特定轴的转动,借以测出所有晶粒某种 {hkl} 面在空间不同方向衍射的极密度分布,而不是对每个晶粒的取向单独地进行测定,测出的极密度数据经过一定的数据校正后就可直接得到展示织构的极图数据。

图 7-7 和表 7-2 给出立方系金属典型轧制织构(图 7-7(a))和典型再结晶织构(图

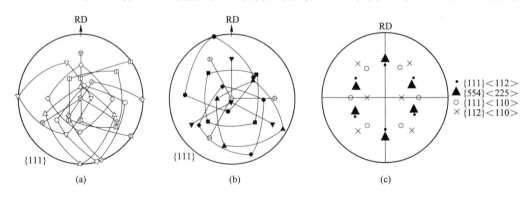

图 7-7 立方金属主要的轧制织构(a)和再结晶织构在 {111} 极图中的位置(b),以及在 {100} 极图中的位置(c)

7-7（b））的 {111} 极图及密勒指数。图 7-7（c）给出一些典型织构在 {100} 极图中的位置。参照这些图和表 7-2，可以帮助确定实测极图中存在哪些织构。

表 7-2 立方金属主要的轧制织构及再结晶织构

名称	{hkl}	<uvw>	符号	名称	{hkl}	<uvw>	符号
铜型	{112}	<11$\bar{1}$>	△	立方	{001}	<100>	■
S	{123}	<63$\bar{4}$>	○	R	{123}	<63$\bar{4}$>	●
黄铜型	{011}	<21$\bar{1}$>	◇	或	{124}	<21$\bar{1}$>	
高斯	{011}	<100>	▯	黄铜取向的再结晶织构	{236}	<38$\bar{5}$>	◆
	{112}	<1$\bar{1}$0>	▽		{258}	<1$\bar{2}$1>	▲
旋转立方	{001}	<110>	◇		{554}	<22$\bar{5}$>	▼
	{111}	<11$\bar{2}$>	⬡		{111}	<11$\bar{2}$>	⬡
Cube$_{RD}$	{025}	<100>	▯		{111}	<1$\bar{1}$0>	⬡

7.1.3 织构的分类

织构主要分成两大类，即板织构和丝织构；板织构用{hkl}<uvw>表示，表示多晶中多数晶粒的 {hkl} 晶面平行于板材的轧面，多数晶粒的<uvw>平行于轧向；丝织构则用<uvw>表示，表示多晶中多数晶粒的晶体学<uvw>方向平行于样品的压缩轴方向或拉伸轴方向，但晶面没有出现择优分布。

反极图是指将样品坐标系表示在晶体坐标系下（极图是指将晶体坐标系表示在样品坐标系下）。因立方晶系的高对称性，通常将不同晶粒的拉伸轴或压缩轴方向表示在一组由[001]-[110]-[111]组成的晶体坐标轴下，如图7-8所示。通常，表示具有一个晶体学方向择优分布的丝织构时才会使用反极图，板织构很少用反极图表示（因为板织构有2个晶体学择优的方向）。多晶体出现拔丝织构时，反极图中表示的是所有晶粒对应的拉伸轴方向的分布。图7-8为黄铜合金拉伸时出现的拔丝织构，多数晶粒

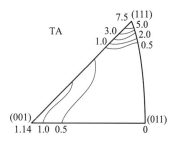

图 7-8 Cu-30%Zn 合金拔丝
织构的反极图表示

的<111>轴平行于拉伸轴（tensile axis，TA），少数晶粒的<001>轴近似平行于拉伸轴。更多的反极图应用的实际案例在 7.2.2 节、7.3.2 节中给出。

按照加工工艺过程，织构还可分为铸造织构、形变织构（可以是热轧织构、冷轧织构、拔丝织构、冷镦织构等）、退火织构（可以是再结晶织构、二次再结晶织构）、相变织构、沉积织构等。

7.2 铸造织构

7.2.1 铸锭织构的形成及成因

常见的铸锭是高合金含量的圆柱形铸锭（如高合金钢、镍基高温合金、高合金量的钛合金）和普通结构材料的连铸坯（如低碳低合金钢，Fe-Si 电工钢，Al、Mg、Ti 合金的半连铸坯），这些铸锭或铸坯的凝固都是从模壁开始的，见第 1 章铸造组织凝固过程。除非采用电磁搅拌技术，铸锭组织中常存在柱状晶组织，不论是 fcc 还是 bcc 结构金属，柱状晶主轴都平行于晶体学的<100>方向，这就形成了铸造织构，如图 7-9 所示。图 7-9（b）给出 Al 铸锭低倍组织，存在大量柱状晶，柱状晶方向各不相同。如果采用电磁搅拌，可以得到近 100%的中心等轴晶，从而消除强织构。hcp 结构金属的铸造织构可以是基面织构<0001> ∥ ND 或柱面织构<11$\bar{2}$0>/<10$\bar{1}$0> ∥ ND，取决于不同六方金属的 c/a 轴比或铸造冷却条件。铸造织构对后续的热轧组织，直至冷轧及退火组织都会有一定的影响。此外，定向凝固的共晶双相组织中两个不同相都存在织构，且两相之间还存在特定的晶体学取向关系。连铸坯的厚度是不同的，最普遍的是厚度为 230mm 的厚连铸坯，此外还有厚度为150mm 及 70mm 的薄连铸坯（称为 CSP 薄板坯），甚至还有 2mm 厚的双辊铸轧板坯。它们都可以形成近 100%的柱状晶组织，从而出现铸造织构。

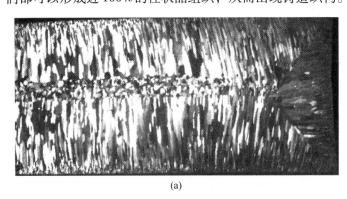 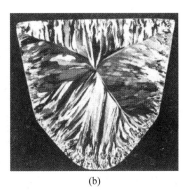

(a) (b)

图 7-9 铸造过程中的晶粒取向择优（柱状晶）
（a）电工钢或硅钢连铸坯，230mm 厚，宽度为实际的一半；（b）纯铝铸锭

铸锭凝固过程的组织演变见第 1 章的介绍。铸造织构一般是在"强制性"凝固生长环境下，即定向热流场下择优生长造成的。即在模壁上激冷区形成的小晶核是无规则取向，随后这些晶粒向中心区域生长时生长速度最快，或所受生长阻力最小的晶体学方向优先生长。立方晶体的<100>方向是"软"方向，弹性模量最低，晶粒间应变协调能力强，这应是<100>择优生成并形成铸造织构的原因。类似地，hcp 金属铸造织构的成因也基本遵循这个原则。

7.2.2 铸造织构对后续工艺下产品质量及性能的影响

铸造织构会对后续加工过程，如热轧、冷轧直至最终退火的组织和织构产生不同程度的影响，例如造成显著的晶粒尺寸分布不均匀及强的粗晶对应的特殊类型织构。如果连铸坯厚度不同，都热轧到2~3mm厚的热轧板，热轧板的织构强度就会有差异。230mm铸坯轧到2.5mm，热轧总压下量是98.9%；CSP薄板连铸坯70mm厚，热轧到2.5mm，热轧总压下量是96.4%（CSP工艺下板坯直接热精轧，没有热粗轧环节）。铸造织构首先影响热轧板组织和热轧板织构。一般可能认为230mm厚连铸坯，热轧压下量很大，柱状晶被完全破碎，将不会产生影响。加上热粗轧后及精轧前的停顿时间，发生再结晶，柱状晶被破碎而不再影响后续组织。但实际中还是会产生一定的影响，如轻度的板材表面质量问题（瓦楞或亮/暗线）。只是要区分是铸造织构的影响，还是热轧剪切不均匀变形的影响。

通常柱状晶组织及铸造织构被认为是不利的，最典型的例子就是在冷轧板及退火板表面产生表面质量问题，表现为表面沿轧制方向凹凸不平的条纹，程度有大有小，严重的称为瓦楞或瓦垄，轻微的称为条纹或暗线。也会产生不同区域颜色的差异，导致产品降级甚至废品。

但对电工钢而言，{100}柱状晶织构对磁性能却是最希望得到的，电磁搅拌消除了铸造织构，也消除了有利的{100}取向晶粒。为兼顾利弊，工业一般选择一定的柱状晶等轴晶比例，不产生显著的表面质量问题，又能适当提高成品板的磁性能。利用织构遗传原理，研究人员一直在探索精确控制{100}柱状晶织构，将其保留至成品板中，提高磁性能。

定向凝固是铸造领域的一种特殊工艺，可用于为微电子、功能材料领域制备特殊用途材料，甚至制备单晶；制备出的多晶及多相材料也具有强织构，其有利于性能的晶体学方向将被利用，所以定向凝固技术显然是为利用织构而设计的凝固方法。一个典型例子是面心立方结构的镍基铸造高温合金制作的飞机发动机涡轮叶片，如图7-10（a）所示。通过定向凝固形成粗大平行的柱状晶组织，虽然其性能不如单晶，但比铸造的等轴晶组织性能要好得多。柱状晶的长轴是<100>方向，具有高的抗蠕变强度。实测数据表明，760℃、689MPa的应力下，<100>方向加载的工件寿命最长，为1914h；而接近<011>方向寿命最短，为5h；相差100倍以上，如图7-10（b）所示。

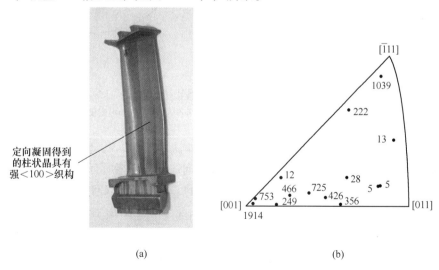

定向凝固得到的柱状晶具有强<100>织构

(a)   (b)

图7-10 定向凝固制备的镍基高温合金发动机叶片低倍照片及其单晶蠕变断裂寿命
（小时数）与加载方向的关系（反极图表示）

测试条件：760℃，689MPa

7.3 形 变 织 构

7.3.1 不同结构金属中轧制织构类型

（1）fcc 板材中的轧制织构。fcc 结构金属轧制织构类型的差异主要是其层错能高低引起的。高、中层错能的 Al、Cu、Ni 等大压下量轧制后形成 Cu 型织构，主要包含 3 个织构组分，分别是铜型织构{112}<111>、S 织构{123}<634̄>、黄铜型织构{110}<11̄2>，以铜型织构为主，如图 7-11（a）所示的特殊标记位置。Ag、黄铜、奥氏体钢这些低层错能的金属大轧制量下形成的织构是黄铜型织构，由单一的{110}<11̄2>黄铜织构构成，如图 7-11（b）所示。这个织构在 {111} 极图上本应由 4 个峰组成（因为 {111} 晶面簇有 4 个等效晶面），因多晶板材的对称性对应两组共 8 个峰，其中 2 个峰重叠。图中出现 10 个峰，处在圆周边部的相反方向的实际是一个峰，这样就是 7 个峰，处在 TD 位置的峰实际是 2 个等效峰的叠加。

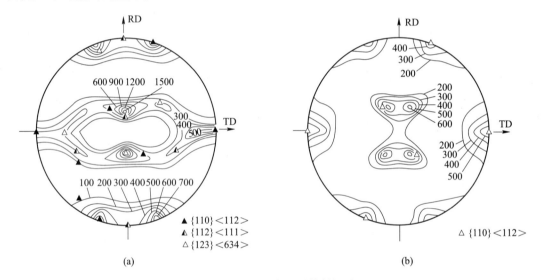

图 7-11　面心立方金属轧制极图

（a）纯铝经 95%形变量轧制的 {111} 极图；（b）Cu-30%Zn 合金经 96%形变量轧制的 {111} 极图

（2）bcc 板材中的轧制织构。体心立方金属，如铁素体钢，V、Nb、Cr、W、Mo 等，都是高层错能金属，冷轧织构基本相同，主要为 α 取向线织构（指所有晶粒的<110>‖RD）和 γ 取向线织构（指所有晶粒的 {111} 面平行于轧面）。其中，α 取向线上主要织构组分有旋转立方织构{100}<011>和{112}<11̄0>织构，γ 取向线上主要织构为{111}<11̄2> 和{111}<11̄0> 织构。图 7-12 给出硅钢冷轧板中的织构信息，显示存在以{112}<11̄0>为主的 α 取向线织构。参照图 7-7（c）中各织构的位置可看出是哪种织构。

（3）六方金属的轧制织构。六方金属 c/a 接近理想值（1.633）的金属，如 Mg，由于主要发生基面滑移，轧制织构为很强 {0001} < 101̄0 > 组分，如图 7-13（a）所示。而

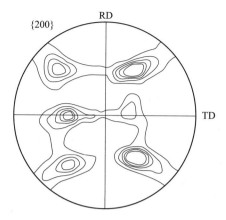

图 7-12 电工钢（也称硅钢）冷轧板织构，以 {112}<110> 为主的 α 取向线织构（{200} 极图）

c/a >1.633 的锌和镉等金属，轧制时滑移和孪生共同作用，织构组分是基面以 TD 轴为转轴倾转 20°～30°（图 7-13（b））。c/a<1.633 的铍、铪、锆和钛等金属，织构组分是基面以 RD 轴（<10$\bar{1}$0>）为转轴倾转 30°～40°（图 7-13（c））。

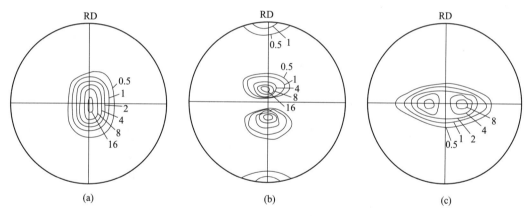

图 7-13 hcp 金属的冷轧织构（{0002} 极图）
(a) 镁，c/a =1.62；(b) 锌，c/a =1.88；(c) 钛，c/a =1.59

7.3.2 剪切织构

金属在剪切力作用下会形成剪切织构，比如轧制过程中道次压下量过小或过大时（称不均匀轧制），或异步轧制、高速冲击、等通道挤压（为有效细化晶粒采用的外加剪切力）、扭转变形时；还有热轧时因轧辊与板材表面强烈摩擦的热轧板表层。剪切织构的基本特点是剪切应力面平行于晶体的滑移面，宏观剪切应力方向平行于滑移方向，可以是位错的柏氏矢量方向或两个不同的柏氏矢量的叠加方向。比如，常见的 fcc 剪切织构是 {111}<1$\bar{1}$0>，bcc 剪切织构是 {110}<1$\bar{1}$1>。形成原因就是滑移主要发生在固定的滑移面上，而不是不同的滑移面交替进行。Al 轧制时若道次压下量过大或过小，就出现剪切织构，一种剪切织构是 {111} 型，另一种就是旋转立方织构 {100}<011>；旋转立方织构是 bcc 金属的典型轧制织构或平面应变压缩织构。

7.3.3 金属中的丝织构

（1）拉拔织构。单向拉伸和拉拔形变会使多晶体各晶粒某个晶向平行于拉伸或拉拔方向，这种晶粒的择优取向称为丝织构，也称为纤维织构（fibre texture），以平行于拉伸或拉拔方向的晶向<uvw>表示。面心立方金属的拉拔变形织构主要是<111>和<100>丝织构，体心立方金属拉拔后产生<110>织构。六方金属的拉拔织构较复杂，可能是<10$\bar{1}$0>丝织构（钛），也可能是<0001>丝织构（镁），或可能还有其他类型的织构。对于丝织构，经常用反极图来表示，即极图上标出每个晶粒的拉拔方向在晶体坐标系中的分布密度，图7-14（a）是Cu-30%Zn合金的冷拔织构的反极图，存在较强的<111>‖拉伸轴织构。

（2）冷镦织构。冷镦压形变会使多晶体中各晶粒的某一晶面垂直于压力轴（compression axis，CA）方向，这种择优取向分布也称为纤维织构。面心立方金属冷镦压产生的织构因层错能高低而异，层错能高的（如铜）主要是<110>纤维织构，它的反极图如图7-14（b）所示。层错能低的（如Cu-30%Zn）会同时产生一些<111>纤维织构，它的反极图如图7-14（c）所示。

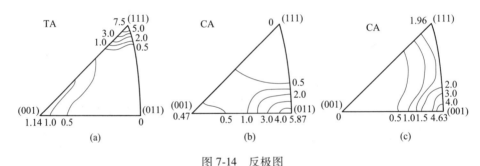

图 7-14　反极图

（a）Cu-30%Zn合金的拔丝织构；（b）纯铜的冷镦织构；（c）Cu-30%Zn合金的冷镦织构

7.3.4 形变织构形成的成因及影响因素

不论是哪种结构金属，形变温度固定后，都有固定的滑移系，在特定的外应力作用下，不同取向晶粒开动滑移系的先后不同，开动的滑移系数目也不同。滑移系开动后，沿滑移面上下晶体的相对滑动造成力轴的错动，产生力矩，导致晶体转动，这种转动是有规律的，总是趋于滑移面转向与力轴平行，滑移方向转向和力轴平行；但开动的多个滑移系又会产生抗衡，最终稳定在特定取向位置，形成特定织构。不同轧制形变量下晶体转动的程度不同，织构会发生变化，织构强度也不同。目前轧制织构通过设定滑移系和外应力状态，都可以很好地用计算机软件模拟出来。

织构的形成与组织变化一样，受外因和内因两方面的影响。外因包括不同的工艺，含应力场和温度场的变化；内因包括滑移系、孪生系、晶体结构、层错能、晶粒大小等。

（1）形变量越大，织构越强。（2）形变方式不同，织构也不同，比如轧制、单向拉伸或压缩、扭转会导致不同的织构。（3）形变温度不同，滑移系可能不同，孪生出现的能力不同，甚至动态再结晶会出现，对应的形变织构就不同。（4）晶体结构不同，比如fcc、 bcc、hcp 滑移系不同，形变织构就不同；但面心与体心金属的滑移面和滑移方向指数正好相反，产生的织构类型也正好相反，比如面心立方金属的剪切织构是体心立方金属的轧制织构，体心立方金属的剪切织构是面心立方金属的轧制织构。（5）初始织构不同，晶粒取向转动路径不同，最终织构类型基本相同，但各织构强度可能发生变化。（6）晶粒尺寸不同，形变织构会有一定差异，细晶样品织构形成得快，粗晶织构形成得慢；bcc 金属细晶促进 {111} 织构的形成。（7）成分或合金元素含量不同，可能导致层错能的变化，或滑移系的变化，对织构会有不同影响。这里不再详细介绍。

7.4　再结晶织构的形成

7.4.1　板材再结晶织构

（1）面心立方金属的再结晶织构。再结晶织构和形变织构有密切关系，即与冷轧压下量有关。同时，高、低层错能的金属再结晶织构也有很大差异，原因是退火孪晶的存在。高层错能及中等层错能金属再结晶后主要形成立方织构和 R 型织构 {124}<21$\bar{1}$>，低层错能的 Ag、黄铜、奥氏体钢形成黄铜织构或高斯织构 {110}<001>的再结晶织构；典型织构在极图中的位置如图 7-7（b）所示。

图 7-15 给出 Zn 含量对 Cu-Zn 合金形变织构和再结晶织构的影响。因为 Zn 是降低层错能的，所以改变形变机制和形变织构（铜型变为黄铜型，见图 7-15（a））而最终影响再结晶织构（见图 7-15（b））。

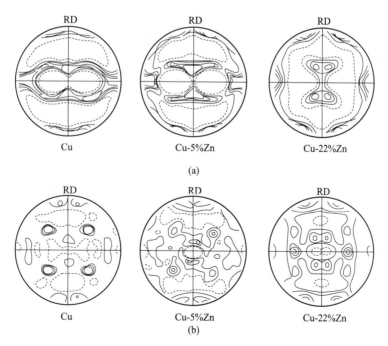

图 7-15　Zn 含量对 Cu-Zn 合金形变织构和再结晶织构的影响

（a）形变织构；（b）再结晶织构（{111}极图）

（2）体心立方金属的再结晶织构。体心立方金属再结晶织构与冷轧压下量有密切关系，同时也与冷轧前初始晶粒尺寸有密切关系。制作冲压件的 IF 钢（无间隙原子钢）和低碳冲压钢板，冷轧前一般是细晶组织，冷轧并再结晶退火后的织构以 {111} 织构为主。

低碳钢板是工业上大量使用的材料，所以对 Fe-C 合金的再结晶织构有比较多的关注。工业纯铁再结晶退火后，α 取向线织构会消失，γ 取向线织构则随退火时间逐渐增强。低碳钢也有这种变化特点。图 7-16 给出低碳钢冷轧形变量对 {111} 冷轧织构和再结晶织构比例的影响规律。因为 {111}<1$\bar{1}$0> 和 {111}<11$\bar{2}$> 织构都是高深冲性的有利织构，它们的 r 值随平行于轧板的拉伸方向变化，其比值最好为 1，这时 r 值最大，Δr 最小，是最理想情况。从图 7-16 看出，随形变量的加大，到真应变 1.7 后，两种 {111} 冷轧织构强度不变；而再结晶织构则随着应变量加大而提高，其比值在约 78% 轧制量时接近 1，这时各向异性最小，深冲质量最好。进一步提高形变量时织构增强，深冲性（r 值）提高，但各向异性 Δr 变大，制耳显著。

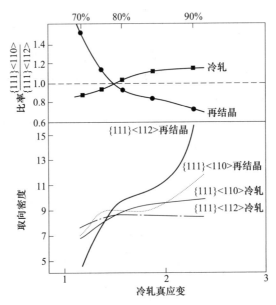

图 7-16　冷轧压下量对板材两种 {111} 织构的影响

（3）hcp 金属典型的再结晶织构。六方金属再结晶织构与形变织构很相似，也是基面织构或倾转的基面织构。图 7-17 给出纯钛板冷轧并退火后的再结晶织构，与图 7-13 (c) 相似。同样，Mg 的退火织构也有此特点，轧制织构和退火织构都是基面织构，但仍按照正常的再结晶机制进行，并通过大角度晶界的迁移形成。

7.4.2　再结晶织构形成原理及影响因素

（1）再结晶织构形成理论。再结晶织构由新晶粒的取向，以及这些晶粒的形核和长大速率的相对关系决定。长期以来，对于再结晶织构的形成机制存在争论，现有取向形核理论和取向生长理论两种不同观点，下面分别介绍这两种观点：

1）取向形核理论。在形变织构取向的基体上形成特定的晶体学取向的核心，这些核

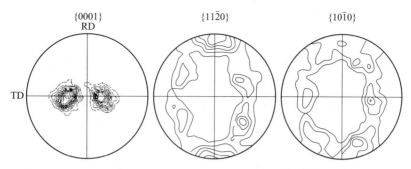

图 7-17　纯钛板的再结晶织构，绕 RD 倾转的基面织构 $\{01\bar{1}3\}$ $<\bar{2}110>$，800℃退火

心长大而成的晶粒必然会具有相对于基体位向的某种特定取向。因为基体是择优取向的，所以这些晶核长大后的晶粒也必然具有择优取向。例如，经热轧的面心立方晶体，一般具有立方 $\{001\}$ $<100>$织构，冷轧形变过程会逐渐转向 S 取向 $\{123\}$ $<63\bar{4}>$，在转动过程中形成具有取向梯度的过渡带，在过渡带中有一些立方取向晶体残留在转动的轨迹各处。由于这些立方取向的晶体附近的取向梯度比较大，在再结晶退火时它们就会成为再结晶核心，最后形成很强的再结晶立方织构。有一些金属和合金的再结晶织构与冷轧前的初始织构有密切关系，往往再结晶织构就是冷轧前的初始织构，这种现象和取向形核有关。由于再结晶过程比较复杂，影响再结晶的因素很多，因此在很多情况下，再结晶时不一定完全是取向形核，即使是以取向形核为主导的过程，也不可能完全排除有其他取向的核心形成。

2）取向长大理论。该理论认为再结晶核心不必是有特殊取向的，但只有那些相对于形变基体有特殊取向关系的核心才具有较大的长大速度，其他取向的核心因其界面迁移速度太慢，在竞争生长中被淘汰。结果，再结晶后具有与形变基体取向有关的织构。例如，对面心立方金属，有利于生长的取向关系是再结晶晶体相对于形变基体绕<111>轴转动约 40°；对体心立方金属，则是绕<110>轴转动约 27°；对密排六方金属，则是绕<0001>轴转动约 30°。支持取向长大理论的例子，如工业纯铝再结晶的 R 织构与形变的 S 织构相对于形变织构恰好有近似的绕<111>轴转动约 40°的关系，再结晶时 R 织构增长与 S 织构的减少同步进行。另外，在 R 织构基本形成后，又出现 $\{001\}$ $<310>$织构组分，这种取向与退火前的铜型织构恰好也有绕<111>轴转动约 40°的关系。又例如，IF 钢再结晶出现的 $\{554\}$ $<225>$织构，它和退火前 α 取向线的 $\{112\}$ $<1\bar{1}0>$织构有绕<110>轴转动 27°的关系。

（2）再结晶时不同形核地点的取向特征。进一步解释取向形核或取向长大原理，需要了解再结晶时不同形核地点形成的具有不同取向特征的晶粒及它们的生长环境。fcc 金属中：1）立方取向新晶粒形成在 Cu 型或 S 取向形变晶粒内的过渡带或残留的立方取向亚晶中。2）R 取向再结晶晶粒形成在 S 取向形变晶粒晶界附近。这些是择优形核时涉及的核心取向来源。新晶粒的长大过程中，立方晶粒与 Cu 型和 S 取向形变晶粒都有绕<111>轴转近 40°的高迁移率特点的取向差。bcc 金属中：1）立方取向再结晶晶粒形成在 $\{113\}$ $<3\bar{6}1>$形变晶粒内的过渡带或形变不均匀区内。2）高斯 $\{110\}$ $<001>$取向再结晶晶粒形成在 $\{111\}$ $<11\bar{2}>$形变晶粒内部的剪切带上。3）$\{111\}$ $<11\bar{2}>$再结晶晶粒形成在 $\{111\}$ $<1\bar{1}0>$形变晶粒的晶界附近；类似地，$\{111\}$ $<1\bar{1}0>$再结晶晶粒形成在 $\{111\}$ $<11\bar{2}>$形变晶粒的晶界附近。4）初始组织为粗晶的 bcc 金属中，强的 $\{114\}<4\bar{8}1>$ 织构是因其存在于低形变储能、再结晶很缓慢、形核率低、生长空间大的形变 α 取向线上的形变晶粒内的缘故。往往最先形核的晶粒取向不是最强的再结晶织构组分。高斯晶粒与 $\{111\}<11\bar{2}>$ 形变晶粒也有绕 <110> 轴转近 27° 的高迁移率的取向差。

（3）再结晶织构的影响因素。再结晶织构首先受形变织构的影响，影响形变织构的因素都会影响再结晶织构。此外，由于再结晶织构不同于形变织构，它显然还受退火工艺的影响，如加热速度、退火温度、退火时间。通常，除了晶体结构外，冷轧前初始组织与初始织构对再结晶织构有显著影响（但对形变织构的影响不是很大）。粗大的初始组织与细小的初始组织对应的再结晶织构不同，在 bcc 金属中前者对应 $\{114\}<4\bar{8}1>$ 和 $\{100\}<021>$ 织构（极图数据见图 7-23），后者对应 $\{111\}$ 型织构。因为粗晶形变时晶粒内部形变不均匀区显著，整体上晶粒取向转动慢一些，再结晶时晶内形变不均匀区形核显著；细晶组织形变协调性好，形变比较均匀，退火时以晶界形核为主。低层错能的 fcc 金属再结晶后出现显著的退火孪晶，织构弱化、多元化，甚至出现多阶孪晶，如图 7-15（b）中 Cu-22%Zn 合金的织构所示。冷轧形变量也是再结晶织构的影响因素，不同的冷轧压下量，会形成不同的再结晶织构。加热工艺的影响相对较弱。但如果在不同加热速度下出现第二相析出，对织构的影响就可能比较显著。总之，再结晶组织变化的影响因素也影响再结晶织构，并且当再结晶组织相同时，织构可能完全不同。

7.4.3　二次再结晶织构

工业生产中很难严格区分再结晶织构和晶粒长大织构，晶粒长大分正常长大和异常长大（也称二次再结晶）。实际上正常长大过程中织构也在发生变化，因为不同的织构组分对应的晶粒尺寸有差异，所以长大速度也有差异。通常织构变化不是很显著，但如果发生二次再结晶，织构变化就会变得很显著。

晶粒异常长大时织构变化有两种情况：（1）由不同的织构组分取代原来的织构组分；（2）保留原来的织构，并使织构更锋锐和更强。第一种情况的案例有：fcc 结构的银和 Cu-30%Zn（黄铜），原来的低层错类型的 $\{236\}<385>$ 再结晶织构被 $\{110\}<1\bar{1}2>$ 织构所取代；Al-3%Mg 合金，原来的再结晶立方织构被接近 $\{013\}<23\bar{1}>$ 织构所取代。第二种情况通常在商业合金中发生，因为商业合金含有足够多的弥散第二相，以抑制多数晶粒的长大，从而诱发异常长大。例如普通型（二次冷轧法）取向硅钢 Fe-3%Si（bcc 结构），因为含 MnS 粒子，使高斯织构 $\{110\}<001>$ 随晶粒长大而加强，其原因是 MnS 粒子溶解时的不均匀分布。而高磁感取向硅钢采用一次冷轧法，采用 AlN 抑制剂，其一次再结晶板中高斯晶粒百分量不到 1%，最后二次再结晶完成后得到近 100% 的高斯取向晶粒。第 7.5 节将详细介绍取向硅钢高斯织构 $\{110\}<001>$ 形成原理及控制方法。另外，取向硅钢超薄带（0.1mm 及以下厚度）冷轧退火时，一次再结晶织构以高斯织构为主，随退火温度的提高，发生二次再结晶，转变为以 $\{210\}<001>$ 织构为主，或 $\{100\}$ 及 $\{114\}$ 织构为主；进一步提高退火温度到 1200℃，又转变回高斯织构（有时称为三次再结晶）。

7.5 典型织构控制案例

7.5.1 衡量板材深冲性高低的参数——r 值及其与织构的关系

7.5.1.1 塑性应变比 r 值的定义及测定方法

冲压是金属板材最常见的加工成形方式，为了比较不同板材深冲性差异，设计了若干参数，塑性应变比 r 值是最常见的参数。参照这个参数，可直接看出板材的冲压能力。r 值定义为一定拉伸形变量下（比如 10%）沿板面方向的真应变量 ε_W 与沿板厚方向的真应变量 ε_T 比值，见式（7-1），也称 Lankford 参数：

$$r = \varepsilon_W / \varepsilon_T \tag{7-1}$$

应变比 r 值反映板材在宽度方向与厚度方向上强度的差异。r 值越大，说明板材沿厚度方向越不容易减薄，不易产生由于厚度方向上局部不均匀减薄而引起的拉裂，从而可以增加深冲制品的深冲深度。即要求板材要具备垂直各向异性。所以应变比 r 值是深冲性能的重要标志之一。但是 r 值往往随板材不同方向而变化，在工程上常用 r 的平均值来描述板材的宽度和厚度方向上强度的差异。即在板材轧面上分别沿与轧向的夹角为 0°、45° 和 90° 截取拉伸试样，测得 r_0、r_{45}、r_{90}，然后按照式（7-2）计算平均 r_m 值：

$$r_m = (r_0 + 2r_{45} + r_{90})/4 \tag{7-2}$$

应变比的变化量 Δr 值反映板平面上沿不同方向应变比的均匀程度，见式（7-3）：

$$\Delta r = (r_0 + r_{90} - 2r_{45})/2 \tag{7-3}$$

式中，r_0 为沿轧制方向的 r 值；r_{90} 为沿板宽度方向的 r 值；r_{45} 为沿与轧制方向成 45° 方向上的 r 值。当 $\Delta r = 0$ 时，表明板平面上应变比均匀；当 $\Delta r \neq 0$ 时，深冲时在深冲件上部易出现制耳（earing）现象，因此要求应变比变化量 Δr（绝对值）越小越好，即要求钢板的板平面上各个方向的强度均匀、应变均匀，即板平面要各向同性。

7.5.1.2 r 值与织构的关系

r 值最主要的影响因素就是织构，当然也受晶体结构差异的影响。图 7-18 给出不同结构金属深冲值的差异，涉及 fcc 结构的铜、铝、黄铜，bcc 结构的钢和 hcp 结构的锌和钛。通常 bcc 结构的铁素体 r 值高，深压性好；fcc 结构金属 r 值较低，深冲性不好，这种差异主要是它们的再结晶织构不同而造成。hcp 结构 Ti 的深冲性最高，但同样是这种结构的锌深冲性却很差，这是由于六方结构金属 c/a 轴比变化的缘故。钛的 c/a 轴比小，为 1.58，基面滑移、柱面滑移、锥面滑移都可出现，还有孪生塑性机制，延伸率高。锌的轴比 $c/a = 1.82$，只能柱面滑移，加上孪生，滑移系太少。轧制下为基面织构（指晶体的 {0001} 面平行于板材轧面），板材的 ND 方向正好是晶体的 c 轴高形变抗力方向，但可以发生柱面滑移或锥面滑移；板的侧面是柱面软方向。Mg 的轴比为 1.624，基本只能发生基面滑移，塑性差，很快就冲裂了。

图 7-19 给出在按一定的理论模型计算出的 bcc 金属板中 3 种典型织构条件下，沿板面不同方向的 r 值变化规律。旋转立方织构 {100}<011> 的平均 $r = 0.4$，$\Delta r = -0.8$，冲压性能最差，且容易产生制耳；{111}<1$\bar{1}$0> 织构的平均 $r = 2.6$，$\Delta r = 0.0$，是有利的深冲织构；

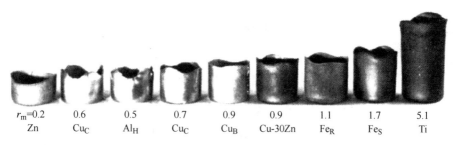

图 7-18 不同结构金属深冲性及制耳出现程度的差异

{111}<11$\bar{2}$>织构时的平均 r=2.6，Δr=0.0，也是有利的深冲织构；{112}<1$\bar{1}$0>织构的平均 r=2.1，Δr=-2.7，容易产生制耳。

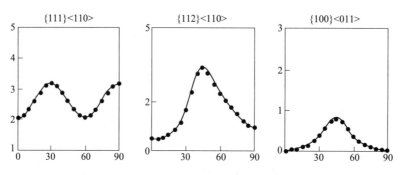

图 7-19 bcc 钢板中典型织构组分在轧面上的 r 值随轧向 RD 偏转角的变化

图 7-20 为不同类型冲压钢板的 r_m 值及晶粒尺寸的影响。在细晶的晶粒尺寸范围，晶粒尺寸增加，平均 r_m 值提高；此外，IF 钢（无间隙原子钢）的深冲性明显优于 08Al 型镇静钢，而沸腾钢（rimmed steel）深冲性最差。

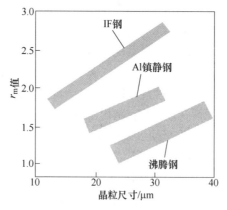

图 7-20 不同类型冲压钢板平均 r_m 值与晶粒尺寸的关系

对含 3.5%Si 的 (001)[110]、(112)[1$\bar{1}$0]、(112)[11$\bar{1}$]、(111)[1$\bar{1}$0]、(111)[11$\bar{2}$]取向单晶硅钢板轧制 50%时的形变抗力、伸长率和沿板材侧向 TD 展宽率进行了测定，其数据见表 7-3。可见，旋转立方(001)[110]单晶板轧制时几乎没有展宽现象，只有沿轧向 RD 的伸长，且形变抗力很小，说明应变 ε_{11} 分量很大，ε_{22} 或 ε_{12} 很小。$(111)[11\bar{2}]$ 取向单晶轧制时板材的展宽很显著，沿轧向的伸长则最小，且形变抗力很大，说明应变分量 ε_{11} 或 ε_{13} 较小，ε_{22} 或 ε_{12} 很大。$(111)[\bar{1}10]$ 单晶与 $(111)[11\bar{2}]$ 单晶相似，形变抗力也最大，展宽显著，但轧向伸长显著。$(112)[11\bar{1}]$ 取向单晶特性介于 $(111)[1\bar{1}0]$ 单晶和旋转立方单晶之间。由此可见，多晶板材中不同取向晶粒团簇（指取向相近、聚在一起的一群晶粒）尺寸较大时，形变一定存在不协调，造成板材表面凹凸不平，其凹凸程度随同取向的晶粒团簇尺寸、晶粒尺寸和织构类型而变。认识其规律，就可将其控制在允许范围。

表 7-3   不同取向的 3.5%Si 硅钢单晶冷轧时形状变化特点

项目	$(001)[110]$	$(112)[1\bar{1}0]$	$(111)[\bar{1}10]$	$(111)[11\bar{2}]$
形变抗力/MPa	<1	约 1	约 5	约 5
平均展宽/%	<2	6	10	14
平均伸长/%	101	90	84	62

7.5.2 fcc 铝板织构控制

工业上使用 3×××系列铝合金（Al-Mn-Mg）、1050 铝合金、5657 铝合金制作易拉罐壳体及其他深冲件，铝合金是高层错能金属，织构特点是立方织构及 R 织构；轧制织构主要是 S 织构，其次是铜型织构和少量黄铜型织构。单一立方织构时，深冲后出现 0°制耳，如图 7-21（a）中左侧示意图；如果存在单一的 R 织构或轧制织构，则深冲后出现 45°制耳，见图 7-21（a）中右侧示意图。图 7-21（b）为 1050 铝合金、5657 铝合金深冲件出现不同程度的制耳的实物照片。制耳的出现增加了一道生产工序（切边），提高成本，也造成材料的浪费。虽然随机取向的弱织构最好（见图 7-21（a）中间的示意图），但大形变量下无法得到这种随机织构。

制耳缺陷的控制方法：通过热轧板退火，或冷轧时中间退火可以调整立方织构和 R 织构各自的比例，最大可能性地降低制耳率。原始热轧板中存在立方织构，热轧后立方织构显著减弱，退火后又增强；通过冷轧压下量及退火可控制合适的织构比例。图 7-22 给出 1050 铝合金立方取向晶粒体积百分比/R 取向晶粒百分比的比值（通过上述不同工艺得到）与制耳率的关系，表明此铝合金比值为 0.32 时制耳率最低。由此得到合适的两种织构匹配值。制耳率测定条件：40%伸长率下，测定冲杯件的最大高度 h_{max}、最小高度 h_{min}、平均高度 h_{ave}，制耳率 $e = (h_{max} - h_{min})/h_{ave}$。

7.5.3 bcc 低碳钢板冲压性能的控制

超低碳的 IF 钢或低碳冲压钢板（基于 08Al 镇静钢的 SPCC、SPCD 板材等）用于制作各种钢制冲压件，如汽车车身板、易拉罐、各种冲压容器等，使用的都是冷轧退火后的再结晶板。再结晶织构是{111}<11$\bar{2}$>，{111}<1$\bar{1}$0>及一定比例的{100}<021>织构；前面已给出 r 值与织构的关系，显然需要尽可能强的 {111} 织构。

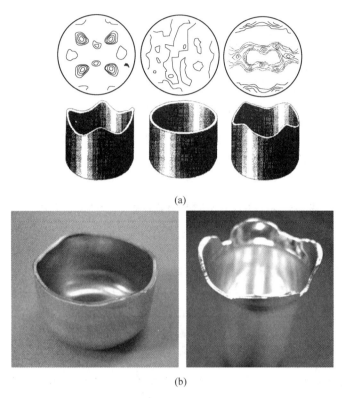

(a)

(b)

图 7-21　铝合金冲压时出现的制耳示意图及再结晶后的 1050
（含 Fe0. 4%+Si 0. 25%）和 5657 合金深冲件实物
（a）0°制耳、无制耳及 45°制耳情况；（b）不同制耳程度的深冲件

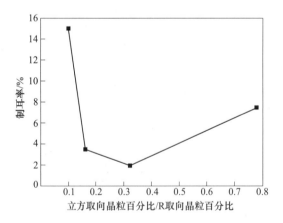

图 7-22　1050 铝合金立方取向晶粒百分比/R 取向晶粒百分比的比值与制耳率的关系

　　bcc 结构的钢的 r 值高于 fcc 的铝合金，一般 r 值可达 1.8 以上，但不同等级的冲压板，深冲能力显然有差异，不同厂家同牌号的产品存在冲压性能的差异。冲压中出现的产品质量问题，主要分为两类：一是深冲能力不够，即 {111} 织构不够强，出现冲压裂纹，如图 7-23（a）所示；二是表面质量问题，出现表面皱纹，或类似橘皮或瓦楞类的缺陷，如图 7-23（b）（c）所示。

(a)

(b)

(c)

图 7-23　SPCC 低碳冲压钢板冲裂现象（a）及冲制杯罐时产生的
类似橘皮的表面质量（b），（c）为（b）的局部放大

　　控制原理：超低碳的 IF 钢与低碳冲压板钢的生产工艺及控制参数总体相似，但也存在一些差异，见表 7-4。主要差异在于低碳冲压钢板含有一定量的 AlN，要求高的热轧加热温度，终轧温度也高，便于后期使用罩式炉退火时（这种成卷退火方式的加热速度很慢）控制 AlN 的析出，强化 {111} 织构。由于 AlN 粒子的钉扎或其偏聚物的作用，导致再结晶晶粒较粗大且为长条状。而 IF 钢热轧加热温度低，冷轧压下量大，再结晶晶粒尺寸较小，通常在快速加热的连续退火方式下完成。

　　瓦楞缺陷与连铸坯中的初始柱状晶组织和对应的强 {100} 铸造织构有关，热轧后如果不经过退火工艺，热轧板中心层区域就会存在大量粗大的 {100}<011> 取向晶粒，及其他 α 取向线上对应取向的粗大长条晶粒，而表层为剪切作用下的细晶区；如冷轧时大晶粒之间以及上、下相邻的粗细晶粒之间形变不协调，就会在轧板表面形成不同程度的凹凸不平的 "瓦楞" 类缺陷。此外，即使不是粗大的旋转立方取向晶粒的作用，粗大 α 取向线上的非 {100}<011> 晶粒也足以形成表面缺陷，只是程度不同。本质是粗大的 α 线取向晶粒轧制后呈长条状分布，且取向相近晶粒的团簇聚集造成的。

表 7-4　低碳钢及 IF 钢高深冲性工艺控制关键点

参　数	低碳钢		IF 钢 罩退/连退
	罩式退火	连续退火	
碳含量	低（＊）	低（＊＊）	低（＊＊＊）
锰含量	低（＊）	低（＊＊）	（ ）
微合金化（Al，Ti，Nb）	Al（＊＊＊）	（ ）	Ti/Nb（＊＊＊）
热轧加热温度	高（＊＊＊）	低（＊）	低（＊）
热轧工艺	（ ）	（ ）	（＊＊）
终轧温度	$>A_3$（＊＊）	$>A_3$（＊＊）	$<A_3$（＊）
卷取温度	低，<600℃（＊＊＊）	高，>700℃（＊＊＊）	高（＊）
冷轧压下量	约 70%	约 85%	约 90%
退火加热速度	20~50℃/h（＊＊＊）	5~20℃/s（＊＊）	（ ）
退火温度	约 720℃	约 850℃	约 900℃

注：（ ）不关键，（＊）有一定作用，（＊＊）重要，（＊＊＊）很关键。

工业成品板出现表面凹凸不平的缺陷，如果继续拉伸或冲压，那么这种浮凸就会继续加剧。实验测出，Fe-1.7%Si 电工钢退火板上 3μm 高低不平的差异，继续进行 20% 拉伸后，表面浮突增加到 15μm。即瓦楞缺陷发生在冷轧板上，遗留到退火成品板上，冲压成制品时继续加重。严重时表现为沿 TD 方向相间分布的明暗纵向反光条纹，轻微时表现为嵌入正常表面的纵向反光条纹。

瓦楞形成的不同模型：

（1）Chao 模型。受 RD 轧向拉伸力的作用，(100)[011] 取向晶粒团簇带在板厚度方向上有比 {111} 取向晶粒团簇带更易变形的趋势，因而在板厚度 ND 方向上更易收缩，而 (111)[0$\bar{1}$1] 取向晶粒团簇带在 TD 方向上更易收缩。瓦楞的产生必须是这两种取向团簇沿 RD 方向聚集分布，如果两种取向晶粒之间随机分布，就不会引起瓦楞现象。见图 7-24（a）。

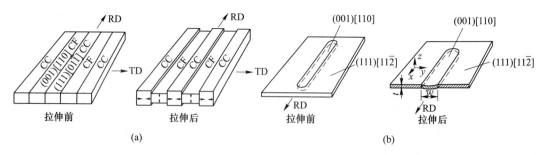

图 7-24　瓦楞出现成因的两种模型

（a）Chao 模型；（b）Wright 模型

（2）Wright 模型。加入了塑性屈服机制。认为平行于轧向 (100)[011]（或接近取向）织构团簇带被 (111)[11$\bar{2}$]（或接近取向）织构团簇包围的时候，受到 RD 方向的拉应力，基体在 TD 方向上更容易收缩而不易在 ND 方向收缩，而旋转立方团簇带在厚度方向上更易收缩，所以此时旋转立方取向团簇将受到横向压应力的作用从而屈服失稳引起瓦楞，见图 7-24（b）。可见，两种模型基本含义相同。

7.5.4 取向硅钢二次再结晶高斯织构的控制

7.5.4.1 取向硅钢生产技术的发展

取向硅钢在 20 世纪 30 年代由美国材料工程师 N. Goss 开发成功，是以 MnS 作为抑制剂，采用两次冷轧法的 Fe-3%Si 合金。20 世纪 60~70 年代日本新日铁钢铁公司在此基础上又开发出以 AlN+MnS 为抑制剂，高温加热且用一次冷轧法的高磁感取向硅钢；随后新日铁公司在 80~90 年代又开发了低温加热、附加渗氮技术的低温法高磁感取向硅钢，这种方法显著降低了生产成本，为目前主要产品。我国武钢 20 世纪 70 年代引进日本新日铁技术，2008 年及以后，宝钢、首钢等陆续独立开发出取向硅钢，且制备水平处于国际先进水平，近几年生产出最高等级的 0.18mm 厚薄规格的取向硅钢。

作为软磁材料的取向硅钢，其制备方式与传统冲压钢板基本相同，但增加了渗氮工艺和高温退火工艺，最终退火后涂上绝缘层，冲片后作为变压器或电机中的铁芯材料，以叠片方式使用。变压器在电力传输时实现升、降电压的作用，电机工作时则实现电能-机械运动的转换。取向硅钢除了力学性能、表面质量等要求外，最核心的是要有高的磁性能，即高的磁感值、低的铁损值，而织构是众多影响磁性能的因素中最主要的一个。Honda 于 1928 年确定了纯铁单晶不同晶体学方向与磁性能的关系，得出 <100> 方向是易磁化方向，<111> 是难磁化方向，如图 7-2 所示。所以板材中的 {100} 织构是有利织构，{111} 是有害织构，所有不同的控制手段都是为了得到尽可能多的 {100} 晶粒，或尽可能强的 {100} 织构。取向硅钢制备最难，也很耗时，通过最终的二次再结晶退火，形成强的高斯织构 {110}<001>，这时几乎所有晶粒的晶体学 <001> 方向平行于板材的轧制方向，这也是用取向硅钢片制作的变压器铁芯器件施加磁场的方向，具有最佳的磁性能。取向硅钢的制造工艺复杂，工艺过程长，因此被称为钢铁材料中的"艺术品"。

7.5.4.2 基本工艺、组织织构变化及控制原理

最新一代取向硅钢制备的基本工艺路线是：连铸—热轧—常化（退火）—冷轧—脱碳退火及渗氮处理—高温退火—涂绝缘层。从成分到每道工序需严格控制，成分或工艺参数的稍大波动都将造成废品；生产环节非常复杂和苛刻，时间周期长，要 2 周以上，其中高温退火周期最长，要 1 周以上。图 7-25 给出取向硅钢冷轧并经一次再结晶退火后的组织、织构及 AlN 抑制剂形貌。图 7-25（a）中晶粒的颜色代表该晶粒平行于板法线的晶体学方向（参照取向三角形图标），平均晶粒尺寸约 $20\mu m$；织构有 $\{111\}<11\bar{2}>$、$\{114\}<4\bar{8}1>$ 和 $\{100\}<021>$ 织构组分，如图 7-25（b）所示；此时高斯取向 $\{100\}<011>$ 晶粒的比例还不到 1%。图 7-25（c）为 AlN 粒子，尺寸大约为 50nm。

取向硅钢的控制原理是要求三要素的最佳匹配，即 AlN 抑制剂（起钉扎晶界阻碍晶粒

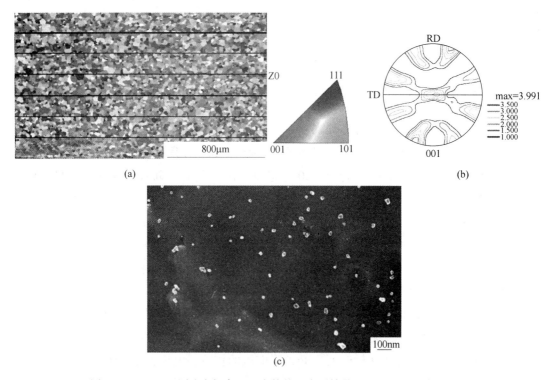

图 7-25 0.20mm 厚取向钢高温退火前的一次再结晶组织的取向成像（a）、
以 ｛100｝ 极图表示的织构（b）及起晶界钉扎作用的 AlN 抑制剂分布（c）
（为提高晶粒数目的统计性，图（a）中选取 7 个不同区域进行测定，叠加在一起）

长大的作用）、有利的再结晶织构（较强的｛111｝<11$\bar{2}$>和｛114｝<$\bar{4}$81>织构）和合适的晶粒尺寸（过大、过小都不利，平均值大约为 20μm，随取向硅钢类型不同而变化），在严格的二次再结晶工艺下（升温速度约 15℃/h，固定的氮氢气氛比例），通过二次再结晶形成强高斯织构（近 100%的高斯取向晶粒，最高质量的产品高斯晶粒平均取向偏差度 3°以内）。二次再结晶开始温度约 1050℃，1060℃时就基本完成了二次再结晶，时间大约 1h。慢速加热到 1050℃时，高斯取向晶粒先"吃掉"｛111｝<11$\bar{2}$>取向晶粒，然后再吃掉｛114｝<$\bar{4}$81>取向晶粒。图 7-26 给出二次再结晶开始时的组织及最后二次再结晶完成后的低倍组织。虽然看到一个个不同颜色或衬度的晶粒，但它们都是高斯取向晶粒，之间的晶界都是小角度晶界。

工艺控制不当出现的问题：（1）AlN 抑制剂过度时，二次再结晶不完全，甚至完全不能二次再结晶。原因是 AlN 过多时，在二次再结晶被推迟到过高温度后，抑制剂溶解或显著熟化，基体晶粒长大到板厚尺寸，出现表面效应，晶界难以迁移，二次再结晶取向的晶粒不能吃掉大尺寸的基体晶粒而被抑制。（2）抑制剂不足时，虽然完全二次再结晶，但高斯晶粒的取向偏差过大，甚至非高斯取向的晶粒发生异常长大，导致磁性能变差。所以合金成分及每道工序都要精确控制。

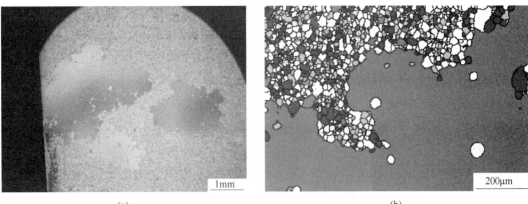

(a)   (b)

(c)

图 7-26 取向硅钢二次再结晶阶段和成品板组织

（a）二次再结晶开始时的扫描电镜照片；（b）二次再结晶开始时的 EBSD 取向成像图，
异常长大的为高斯晶粒；（c）二次再结晶完成后成品板

练习与思考题

1. 织构在哪些种类的材料中存在，织构在哪些工艺下可以存在，为什么？

2. 织构与组织的差异与联系是什么？

3. 织构信息如何获取，如何表达？

4. $(111)[01\bar{1}]$ 取向与 $\{111\}<01\bar{1}>$ 织构、$\{111\}<01\bar{1}>$ 滑移系的含义及区别各是什么？

5. 在一个 $\{100\}$ 极图上出现强旋转立方织构 $\{100\}<011>$，画出这个极图的示意图，说明出现的各织构峰位置及对应的含义。

6. 轧制织构和再结晶织构的形成原因分别是什么？

7. 轧制织构类型可能受哪些因素影响？简单讨论一下织构的影响规律。

8. 强织构的出现对工件的性能来说是有利的还是有害的？举 2 个例子简单说明（每个例子的描述不要超过 100 字）。

9. 简述 IF 冲压钢板高的深冲性是如何保障的。

10. 取向硅钢中的高斯织构 $\{110\}<001>$ 为何对应优异的磁性能，这种织构是在怎样的条件下形成的？

8 点的应力应变状态

金属受力发生变形，最初发生的是可以恢复的弹性变形，随着外力增加，会进入不可恢复的塑性变形状态。塑性成形力学原理部分是研究金属在塑性状态下的力学行为，主要包括点的应力状态、应变状态，变形与外力的关系，变形物体中的应力场、应变场以及塑性变形数值分析方法等相关知识。

塑性成形力学以实验为基础，找出受力物体超出弹性极限后的变形规律，进而提出合理的假设和简化模型，确定材料的塑性本构关系，并建立塑性力学的基本方程。解出这些方程，便可得到不同塑性状态下物体中的应力和应变。塑性力学的基本实验主要包括单向拉伸实验和静水压力实验。通过单向拉伸实验可以获得加载和卸载时的应力-应变曲线，以及弹性极限和屈服极限的值。需要注意的是，在塑性状态下，应力和应变之间的关系是非线性的，且没有单值对应关系。由静水压力实验得出静水压力只能引起金属材料的弹性体积变形，并且对材料的屈服极限影响很小。

由于金属塑性变形是一个非常复杂的过程，同时也受到现时数学计算处理的限制，获得塑性加工问题的精确解是非常困难的。因此，为了得到对工程设计和实际生产有指导意义的解，在研究塑性变形问题时，通常采用以下假设：

（1）变形体是连续的，即整个变形体内不存在任何孔隙。因此，应力、应变、位移等物理量也是连续的，可以用坐标的连续函数来表示。

（2）变形体是均质和各向同性的，其中各质点的化学成分、微观组织相同，在各方向上的物理性能和力学性能相同，并且不随所选坐标系的改变而变化。

（3）变形体在外力作用下处于平衡状态，即变形体整体和内部的任一点的外力系矢量和为0，力矩和也为0。

（4）忽略体积力的影响，仅考虑变形体承受的表面力。表面力，即作用在物体表面的力，包括集中载荷和分布载荷。体积力是指作用在物体内每个质点上的力，如重力、磁力和惯性力等。对于塑性加工而言，除了高速锻造、爆炸成形、电磁成形等少数情况外，体积力相对于表面力是很小的，可以忽略不计。

（5）变形体的体积保持不变。材料在弹性变形时，体积变化必须考虑。而在塑性变形时，虽然体积也有微量变化，但与塑性变形量相比是很小的，可以忽略不计。

8.1 点的应力状态

8.1.1 应力及应力张量

材料力学中关于应力和应变的概念及其特性，因为只涉及受力物体的平衡关系和变形几何关系，而与材料的具体物理性质无关，所以对于各种连续介质体均适用，有关结论也可以用到塑性加工力学中来。

8.1.1.1 应力的表示方法

物体在外力的作用下会发生变形，同时，物体内各质点之间也会产生相互作用的力，称为内力。由外力引起的物体内单位截面积上的内力，称为应力。在一般情况下，物体内各点的应力是不相同的。因此，有必要以点为基本研究对象来分析应力。

如图 8-1 所示，物体受外力系 F_1、F_2、F_3、…作用而处于平衡状态。对物体内某一点 Q 进行应力分析，可以采用截面法，即利用过该点的某个截面把受力物体分成 V_1、V_2 两个部分。此时，若将 V_2 部分移去，则此截面上的内力就变成外力，并与作用在 V_1 部分的外力相平衡。在截面上 Q 点处取一个无限小的面积 ΔA，设作用在其上的内力为 ΔP，则定义 Q 点在此截面上的全应力 S 为：

$$S = \lim_{\Delta A \to 0} \frac{\Delta P}{\Delta A} \tag{8-1}$$

通常，ΔP 对于其作用面 ΔA 为任意方向的一个矢量。为了方便起见，常将全应力 S 分解为垂直于作用面的法向分量，即正应力 σ，以及在作用面内的切向分量，即切应力 τ。显然：

$$S^2 = \sigma^2 + \tau^2 \tag{8-2}$$

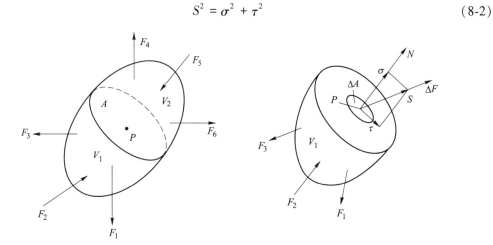

图 8-1　受力物体被截面分成相互作用的两部分

8.1.1.2 过一点任意斜截面上的应力

变形体内过点 Q 的截面有无数多个，一般情况下各个截面上的应力是不相同的。一点的应力状态被确定，是指过该点所有截面上的应力分量都是确定的。对于任意三向应力状态，如何确定过 Q 点任意斜截面上的应力呢？下面将证明已知过一点 3 个互相垂直坐标面上的 9 个应力分量（其中独立的应力分量为 6 个），即可确定与 3 个坐标轴任意倾斜截面上的应力，包括全应力 S、正应力 σ、切应力 τ。

首先，从过 Q 点的无数多个截面中，取相互垂直的 3 个截面，并将其法线方向定义为 3 个坐标轴 x、y、z，则 3 个截面称为坐标面，分别为 x 面、y 面、z 面，如图 8-2 所示。3 个坐标平面上的全应力均可分解为 1 个法向应力分量和 2 个沿坐标轴方向的切向应力分量。这样，过变形体内一点的 3 个相互垂直的平面上共有 9 个应力分量，分别为 σ_x、σ_y、

σ_z、τ_{xy}、τ_{yx}、τ_{yz}、τ_{zy}、τ_{zx}、τ_{xz}，其中 3 个正应力分量，6 个切应力分量，如图 8-2 所示。

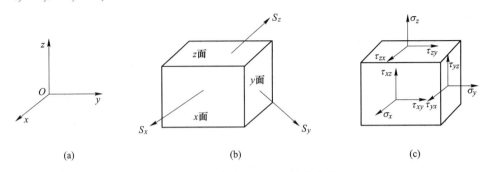

图 8-2　微元体上的应力及应力分量

（a）直角坐标系；（b）x、y、z 平面上的全应力；（c）相互垂直三个平面上的九个应力分量

假设过 Q 点的任意斜截面为 ABC，如图 8-3 所示，其法线方向 QN 与 3 个坐标轴夹角的方向余弦分别为 l、m、n，即

$$l = \cos(x,N), \quad m = \cos(y,N), \quad n = \cos(z,N) \tag{8-3}$$

设斜截面 ABC 的面积为 $\mathrm{d}A$，则 3 个微坐标面 BQC、AQC 和 AQB 的面积分别为 $\mathrm{d}A_x = l\mathrm{d}A$、$\mathrm{d}A_y = m\mathrm{d}A$、$\mathrm{d}A_z = n\mathrm{d}A$。设 ABC 面上的全应力为 S，全应力 S 沿 3 个坐标轴方向的分量分别为 S_x、S_y、S_z，由于变形体在外力作用下处于平衡状态，因此，由静力平衡条件 $\sum F_x = 0$、$\sum F_y = 0$、$\sum F_z = 0$，可得：

$$S_x\mathrm{d}A = \sigma_x\mathrm{d}A_x + \tau_{yx}\mathrm{d}A_y + \tau_{zx}\mathrm{d}A_z$$
$$S_y\mathrm{d}A = \tau_{xy}\mathrm{d}A_x + \sigma_y\mathrm{d}A_y + \tau_{zy}\mathrm{d}A_z \tag{8-4}$$
$$S_z\mathrm{d}A = \tau_{xz}\mathrm{d}A_x + \tau_{yz}\mathrm{d}A_y + \sigma_z\mathrm{d}A_z$$

整理后可得：

$$S_x = \sigma_x l + \tau_{yx}m + \tau_{zx}n$$
$$S_y = \tau_{xy}l + \sigma_y m + \tau_{zy}n$$
$$S_z = \tau_{xz}l + \tau_{yz}m + \sigma_z n \tag{8-5}$$

很显然，全应力 S 为：

$$S = \sqrt{S_x^2 + S_y^2 + S_z^2} \tag{8-6}$$

该斜截面上的正应力 σ_N 等于全应力 S 在法线 N 上的投影，也就是等于全应力 S 的 3 个分量 S_x、S_y、S_z 在法线 N 方向的投影之和，即：

$$\sigma_N = S_x l + S_y m + S_z n \tag{8-7}$$

该斜截面上的切应力 τ_N 为：

$$\tau_N = \sqrt{S^2 - \sigma_N^2} \tag{8-8}$$

由此可见，已知过一点相互垂直的 3 个坐标面上的 9 个应力分量 σ_x、σ_y、σ_z、τ_{xy}、τ_{yx}、τ_{yz}、τ_{zy}、τ_{zx}、τ_{xz}，则过该点任意截面上的应力均可以根据上述公式计算出来，也就是说该点的应力状态可以被确定。

8.1.1.3　应力张量

通常情况，在不同的坐标系下，相互垂直的 3 个坐标面上的 9 个应力分量 σ_x、σ_y、

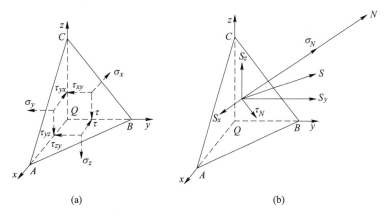

图 8-3 斜截面上的应力

σ_z、τ_{xy}、τ_{yx}、τ_{yz}、τ_{zy}、τ_{zx}、τ_{xz}是不同的，即各应力分量的值随坐标系的变化而改变，但是这 9 个应力分量作为一个整体用来表示一点应力状态，与坐标系的选择无关。这个物理量称为应力张量，用符号 σ_{ij}来表示。即

$$\sigma_{ij} = \begin{bmatrix} \sigma_x & \tau_{xy} & \tau_{xz} \\ \tau_{yx} & \sigma_y & \tau_{yz} \\ \tau_{zx} & \tau_{zy} & \sigma_z \end{bmatrix} \tag{8-9}$$

显然，不应该把应力分量和应力状态这两个不同的概念相混淆，应力分量是相对于某一个截面而说的，它的方向和大小随截面方位的变化而改变。过一点可以有无数个应力分量，在三维坐标中，应力分量是一个向量。应力张量不是某个截面上的应力，它代表该点整体的应力状态，不随坐标系的改变而变化。

应力分量是一个向量，其正负号可按如下规定来确认，即：

（1）如果某一截面上的外法线方向是沿着坐标轴的正方向，则作用在这个截面上的应力分量就以沿坐标轴正方向为正，沿坐标轴负方向为负；

（2）如果某一截面上的外法线方向是沿着坐标轴的负方向，则作用在这个截面上的应力分量就以沿坐标轴负方向为正，沿坐标轴正方向为负。

按上述规定可知，塑性加工力学中正应力的符号与材料力学中的规定一致，拉应力为正、压应力为负。同时，由于微元体处于静力平衡状态，所以，绕其各轴的合力矩为 0，由此可以导出如下关系：

$$\tau_{xy} = \tau_{yx}, \quad \tau_{yz} = \tau_{zy}, \quad \tau_{xz} = \tau_{zx} \tag{8-10}$$

上式称为切应力互等定律，即为了保持微元体的平衡，切应力总是成对出现。因此，表示一受力作用点的应力状态时，实际上只需要 6 个应力分量，如下所示：

$$\sigma_{ij} = \begin{bmatrix} \sigma_x & \tau_{xy} & \tau_{xz} \\ \cdot & \sigma_y & \tau_{yz} \\ \cdot & \cdot & \sigma_z \end{bmatrix} \tag{8-11}$$

8.1.2　主应力与应力张量不变量

8.1.2.1　主应力

一般来说，过一点的任意截面上都作用有正应力 σ_N 和切应力 τ_N，并且其大小和方向随着截面不同而不断变化。如果在某一截面上的切应力为 0，正应力与全应力重合，则称该截面为应力主平面，应力主平面上的正应力称为主应力，应力主平面上的法线方向称为应力主方向或应力主轴。

与 8.1.1 节讲述的求过一点任意斜截面上应力的方法一样，可以求解出主应力。如图 8-4 所示，在过某点 Q 的任意坐标系中，假设截面 ABC 为主平面，其法线方向与 3 个坐标轴的夹角余弦分别为 l、m、n。该截面上的正应力为主应力 σ，且 $\sigma = S$、$\tau = 0$，则主应力沿 3 个坐标轴的投影分别为：

$$\begin{cases} S_x = S \cdot l = \sigma \cdot l \\ S_y = S \cdot m = \sigma \cdot m \\ S_z = S \cdot n = \sigma \cdot n \end{cases} \quad (8\text{-}12)$$

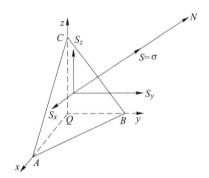

图 8-4　主应力与应力主平面

将上式代入式（8-5），可得：

$$\begin{cases} (\sigma_x - \sigma)l + \tau_{yx}m + \tau_{zx}n = 0 \\ \tau_{xy}l + (\sigma_y - \sigma)m + \tau_{zy}n = 0 \\ \tau_{xz}l + \tau_{yz}m + (\sigma_z - \sigma)n = 0 \end{cases} \quad (8\text{-}13)$$

式（8-13）是关于 l、m、n 的齐次线性方程组，由于 3 个方向余弦之间存在如下关系：

$$l^2 + m^2 + n^2 = 1 \quad (8\text{-}14)$$

即式（8-13）所示的齐次线性方程组有非零解。而齐次线性方程组有非零解的充分必要条件是这个方程组的系数行列式恒为 0，即：

$$\begin{vmatrix} \sigma_x - \sigma & \tau_{yx} & \tau_{zx} \\ \tau_{xy} & \sigma_y - \sigma & \tau_{zy} \\ \tau_{xz} & \tau_{yz} & \sigma_z - \sigma \end{vmatrix} \equiv 0 \quad (8\text{-}15)$$

将式（8-15）展开后，可得

$$\sigma^3 - (\sigma_x + \sigma_y + \sigma_z)\sigma^2 - (\tau_{xy}^2 + \tau_{yz}^2 + \tau_{zx}^2 - \sigma_x\sigma_y - \sigma_y\sigma_z - \sigma_z\sigma_x)\sigma -$$
$$(\sigma_x\sigma_y\sigma_z + 2\tau_{xy}\tau_{yz}\tau_{zx} - \sigma_x\tau_{yz}^2 - \sigma_y\tau_{zx}^2 - \sigma_z\tau_{xy}^2) = 0 \quad (8\text{-}16)$$

上式是以 σ 为未知数的三次方程式，它有 3 个实根，即 3 个主应力，用 σ_1、σ_2、σ_3 表示。将 3 个主应力的值分别代入式（8-13），可求得每个主平面的 3 个方向余弦，并且可以证明这 3 个主平面是相互垂直的。因此，今后进行点的应力分析时，可以采用应力主方向作为坐标轴，建立直角坐标系，即主坐标系，从而使应力状态的描述大为简化。在主坐标系下的应力张量可以写成如下形式：

$$\sigma_{ij} = \begin{bmatrix} \sigma_1 & 0 & 0 \\ 0 & \sigma_2 & 0 \\ 0 & 0 & \sigma_3 \end{bmatrix}$$

8.1.2.2 主应力简图

受力物体内一点的应力状态可用作用在应力单元体上的主应力来描述。只用主应力的个数和方向来定性描述一点应力状态的简化图形称为主应力简图。画在单元体上的箭头只表示主应力的方向，而不表示其大小，箭头向外表示拉应力，箭头向内表示压应力。按主应力的存在情况和主应力的方向，可能的主应力简图共有如图 8-5 所示的 9 种。其中，单向应力状态 2 种，两向应力状态 3 种，三向应力状态 4 种。根据主应力简图，可以定性地比较某一种材料在采用不同的塑性成形方法进行加工时，材料受力情况的差异情况。

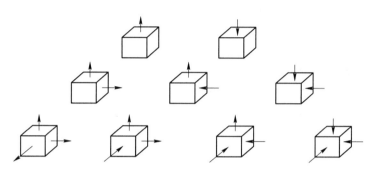

图 8-5 主应力简图

8.1.2.3 应力张量不变量

对于一个确定的应力状态，主应力只有一组确定的值，其大小、方向、作用平面是不随坐标系的改变而变化的。在推导式（8-16）时，坐标系是任意选取的，但其求得的 3 个主应力的大小是确定的。也就是说，当坐标系发生改变时，应力张量的各个分量数值虽然发生了变化，但三次方程式（8-16）中的系数是确定的、不随坐标而变化的。假如做如下规定：

$$\begin{cases} I_1 = \sigma_x + \sigma_y + \sigma_z \\ I_2 = -(\sigma_x\sigma_y + \sigma_y\sigma_z + \sigma_z\sigma_x) + \tau_{xy}^2 + \tau_{yz}^2 + \tau_{zx}^2 \\ I_3 = \sigma_x\sigma_y\sigma_z + 2\tau_{xy}\tau_{yz}\tau_{zx} - (\sigma_x\tau_{yz}^2 + \sigma_y\tau_{zx}^2 + \sigma_z\tau_{xy}^2) \end{cases} \tag{8-17}$$

则式（8-16）可写成：

$$\sigma^3 - I_1\sigma^2 - I_2\sigma - I_3 = 0 \tag{8-18}$$

式（8-18）称为应力状态特征方程。为了保证主应力的数值不随坐标系的改变而发生改变，则 I_1、I_2、I_3 的值也不随坐标系的改变而改变，分别称为应力张量的第一、第二和第三不变量。如果取应力主方向为坐标轴，则应力张量的 3 个不变量可以表示为：

$$\begin{cases} I_1 = \sigma_1 + \sigma_2 + \sigma_3 \\ I_2 = -(\sigma_1\sigma_2 + \sigma_2\sigma_3 + \sigma_3\sigma_1) \\ I_3 = \sigma_1\sigma_2\sigma_3 \end{cases} \tag{8-19}$$

一般情况下，当两个点的主应力相同时，这两个点的应力状态相同。同时，当两个点的应力张量不变量相同时，它们的应力状态相同。如判断以下两个应力张量：

$$\sigma_{ij}^1 = \begin{bmatrix} a & 0 & 0 \\ 0 & b & 0 \\ 0 & 0 & 0 \end{bmatrix}, \sigma_{ij}^2 = \begin{bmatrix} \dfrac{a+b}{2} & \dfrac{a-b}{2} & 0 \\ \dfrac{a-b}{2} & \dfrac{a+b}{2} & 0 \\ 0 & 0 & 0 \end{bmatrix}$$

是否表示同一个应力状态时，可以通过其应力张量不变量是否相等来判断。按式（8-17）计算，上述两个应力状态的应力张量不变量相等，均为 $I_1 = a+b$，$I_2 = -ab$，$I_3 = 0$。所以，上述两个应力状态相同。

8.1.3 主切应力

切应力也是随斜截面的改变而变化的，即切应力是斜截面方向余弦的函数。当切应力达到极值时的平面称为主切应力平面，主切应力平面上的切应力称为主切应力。在主切应力平面上，切应力达到极值，而正应力不一定为 0。为了简便地求出主切应力的大小和方向，可选取 3 个主应力的方向为坐标轴，即采用主坐标系，如图 8-6 所示。则由式（8-5）可得任意斜截面上的应力分量：

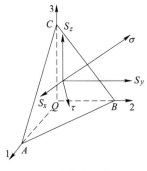

图 8-6   方应力与主平面

$$\begin{cases} S_x = \sigma_1 \cdot l \\ S_y = \sigma_2 \cdot m \\ S_z = \sigma_3 \cdot n \end{cases} \tag{8-20}$$

该斜截面上的全应力表示为：

$$S^2 = S_x^2 + S_y^2 + S_z^2 = \sigma_1^2 l^2 + \sigma_2^2 m^2 + \sigma_3^2 n^2 \tag{8-21}$$

该斜截面上的正应力为：

$$\sigma_N = S_x l + S_y m + S_z n = \sigma_1 l^2 + \sigma_2 m^2 + \sigma_3 n^2 \tag{8-22}$$

该斜截面上的切应力为：

$$\tau_N^2 = S^2 - \sigma_N^2 = \sigma_1^2 l^2 + \sigma_2^2 m^2 + \sigma_3^2 n^2 - (\sigma_1 l^2 + \sigma_2 m^2 + \sigma_3 n^2)^2 \tag{8-23}$$

由于 3 个方向余弦 l、m、n 的值受到式（8-14）的限制，只有两个是独立的，因此，将 $n^2 = 1-l^2-m^2$ 代入式（8-23），可得

$$\tau_N^2 = (\sigma_1^2 - \sigma_3^2)l^2 + (\sigma_2^2 - \sigma_3^2)m^2 + \sigma_3^2 - [(\sigma_1 - \sigma_3)l^2 + (\sigma_2 - \sigma_3)m^2 + \sigma_3]^2$$
$$\tag{8-24}$$

当切应力达到极值时，式（8-23）分别对 l 和 m 求偏导数后为 0：

$$\frac{\partial \tau_N^2}{\partial l} = (\sigma_1^2 - \sigma_3^2)2l - 2[(\sigma_1 - \sigma_3)l^2 + (\sigma_2 - \sigma_3)m^2 + \sigma_3]2(\sigma_1 - \sigma_3)l = 0$$

$$\frac{\partial \tau_N^2}{\partial m} = (\sigma_2^2 - \sigma_3^2)2m - 2[(\sigma_1 - \sigma_3)l^2 + (\sigma_2 - \sigma_3)m^2 + \sigma_3]2(\sigma_2 - \sigma_3)m = 0$$

即：

$$\begin{cases} [(\sigma_1 - \sigma_3) - 2(\sigma_1 - \sigma_3)l^2 - 2(\sigma_2 - \sigma_3)m^2](\sigma_1 - \sigma_3)l = 0 \\ [(\sigma_2 - \sigma_3) - 2(\sigma_1 - \sigma_3)l^2 - 2(\sigma_2 - \sigma_3)m^2](\sigma_2 - \sigma_3)m = 0 \end{cases} \tag{8-25}$$

下面对式（8-25）的解分别加以讨论：

（1）当 $\sigma_1 = \sigma_2 = \sigma_3$ 时，为球应力状态，由式（8-24）可知 $\tau_N \equiv 0$，即过该点的所有方向都是主方向，该点没有切应力，这种应力状态显然不是所需要的解。

（2）当 $\sigma_1 \neq \sigma_2 = \sigma_3$ 时，为圆柱应力状态，由式（8-25）可得 $l = \pm \dfrac{1}{\sqrt{2}}$，即外法线方向与 σ_1 轴成 45° 的所有平面都是主切应力平面。此时，外法线方向与 σ_1 轴成 90° 的所有平面都是应力主平面。

（3）当 $\sigma_1 \neq \sigma_2 \neq \sigma_3$ 时为任意的三向应力状态，3 个主应力各不相同。此时式（8-25）变为如下形式：

$$\begin{cases} \left[(\sigma_1 - \sigma_3) - 2(\sigma_1 - \sigma_3)l^2 - 2(\sigma_2 - \sigma_3)m^2 \right] l = 0 \\ \left[(\sigma_2 - \sigma_3) - 2(\sigma_1 - \sigma_3)l^2 - 2(\sigma_2 - \sigma_3)m^2 \right] m = 0 \end{cases} \tag{8-26}$$

下面对上式的解进一步展开讨论：

1）当 $l = m = 0$，$n = \pm 1$ 时，

由式（8-24）可知 $\tau_N = 0$，这是一对主平面，不是所需要的解。

2）当 $l \neq 0$，$m \neq 0$ 时，由式（8-25）可得 $\sigma_1 = \sigma_2$，这与条件 $\sigma_1 \neq \sigma_2 \neq \sigma_3$ 不符。

3）当 $l = 0$，$m \neq 0$ 时，由式（8-25）可得 $m = \pm \dfrac{1}{\sqrt{2}}$，由式（8-14）可得 $n = \pm \dfrac{1}{\sqrt{2}}$。该条件下所得到的主切应力平面与 σ_1 主平面垂直，与 σ_2、σ_3 主平面成 45° 夹角，如图 8-7（a）所示。

4）当 $l \neq 0$，$m = 0$ 时，由式（8-25）可得 $l = \pm \dfrac{1}{\sqrt{2}}$，由式（8-14）可得 $n = \pm \dfrac{1}{\sqrt{2}}$。该条件下所得到的主切应力平面与 σ_2 主平面垂直，与 σ_1、σ_3 主平面成 45° 夹角，如图 8-7（b）所示。

同理，分别将 $l^2 = 1 - m^2 - n^2$，$m^2 = 1 - l^2 - n^2$ 代入式（8-23），也可分别求得 3 组方向余弦的值，除去重复的解，可以得到另一组主切应力平面的方向余弦值，即：

$$n = 0, l = m = \pm \frac{1}{\sqrt{2}}$$

该条件下所得到的主切应力平面与 σ_3 主平面垂直，与 σ_1、σ_2 主平面成 45° 夹角，如图 8-7（c）所示。

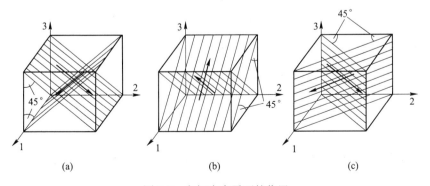

图 8-7　主切应力平面的位置

将方向余弦分别代入式（8-22）和式（8-23），可求得主切应力平面上的正应力和切应力。主切平面上的正应力为：

$$\begin{cases} \sigma_{12} = \dfrac{1}{2}(\sigma_1 + \sigma_2) \\[2mm] \sigma_{23} = \dfrac{1}{2}(\sigma_2 + \sigma_3) \\[2mm] \sigma_{31} = \dfrac{1}{2}(\sigma_3 + \sigma_1) \end{cases} \tag{8-27}$$

主切平面上的切应力，即主切应力为

$$\begin{cases} \tau_{12} = \pm\dfrac{1}{2}(\sigma_1 - \sigma_2) \\[2mm] \tau_{23} = \pm\dfrac{1}{2}(\sigma_2 - \sigma_3) \\[2mm] \tau_{31} = \pm\dfrac{1}{2}(\sigma_3 - \sigma_1) \end{cases} \tag{8-28}$$

为了清楚起见，将上述结果列于表 8-1 中。应该指出的是，主应力是按代数值规定的，而主切应力是按绝对值规定的。

表 8-1　主平面、主切应力平面及其截面上的正应力和切应力

截面	主平面			主切应力平面		
l	0	0	±1	0	$\pm\dfrac{1}{\sqrt{2}}$	$\pm\dfrac{1}{\sqrt{2}}$
m	0	±1	0	$\pm\dfrac{1}{\sqrt{2}}$	0	$\pm\dfrac{1}{\sqrt{2}}$
n	±1	0	0	$\pm\dfrac{1}{\sqrt{2}}$	$\pm\dfrac{1}{\sqrt{2}}$	0
切应力	0	0	0	$\pm\dfrac{\sigma_2-\sigma_3}{2}$	$\pm\dfrac{\sigma_3-\sigma_1}{2}$	$\pm\dfrac{\sigma_1-\sigma_2}{2}$
正应力	σ_3	σ_2	σ_1	$\dfrac{\sigma_2+\sigma_3}{2}$	$\dfrac{\sigma_3+\sigma_1}{2}$	$\dfrac{\sigma_1+\sigma_2}{2}$

在 6 个主切应力中，绝对值最大的主切应力称为最大切应力。最大切应力 τ_{max} 可由下式给出：

$$\tau_{max} = \frac{1}{2}(\sigma_{max} - \sigma_{min}) \tag{8-29}$$

当主应力顺序已知时，例如 $\sigma_1 \geqslant \sigma_2 \geqslant \sigma_3$，则最大切应力 τ_{max} 可表示为：

$$\tau_{max} = \frac{1}{2}(\sigma_1 - \sigma_3) \tag{8-30}$$

8.1.4 应力球张量和应力偏张量

8.1.4.1 应力张量的分解

按照应力叠加原理，受力物体内任一点的应力张量可以分解为应力球张量和应力偏张量两部分。现设 σ_m 为 3 个正应力分量的平均值，称为平均应力，即：

$$\sigma_m = \frac{1}{3}(\sigma_x + \sigma_y + \sigma_z) = \frac{1}{3}(\sigma_1 + \sigma_2 + \sigma_3) = \frac{I_1}{3} \tag{8-31}$$

从式（8-31）可知，σ_m 是不变量，与所取的坐标系无关，即对于一个确定的应力状态，它是定值。再设：

$$\begin{cases} \sigma'_x = \sigma_x - \sigma_m \\ \sigma'_y = \sigma_y - \sigma_m \\ \sigma'_z = \sigma_z - \sigma_m \end{cases} \tag{8-32}$$

由此，可将一点的应力张量分解为两个应力张量之和，即：

$$\sigma_{ij} = \begin{bmatrix} \sigma_x & \tau_{xy} & \tau_{xz} \\ \tau_{yx} & \sigma_y & \tau_{yz} \\ \tau_{zx} & \tau_{zy} & \sigma_z \end{bmatrix} = \begin{bmatrix} \sigma'_x & \tau_{xy} & \tau_{xz} \\ \tau_{yx} & \sigma'_y & \tau_{yz} \\ \tau_{zx} & \tau_{zy} & \sigma'_z \end{bmatrix} + \begin{bmatrix} \sigma_m & 0 & 0 \\ 0 & \sigma_m & 0 \\ 0 & 0 & \sigma_m \end{bmatrix} \tag{8-33}$$

定义应力偏张量为：

$$\sigma'_{ij} = \begin{bmatrix} \sigma'_x & \tau_{xy} & \tau_{xz} \\ \tau_{yx} & \sigma'_y & \tau_{yz} \\ \tau_{zx} & \tau_{zy} & \sigma'_z \end{bmatrix} = \begin{bmatrix} \sigma_x - \sigma_m & \tau_{xy} & \tau_{xz} \\ \tau_{yx} & \sigma_y - \sigma_m & \tau_{yz} \\ \tau_{zx} & \tau_{zy} & \sigma_z - \sigma_m \end{bmatrix} \tag{8-34}$$

定义应力球张量为：

$$\sigma_m \delta_{ij} = \begin{bmatrix} \sigma_m & 0 & 0 \\ 0 & \sigma_m & 0 \\ 0 & 0 & \sigma_m \end{bmatrix} \tag{8-35}$$

图 8-8 给出了应力张量分解为应力偏张量和应力球张量的示意图。应力球张量表示球应力状态，即过变形体内一点的任意截面均为主平面，且主应力都相同，均为平均应力，因此也称为静水应力状态。根据材料塑性变形理论，由于球应力状态在任何斜截面上都没有切应力，所以应力球张量只引起物体体积的改变，而不能使物体发生形状变化。但三向均匀压缩，即静水压力状态有利于保持材料的完整性，提高材料塑性变形的能力。因此，从塑性加工的观点来看，要使材料发生塑性变形，不能采用静水压力状态，但是可以采用近乎静水压力的应力状态，通过提高静水压力成分来提高材料塑性变形的能力。一般静水压力成分越大，一次加工所能获得的变形程度也越大，当在近乎液体静压条件下，像砂岩、大理石这样的脆性材料也可以获得一定的变形。

应力偏张量是将原应力张量减去只引起物体体积变化的应力球张量而得到的。由于被分解出的应力球张量没有切应力，所以应力偏张量 σ'_{ij} 的切应力分量、主切应力、最大切应力以及应力主轴等都与原应力张量相同。因此，应力偏张量只引起物体形状的变化，而不能产生体积变化，材料的塑性变形就是由应力偏张量引起的。

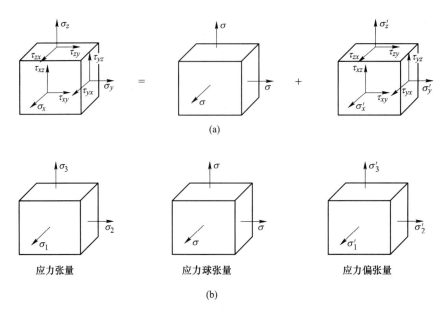

图 8-8　应力张量的分解

（a）任意坐标系；（b）主轴坐标系

　　应变偏张量对塑性加工来说是一个十分重要的概念。图 8-9（a）、（b）、（c）分别表示简单拉伸、拉拔、挤压变形区中塑性变形区的应力状态，及其分解后的应力球张量和应力偏张量。由图中可以看出，尽管主应力的数目不等（简单拉伸是单向应力，拉拔及挤压都是三向应力），且符号不一（简单拉伸只有拉应力，挤压只有压应力，拉拔则有拉有压），但它们的应力偏张量相似，所以产生类似的变形，即轴向伸长、横向收缩，同属于伸长类应变。因此，根据应力偏量可以判断变形的类型。

8.1.4.2　应力偏张量不变量

　　应力偏张量也是一种应力状态，可以按照应力张量的分析方法确定应力偏张量的主应力和应力主方向，并且可以得到与式（8-18）相似的表达式。即

$$\sigma'^3 - I_1'\sigma'^2 - I_2'\sigma' - I_3' = 0 \tag{8-36}$$

式中，σ' 为应力偏张量的主应力。

　　I_1'、I_2'、I_3' 为应力偏张量的第一、第二、第三不变量。

　　应力偏张量不变量可由下式给出，即

$$\begin{cases} I_1' = \sigma_x' + \sigma_y' + \sigma_z' = (\sigma_x - \sigma_m) + (\sigma_y - \sigma_m) + (\sigma_z - \sigma_m) = 0 \\ I_2' = -(\sigma_x'\sigma_y' + \sigma_y'\sigma_z' + \sigma_z'\sigma_x') + \tau_{xy}^2 + \tau_{yz}^2 + \tau_{zx}^2 \\ \quad = \dfrac{1}{6}\left[(\sigma_x - \sigma_y)^2 + (\sigma_y - \sigma_z)^2 + (\sigma_z - \sigma_x)^2\right] + \tau_{xy}^2 + \tau_{yz}^2 + \tau_{zx}^2 \\ I_3' = \begin{vmatrix} \sigma_x' & \tau_{xy} & \tau_{xz} \\ \tau_{yx} & \sigma_y' & \tau_{yz} \\ \tau_{zx} & \tau_{zy} & \sigma_z' \end{vmatrix} \end{cases} \tag{8-37}$$

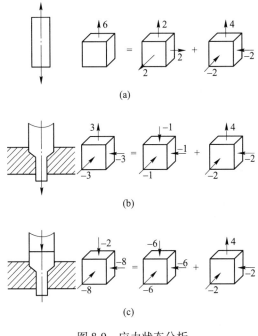

图 8-9　应力状态分析

（a）简单拉伸；（b）拉拔；（c）挤压

值得注意的是，应力偏张量的第一不变量 $I_1' = 0$，表明应力分量中已经没有静水应力的成分；第二不变量 I_2' 具有确切的物理意义（与单位体积的形变能成正比），且与塑性屈服准则有关；第三不变量 I_3' 决定了应变的类型，$I_3' > 0$ 属于伸长类应变，$I_3' = 0$ 属于平面应变，$I_3' < 0$ 属于压缩类应变。

8.1.4.3　主偏应力简图

球应力状态的每个分量均是相同的，即 $\sigma_1 = \sigma_2 = \sigma_3 = \sigma_m$，因此，可能的球应力简图仅有两种：三向拉伸、三向压缩，如图 8-10（a）所示。由于 3 个主偏应力分量需要满足条件 $\sigma_1' + \sigma_2' + \sigma_3' = 0$，因此，可能的主偏应力简图仅有 3 种，即一向拉伸一向压缩、两向拉伸一向压缩、一向拉伸两向压缩，如图 8-10（b）所示。

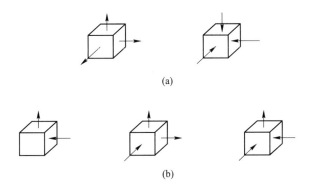

图 8-10　球应力简图和主偏应力简图

（a）球应力简图；（b）主偏应力简图

8.2　应力莫尔圆

应力莫尔圆是变形体内一点应力状态的几何表示方法，反映出过该点所有截面上的正应力和切应力值。在 8.1.3 节中已经讲过，在主应力坐标系中过一点任意截面上的正应力、切应力可由式（8-22）、式（8-23）给出，各方向余弦 l、m、n 之间的关系由式（8-14）确定。将式（8-22）的两边分别减去 $\dfrac{\sigma_2+\sigma_3}{2}$，$\dfrac{\sigma_1+\sigma_3}{2}$，$\dfrac{\sigma_1+\sigma_2}{2}$，平方后分别与式（8-23）的两边相加，可得到以下方程式：

$$\begin{cases}\left(\sigma_N-\dfrac{\sigma_2+\sigma_3}{2}\right)^2+\tau_N^2=l^2(\sigma_1-\sigma_2)(\sigma_1-\sigma_3)+\left(\dfrac{\sigma_2-\sigma_3}{2}\right)^2\\[3mm]\left(\sigma_N-\dfrac{\sigma_1+\sigma_3}{2}\right)^2+\tau_N^2=m^2(\sigma_2-\sigma_3)(\sigma_2-\sigma_1)+\left(\dfrac{\sigma_3-\sigma_1}{2}\right)^2\\[3mm]\left(\sigma_N-\dfrac{\sigma_1+\sigma_2}{2}\right)^2+\tau_N^2=n^2(\sigma_3-\sigma_1)(\sigma_3-\sigma_2)+\left(\dfrac{\sigma_1-\sigma_2}{2}\right)^2\end{cases} \tag{8-38}$$

建立横轴为 σ、纵轴为 τ 的坐标平面，式（8-38）中的每一个方程均表示一族同心圆。每族同心圆的圆心均在 σ 轴上，圆心分别为 $\left(\dfrac{\sigma_2+\sigma_3}{2},0\right)$，$\left(\dfrac{\sigma_1+\sigma_3}{2},0\right)$，$\left(\dfrac{\sigma_1+\sigma_2}{2},0\right)$。每族同心圆的半径只随一个方向余弦值变化，方向余弦值不同则半径不同。假设 $\sigma_1\geqslant\sigma_2\geqslant\sigma_3$，当各方程式中的方向余弦数值由 0 变为 1 时，每族同心圆半径的变化趋势分别为：

当 l 由 $0\to1$ 时，式（8-38）第一式的圆半径由

$$\dfrac{\sigma_2-\sigma_3}{2}\text{ 增大至 }\sqrt{(\sigma_1-\sigma_2)(\sigma_1-\sigma_3)+\left(\dfrac{\sigma_2-\sigma_3}{2}\right)^2}$$

当 m 由 $0\to1$ 时，式（8-38）第二式的圆半径由

$$\dfrac{\sigma_1-\sigma_3}{2}\text{ 减小至 }\sqrt{(\sigma_2-\sigma_3)(\sigma_2-\sigma_1)+\left(\dfrac{\sigma_3-\sigma_1}{2}\right)^2}$$

当 n 由 $0\to1$ 时，式（8-38）第三式的圆半径由

$$\dfrac{\sigma_1-\sigma_2}{2}\text{ 增大至 }\sqrt{(\sigma_3-\sigma_1)(\sigma_3-\sigma_2)+\left(\dfrac{\sigma_1-\sigma_2}{2}\right)^2}$$

当 3 个方向余弦分别为零时，可以得到如下 3 个圆方程：

$$\begin{cases}\left(\sigma_N-\dfrac{\sigma_2+\sigma_3}{2}\right)^2+\tau_N^2=\left(\dfrac{\sigma_2-\sigma_3}{2}\right)^2=\tau_{23}^2\\[3mm]\left(\sigma_N-\dfrac{\sigma_3+\sigma_1}{2}\right)^2+\tau_N^2=\left(\dfrac{\sigma_3-\sigma_1}{2}\right)^2=\tau_{31}^2\\[3mm]\left(\sigma_N-\dfrac{\sigma_1+\sigma_2}{2}\right)^2+\tau_N^2=\left(\dfrac{\sigma_1-\sigma_2}{2}\right)^2=\tau_{12}^2\end{cases} \tag{8-39}$$

这 3 个圆称为三向应力莫尔圆，如图 8-11 所示，其半径在数值上分别等于 3 个主切应力的大小。由式（8-39）还可以看出，将主应力同时增大或减小某一数值时，并不改变应力莫尔圆的半径及各圆圆心之间的距离，改变的仅是 τ 轴的位置。当同时减去平均应力 σ_m 时，则可以得到偏应力莫尔圆，此时 τ 轴总是与应力莫尔圆相交。

过变形物体中某一点的所有斜截面上的应力（σ_N，τ_N）都需要同时满足式（8-38）中的 3 个方程式，因此其值必然出现在图 8-11 所示应力莫尔圆围成的阴影部分中。当给定任意截面的一组方向余弦时，可以在应力莫尔圆上确定表示该截面上应力值的点，例如图中的 P 点。

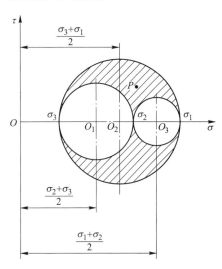

图 8-11 三向应力莫尔圆

对于图 8-11 所示的三向应力莫尔圆来说，当 $\sigma_2 = \sigma_3$ 时，3 个应力莫尔圆变为一个圆（见图 8-12（a）），为圆柱应力状态；当 $\sigma_1 = \sigma_2 = \sigma_3$ 时，3 个应力莫尔圆变为一个点（见图 8-12（b）），为球应力状态；当 $\sigma_2 = \dfrac{\sigma_1 + \sigma_3}{2}$ 时，3 个应力莫尔圆中有两个圆的大小相同（见图 8-12（c）），为平面应变应力状态。

在画应力莫尔圆时，需要注意两个问题：（1）切应力的正、负号是按材料力学中的规定而确定，即切应力对单元体内任意一点的力矩为顺时针转向时规定为正，逆时针转向时规定为负；（2）应力莫尔圆上所表示的截面之间的夹角为实际物理平面之间夹角的两倍。

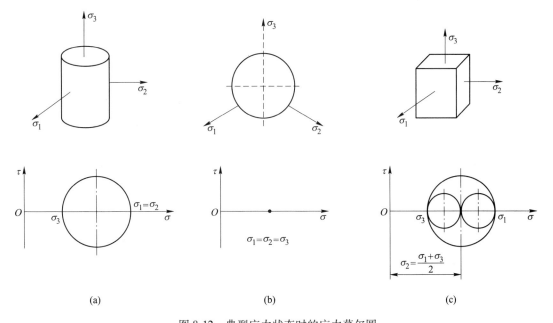

(a)   (b)   (c)

图 8-12 典型应力状态时的应力莫尔圆

（a）圆柱应力状态；（b）球应力状态；（c）平面应变应力状态

8.3　等　效　应　力

8.3.1　八面体应力

在变形体内任意一点的应力主坐标系中，当过该点的任意斜截面与 3 个主平面的夹角相同，其方向余弦满足：

$$l = m = n = \pm \frac{1}{\sqrt{3}} \tag{8-40}$$

在坐标系的 8 个象限中可以做出 8 个这样的平面，并构成一个八面体，如图 8-13 所示。八面体平面上的应力称为八面体应力。将式（8-40）代入式（8-5）、式（8-7）和式（8-8），可得八面体正应力 σ_8、切应力 τ_8 分别为：

$$\sigma_8 = \frac{1}{3}(\sigma_1 + \sigma_2 + \sigma_3) = \frac{1}{3}I_1 = \sigma_m \tag{8-41}$$

$$\tau_8 = \frac{1}{3}\sqrt{(\sigma_1 - \sigma_2)^2 + (\sigma_2 - \sigma_3)^2 + (\sigma_3 - \sigma_1)^2} = \frac{2}{3}\sqrt{\tau_{12}^2 + \tau_{23}^2 + \tau_{31}^2} = \sqrt{\frac{2}{3}I_2'} \tag{8-42}$$

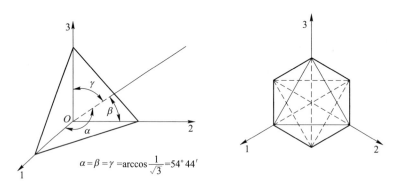

图 8-13　八面体和八面体平面

由此可见，八面体正应力就是平均应力，即应力球张量，使八面体产生体积变化，而八面体切应力与应力偏张量的第二不变量有关，反映了 3 个主切应力的综合效应，使八面体形状发生改变。由于八面体每个面上的应力都是相同的，且不随坐标变化，因此，也可以用八面体上的应力来描述点的应力状态。

若式（8-41）、式（8-42）中的 I_1 和 I_2' 分别用任意坐标系的应力分量来表示，则可以得到任意坐标系中的八面体应力表达式，即：

$$\sigma_8 = \frac{1}{3}(\sigma_x + \sigma_y + \sigma_z) \tag{8-43}$$

$$\tau_8 = \frac{1}{3}\sqrt{(\sigma_x - \sigma_y)^2 + (\sigma_y - \sigma_z)^2 + (\sigma_z - \sigma_x)^2 + 6(\tau_{xy}^2 + \tau_{yz}^2 + \tau_{zx}^2)} \tag{8-44}$$

8.3.2 等效应力

在塑性理论中，为了使不同应力状态的强度效应能进行比较，引入了等效应力的概念，等效应力也称应力强度或广义应力，用 $\bar{\sigma}$ 来表示。等效应力等于八面体切应力 τ_8 乘以系数 $\dfrac{3}{\sqrt{2}}$，即：

$$\bar{\sigma} = \frac{3}{\sqrt{2}} \tau_8 = \frac{1}{\sqrt{2}} \sqrt{(\sigma_x - \sigma_y)^2 + (\sigma_y - \sigma_z)^2 + (\sigma_z - \sigma_x)^2 + 6(\tau_{xy}^2 + \tau_{yz}^2 + \tau_{zx}^2)}$$

$$= \frac{1}{\sqrt{2}} \sqrt{(\sigma_1 - \sigma_2)^2 + (\sigma_2 - \sigma_3)^2 + (\sigma_3 - \sigma_1)^2} \tag{8-45}$$

等效应力是与材料塑性变形有密切关系的一个重要参数，具有如下特点：

（1）等效应力是一个不变量；

（2）等效应力在数值上等于单向均匀拉伸（或压缩）时的拉伸（或压缩）应力，即当 $\sigma_2 = \sigma_3 = 0$ 时，$\bar{\sigma} = \sigma_1$；

（3）等效应力并不代表某个实际平面上的应力，因此，不能在某一特定截面上表示出来；

（4）等效应力可以理解为一点应力状态中应力偏张量的综合作用。

8.4　应力平衡微分方程

在一般情况下，受力物体内部各点的应力状态是不一样的，但是它们之间不可能毫无关系、独立存在。由于整个变形体在外力作用下是处于平衡状态的，因此其内部每个微单元体所受的力也应满足平衡条件，即由一点到附近的另一点的应力变化必须满足这个平衡条件——应力平衡微分方程。

8.4.1 直角坐标系下的应力平衡微分方程

如图 8-14（a）所示，在变形体内取无限接近的两个点 Q 和 Q'。在直角坐标系中，设 Q 点的坐标为 (x, y, z)，Q' 点的坐标为 $(x+dx, y+dy, z+dz)$。分别以 Q、Q' 为顶点，作相互垂直的 3 个平面，Q 点的 3 个平面分别为 x、y、z 面，Q' 点的 3 个平面分别为 x'、y'、z' 面，平面的外法线方向分别与坐标轴 x、y、z 方向平行，两组相互垂直的 3 个平面组成了一个边长为 dx、dy、dz 的平行六面体。设 Q 点的应力张量为：

$$\sigma_{ij}^{Q} = \begin{bmatrix} \sigma_x & \tau_{xy} & \tau_{xz} \\ \tau_{yx} & \sigma_y & \tau_{yz} \\ \tau_{zx} & \tau_{zy} & \sigma_z \end{bmatrix} \tag{8-46}$$

由于坐标的微量变化，因此 Q' 点的应力比 Q 点的应力在 3 个坐标平面都有微小的增量，如由 x 面上的应力 σ_x，τ_{xy}，τ_{xz} 变化为 x' 面上的应力经过泰勒级数展开后，可以得到：

$$\begin{cases} \sigma_{x'} = \sigma_x + \dfrac{\partial \sigma_x}{\partial x}\mathrm{d}x + \dfrac{1}{2}\dfrac{\partial^2 \sigma_x}{\partial x^2}(\mathrm{d}x)^2 + \cdots \\[2mm] \tau_{x'y'} = \tau_{xy} + \dfrac{\partial \tau_{xy}}{\partial x}\mathrm{d}x + \dfrac{1}{2}\dfrac{\partial^2 \tau_{xy}}{\partial x^2}(\mathrm{d}x)^2 + \cdots \\[2mm] \tau_{x'z'} = \tau_{xz} + \dfrac{\partial \tau_{xz}}{\partial x}\mathrm{d}x + \dfrac{1}{2}\dfrac{\partial^2 \tau_{xz}}{\partial x^2}(\mathrm{d}x)^2 + \cdots \end{cases} \tag{8-47}$$

同理，也可以得到 y'、z' 面上的应力。在忽略了高阶微量之后，可确定出 Q' 点的应力为

$$\sigma_{ij}^{Q'} = \begin{bmatrix} \sigma_x + \dfrac{\partial \sigma_x}{\partial x}\mathrm{d}x & \tau_{xy} + \dfrac{\partial \tau_{xy}}{\partial x}\mathrm{d}x & \tau_{xz} + \dfrac{\partial \tau_{xz}}{\partial x}\mathrm{d}x \\[2mm] \tau_{yx} + \dfrac{\partial \tau_{yx}}{\partial y}\mathrm{d}y & \sigma_y + \dfrac{\partial \sigma_y}{\partial y}\mathrm{d}y & \tau_{yz} + \dfrac{\partial \tau_{yz}}{\partial y}\mathrm{d}y \\[2mm] \tau_{zx} + \dfrac{\partial \tau_{zx}}{\partial z}\mathrm{d}z & \tau_{zy} + \dfrac{\partial \tau_{zy}}{\partial z}\mathrm{d}z & \sigma_z + \dfrac{\partial \sigma_z}{\partial z}\mathrm{d}z \end{bmatrix} \tag{8-48}$$

如图 8-14（b）所示，将描述 Q 点和 Q' 点应力状态的两组应力张量，分别标注在平行六面体的 6 个平面上。由于变形体是处于平衡状态的，从变形体中所切取的微分单元体也是处于平衡状态的，由静力平衡条件 $\sum F_x = 0$，$\sum F_y = 0$，$\sum F_z = 0$ 可以得到直角坐标系下的应力平衡微分方程：

$$\begin{cases} \dfrac{\partial \sigma_x}{\partial x} + \dfrac{\partial \tau_{yx}}{\partial y} + \dfrac{\partial \tau_{zx}}{\partial z} = 0 \\[2mm] \dfrac{\partial \tau_{xy}}{\partial x} + \dfrac{\partial \sigma_y}{\partial y} + \dfrac{\partial \tau_{zy}}{\partial z} = 0 \\[2mm] \dfrac{\partial \tau_{xz}}{\partial x} + \dfrac{\partial \tau_{yz}}{\partial y} + \dfrac{\partial \sigma_z}{\partial z} = 0 \end{cases} \tag{8-49}$$

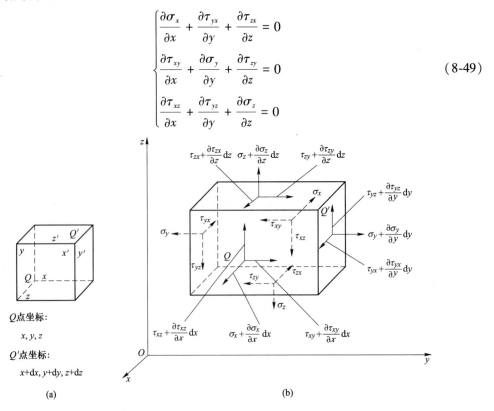

图 8-14 平行六面体各截面上的应力分量

（a）平行六面体；（b）平行六面体各截面上的应力分量

8.4.2 柱坐标系下的应力平衡微分方程

在分析轴对称应力状态时，采用柱坐标系更为方便。在柱坐标系中，通常用 r 表示半径方向、θ 表示圆周方向、z 表示对称轴方向，所表示的单元体及应力状态如图 8-15 所示，应力张量可以写成如下形式：

$$\sigma_{ij}^{Q} = \begin{bmatrix} \sigma_r & \tau_{r\theta} & \tau_{rz} \\ \tau_{\theta r} & \sigma_\theta & \tau_{\theta z} \\ \tau_{zr} & \tau_{z\theta} & \sigma_z \end{bmatrix} \tag{8-50}$$

$$\sigma_{ij}^{Q'} = \begin{bmatrix} \sigma_r + \dfrac{\partial \sigma_r}{\partial r}\mathrm{d}r & \tau_{r\theta} + \dfrac{\partial \tau_{r\theta}}{\partial r}\mathrm{d}r & \tau_{rz} + \dfrac{\partial \tau_{rz}}{\partial r}\mathrm{d}r \\[2mm] \tau_{\theta r} + \dfrac{\partial \tau_{\theta r}}{\partial \theta}\mathrm{d}\theta & \sigma_\theta + \dfrac{\partial \sigma_\theta}{\partial \theta}\mathrm{d}\theta & \tau_{\theta z} + \dfrac{\partial \tau_{\theta z}}{\partial \theta}\mathrm{d}\theta \\[2mm] \tau_{zr} + \dfrac{\partial \tau_{zr}}{\partial z}\mathrm{d}z & \tau_{z\theta} + \dfrac{\partial \tau_{z\theta}}{\partial z}\mathrm{d}z & \sigma_z + \dfrac{\partial \sigma_z}{\partial z}\mathrm{d}z \end{bmatrix} \tag{8-51}$$

式中，σ_r 为径向应力；σ_θ 为周向应力；σ_z 为轴向应力。

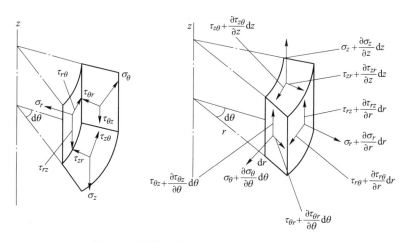

图 8-15 圆柱坐标系中单元体上的应力分量

受力物体在外力作用下处于平衡状态，从中切取的微元体也处于平衡状态，由静力平衡条件 $\sum F_r = 0$，$\sum F_\theta = 0$，$\sum F_z = 0$ 可以得到直角坐标系下的应力平衡微分方程。需要注意的是，该微元体不是平行六面体，其 θ 和 θ' 面不平行，其上面的应力 $\tau_{\theta r}$ 和 σ_θ 在 r 方向均有分应力，因此：

$$\sum F_r = \left(\sigma_r + \frac{\partial \sigma_r}{\partial r}\mathrm{d}r\right)(r + \mathrm{d}r)\mathrm{d}\theta\mathrm{d}z + \left(\tau_{zr} + \frac{\partial \tau_{zr}}{\partial z}\mathrm{d}z\right)r\mathrm{d}\theta\mathrm{d}r + \left(\tau_{\theta r} + \frac{\partial \tau_{\theta r}}{\partial \theta}\mathrm{d}\theta\right)\mathrm{d}r\mathrm{d}z\cos\frac{\mathrm{d}\theta}{2} +$$

$$\left(\sigma_\theta + \frac{\partial \sigma_\theta}{\partial \theta}\mathrm{d}\theta\right)\mathrm{d}r\mathrm{d}z\sin\frac{\mathrm{d}\theta}{2} - \sigma_r r\mathrm{d}\theta\mathrm{d}z - \tau_{zr}r\mathrm{d}\theta\mathrm{d}r - \tau_{\theta r}\mathrm{d}r\mathrm{d}z\cos\frac{\mathrm{d}\theta}{2} - \sigma_\theta \mathrm{d}r\mathrm{d}z\sin\frac{\mathrm{d}\theta}{2} = 0$$

考虑到 $\mathrm{d}\theta$ 较小，因此 $\cos\dfrac{\mathrm{d}\theta}{2} \approx 1$，$\sin\dfrac{\mathrm{d}\theta}{2} \approx \dfrac{\mathrm{d}\theta}{2}$，展开上式并略去高阶微分量，得：

$$\frac{\partial \sigma_r}{\partial r} + \frac{1}{r}\frac{\partial \tau_{\theta r}}{\partial \theta} + \frac{\partial \tau_{zr}}{\partial z} + \frac{\sigma_r - \sigma_\theta}{r} = 0 \qquad (8\text{-}52)$$

同理，列 $\sum F_\theta = 0$、$\sum F_z = 0$ 平衡方程时均应考虑 θ 和 θ' 面不平行引起的应力分解问题。最后可列出柱坐标系下的应力平衡微分方程的一般形式为：

$$\begin{cases} \dfrac{\partial \sigma_r}{\partial r} + \dfrac{1}{r}\dfrac{\partial \tau_{\theta r}}{\partial \theta} + \dfrac{\partial \tau_{zr}}{\partial z} + \dfrac{\sigma_r - \sigma_\theta}{r} = 0 \\[3mm] \dfrac{\partial \tau_{r\theta}}{\partial r} + \dfrac{1}{r}\dfrac{\partial \sigma_\theta}{\partial \theta} + \dfrac{\partial \tau_{z\theta}}{\partial z} + 2\dfrac{\tau_{r\theta}}{r} = 0 \\[3mm] \dfrac{\partial \tau_{rz}}{\partial r} + \dfrac{1}{r}\dfrac{\partial \tau_{\theta z}}{\partial \theta} + \dfrac{\partial \sigma_z}{\partial z} + \dfrac{\tau_{rz}}{r} = 0 \end{cases} \qquad (8\text{-}53)$$

8.4.3 球坐标系下的应力平衡微分方程

在图 8-16 所示的球坐标系中，点在空间的位置由向径 r 及两个角度 θ 和 φ 来确定，角 φ 从 z 轴算起，角 θ 从过坐标系中心 O 与 z 轴垂直的平面中的某一直线算起。其应力分量分别为 σ_r、σ_θ、σ_φ，应力平衡微分方程式为：

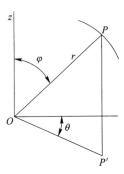

图 8-16 球坐标系中
单元体上的应力分量

$$\begin{cases} \dfrac{\partial \sigma_r}{\partial r} + \dfrac{1}{r\sin\varphi}\dfrac{\partial \tau_{\theta r}}{\partial \theta} + \dfrac{1}{r}\dfrac{\partial \tau_{\varphi r}}{\partial \varphi} + \dfrac{1}{r}(2\sigma_r - \sigma_\theta - \sigma_\varphi + \tau_{\varphi r}\cot\varphi) = 0 \\[3mm] \dfrac{\partial \tau_{r\theta}}{\partial r} + \dfrac{1}{r\sin\varphi}\dfrac{\partial \sigma_\theta}{\partial \theta} + \dfrac{1}{r}\dfrac{\partial \tau_{\varphi\theta}}{\partial \varphi} + \dfrac{1}{r}(3\tau_{r\theta} + 2\tau_{\varphi\theta}\cot\varphi) = 0 \\[3mm] \dfrac{\partial \tau_{r\varphi}}{\partial r} + \dfrac{1}{r\sin\varphi}\dfrac{\partial \tau_{\theta\varphi}}{\partial \theta} + \dfrac{1}{r}\dfrac{\partial \sigma_\varphi}{\partial \varphi} + \dfrac{1}{r}\left[(\sigma_\varphi - \sigma_\theta)\cot\varphi + 3\tau_{r\varphi}\right] = 0 \end{cases}$$
$$(8\text{-}54)$$

8.5 应变的表示方法

表示变形大小的物理量称为应变。应变是由变形过程中发生的位移引起的，它与物体中的位移场或速度场有密切联系，位移场一经确定，则物体的应变也就被确定。因此，应变分析主要是几何学问题。

8.5.1 应变的定义

在外力作用下，物体内部任意两点间的相对位置（称为线单元、线元）发生改变时，则认为物体发生了变形。物体的变形通常包含线长度的变化和角度的变化。表示线长度相对伸长或缩短的量称为线应变或正应变，线段伸长时的正应变为正，缩短时为负。表示角度变化的量称为切应变，角度减小时的切应变为正，角度增大时为负。在小应变条件下，可忽略切应变对线长度的影响。

取变形体中的某个微元体，其沿各坐标轴的长度分别为 AB、AD 和 AE。微元体发生变形后，在 x-y 坐标系中的投影由 $ABCD$ 变为 $A'B'C'D'$（图 8-17）。根据正应变的定义，微元体在 x 和 y 方向的线元 AB 和 AD 的正应变分别为

$$\varepsilon_x = \lim_{AB \to 0} \frac{A'B'' - AB}{AB} \tag{8-55}$$

$$\varepsilon_y = \lim_{AD \to 0} \frac{A'D'' - AD}{AD} \tag{8-56}$$

切应变用角度的改变量来表示，变形前为直角 $\angle BAD$，变形后缩小了 φ 角，变成了 $\angle B'A'D'$。按照切应变的规定，角度变小，φ 角为正。可以看出，$\varphi = \alpha_{xy} + \alpha_{yx}$。切应变角标的含义为，第一个角标表示线元的方向，第二个角标表示线元偏转的方向。α_{xy}、α_{yx} 分别为由 x 轴向 y 轴方向、由 y 轴向 x 轴方向产生的角度变化。

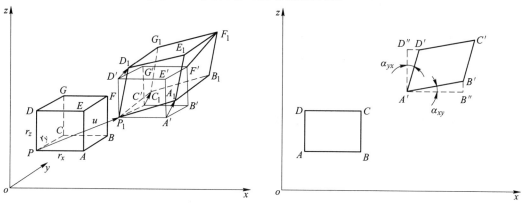

图 8-17　微元体变形及其在 x-y 坐标系中

8.5.2　正应变的两种表示方法

正应变大小的表示方法有两种，即工程应变 ε 和真应变 ε。工程应变又称相对应变或名义应变，真应变也称对数应变或自然应变。

工程应变定义为变形前后尺寸变化量与变形前尺寸之比，通常用百分数来表示。设 l_0 为物体中两质点变形前的距离，l_n 为变形后的距离，则工程应变可用下式表示：

$$\varepsilon = \frac{l_n - l_0}{l_0} \times 100\% \tag{8-57}$$

对于实际变形过程，设物体中两质点的距离由变形前的 l_0 经过 n 个变形过程后变为 l_n，总的应变量则可以近似地看作是个 n 个无限小的相对应变之和，即：

$$\varepsilon = \sum_{i=0}^{n-1} \frac{l_{i+1} - l_i}{l_i} = \frac{l_1 - l_0}{l_0} + \frac{l_2 - l_1}{l_1} + \frac{l_3 - l_2}{l_2} + \cdots + \frac{l_n - l_{n-1}}{l_{n-1}}$$

在应变主轴不发生改变时，可以用积分代替求和，获得总的应变量，即真应变：

$$\varepsilon = \lim_{\substack{\Delta l \to 0 \\ n \to \infty}} \sum_{i=0}^{n-1} \frac{\Delta l_{i+1}}{l_i} = \int_{l_0}^{l_n} \frac{\mathrm{d}l}{l} = \ln \frac{l_n}{l_0} \tag{8-58}$$

可以看出，工程应变采用百分数表示，真应变采用小数表示。真应变 ε 反映了物体变形的实际情况，由于其求解是在应变主轴保持不变的条件下得到的，因此，真应变的确切定义是，在应变主轴保持不变条件下的应变增量的总和。

工程应变和真应变都可以用来表示金属塑性变形的全量应变，它们具有不同的特点，适用于不同的场合。

（1）工程应变与对数应变在数值上存在差异。将式（8-58）按泰勒级数展开，则有

$$\varepsilon = \ln\frac{l_n}{l_0} = \ln\left(1 + \frac{l_n - l_0}{l_0}\right) = \ln(1 + \varepsilon) = \varepsilon - \frac{1}{2}\varepsilon^2 + \frac{1}{3}\varepsilon^3 - \frac{1}{4}\varepsilon^4 + \cdots \qquad (8-59)$$

由上式可见，当变形程度很小时，高次项可以忽略，真应变近似地等于工程应变，即 $\varepsilon \approx \varepsilon$。随着变形程度加大，二者的差距也加大。一般当变形程度小于1%时，可以认为二者近似相等。

（2）真应变具有可加性，而工程应变不具有可加性。设物体由原始长度 l_0，经三次变形后为 l_3，则总的工程应变为 $\varepsilon = \frac{l_3 - l_0}{l_0} \times 100\%$，各阶段的工程应变为 $\varepsilon_1 = \frac{l_1 - l_0}{l_0}$，$\varepsilon_2 = \frac{l_2 - l_1}{l_1}$，$\varepsilon_3 = \frac{l_3 - l_2}{l_2}$。显然，$\varepsilon \neq \varepsilon_1 + \varepsilon_2 + \varepsilon_3$。

然而，总的真应变为 $\varepsilon = \ln\frac{l_3}{l_0}$，各阶段的真应变为 $\varepsilon_1 = \ln\frac{l_1}{l_0}$，$\varepsilon_2 = \ln\frac{l_2}{l_1}$，$\varepsilon_3 = \ln\frac{l_3}{l_2}$，则有

$$\varepsilon_1 + \varepsilon_2 + \varepsilon_3 = \ln\left(\frac{l_1}{l_0} \cdot \frac{l_2}{l_1} \cdot \frac{l_3}{l_2}\right) = \ln\frac{l_3}{l_0} = \varepsilon_。$$

可以看出，真应变具有可加性，而工程应变不具有可加性。

（3）真应变为可比应变，工程应变不可比。设物体由原始长度 l_0 延伸一倍后，尺寸变为 $2l_0$；压缩一倍后，尺寸变为 $0.5l_0$，则工程应变分别表示为：

$$\varepsilon^+ = \frac{2l_0 - l_0}{l_0} \times 100\% = 100\%, \varepsilon^- = \frac{0.5l_0 - l_0}{l_0} \times 100\% = -50\%$$

真应变则表示为

$$\varepsilon^+ = \ln\frac{2l_0}{l_0} = \ln2 = 0.69, \varepsilon^- = \ln\frac{0.5l_0}{l_0} = -\ln2 = -0.69$$

由于物体拉长一倍与缩短一倍时，物体的变形程度是一样的，真应变的绝对值表现出一样的数值。然而采用工程应变表示拉压两种变形程度时，绝对值相差悬殊，失去了可以对比的性质。

（4）工程应变计算简单。虽然真应变具有上述优点，但不便于计算，所以只有计算精度要求较高时采用真应变，通常均采用工程应变。例如延伸率 $\delta = \frac{L - L_0}{L_0} \times 100\%$，面缩率 $\psi = \frac{A_0 - A}{A_0} \times 100\%$ 等。

8.5.3　应变几何方程

变形体内任一点在变形前后的直线距离称为该点的位移。位移是矢量，是坐标的连续函数，通常用 $u = u(x, y, z)$ 来表示。一点的位移矢量在3个坐标轴上的投影称为该点的位移分量，用 $u_x = u_x(x, y, z)$，$u_y = u_y(x, y, z)$，$u_z = u_z(x, y, z)$ 来表示。

现在来研究变形体内一点的应变分量与位移分量之间的关系。从变形体中取出一个

边长分别为 dx、dy、dz 的微元体。由于微元体非常小，可以认为其变形是均匀的，即变形前的两个平行平面在变形后仍保持平行关系，并且在坐标面的投影可以合并为一个投影平面。为了研究问题的方便，将三维坐标系中的变形前后的六面体分别投影到 x-y、y-z、z-x 坐标平面内。如图 8-17 所示 x-y 坐标系，单元体投影面 $ABCD$ 经变形后变为 A' $B'C'D'$，其线长度发生了变化，角度也发生了改变。设 A 点沿 x 轴和 y 轴方向的位移分别为：

$$u_x^A = u_x(x,y) \ , \quad u_y^A = u_y(x,y)$$

则 B 点沿 x 轴和 y 轴方向的位移按泰勒级数展开，并忽略二阶以上高阶微量后，可得：

$$u_x^B = u_x(x + \mathrm{d}x, y) = u_x + \frac{\partial u_x}{\partial x}\mathrm{d}x$$

$$u_y^B = u_y(x + \mathrm{d}x, y) = u_y + \frac{\partial u_y}{\partial x}\mathrm{d}x$$

(8-60)

D 点沿 x 轴和 y 轴方向的位移按泰勒级数展开，并忽略二阶以上高阶微量后，可得：

$$u_x^D = u_x(x, y + \mathrm{d}y) = u_x + \frac{\partial u_x}{\partial y}\mathrm{d}y$$

$$u_y^D = u_y(x, y + \mathrm{d}y) = u_y + \frac{\partial u_y}{\partial y}\mathrm{d}y$$

(8-61)

上述各点的位移关系可表示在图 8-18 中。根据应变的定义，可得单元体在 x 轴和 y 轴方向的正应变分量，即：

$$\varepsilon_x = \frac{A'B'' - AB}{AB} = \frac{\left(u_x + \dfrac{\partial u_x}{\partial x}\mathrm{d}x + \mathrm{d}x - u_x\right) - \mathrm{d}x}{\mathrm{d}x} = \frac{\partial u_x}{\partial x}$$

$$\varepsilon_y = \frac{A'D'' - AD}{AD} = \frac{\left(u_y + \dfrac{\partial u_y}{\partial y}\mathrm{d}y + \mathrm{d}y - u_y\right) - \mathrm{d}y}{\mathrm{d}y} = \frac{\partial u_y}{\partial y}$$

(8-62)

切应变由角度的变化来表示。对于如图 8-18 所示的单元体的变形情况，角度的变化由两部分组成，即 AB 由 x 轴向 y 轴方向产生的角度变化 α_{xy} 和 AD 由 y 轴向 x 轴方向产生的角度变化 α_{yx}。由图 8-18 中的几何关系可得：

$$\alpha_{xy} \approx \tan\alpha_{xy} = \frac{B'B''}{A'B''} = \frac{u_y^B - u_y}{u_x^B + \mathrm{d}x - u_x} = \frac{u_y + \dfrac{\partial u_y}{\partial x}\mathrm{d}x - u_y}{u_x + \dfrac{\partial u_x}{\partial x}\mathrm{d}x + \mathrm{d}x - u_x} = \frac{\dfrac{\partial u_y}{\partial x}}{1 + \dfrac{\partial u_x}{\partial x}}$$

$$\alpha_{yx} \approx \tan\alpha_{yx} = \frac{D'D''}{A'D''} = \frac{u_x^D - u_x}{u_y^D + \mathrm{d}y - u_y} = \frac{u_x + \dfrac{\partial u_x}{\partial y}\mathrm{d}y - u_x}{u_y + \dfrac{\partial u_y}{\partial y}\mathrm{d}y + \mathrm{d}y - u_y} = \frac{\dfrac{\partial u_x}{\partial y}}{1 + \dfrac{\partial u_y}{\partial y}}$$

(8-63)

上式中，$\dfrac{\partial u_x}{\partial x}$、$\dfrac{\partial u_y}{\partial y}$ 在小变形条件下远小于 1，可忽略，因此可得：

$$\alpha_{xy} = \frac{\partial u_y}{\partial x}, \quad \alpha_{yx} = \frac{\partial u_x}{\partial y} \tag{8-64}$$

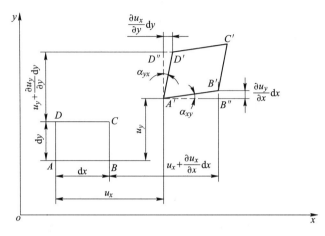

图 8-18   位移与变形的关系

由此可得微元体在 x-y 坐标平面中的切应变为：

$$\varphi_{xy} = \alpha_{xy} + \alpha_{yx} = \frac{\partial u_y}{\partial x} + \frac{\partial u_x}{\partial y} \tag{8-65}$$

对于实际变形过程，虽然 AB 和 AD 偏转的角度不一定相同，即 $\alpha_{xy} \neq \alpha_{yx}$，但所产生的塑性变形效果是二者之和 φ_{xy}，与 α_{xy} 和 α_{yx} 是否相等无关。也就是说，如图 8-19 所示，当变形体 $A'B'C'D'$ 绕 A 轴作刚性转动 ω_z 角后，使两个棱边角度应变相同，且变形体的整体切应变未发生变化，即令：

$$\alpha_{xy} = \gamma_{xy} + \omega_z, \quad \alpha_{yx} = \gamma_{yx} - \omega_z, \quad \omega_z = \frac{1}{2}(\alpha_{xy} - \alpha_{yx}) \tag{8-66}$$

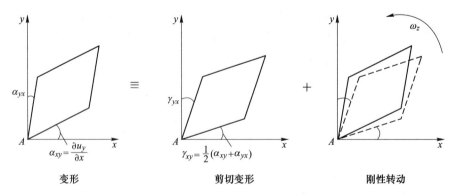

图 8-19   切应变与刚性转动

因此，可以仿照切应力互等定律，将 φ_{xy} 看作由棱边 AB 和 AD 同时向内偏转相同的角度 γ_{xy} 和 γ_{yx} 组成的，将切应变定义为：

$$\gamma_{xy} = \gamma_{yx} = \frac{1}{2}\varphi_{xy} = \frac{1}{2}(\alpha_{xy} + \alpha_{yx}) = \frac{1}{2}\left(\frac{\partial u_y}{\partial x} + \frac{\partial u_x}{\partial y}\right) \tag{8-67}$$

按同样的方法，将单元体分别投影到 y-z 和 x-z 坐标平面内，可得到其余应变分量和位移分量之间的关系式。综合上述结果，可得到应变分量和位移分量之间的关系：

$$\begin{cases} \varepsilon_x = \dfrac{\partial u_x}{\partial x}, \quad \gamma_{xy} = \gamma_{yx} = \dfrac{1}{2}\left(\dfrac{\partial u_y}{\partial x} + \dfrac{\partial u_x}{\partial y}\right) \\[2mm] \varepsilon_y = \dfrac{\partial u_y}{\partial y}, \quad \gamma_{yz} = \gamma_{zy} = \dfrac{1}{2}\left(\dfrac{\partial u_z}{\partial y} + \dfrac{\partial u_y}{\partial z}\right) \\[2mm] \varepsilon_z = \dfrac{\partial u_z}{\partial z}, \quad \gamma_{zx} = \gamma_{xz} = \dfrac{1}{2}\left(\dfrac{\partial u_x}{\partial z} + \dfrac{\partial u_z}{\partial x}\right) \end{cases} \tag{8-68}$$

式（8-68）是在小变形条件下，由变形的几何关系导出的，称为（小）应变几何方程。由式（8-68）可知，如果物体中的位移场已知，则可由应变几何方程求出应变场，即由已知的 3 个位移分量，求出 9 个应变分量，其中独立的应变分量为 6 个。

当采用柱坐标系 r-θ-z 时，应变几何方程如式（8-69）所示。其中，u_r、u_θ、u_z 分别表示一点的位移在径向（r 方向）、周向（θ 方向）以及轴向（z 方向）的分量，ε_r、ε_θ、ε_z 分别表示相应方向的正应变，$\gamma_{r\theta}$、$\gamma_{\theta z}$、γ_{zr} 则表示切应变。可以看出，柱坐标系下的周向应变与直角坐标系下有所不同。例如，ε_θ 由两部分组成，一部分是由周向位移 u_θ 所引起的周向应变 $\dfrac{1}{r}\dfrac{\partial u_\theta}{\partial \theta}$，另一部分是径向位移 u_r 引起的周向应变 $\dfrac{u_r}{r}$。因此即使 u_θ 为 0，即点在圆周方向未产生位移，但由于存在 u_r，也会产生周向应变 ε_θ。

$$\begin{cases} \varepsilon_r = \dfrac{\partial u_r}{\partial r}, \quad\quad\quad\quad \gamma_{r\theta} = \gamma_{\theta r} = \dfrac{1}{2}\left(\dfrac{\partial u_\theta}{\partial r} + \dfrac{1}{r}\dfrac{\partial u_r}{\partial \theta} - \dfrac{u_\theta}{r}\right) \\[2mm] \varepsilon_\theta = \dfrac{1}{r}\dfrac{\partial u_\theta}{\partial \theta} + \dfrac{u_r}{r}, \quad \gamma_{\theta z} = \gamma_{z\theta} = \dfrac{1}{2}\left(\dfrac{\partial u_\theta}{\partial z} + \dfrac{1}{r}\dfrac{\partial u_z}{\partial \theta}\right) \\[2mm] \varepsilon_z = \dfrac{\partial u_z}{\partial z}, \quad\quad\quad\quad \gamma_{zr} = \gamma_{rz} = \dfrac{1}{2}\left(\dfrac{\partial u_z}{\partial r} + \dfrac{\partial u_r}{\partial z}\right) \end{cases} \tag{8-69}$$

8.6 点的应变及应变连续性

8.6.1 应变张量

由式（8-68）和式（8-69）可以看出，无论在直角坐标系还是柱坐标系，都可以求出一点 3 个相互垂直的平面上的 9 个应变分量，其中 3 个正应变分量、6 个切应变分量。这 9 个应变分量组成一个张量，称为应变张量，一般用 ε_{ij} 表示，即：

$$\varepsilon_{ij} = \begin{bmatrix} \varepsilon_x & \gamma_{xy} & \gamma_{xz} \\ \gamma_{yx} & \varepsilon_y & \gamma_{yz} \\ \gamma_{zx} & \gamma_{zy} & \varepsilon_z \end{bmatrix} \tag{8-70}$$

点的应变张量与应力张量不仅在形式上相似，如切应变互等，而且其性质和特性也相似，如应变张量不随坐标改变而改变、可以确定过该点任意斜截面上的应变、可以确定该点的应变状态等。因此，参照应力张量的分析过程可以得到关于应变张量的性质和特性。

8.6.2　体积不变条件

实际中，金属材料的塑性变形会减少铸态金属内部的气泡、疏松、孔洞等，使得体积微量缩小。但是从晶体材料变形的原理来看，弹性变形是由于原子间距改变造成的，因此可能会引起体积的改变。但是塑性变形是位错等缺陷的移动造成的，不会引起体积改变。在塑性变形力学中，假定讨论的对象是连续体，不存在孔洞、折叠等微观不连续的现象，因此塑性变形遵守体积不变条件。

如 8.5 节所述，物体的应变通常包括正应变和切应变。由于在小变形条件下，切应变所引起的线长度变化为高阶微量，可忽略不计，因此认为物体的体积变化仅与正应变有关。设变形前单元体的边长为 $\mathrm{d}x$、$\mathrm{d}y$、$\mathrm{d}z$，变形后为 $\mathrm{d}x'$、$\mathrm{d}y'$、$\mathrm{d}z'$，则变形前后的体积分别为：

$$V_0 = \mathrm{d}x\mathrm{d}y\mathrm{d}z \tag{8-71}$$

$$V_1 = \mathrm{d}x'\mathrm{d}y'\mathrm{d}z' = \mathrm{d}x\mathrm{d}y\mathrm{d}z(1+\varepsilon_x)(1+\varepsilon_y)(1+\varepsilon_z) \tag{8-72}$$

由此，单元体单位体积的变化率为：

$$\theta = \frac{V_1 - V_0}{V_0} = \varepsilon_x + \varepsilon_y + \varepsilon_z + \varepsilon_x\varepsilon_y + \varepsilon_y\varepsilon_z + \varepsilon_z\varepsilon_x + \varepsilon_x\varepsilon_y\varepsilon_z. \tag{8-73}$$

在小变形条件下，忽略高阶微量后，

$$\theta = \varepsilon_x + \varepsilon_y + \varepsilon_z \tag{8-74}$$

对于弹性变形，由于原子间距的改变造成的体积变化是变形的一部分，按体积增大或缩小，θ 可正可负。对于单纯的塑性变形，仅是金属形状发生改变，其密度、原子间距不会发生变化，因此体积不变化，即 $\theta=0$。实际塑性加工过程中，弹塑性变形无法区分，整个变形过程中既有体积变化，又有形状变化。但通常弹性的体积改变相对来说非常小，往往可以忽略，因此也满足体积不变条件：

$$\varepsilon_x + \varepsilon_y + \varepsilon_z = 0 \tag{8-75}$$

体积不变条件也可以用真应变来表示。由于 $V_1 = V_0$，因此，由式（8-71）、式（8-72）可得

$$\frac{\mathrm{d}x'\mathrm{d}y'\mathrm{d}z'}{\mathrm{d}x\mathrm{d}y\mathrm{d}z} = 1$$

将上式两边取对数，可得：

$$\ln\frac{\mathrm{d}x'}{\mathrm{d}x} + \ln\frac{\mathrm{d}y'}{\mathrm{d}y} + \ln\frac{\mathrm{d}z'}{\mathrm{d}z} = \varepsilon_x + \varepsilon_y + \varepsilon_z = 0 \tag{8-76}$$

实验结果表明，金属在外力作用下产生塑性变形，其所伴随产生的体积变形是弹性的，当外力卸除之后，体积变形可以获得恢复，残余的体积变形非常微小，常可以忽略。在金属塑性成形过程中，体积不变条件是一个很重要的原则。利用体积不变条件，可依据几何关系直接求解有些问题，还可以计算塑性成形时坯料或半成品的形状及尺寸等。

8.6.3　主应变与主切应变

在研究点的应力状态时曾经指出，过一点存在 3 个互相垂直的应力主方向，在该方向

上的正应力称为主应力。与主应力相似，过一点也存在着3个相互垂直的应变方向，该方向上的线元没有切应变，只有线应变，称为主应变，用ε_1、ε_2、ε_3表示，该方向称为应变主方向或应变主轴。对各向同性材料，在小变形条件下，其应变主方向与应力主方向重合。以应变主方向为坐标轴，点的应变状态可表示为：

$$\varepsilon_{ij} = \begin{bmatrix} \varepsilon_1 & 0 & 0 \\ 0 & \varepsilon_2 & 0 \\ 0 & 0 & \varepsilon_3 \end{bmatrix} \tag{8-77}$$

主应变可由应变张量的特征方程求得，即：

$$\varepsilon^3 - J_1\varepsilon^2 - J_2\varepsilon - J_3 = 0 \tag{8-78}$$

式中，J_1、J_2、J_3分别为应变张量的第一、第二、第三不变量，其值分别为：

$$\begin{cases} J_1 = \varepsilon_x + \varepsilon_y + \varepsilon_z = \varepsilon_1 + \varepsilon_2 + \varepsilon_3 \\ J_2 = -(\varepsilon_x\varepsilon_y + \varepsilon_y\varepsilon_z + \varepsilon_z\varepsilon_x) + \gamma_{xy}^2 + \gamma_{yz}^2 + \gamma_{zx}^2 \\ \quad\, = -(\varepsilon_1\varepsilon_2 + \varepsilon_2\varepsilon_3 + \varepsilon_3\varepsilon_1) \\ J_3 = \varepsilon_x\varepsilon_y\varepsilon_z + 2\gamma_{xy}\gamma_{yz}\gamma_{zx} - (\varepsilon_x\gamma_{yz}^2 + \varepsilon_y\gamma_{zx}^2 + \varepsilon_z\gamma_{xy}^2) \\ \quad\, = \varepsilon_1\varepsilon_2\varepsilon_3 \end{cases} \tag{8-79}$$

与主应力简图类似，主应变简图是采用主应变坐标系定性描述点的应变状态的一种简化几何图形。如图8-20所示，箭头仅表示单元体主应变的方向，而不表示应变量的大小，箭头向外表示拉伸变形，箭头向内表示压缩变形。对于塑性变形来说，由于体积不变条件，即3个主应变之和为0，因此可能的主应变简图只有3种，即一拉一压、两拉一压和一拉两压。由于不考虑体积变形，只反映物体的形状变化，因此，主应变简图和主偏应力简图在形式上是一致的。

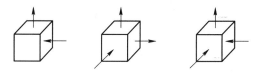

图8-20　主应变简图

在与主应变方向成±45°方向上存在着3对各自相互垂直的线元，其切应变达到极值，称为主切应变。与应力表达式相似，主切应变与主应变之间的关系为：

$$\begin{cases} \gamma_{12} = \pm\dfrac{1}{2}(\varepsilon_1 - \varepsilon_2) \\[2mm] \gamma_{23} = \pm\dfrac{1}{2}(\varepsilon_2 - \varepsilon_3) \\[2mm] \gamma_{31} = \pm\dfrac{1}{2}(\varepsilon_3 - \varepsilon_1) \end{cases} \tag{8-80}$$

在上式中，绝对值最大的主切应变称为最大切应变，即：

$$\gamma_{max} = \frac{1}{2}(\varepsilon_{max} - \varepsilon_{min}) \tag{8-81}$$

当主应变顺序已知，如 $\varepsilon_1 \geqslant \varepsilon_2 \geqslant \varepsilon_3$ 时，则最大切应变为：

$$\gamma_{\max} = \frac{1}{2}(\varepsilon_1 - \varepsilon_2) \qquad (8-82)$$

8.6.4　应变莫尔圆

如果已知 3 个主应变分量 ε_1、ε_2、ε_3，便可以画出三向应变莫尔圆，如图 8-21 所示。3 个应变莫尔圆的方程分别为：

$$\begin{cases} \left(\varepsilon - \dfrac{\varepsilon_2 + \varepsilon_3}{2}\right)^2 + \gamma^2 = \left(\dfrac{\varepsilon_2 - \varepsilon_3}{2}\right)^2 = \gamma_{23}^2 \\[2mm] \left(\varepsilon - \dfrac{\varepsilon_3 + \varepsilon_1}{2}\right)^2 + \gamma^2 = \left(\dfrac{\varepsilon_3 - \varepsilon_1}{2}\right)^2 = \gamma_{31}^2 \\[2mm] \left(\varepsilon - \dfrac{\varepsilon_1 + \varepsilon_2}{2}\right)^2 + \gamma^2 = \left(\dfrac{\varepsilon_1 - \varepsilon_2}{2}\right)^2 = \gamma_{12}^2 \end{cases} \qquad (8-83)$$

对于塑性变形，由于变形体的体积保持不变，即 $\varepsilon_1 + \varepsilon_2 + \varepsilon_3 = 0 = 0$，因此，$\gamma$ 轴总是与应变莫尔圆相交。

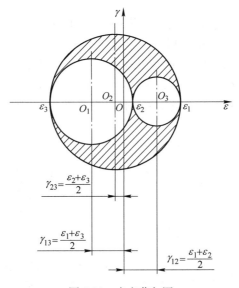

图 8-21　应变莫尔圆

8.6.5　应变偏张量与球张量

当弹性变形不能忽略时，与应力张量类似的，应变张量也可以分解为应变偏张量和应变球张量：

$$\varepsilon_{ij} = \begin{bmatrix} \varepsilon_x & \gamma_{xy} & \gamma_{xz} \\ \gamma_{yx} & \varepsilon_y & \gamma_{yz} \\ \gamma_{zx} & \gamma_{zy} & \varepsilon_z \end{bmatrix} = \begin{bmatrix} \varepsilon'_x & \gamma_{xy} & \gamma_{xz} \\ \gamma_{yx} & \varepsilon'_y & \gamma_{yz} \\ \gamma_{zx} & \gamma_{zy} & \varepsilon'_z \end{bmatrix} + \begin{bmatrix} \varepsilon_m & 0 & 0 \\ 0 & \varepsilon_m & 0 \\ 0 & 0 & \varepsilon_m \end{bmatrix} = \varepsilon'_{ij} + \delta_{ij}\sigma_m \qquad (8-84)$$

式中，ε_m 为平均应变；ε'_{ij} 为应变偏张量；$\delta_{ij}\varepsilon_m$ 为应变球张量，其中 δ_{ij} 为单位张量。

平均应变 ε_m 可用下式表示：

$$\varepsilon_m = \frac{1}{3}(\varepsilon_x + \varepsilon_y + \varepsilon_z) = \frac{1}{3}(\varepsilon_1 + \varepsilon_2 + \varepsilon_3) = \frac{1}{3}J_1 \tag{8-85}$$

应变偏张量 ε'_{ij} 为：

$$\begin{bmatrix} \varepsilon'_x & \gamma_{xy} & \gamma_{xz} \\ \gamma_{yx} & \varepsilon'_y & \gamma_{yz} \\ \gamma_{zx} & \gamma_{zy} & \varepsilon'_z \end{bmatrix} = \begin{bmatrix} \varepsilon_x - \varepsilon_m & \gamma_{xy} & \gamma_{xz} \\ \gamma_{yx} & \varepsilon_y - \varepsilon_m & \gamma_{yz} \\ \gamma_{zx} & \gamma_{zy} & \varepsilon_z - \varepsilon_m \end{bmatrix} \tag{8-86}$$

应变偏张量的分量为：

$$\varepsilon'_x = \varepsilon_x - \varepsilon_m, \quad \varepsilon'_y = \varepsilon_y - \varepsilon_m, \quad \varepsilon'_z = \varepsilon_z - \varepsilon_m \tag{8-87}$$

这里，应变球张量表示各方向的正应变相等，它代表体积改变部分。应变偏张量的 3 个正应变之和为 0，表明它仅代表了形状改变部分。应变偏张量也存在着 3 个不变量，设应变偏张量的第一、第二、第三不变量分别为 J'_1、J'_2、J'_3，则有：

$$\begin{cases} J'_1 = \varepsilon'_x + \varepsilon'_y + \varepsilon'_z = \varepsilon'_1 + \varepsilon'_2 + \varepsilon'_3 = 0 \\ J'_2 = -(\varepsilon'_x \varepsilon'_y + \varepsilon'_y \varepsilon'_z + \varepsilon'_z \varepsilon'_x) + (\gamma_{xy}^2 + \gamma_{yz}^2 + \gamma_{zx}^2) \\ \quad\ = -(\varepsilon'_1 \varepsilon'_2 + \varepsilon'_2 \varepsilon'_3 + \varepsilon'_3 \varepsilon'_1) \\ J'_3 = \varepsilon'_x \varepsilon'_y \varepsilon'_z + 2\gamma_{xy} \gamma_{yz} \gamma_{zx} - (\varepsilon'_x \gamma_{yz}^2 + \varepsilon'_y \gamma_{zx}^2 + \varepsilon'_z \gamma_{xy}^2) = \varepsilon_1 \varepsilon_2 \varepsilon_3 \end{cases} \tag{8-88}$$

8.6.6 等效应变

与点的应力分析一样，如果以应变主轴为坐标轴，同样可以做出等倾角的八面体，八面体上的正应变为：

$$\varepsilon_8 = \frac{1}{3}(\varepsilon_x + \varepsilon_y + \varepsilon_z) = \frac{1}{3}(\varepsilon_1 + \varepsilon_2 + \varepsilon_3) = \varepsilon_m \tag{8-89}$$

八面体的切应变为：

$$\gamma_8 = \frac{1}{3}\sqrt{(\varepsilon_x - \varepsilon_y)^2 + (\varepsilon_y - \varepsilon_z)^2 + (\varepsilon_z - \varepsilon_x)^2 + 6(\gamma_{xy}^2 + \gamma_{yz}^2 + \gamma_{zx}^2)}$$
$$= \frac{1}{3}\sqrt{(\varepsilon_1 - \varepsilon_2)^2 + (\varepsilon_2 - \varepsilon_3)^2 + (\varepsilon_3 - \varepsilon_1)^2} \tag{8-90}$$

等效应变用符号 $\bar{\varepsilon}$ 表示，定义等效应变等于八面体切应变 γ_8 乘以系数 $\sqrt{2}$，即：

$$\bar{\varepsilon} = \sqrt{2}\gamma_8 = \frac{\sqrt{2}}{3}\sqrt{(\varepsilon_x - \varepsilon_y)^2 + (\varepsilon_y - \varepsilon_z)^2 + (\varepsilon_z - \varepsilon_x)^2 + 6(\gamma_{xy}^2 + \gamma_{yz}^2 + \gamma_{zx}^2)}$$
$$= \frac{\sqrt{2}}{3}\sqrt{(\varepsilon_1 - \varepsilon_2)^2 + (\varepsilon_2 - \varepsilon_3)^2 + (\varepsilon_3 - \varepsilon_1)^2} \tag{8-91}$$

与等效应力一样，等效应变是与材料塑性变形有密切关系的重要参数之一。等效应变具有如下特点：（1）等效应变是一个不变量；（2）等效应变在数值上等于单向均匀拉伸（或压缩）时的拉伸（或压缩）方向上的正应变。

8.6.7 应变的连续方程

由小应变几何方程可知，应变张量取决于位移张量，因此，9 个应变分量不应是任意的，而必然存在一定的关系，才能使变形保持连续性。应变分量之间的这种关系称为应变的连续性方程，也称为几何相容条件。由小应变几何方程可推导出应变的连续性方程，共有 2 组 6 个式子。

一组为每个坐标平面内的各个应变分量之间的关系。以 x-y 坐标平面为例，将小应变几何方程（式（8-68））中的 ε_x 对 y 求两次偏导数，ε_y 对 x 求两次偏导数，然后两式相加，化简后可得：

$$\frac{\partial^2 \varepsilon_x}{\partial y^2} + \frac{\partial^2 \varepsilon_y}{\partial x^2} = \frac{\partial^2}{\partial x \partial y}\left(\frac{\partial u_x}{\partial y}\right) + \frac{\partial^2}{\partial x \partial y}\left(\frac{\partial u_y}{\partial x}\right) = \frac{\partial^2}{\partial x \partial y}\left(\frac{\partial u_x}{\partial y} + \frac{\partial u_y}{\partial x}\right) = 2 \frac{\partial^2 \gamma_{xy}}{\partial x \partial y}$$

用同样的方法，还可以得到 y-z、z-x 坐标平面内的各应变分量之间的关系。联通上式，可合写成下面 3 个式子：

$$\begin{cases} \dfrac{\partial^2 \varepsilon_x}{\partial y^2} + \dfrac{\partial^2 \varepsilon_y}{\partial x^2} = 2\dfrac{\partial^2 \gamma_{xy}}{\partial x \partial y} \\[2mm] \dfrac{\partial^2 \varepsilon_y}{\partial z^2} + \dfrac{\partial^2 \varepsilon_z}{\partial y^2} = 2\dfrac{\partial^2 \gamma_{yz}}{\partial y \partial z} \\[2mm] \dfrac{\partial^2 \varepsilon_z}{\partial x^2} + \dfrac{\partial^2 \varepsilon_x}{\partial z^2} = 2\dfrac{\partial^2 \gamma_{zx}}{\partial z \partial x} \end{cases} \tag{8-92}$$

式（8-92）表示每个坐标平面内的 3 个应变分量之间应满足的关联关系。可以看出，在同一个坐标平面内，两个正应变分量一经确定，则切应变分量也被确定。

另一组为不同坐标平面内的各应变分量之间的关系。在小应变几何方程（式（8-68））中，分别将 ε_x 对 y 及 z、ε_y 对 z 及 x、ε_z 对 x 及 y 求偏导数，将 γ_{xy} 对 z、γ_{yz} 对 x、γ_{zx} 对 y 求偏导数，可得：

$$\frac{\partial^2 \varepsilon_x}{\partial y \partial z} = \frac{\partial^3 u_x}{\partial x \partial y \partial z}, \quad \frac{\partial^2 \varepsilon_y}{\partial z \partial x} = \frac{\partial^3 u_y}{\partial x \partial y \partial z}, \quad \frac{\partial^2 \varepsilon_z}{\partial x \partial y} = \frac{\partial^3 u_z}{\partial x \partial y \partial z} \tag{8-93}$$

$$\frac{\partial \gamma_{xy}}{\partial z} = \frac{1}{2}\left(\frac{\partial^2 u_x}{\partial y \partial z} + \frac{\partial^2 u_y}{\partial z \partial x}\right), \quad \frac{\partial \gamma_{yz}}{\partial x} = \frac{1}{2}\left(\frac{\partial^2 u_y}{\partial z \partial x} + \frac{\partial^2 u_z}{\partial x \partial y}\right), \quad \frac{\partial \gamma_{zx}}{\partial y} = \frac{1}{2}\left(\frac{\partial^2 u_z}{\partial x \partial y} + \frac{\partial^2 u_x}{\partial y \partial z}\right)$$

$$\tag{8-94}$$

将式（8-94）的前两式相加减去第三式，可得：

$$\frac{\partial \gamma_{xy}}{\partial z} + \frac{\partial \gamma_{yz}}{\partial x} - \frac{\partial \gamma_{zx}}{\partial y} = \frac{\partial^2 u_y}{\partial z \partial x} \tag{8-95}$$

将式（8-94）的两边对 y 求偏导数，然后与式（8-93）对比，可得：

$$\frac{\partial}{\partial y}\left(\frac{\partial \gamma_{xy}}{\partial z} + \frac{\partial \gamma_{yz}}{\partial x} - \frac{\partial \gamma_{zx}}{\partial y}\right) = \frac{\partial^3 u_y}{\partial z \partial x \partial y} = \frac{\partial^2 \varepsilon_y}{\partial z \partial x}$$

同理也可以得到另外两个方程，合写如下：

$$\begin{cases} \dfrac{\partial}{\partial x}\left(\dfrac{\partial \gamma_{zx}}{\partial y} + \dfrac{\partial \gamma_{xy}}{\partial z} - \dfrac{\partial \gamma_{yz}}{\partial x}\right) = \dfrac{\partial^2 \varepsilon_x}{\partial y \partial z} \\[3mm] \dfrac{\partial}{\partial y}\left(\dfrac{\partial \gamma_{xy}}{\partial z} + \dfrac{\partial \gamma_{yz}}{\partial x} - \dfrac{\partial \gamma_{zx}}{\partial y}\right) = \dfrac{\partial^2 \varepsilon_y}{\partial z \partial x} \\[3mm] \dfrac{\partial}{\partial z}\left(\dfrac{\partial \gamma_{yz}}{\partial x} + \dfrac{\partial \gamma_{zx}}{\partial y} - \dfrac{\partial \gamma_{xy}}{\partial z}\right) = \dfrac{\partial^2 \varepsilon_z}{\partial x \partial y} \end{cases} \tag{8-96}$$

式（8-96）表明，在三维空间内的 3 个切应变分量一经给出，则 3 个正应变分量也就被确定。应变连续性方程的物理意义在于：只有当应变分量之间的关系满足上述方程时，物体变形后才是连续的。否则，变形后会出现"撕裂"或"重叠"，破坏变形物体的连续性。需要指出的是，如果已知一点的位移分量，利用几何方程求得的应变分量 ε_{ij} 自然满足应变连续方程。但如果先用其他方法求得的应变分量，则只有当它们满足应变的连续方程，才能用几何方程求得正确的位移分量。

8.7　应变增量及应变速率

前面所讨论的应变反映的是单元体从初始状态开始至变形过程终结时的全过程的相对变形量，通常称为全量应变。由于塑性变形问题一般都是大变形，因此，塑性变形的全量应变通常都不能适用于小应变几何方程等计算公式。考虑到大变形都是由很多小变形累积而成的，故有必要分析大变形过程中某个特定瞬间的变形情况，因此提出了应变增量和应变速率的概念。

8.7.1　应变增量

一般采用无限小的应变增量来描述单元体某一瞬间的变形情况，而整个变形过程可以看作是很多瞬间应变增量的积累。与全量应变相比，应变增量是以瞬时的尺寸为起始点计算的，而全量应变则是以变形过程的起始点计算的，即变形的某个瞬时长度为 l，该瞬时的变形量为 Δl，则应变增量为：

$$\mathrm{d}\varepsilon = \lim_{\Delta l \to 0} \frac{\Delta l}{l} \tag{8-97}$$

可以看出，应变增量与全量应变除了计算的起始点以及计算过程的长短不同外，二者没有其他不同之处。因此，一点的应变增量也是对称张量，称为应变增量张量，用符号 $\mathrm{d}\varepsilon_{ij}$ 表示：

$$\mathrm{d}\varepsilon_{ij} = \begin{bmatrix} \mathrm{d}\varepsilon_x & \mathrm{d}\gamma_{xy} & \mathrm{d}\gamma_{xz} \\ \mathrm{d}\gamma_{yx} & \mathrm{d}\varepsilon_y & \mathrm{d}\gamma_{yz} \\ \mathrm{d}\gamma_{zx} & \mathrm{d}\gamma_{zy} & \mathrm{d}\varepsilon_z \end{bmatrix} \tag{8-98}$$

需要指出的是，塑性变形过程中某瞬时的应变增量 $\mathrm{d}\varepsilon_{ij}$ 是当时所处变形条件下的无限小应变，是将该瞬间的形状和尺寸作为初始状态的；而此时的全量应变则是在该瞬时之前的变形结果。由于该瞬时的变形条件与该瞬时之前的变形条件并不一定一样，因此应变增量的主轴与全量应变主轴不一定重合。由此可见，$\mathrm{d}\varepsilon_{ij}$ 并不表示 ε_{ij} 的微分，即 $\varepsilon_{ij} \neq \int \mathrm{d}\varepsilon_{ij}$。

可以仿照小应变几何方程，给出应变增量与位移增量之间关系的几何方程，也就是用该瞬时的位移变化量求解出该瞬时的应变变化量，用 $\mathrm{d}u_{ij}$、$\mathrm{d}\varepsilon_{ij}$ 分别代替 u_{ij}、ε_{ij} 即可，即：

$$\begin{cases} \mathrm{d}\varepsilon_x = \dfrac{\partial(\mathrm{d}u_x)}{\partial x}, \quad \mathrm{d}\gamma_{xy} = \mathrm{d}\gamma_{yx} = \dfrac{1}{2}\left[\dfrac{\partial(\mathrm{d}u_y)}{\partial x} + \dfrac{\partial(\mathrm{d}u_x)}{\partial y}\right] \\[4mm] \mathrm{d}\varepsilon_y = \dfrac{\partial(\mathrm{d}u_y)}{\partial y}, \quad \mathrm{d}\gamma_{yz} = \mathrm{d}\gamma_{zy} = \dfrac{1}{2}\left[\dfrac{\partial(\mathrm{d}u_z)}{\partial y} + \dfrac{\partial(\mathrm{d}u_y)}{\partial z}\right] \\[4mm] \mathrm{d}\varepsilon_x = \dfrac{\partial(\mathrm{d}u_z)}{\partial z}, \quad \mathrm{d}\gamma_{zx} = \mathrm{d}\gamma_{xz} = \dfrac{1}{2}\left[\dfrac{\partial(\mathrm{d}u_x)}{\partial z} + \dfrac{\partial(\mathrm{d}u_z)}{\partial x}\right] \end{cases} \tag{8-99}$$

应变增量是塑性成形理论中最常用的概念之一，因为在塑性成形时的变形加载过程中，质点在某一瞬时的应力状态一般是与该瞬时的应变增量相对应的，因此在分析塑性变形时，主要用应变增量。

在应变增量理论中，具有与小应变理论完全相同的定义和方程式，例如具有3个主应变增量、3个应变增量张量不变量、3对主切应变增量、应变增量莫尔圆、应变增量偏张量、应变增量球张量、等效应变增量以及用应变增量表示的体积不变条件等，只要用 $\mathrm{d}\varepsilon_{ij}$ 代替 ε_{ij} 即可，此处不再列举。

8.7.2   应变速率

塑性变形时的速度对单元体的应力有一定的影响。通常认为，变形速度越快，变形抗力越大。尤其在高温（如再结晶温度范围）高速条件下，变形速度的影响非常大。对应到点的应变状态来讲，即为应变速率 $\dot{\varepsilon}$。从变形过程的某个瞬间开始，在一个极短时间间隔 Δt 内产生的应变 $\Delta \varepsilon$，称为应变速率。即：

$$\dot{\varepsilon} = \lim_{\Delta t \to 0} \frac{\Delta \varepsilon}{\Delta t} = \frac{\mathrm{d}\varepsilon}{\mathrm{d}t} \tag{8-100}$$

可以看出，应变速率与应变增量相似，都是描述某个瞬时的变形状态，只要将应变增量 $\mathrm{d}\varepsilon$ 除以时间增量 $\mathrm{d}t$，就可以得到应变速率 $\dot{\varepsilon}$。应变速率也是对称张量，称为应变速率张量，用符号 $\dot{\varepsilon}_{ij}$ 表示：

$$\dot{\varepsilon}_{ij} = \begin{bmatrix} \dot{\varepsilon}_x & \dot{\gamma}_{xy} & \dot{\gamma}_{xz} \\ \dot{\gamma}_{yx} & \dot{\varepsilon}_y & \dot{\gamma}_{yz} \\ \dot{\gamma}_{zx} & \dot{\gamma}_{zy} & \dot{\varepsilon}_z \end{bmatrix} \tag{8-101}$$

式（8-101）对于大、小变形都是成立的，但要求 $\mathrm{d}\varepsilon_{ij}$ 按瞬时位置起算，而不是按初始位置起算。由于 $\mathrm{d}\varepsilon_{ij}$ 一般不是全量应变 ε_{ij} 的微分，因此，在一般情况下，应变速率 $\dot{\varepsilon}_{ij}$ 并不是应变 ε_{ij} 对时间的导数，即 $\dot{\varepsilon}_{ij} \neq \dfrac{\mathrm{d}}{\mathrm{d}t}(\varepsilon_{ij})$。

应变速率 $\dot{\varepsilon}_{ij}$ 与位移速度 $\dot{u}_{ij}$ 之间的关系，即应变速率几何方程，可表示为：

$$\begin{cases} \dot{\varepsilon}_x = \dfrac{\partial \dot{u}_x}{\partial x} \quad \dot{\gamma}_{xy} = \dot{\gamma}_{yx} = \dfrac{1}{2}\left(\dfrac{\partial \dot{u}_y}{\partial x} + \dfrac{\partial \dot{u}_x}{\partial y}\right) \\[4mm] \dot{\varepsilon}_y = \dfrac{\partial \dot{u}_y}{\partial y} \quad \dot{\gamma}_{yz} = \dot{\gamma}_{zy} = \dfrac{1}{2}\left(\dfrac{\partial \dot{u}_z}{\partial y} + \dfrac{\partial \dot{u}_y}{\partial z}\right) \\[4mm] \dot{\varepsilon}_z = \dfrac{\partial \dot{u}_z}{\partial z} \quad \dot{\gamma}_{zx} = \dot{\gamma}_{xz} = \dfrac{1}{2}\left(\dfrac{\partial \dot{u}_x}{\partial z} + \dfrac{\partial \dot{u}_z}{\partial x}\right) \end{cases} \tag{8-102}$$

值得注意的是，提到"速度"的概念，要把工具的工作速度、位移速度以及应变速率加以区别。应变速率表示相对变形量的变化快慢，工具速度、位移速度表示的是绝对长度的变化快慢。工具的工作速度和变形体的位移速度的计量单位是 m/s 或 m/min 等，而应变速率则表示某个瞬时产生的应变增量，其计量单位为 1/s。应变速率不仅取决于工具的运动速度，而且与变形体的尺寸及边界条件有关，所以不能仅仅用工具或质点的运动速度来衡量变形体内质点的变形速度。

例如，在试验机上做单向拉伸实验时，假设试验机夹头在 dt 时间内移动的距离为 dl，则试验机工作速度为 $\dot{u}_0 = \dfrac{dl}{dt}$，此时应变速率为：

$$\dot{\varepsilon} = \frac{d\varepsilon}{dt} = \frac{1}{dt}\frac{dl}{l} = \frac{\dot{u}_0}{l} \tag{8-103}$$

由上式可知，材料在单向拉伸实验时的应变速率 $\dot{\varepsilon}$ 与拉伸机的工作速度 $\dot{u}_0$ 成正比，与试样的长度 l 成反比。在材料试验机的工作速度 $\dot{u}_0$ 保持不变的条件下，由于试样长度 l 不断增加，所以应变速率逐渐减小。相反，压缩实验时，试样长度 l 不断减小，所以应变速率 $\dot{\varepsilon}$ 逐渐增大。

在应变速率理论中，具有与小应变理论完全相同的定义和方程式，例如具有 3 个主应变速率、3 个应变速率张量不变量、3 对主切应变速率、应变速率莫尔圆、应变速率偏张量、应变速率球张量、等效应变速率以及用应变速率表示的体积不变条件等，只要用 $\dot{\varepsilon}_{ij}$ 代替 ε_{ij} 即可，此处不再列举。

练习与思考题

1. 如何描述受力物体内一点的应力状态，为什么？
2. 已知受力物体内一点的应力状态分别为：

$$\sigma_{ij} = \begin{bmatrix} 2 & 1 & 0 \\ 1 & 2 & 0 \\ 0 & 0 & 0 \end{bmatrix}(\text{MPa}); \quad \sigma_{ij} = \begin{bmatrix} 1 & 1 & 1 \\ 1 & 1 & 1 \\ 1 & 1 & 1 \end{bmatrix}(\text{MPa})$$

（1）求外法线方向与 3 个坐标轴等倾斜截面上的应力分量；
（2）求该点的应力张量不变量；
（3）求该点的主应力，并画出主应力简图；
（4）求主偏应力，并画出主偏应力简图；
（5）求主切应力、最大切应力；
（6）求等效应力。

3. 已知受力物体内一点的应力状态分别为：

$$\sigma_{ij} = \begin{bmatrix} 10 & 0 & 15 \\ 0 & 20 & -15 \\ 15 & -15 & 0 \end{bmatrix}(\text{MPa}); \quad \sigma_{ij} = \begin{bmatrix} 50 & 30 & -80 \\ 30 & 0 & -30 \\ -80 & -30 & 110 \end{bmatrix}(\text{MPa})$$

试将其分解为应力偏张量及应力球张量，并计算应力偏张量的第二不变量。

4. 为什么说应力张量的第一、第二和第三不变量 I_1、I_2、I_3 与坐标的选择无关？
5. 等效应力具有哪些特点？
6. 已知受力物体内的应力场为：$\sigma_x = -6xy^2 + c_1x^3$，$\sigma_y = -\dfrac{3}{2}c_2xy^2$，$\tau_{xy} = -c_2y^3 - c_3x^2y$，$\sigma_z = \tau_{yz} = \tau_{zx} = 0$，试求

系数 c_1、c_2、c_3。

7. 真应变与工程应变有哪些特点?

8. 主应变简图有几种形式,为什么?

9. 证明体积不变条件可表示为 $\dot{\varepsilon}_x + \dot{\varepsilon}_y + \dot{\varepsilon}_z = 0$。

10. 判断下列应变场能否存在,或求未知数 c。

(1) $\varepsilon_x = xy^2$,$\varepsilon_y = x^2 y$,$\varepsilon_z = xy$,$\gamma_{xy} = 0$,$\gamma_{yz} = \dfrac{1}{2}(z^2 + y)$,$\gamma_{zx} = \dfrac{1}{2}(x^2 + y^2)$;

(2) $\varepsilon_x = c(x^2 + y^2)$,$\varepsilon_y = cx^2$,$\gamma_{xy} = 2xy$,$\varepsilon_z = \gamma_{yz} = \gamma_{zx} = 0$。

11. 为什么说应变增量更能准确地反映受力物体的变形情况?

12. 简述塑性加工时工具的工作速度、位移速度以及应变速率的区别与联系。

9 屈服准则及塑性关系

9.1 屈服准则的一般形式

物体受到外力作用以后，最初是产生弹性变形。随着外力增加至一定程度后，物体就会发生塑性变形。那么，应力（或变形）发展到什么程度，材料由弹性变形过渡到塑性变形能呢？对于单向应力状态来说，当应力的数值达到材料的屈服应力 σ_s 时，变形体即由弹性变形状态进入塑性变形状态。因此，单向应力状态下的屈服准则可以用 $\sigma = \sigma_s$ 来描述。但是，对于任意三向应力状态来说，应力分量的组合有无限多种，且复杂应力状态下的试验在设备和技术上都无法完成，因此，材料是否屈服就不能通过试验确定了。由此可见，需要建立一种包含应力状态的判据进行是否屈服的判断。

描述变形体内某点的应力状态需要 6 个独立的应力分量或 3 个主应力分量。当主应力分量有 2 个或 3 个均不为 0 时，可能的应力分量之间的组合是无限多的。按所有可能的应力组合进行试验是不可能的，更何况在复杂应力状态下的试验，无论是设备上还是技术上都存在很多困难。因此，目前对于在任意的应力状态下，描述材料由弹性变形状态进入塑性变形状态的判据仅是一种假说。

屈服准则也称塑性条件或屈服条件，是描述不同应力状态下变形体内质点进入塑性状态并使塑性变形继续进行所必须遵循的条件。在材料受单向应力作用时，只要应力达到材料的屈服极限即发生屈服，而受多向应力时，由于应力的组合方式无限多，就需要一种假说或判据，即屈服准则进行判断。

受力物体是否进入塑性变形，是由其内在的物理性能和一定的外部变形条件（变形温度、变形速度、力学条件等）所决定的。在任意应力状态下，可以把屈服准则表示为应力状态 σ_{ij}、应变状态 ε_{ij}、时间 t 和温度 T 等的函数，即：

$$f(\sigma_{ij}, \varepsilon_{ij}, t, T) = 0 \tag{9-1}$$

假设变形是在恒温、准静态条件下进行的，将不考虑时间和温度的影响。由于材料在初始屈服之前处于弹性状态，应力和应变之间符合广义胡克定律，二者为对应关系，即 ε_{ij} 可用 σ_{ij} 表示出来，因此：

$$f(\sigma_{ij}) = 0 \tag{9-2}$$

对于初始各向同性的材料，是否屈服与坐标系的选取无关。在应力状态中，与坐标系选取无关的是主应力和应力张量的 3 个不变量，因此，屈服准则可表示为：

$$f(\sigma_1, \sigma_2, \sigma_3) = 0 \quad \text{或} \quad f(I_1, I_2, I_3) = 0 \tag{9-3}$$

更进一步地，由于中等强度的静水压力试验表明，静水压力引起的体积变化很小，并且体积变化是弹性的。因此，可以认为静水压力对材料的屈服没有影响，也就是说应力张量中的球应力张量对材料的屈服无影响，屈服准则仅仅是偏应力张量不变量的函数，而偏应力张量的第一不变量 $I_1' = 0$，所以有：

$$f(I_2', I_3') = 0 \tag{9-4}$$

对于拉压性能相同的材料，当 3 个主应力的方向同时改变时不影响材料是否屈服的判断。即屈服准则不因应力偏张量第三不变量 I_3' 的符号变化而变化。例如当 σ_1、σ_2、σ_3 都为正时，$I_3' > 0$；当 σ_1、σ_2、σ_3 同时为负时，$I_3' < 0$，此时式（9-4）函数值不应发生变化。也就是说，屈服准则要么与 I_3' 无关，要么是 I_3' 的偶函数。

下面讨论屈服准则的几何意义。建立一个应力空间，3 个相互垂直的坐标轴设定为 σ_1、σ_2、σ_3，在此空间内的任意一点的坐标（σ_1，σ_2，σ_3），都可以代表受力物体中某点的应力状态的 3 个主应力的数值，这个空间称为主应力空间。当然，它既不是几何空间，也不是物理空间，只是为了描述受力物体中一点应力状态而引用的一个三维空间。在该应力空间中把可以使某点发生屈服的所有主应力组合（σ_1，σ_2，σ_3）连接起来，所构成的几何曲面称为屈服表面，描述该曲面的函数称为屈服函数，或屈服准则、屈服条件。下面讨论屈服表面可能的形状。

在主应力空间引入 1 条与 3 个主应力轴等倾斜的轴线 OE，其方向余弦为：

$$l = m = n = \frac{1}{\sqrt{3}} \tag{9-5}$$

如果变形体内质点 P 的主应力（σ_1，σ_2，σ_3）在主应力空间中对应的矢量为 OP（见图 9-1）表示，并且有：

$$|OP|^2 = \sigma_1^2 + \sigma_2^2 + \sigma_3^2 \tag{9-6}$$

应力矢量 OP 在等倾斜轴 OE 上的投影为：

$$|ON| = \sigma_1 l + \sigma_2 m + \sigma_3 n = \frac{1}{\sqrt{3}}(\sigma_1 + \sigma_2 + \sigma_3) = \sqrt{3}\sigma_m \tag{9-7}$$

应力矢量 OP 在垂直于等倾斜轴 OE 的平面上的投影为：

$$|OA|^2 = |OP|^2 - |ON|^2 = \sigma_1^2 + \sigma_2^2 + \sigma_3^2 - 3\sigma_m^2$$
$$= \frac{1}{3}[(\sigma_1 - \sigma_2)^2 + (\sigma_2 - \sigma_3)^2 + (\sigma_3 - \sigma_1)^2] = \frac{2}{3}\bar{\sigma}^2 \tag{9-8}$$

连接 AP 可知，$AP /\!/ OE$。在 AP 上任取另一点 P_1，同理，可将 OP_1 分解为等倾斜轴 OE 上的分量 ON_1 和垂直于 ON_1 的分量 OA。可以看出，点 P 和点 P_1 具有相同的偏应力矢量 OA，仅球应力不同。由于材料的屈服取决于偏应力的大小，与球应力无关，所以，如果点 P 位于屈服表面上，则点 P_1 也一定位于该屈服表面上。由于 P_1 是 AP 直线上的任意一点，因此，直线 AP 必然全部在屈服表面上，屈服表面必然是由平行于等倾斜轴 OE 的母线所构成的与 3 个主应力轴等倾斜的柱面。当变形物体中质点的主应力矢量位于该柱面以内时，该点处于弹性状态；当位于该柱面上时，则该点处于屈服状态。

在主应力空间中，通过原点且与等倾斜轴 OE 垂直的平面，称为 π 平面（图 9-2）。显然，π 平面上的平均应力等于 0。主应力空间的 3 个坐标轴 σ_1、σ_2、σ_3 在 π 平面上的投影可分别用 σ_1'、σ_2'、σ_3' 来表示，其相互之间的夹角为 120°。此时，主应力空间上的点 $P(\sigma_1, \sigma_2, \sigma_3)$ 在 π 平面上的投影为 $P(\sigma_1', \sigma_2', \sigma_3')$，其中，$\sigma_1' = \sqrt{\frac{2}{3}}\sigma_1$，$\sigma_2' = \sqrt{\frac{2}{3}}\sigma_2$，

$\sigma'_3 = \sqrt{\dfrac{2}{3}}\,\sigma_3$。屈服表面在 π 平面上的投影称为屈服轨迹。

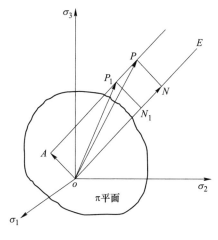

图 9-1 主应力空间

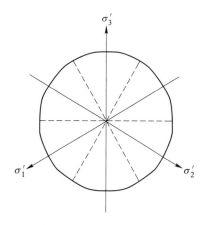

图 9-2 π 平面上的屈服轨迹

根据以上分析可知，只要确定了 π 平面上的屈服轨迹，那么整个屈服表面的形状也就确定了。屈服轨迹具有如下几个特点：（1）因为应力的大小要达到一定数值之后才会屈服，所以屈服轨迹不会通过原点 O，并且将把原点 O 包围在内部。(2) 材料的初始屈服只有一次，所以由 O 向外作的直线与屈服轨迹只能相交一次，即屈服曲线是外凸的。(3) 既然材料是均匀各向同性的，则 σ_1、σ_2、σ_3 互换时同样也会屈服，所以屈服轨迹应对称于直线 σ'_1、σ'_2、σ'_3。 （4）假设各向同性材料拉伸与压缩时的屈服应力相同，若 $(u,\ v,\ w)$ 是屈服轨迹上的一点，则 $(-u,\ -v,\ -w)$ 也必定是屈服轨迹上的一点，因此，屈服轨迹必对称于 σ'_1、σ'_2、σ'_3 的垂线，即图中所示 3 条虚线。这样，屈服轨迹至少有 6 条对称轴，这 6 条对称轴将屈服轨迹平分为 12 个相同的部分。只要确定某一部分的屈服轨迹，利用对称关系就可以确定整个屈服轨迹。

为了描述不同应力状态下，受力物体（的质点）由弹性状态向塑性状态过渡的条件，材料力学家们提出了各种不同的假说，其中较符合试验依据的有两个，即屈雷斯加屈服准则和米塞斯屈服准则。

9.2　两个典型的屈服准则

9.2.1　屈雷斯加屈服准则

1864 年，法国工程师屈雷斯加（H. Tresca）做了一系列将金属挤过不同形状模具的试验，发现变形后的金属表面有很细的痕纹，它们的方向很接近最大剪应力的方向。根据这一现象，并结合了当时库仑在岩石力学中的研究结果，他提出了"无论在何种应力状态下，当变形体内某一点的最大切应力达到某一定值时，该点进入塑性状态"。这个屈服准则成为屈雷斯加屈服准则，也称为最大剪应力条件，其数学表达式为：

$$\tau_{\max} = C \tag{9-9}$$

式中，C 为与材料性质有关的常数。

根据最大切应力的计算公式（8-29）可知，$\tau_{\max} = \dfrac{1}{2}(\sigma_{\max} - \sigma_{\min}) = C$。对于纯剪切试验，材料发生屈服时的应力状态为 $\sigma_1 = -\sigma_3 = k$，$\sigma_2 = 0$，其中，k 为材料的剪切屈服强度，则屈雷斯加屈服准则可表示为：

$$\tau_{\max} = \frac{1}{2}(\sigma_{\max} - \sigma_{\min}) = k \tag{9-10}$$

屈雷斯加屈服准则也可以采用简单拉伸试验确定常数 C。材料发生屈服时的应力状态为 $\sigma_1 = \sigma_s$，$\sigma_2 = \sigma_3 = 0$，则屈雷斯加屈服准则可表示为：

$$\tau_{\max} = \frac{1}{2}(\sigma_{\max} - \sigma_{\min}) = \frac{1}{2}\sigma_s \tag{9-11}$$

从上面两式可以看出，在屈雷斯加屈服准则中：

$$\sigma_s = 2k \tag{9-12}$$

在一般情况下，受力物体内质点的应力状态未知待求，无法事先判断出 3 个主应力的大小顺序，因此，屈雷斯加屈服准需表示为：

$$\begin{cases} \sigma_1 - \sigma_2 = \pm 2k = \pm\sigma_s \\ \sigma_2 - \sigma_3 = \pm 2k = \pm\sigma_s \\ \sigma_3 - \sigma_1 = \pm 2k = \pm\sigma_s \end{cases} \tag{9-13}$$

上式中只要有一个等式成立，材料就开始塑性变形。由于 k 和 σ_s 都大于 0，3 个式子不能同时成立。在主应力空间内，上式 6 个方程是分别与坐标轴等倾线平行的 6 个平面，它们构成了以等倾线为轴的一个六棱柱面，如图 9-3（a）所示。该柱面在 π 平面上的投影为一个正六边形，如图 9-3（b）所示。正六边形的外接圆半径为 $\sqrt{\dfrac{2}{3}}\sigma_s$，内切圆半径为 $\sqrt{2}k$。

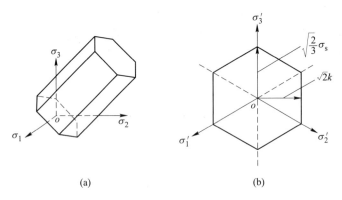

图 9-3　屈雷斯加屈服准则
（a）屈服表面；（b）屈服轨迹

如果将式（9-13）用一个完整的式子表示，则可以写成屈雷斯加屈服准则的一般形式：

$$\left[(\sigma_1 - \sigma_2)^2 - 4k^2\right]\left[(\sigma_2 - \sigma_3)^2 - 4k^2\right]\left[(\sigma_3 - \sigma_1)^2 - 4k^2\right] = 0 \tag{9-14}$$

如果用应力偏张量不变量，可表示为：

$$4I_2'^3 - 27I_3'^2 - 36k^2 I_2'^2 + 96k^4 I_2' - 64k^6 = 0 \tag{9-15}$$

当主应力顺序已知时，例如 $\sigma_1 \geqslant \sigma_2 \geqslant \sigma_3$，将最大切应力 τ_{max} 的计算公式（8-30）代入式（9-9），可得：

$$\sigma_1 - \sigma_3 = \sigma_s = 2k \tag{9-16}$$

虽然当主应力顺序已知时，使用屈雷斯加屈服准则是非常方便的。但是，在一般三向应力状态下，主应力是待求的，主应力顺序不能事先知道。当主应力顺序未知时，屈雷斯加准则为六次方程，形式过于复杂，难以实用。

9.2.2 米塞斯屈服准则

9.2.2.1 米塞斯屈服准则的形式

虽然屈雷斯加屈服准则有清楚的物理含义，但是没有考虑中间主应力对屈服的影响，其函数形式为主应力的六次方程，而且屈服轨迹出现尖点，因此数学处理存在较大的困难。1913 年，德国力学家米塞斯（Von. Mises）提出，屈雷斯加屈服轨迹的 6 个顶点是由试验得出的，是有依据的，因此，如果用一个圆来连接就可避免曲线不光滑所引起数学上的困难，即 π 平面上的屈服轨迹为一个圆，如图 9-4 所示。该圆的半径

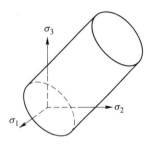

图 9-4 米塞斯屈服表面

按简单拉伸试验结果为 $\sqrt{\dfrac{2}{3}}\sigma_s$，按纯剪切试验结果为 $\sqrt{2}\,k$。在主应力空间的米塞斯屈服准则的屈服表面是一个以等倾斜轴为轴线的圆柱面，如图 9-4 所示。

与屈雷斯加正六棱柱面相接的圆柱面方程为：

$$x^2 + y^2 = \left(\sqrt{\dfrac{2}{3}}\,C\right)^2 \tag{9-17}$$

式中，$x = \dfrac{\sigma_1 - \sigma_3}{\sqrt{2}}$，$y = \dfrac{2\sigma_2 - \sigma_1 - \sigma_3}{\sqrt{6}}$，代入上式整理，即可得米塞斯屈服准则：

$$I_2' = \dfrac{1}{6}\left[(\sigma_1 - \sigma_2)^2 + (\sigma_2 - \sigma_3)^2 + (\sigma_3 - \sigma_1)^2\right] = C \tag{9-18}$$

可以看出，米塞斯屈服准则是以应力偏张量的第二不变量 I_2' 作为屈服的判据，表述为："无论在何种应力状态下，当变形体内某一点的应力偏张量的第二不变量 I_2' 达到某一定值时，该点进入塑性状态"。

常数 C 同样可采用简单拉伸试验或纯剪切试验确定。采用单向拉伸试验时，有 $C = \dfrac{\sigma_s^2}{3}$；采用纯剪切试验时，有 $C = k^2$。可以看出，在米塞斯屈服准则中：

$$\sigma_s = \sqrt{3}\,k \tag{9-19}$$

进一步可得出，主坐标系下的米塞斯屈服准则表示为：

$$(\sigma_1 - \sigma_2)^2 + (\sigma_2 - \sigma_3)^2 + (\sigma_3 - \sigma_1)^2 = 2\sigma_s^2 = 6k^2 \tag{9-20}$$

任意坐标系下的米塞斯屈服准则为：

$$(\sigma_x - \sigma_y)^2 + (\sigma_y - \sigma_z)^2 + (\sigma_z - \sigma_x)^2 + 6(\tau_{xy}^2 + \tau_{yz}^2 + \tau_{zx}^2) = 2\sigma_s^2 = 6k^2 \quad (9\text{-}21)$$

将式（9-21）与式（8-45）的等效应力 $\bar{\sigma}$ 相比较，可得

$$\bar{\sigma} = \frac{1}{\sqrt{2}}\sqrt{(\sigma_x - \sigma_y)^2 + (\sigma_y - \sigma_z)^2 + (\sigma_z - \sigma_x)^2 + 6(\tau_{xy}^2 + \tau_{yz}^2 + \tau_{zx}^2)} = \sigma_s \quad (9\text{-}22)$$

从上式可以看出，当等效应力 $\bar{\sigma} = \sigma_s$ 时，材料进入塑性变形状态。因此，米塞斯屈服准则也可叙述如下：当等效应力达到某定值时，材料即屈服，该定值与应力状态无关。米塞斯屈服准则与屈雷斯加屈服准则实际上相当接近，在有两个主应力相等的应力状态下两者是一致的。

9.2.2.2 米塞斯屈服准则的物理意义

米塞斯屈服准则的提出，主要是为了方便数学处理，并没有考虑其物理意义。米塞斯当时提出屈服准则仅仅是为了运算简便：只用一个等式表示、没有尖点、不必求出主应力。但后来大量试验证明，米塞斯屈服准则更接近于试验数据。

德国力学家汉盖（H. Hencky）于1924年从能量角度说明了米塞斯屈服准则的物理意义。汉盖认为，米塞斯屈服准则表示了弹性形变能量达到某一定值的情况，即"无论在何种应力状态下，当变形体单位体积弹性形变能量达到某一定值时，材料进入塑性状态"。物体在外力作用下产生弹性变形，若物体保持平衡而且无温度变化，则外力所做的功将全部转换成弹性势能。设物体单位体积内总的变形势能为 W，其中包括单位体积变化势能 W_V 和单位形状变化势能 W_s。在主坐标系下，单位体积内总的变形势能为：

$$W = \frac{1}{2}(\sigma_1\varepsilon_1 + \sigma_2\varepsilon_2 + \sigma_3\varepsilon_3) \quad (9\text{-}23)$$

在弹性变形范围内，广义虎克定律为：

$$\begin{cases} \varepsilon_1 = \dfrac{1}{E}\left[\sigma_1 - \nu(\sigma_2 + \sigma_3)\right] \\[2mm] \varepsilon_2 = \dfrac{1}{E}\left[\sigma_2 - \nu(\sigma_3 + \sigma_1)\right] \\[2mm] \varepsilon_3 = \dfrac{1}{E}\left[\sigma_3 - \nu(\sigma_1 + \sigma_2)\right] \end{cases} \quad (9\text{-}24)$$

式中，E 为弹性模量；ν 为泊松比。

将式（9-24）代入式（9-23），可得单位体积弹性总能量：

$$W = \frac{1}{2E}\left[\sigma_1^2 + \sigma_2^2 + \sigma_3^2 - 2\nu(\sigma_1\sigma_2 + \sigma_2\sigma_3 + \sigma_3\sigma_1)\right] \quad (9\text{-}25)$$

另外，单位体积弹性体积变化能量为：

$$W_V = \frac{1}{2}(\sigma_m\varepsilon_m + \sigma_m\varepsilon_m + \sigma_m\varepsilon_m) = \frac{3}{2}\sigma_m\varepsilon_m = \frac{1}{6}(\sigma_1 + \sigma_2 + \sigma_3)(\varepsilon_1 + \varepsilon_2 + \varepsilon_3)$$

$$(9\text{-}26)$$

将式（9-24）代入式（9-26），可得：

$$W_V = \frac{1 - 2\nu}{6E}(\sigma_1 + \sigma_2 + \sigma_3)^2 \quad (9\text{-}27)$$

最后，可以得到单位体积弹性形变能量，即单位体积弹性总能量减去单位体积弹性体积能量：

$$W_S = W - W_V = \frac{1+\nu}{6E}[(\sigma_1 - \sigma_2)^2 + (\sigma_2 - \sigma_3)^2 + (\sigma_3 - \sigma_1)^2] \tag{9-28}$$

当采用单向拉伸试验或纯剪切试验时，可确定材料发生屈服时的单位体积弹性形变能量 W_S。采用单向拉伸试验，当 $\sigma_1 = \sigma_s$，$\sigma_2 = \sigma_3 = 0$ 时材料屈服，代入式（9-28）可得：

$$W_S = \frac{1+\nu}{3E}\sigma_s^2 \tag{9-29}$$

采用纯剪切试验，当 $\sigma_1 = k$，$\sigma_2 = 0$，$\sigma_3 = -k$ 时材料屈服，代入式（9-28）可得：

$$W_S = \frac{1+\nu}{E}k^2 \tag{9-30}$$

将式（9-29）、式（9-30）代入式（9-28），即可以得到米塞斯屈服准则式（9-21）。

对米塞斯屈服准则的另一种解释是纳达依（A. Nadai）于1937年提出的，他认为屈服时不是最大切应力为常数，而是八面体面上的切应力达到一定的极限值。因为八面体上的切应力 τ_8 也是与坐标轴无关的常数，所以对同一种金属在同样的变形条件下，τ_8 达到一定值时便发生屈服，而与应力状态无关。可以表述为：

$$\tau_8 = \frac{1}{3}\sqrt{(\sigma_1 - \sigma_2)^2 + (\sigma_2 - \sigma_3)^2 + (\sigma_3 - \sigma_1)^2} = C \tag{9-31}$$

将简单拉伸屈服条件代入上式，可得 $\tau_8 = \frac{\sqrt{2}}{3}\sigma_s$ 时屈服。

9.2.3 两个屈服准则的对比

屈雷斯加屈服准则与米塞斯屈服准则有一些共同的特点，也有不同之处。这些特点对于各向同性的理想塑性材料的屈服是具有普遍意义的。

9.2.3.1 两个屈服准则的共同点

（1）与坐标系的选择无关。屈雷斯加屈服准则中的最大切应力、米塞斯屈服准则的应力偏张量的第二不变量都是不随坐标系而变化的。

（2）静水压力对屈服没有影响。在原有应力状态上叠加同一个应力，两个屈服准则的表达形式均不发生变化。

（3）主应力顺序与方向无关。3个主应力任意置换或全部改变符号（即拉压同时互换）之后，两个屈服准则的值不发生变化。

9.2.3.2 两个屈服准则的不同点

（1）拉伸屈服应力 σ_s 与剪切屈服应力 k 的关系不同。在两个屈服准则中，拉伸屈服应力与剪切屈服应力之间均具有固定的比例关系，但是比例值不同，屈雷斯加屈服准则中，$\sigma_s = 2k$；米塞斯屈服准则中，$\sigma_s = \sqrt{3}k$。

（2）中间主应力对屈服的影响不同。在屈雷斯加屈服准则中，只考虑了最大和最小主应力对材料屈服的影响，没有考虑中间主应力对材料屈服的影响；而米塞斯屈服准则以 I_2' 为判据，考虑了中间主应力对屈服的影响，因此，与试验结果的吻合程度比屈雷斯加屈服准则的好。

（3）在主应力空间中的几何形状。在主应力空间中，屈雷斯加屈服准则是与 3 个坐标轴等倾斜的六棱柱面，在 π 平面上的投影为一个正六边形，称为屈雷斯加六边形。米塞斯屈服准是与 3 个坐标轴等倾斜的圆柱面，在 π 平面上的投影为一个圆，称为米塞斯圆。

由于假设材料是各向同性的，材料的拉伸屈服应力与压缩屈服应力相同，因此，通过单向拉伸（或压缩）试验可以确定主应力空间中的 6 个点，相应地，在 π 平面上也有 6 个点与之对应。通过纯剪切试验也可以确定主应力空间中的 6 个点，屈雷斯加屈服准则是用直线将这 6 个点连接起来，而米塞斯屈服准则是用圆将这 6 个点连接起来的。这样一来，两个屈服准则就可以通过两种方法联系起来：一种方法是假定两个屈服准则所预测的单向拉伸（或压缩）屈服应力相同；另一种方法是假定两个屈服准则所预测的剪切屈服应力相同。

从图 9-5 中可以看出，当假定两个屈服准则所预测的单向拉伸（或压缩）屈服应力相同时，两个屈服准则在纯剪切应力状态下的差别最大。此时，按米塞斯屈服准则：$\tau = \sigma_1 = -\sigma_3 = \dfrac{\sigma_s}{\sqrt{3}}$；按屈雷斯加屈服准则：$\tau' = \sigma_1 = -\sigma_3 = \dfrac{\sigma_s}{2}$，由此可得 $\dfrac{\tau}{\tau'} = \dfrac{2}{\sqrt{3}}$。

从图 9-5 中可以看出，当假定两个屈服准则所预测的剪切屈服应力相同时，两个屈服准则在单向拉伸（或压缩）应力状态下的差别最大。此时，按米塞斯屈服准则：$\sigma_1 = \sigma_s = \sqrt{3}\,k$；按屈雷斯加屈服准则：$\sigma_1 = \sigma_s' = 2k$，由此可得 $\dfrac{\sigma_s'}{\sigma_s} = \dfrac{2}{\sqrt{3}}$。

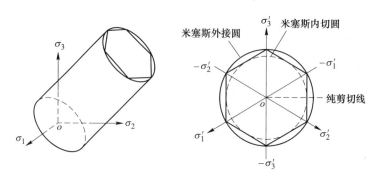

图 9-5　两个屈服准则的关联关系

（4）应用上的限制。当主应力顺序已知时，屈雷斯加屈服准则是主应力分量的线性函数，使用起来非常方便，在工程设计中常常被采用；而米塞斯屈服准则显得复杂。但是，当主应力顺序未知时，屈雷斯加屈服准则为六次方程，显然比米塞斯屈服准则复杂得多。

9.2.4　屈服准则的试验验证

两个屈服准则是对材料进入塑性状态的判据，它们正确与否，还需进行试验验证。利用薄壁管承受轴向拉力与扭转联合作用试验，或者薄壁管承受轴向拉力与内压力联合作用试验，实现双向应力状态，通过调整各应力分量的数值及比值，可以得到不同的应力组合，从而验证发生屈服的条件。

9.2.4.1 罗德拉压组合试验

罗德（Lode）在 1926 年对铜、钢、镍等薄壁管进行了轴向拉力 P 和内压力 p 复合加载的试验，如图 9-6 所示。基于两个屈服准则的主要差别——是否考虑中间主应力的影响，在分析时引入了罗德参数 μ_σ。屈雷斯加屈服准则式（9-16）可写为：

$$\frac{\sigma_1 - \sigma_3}{\sigma_s} = 1 \tag{9-32}$$

米塞斯屈服准则式（9-21）可改写成：

$$\frac{\sigma_1 - \sigma_3}{\sigma_s} = \frac{2}{\sqrt{3 + \mu_\sigma^2}} \tag{9-33}$$

式中，μ_σ 为罗德应力参数。

$$\mu_\sigma = \frac{2\sigma_2 - \sigma_1 - \sigma_3}{\sigma_1 - \sigma_3} \tag{9-34}$$

按屈雷斯加屈服准则，式（9-32）为一水平直线；按米塞斯屈服准则，式（9-33）为一条抛物线，如图 9-7 所示。其中，μ_σ 的取值范围是 $[-1, +1]$。当 $\mu_\sigma = \pm 1$ 时，两个屈服准则的预测结果相同；当 $\mu_\sigma = 0$ 时，两个屈服准则的预测结果相差最大，即有 $\frac{2}{\sqrt{3}} - 1 = 0.155$ 或 15.5% 的误差。

如图 9-6 所示，试验过程中主应力方向固定不变，即 σ_z、σ_θ、σ_r。通过分析可知，轴向应力 σ_z 为拉应力，薄壁圆管内施加内压力实质产生的是周向拉应力 σ_θ，而径向应力 $\sigma_r = 0$。显然 σ_r 是最小主应力。通过调整 P 和 p 的大小，即调整 σ_z、σ_θ 的大小，可获得从单向拉应力状态至两向拉应力相等的多种组合应力状态。在试样刚好屈服时，记录 P 和 p 的大小，并计算出 σ_z、σ_θ 的值。将试验结果整理后，取 $\frac{\sigma_1 - \sigma_3}{\sigma_s}$ 为纵坐标，μ_σ 为横坐标，绘制图 9-7 中的试验点图。

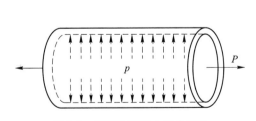

图 9-6 罗德拉压应力组合试验

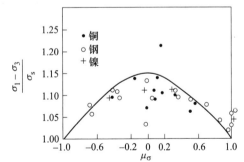

图 9-7 薄壁管承受轴向拉力 P 和内压力 p
作用时的试验结果

从图 9-7 中可以看出，试验数据处于两个屈服准则之间，但更接近于米塞斯屈服准则。由于两个屈服准则均与试验结果吻合较好，在数学运算上又各有其方便之处，并且两者的最大差别仅为 15.5%，因此，在实用上两个屈服准则都被广泛使用。有时，也将这两个屈服准则写成统一的数学表达式，即：

$$\sigma_{\max} - \sigma_{\min} = \beta\sigma_{s} \qquad (9\text{-}35)$$

式中，β 为应力修正系数，其取值范围为：$1 \leqslant \beta \leqslant 1.155$。

9.2.4.2　泰勒·奎乃拉扭组合试验

1931 年泰勒（Taylor）和奎乃（Quinney）对铜、铝、软钢薄壁管进行了轴向拉力 P 和扭矩 M 复合加载试验。由于是薄壁管，所以可以认为拉应力与剪切应力在整个管壁上是常数，以避免应力不均匀分布的影响。如图 9-8（a）所示，设薄壁管的平均直径为 D，壁厚为 δ，薄壁上任意一点 A 处的应力张量可表示为：

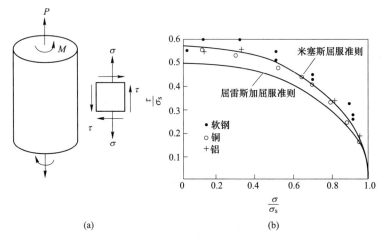

图 9-8　薄壁管承受轴向拉力 P 和扭矩 M 作用时的试验结果

（a）薄壁管承受轴向拉力 P 和扭矩 M 作用；（b）试验结果

$$\sigma_{ij} = \begin{bmatrix} \sigma & \tau & 0 \\ \tau & 0 & 0 \\ 0 & 0 & 0 \end{bmatrix} \qquad (9\text{-}36)$$

由材料力学可知，上式中轴向应力 σ 和切应力 τ 分别为 $\sigma = \dfrac{P}{\pi D\delta}$，$\tau = \dfrac{2M}{\pi D^2\delta}$。由此可求出主应力，即：

$$\left.\begin{array}{l} \sigma_1 = \dfrac{\sigma}{2} + \sqrt{\left(\dfrac{\sigma}{2}\right)^2 + \tau^2} \\[2mm] \sigma_2 = 0 \\[2mm] \sigma_3 = \dfrac{\sigma}{2} - \sqrt{\left(\dfrac{\sigma}{2}\right)^2 + \tau^2} \end{array}\right\} \qquad (9\text{-}37)$$

将上式分别代入两个屈服准则式（9-16）、式（9-21），整理后可得：

（1）屈雷斯加屈服准则：

$$\left(\frac{\sigma}{\sigma_s}\right)^2 + 4\left(\frac{\tau}{\sigma_s}\right)^2 = 1 \qquad (9\text{-}38)$$

（2）米塞斯屈服准则：

$$\left(\frac{\sigma}{\sigma_s}\right)^2 + 3\left(\frac{\tau}{\sigma_s}\right)^2 = 1 \qquad (9\text{-}39)$$

同样，将上述两个屈服条件的表达式（9-38）、式（9-39）绘于以 $\dfrac{\tau}{\sigma_s}$ 为纵坐标，以 $\dfrac{\sigma}{\sigma_s}$ 为横坐标的坐标系中，可获得两条椭圆线，如图 9-8 所示。从两个椭圆曲线（理论曲线）与用不同拉力和扭矩组合而得到的试验点的对比情况可以看出，试验结果更接近于米塞斯屈服条件。

9.3 应变硬化材料的后继屈服

和单向应力状态相似，材料在复杂应力状态也有初始屈服和后继屈服的问题。如图 9-9 所示，当代表应力状态的应力点由原点 O 移至初始屈服面 Σ_0 上一点 A 时，材料开始屈服。载荷变化使应力突破 Σ_0，到达邻近的后继屈服面 Σ_1 的 B 点，由于加载，产生了新的塑性变形。如果由 B 点卸载，应力点退回到 Σ_1 内而进入后继弹性状态。如果再重新加载，当应力点重新达到卸载开始时，曾经达到过的后继屈服面 Σ_1 的某点 C 时（C 未必与 B 重合），重新进入塑性状态。继续加载，应力点又会突破原来的后继屈服面 Σ_1 而到达另一个后继屈服面 Σ_2。

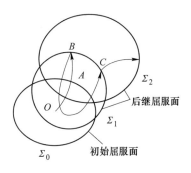

图 9-9　复杂应力状态下的初始
屈服和后继屈服表面

后继屈服面随着塑性变形的大小和历史（加载路径）是不断变化的，反映了材料的强化行为，因此后继屈服面又称强化面，它是后继弹性阶段的屈服界限面。表示后继屈服条件的函数关系称为后继屈服函数或加载函数。由于后继屈服面不仅和该瞬时的应力状态有关，而且和塑性变形的大小及其历史有关，因而可表示为：

$$f(\sigma_{ij},\xi_\beta)=0 \tag{9-40}$$

式中，$\xi_\beta(\beta=1,2,\cdots,n)$ 为表征由于塑性变形引起物质微观变化的参量，它们与塑性变形历史有关，可以是塑性应变分量、塑性功或代表热力学状态的内变量。所谓内变量是指不能通过宏观试验控制其大小的量，这些内变量可以是标量或张量。这样，后继屈服面就是一族以 ξ_β 为参数的超曲面。当不产生新的塑性变形时，ξ_β 不变，强化面不变。

对于理想弹塑性材料，后继屈服面和初始屈服面是重合的。而对于应变硬化材料来说，二者不重合。假设进一步塑性变形并不会引起材料的各向异性，则后继屈服轨迹仍是圆或正六边形。后继屈服轨迹包围了初始屈服轨迹，两者同心，如图 9-10 所示。

后继屈服表面的变化是非常复杂的，尤其是随着应变的增加，材料的各向异性显著，使问题更加复杂。各向同性应变硬化材料的概念在数学上是很简单的，但只能认为是初步近似的，因为它没有考虑包辛格效应。包辛格效应使屈服轨迹一边收缩另一边膨胀，因此，在塑性变形过程中，屈服表面的形状是变化的。在 1958 年，纳迪（Naghdi）、艾生伯格（Essenburg）和柯夫（Kof）用铝合金管试验证明了鲍辛格效应。开始只施加轴向拉力，而后施加各种比例的扭矩和轴向拉力，以获得初始屈服轨迹。通过特定的卸载和加载方式，获得后继屈服轨迹。这些试验的结果表示在图 9-11 的 $\sigma\text{-}\tau$ 平面中。由该图可明显看出，米塞斯椭圆屈服轨迹呈不对称膨胀，这是由于包辛格效应的影响。即在反向扭转时，所需的屈服应力不断减少，当然这表明对于实际工程材料的塑性变形来说各向同性应变硬化材料的概念仅仅是初步近似的，与实际情况有出入。

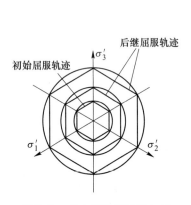

图 9-10 各向同性材料的初始
屈服轨迹和后继屈服轨迹

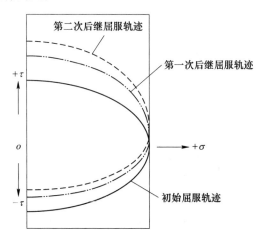

图 9-11 包辛格效应材料的初始屈服
轨迹和后继屈服轨迹

9.4 塑性应力应变关系

9.3 节中主要讲述了材料由弹性变形向塑性变形过渡所必须满足的条件。但是，屈服准则没有反映出材料产生塑性应变时应变状态和应力状态之间的定量关系。塑性变形时，应力不仅与应变有关，还与材料的微观组织结构有关。因此，通常将塑性变形时的应力应变关系称为本构关系，其数学表达式称为本构方程。

9.4.1 弹性广义胡克定律

为了深入研究塑性应力应变关系，首先简单回顾一下弹性应力应变关系。材料在简单拉、压、扭转弹性变形情况下，应力与应变的关系可由胡克定律表达为：

$$\varepsilon = \frac{1}{E}\sigma, \gamma = \frac{1}{2G}\tau$$

将其推广到一般应力状态的各向同性材料，就叫广义胡克定律：

$$\left.\begin{array}{ll} \varepsilon_x = \dfrac{1}{E}\left[\sigma_x - \nu(\sigma_y + \sigma_z)\right], & \gamma_{xy} = \gamma_{yx} = \dfrac{\tau_{xy}}{2G} \\[2mm] \varepsilon_y = \dfrac{1}{E}\left[\sigma_y - \nu(\sigma_z + \sigma_x)\right], & \gamma_{yz} = \gamma_{zy} = \dfrac{\tau_{yz}}{2G} \\[2mm] \varepsilon_z = \dfrac{1}{E}\left[\sigma_z - \nu(\sigma_x + \sigma_y)\right], & \gamma_{zx} = \gamma_{xz} = \dfrac{\tau_{zx}}{2G} \end{array}\right\} \tag{9-41}$$

式中，E 为拉压弹性模量；ν 为泊松比；G 为剪切弹性模量。

3 个弹性常数 E、ν、G 之间的关系由下式确定：

$$G = \frac{E}{2(1 + \nu)} \tag{9-42}$$

弹性应变包含了弹性的体积变化和弹性的形状变化两部分，可以分别写出它们与应力之间的关系。首先将式（9-41）的 3 个正应变相加后，可得：

$$\varepsilon_m = \frac{1-2\nu}{E}\sigma_m \tag{9-43}$$

式中，ε_m、σ_m 分别为平均应变和平均应力。可以看出，物体发生弹性变形时，其单位体积的变化率与平均应力成正比。这说明，应力球张量使物体产生弹性的体积变化。

若将式（9-41）的第一个式子减去式（9-43），可得

$$\varepsilon_x - \varepsilon_m = \frac{1+\nu}{E}(\sigma_x - \sigma_m) = \frac{1}{2G}\sigma'_x$$

同理，将式（9-41）的 3 个正应变分别减去式（9-43），并将切应变的表达式一同写出，整理可得：

$$\varepsilon'_{ij} = \frac{1}{2G}\sigma'_{ij} \tag{9-44}$$

上式表明，偏应变与偏应力成正比。即应力偏张量使物体产生弹性形状变化。由此可见，在进行应力分析与应变分析时，将一点的应力张量和应变张量分解为球张量和偏张量是有明确物理意义的，即物体的体积变形与球应力成正比，与偏应力无关；物体的形状变化与偏应力成正比，与球应力无关。这一结论对研究塑性变形时的应力应变关系是十分重要的。

由于应变是张量，可以分解为应变偏张量和应变球张量：

$$\varepsilon_{ij} = \varepsilon'_{ij} + \delta_{ij}\varepsilon_m = \frac{1}{2G}\sigma'_{ij} + \frac{1-2\nu}{E}\delta_{ij}\sigma_m \tag{9-45}$$

更进一步地，将式（9-41）的正应变两两相减，并将切应变的表达式一同写出，可得：

$$\left.\begin{array}{l}\varepsilon_x - \varepsilon_y = \frac{1+\nu}{E}(\sigma_x - \sigma_y) = \frac{1}{2G}(\sigma_x - \sigma_y), \quad \gamma_{xy} = \gamma_{yx} = \frac{1}{2G}\tau_{xy} \\[2mm] \varepsilon_y - \varepsilon_z = \frac{1+\nu}{E}(\sigma_y - \sigma_z) = \frac{1}{2G}(\sigma_y - \sigma_z), \quad \gamma_{yz} = \gamma_{zy} = \frac{1}{2G}\tau_{yz} \\[2mm] \varepsilon_z - \varepsilon_x = \frac{1+\nu}{E}(\sigma_z - \sigma_x) = \frac{1}{2G}(\sigma_z - \sigma_x), \quad \gamma_{zx} = \gamma_{xz} = \frac{1}{2G}\tau_{zx}\end{array}\right\} \tag{9-46}$$

将上式代入等效应力公式（8-45），并注意到等效应变公式（8-91），可得：

$$\overline{\sigma} = 3G\overline{\varepsilon} \tag{9-47}$$

式（9-47）表明，在弹性变形范围内，等效应力与等效应变成正比，并且其比值恒定不变。将式（9-47）代入式（9-44），可得：

$$\varepsilon'_{ij} = \frac{3\overline{\varepsilon}}{2\overline{\sigma}}\sigma'_{ij} \tag{9-48}$$

式（9-48）的形式便于推广到塑性变形时的情况。

9.4.2 塑性关系的全量理论

从上节的回顾可以看出，弹性变形时的应力应变关系是线性的，应变可由应力唯一确

定，并可用胡克定律进行描述。当材料发生塑性变形时，全量应变与加载历史有关，因此，要建立普遍的应力和全量应变之间的物理关系是困难的。

以拉扭组合应力变形为例说明塑性加载过程的复杂性。变形应力之间的关系如图 9-12 所示，横坐标为拉应力 σ，纵坐标为扭转剪切应力 τ，从原点开始进行简单加载至点 $A(\sigma_A, \tau_A)$ 时，材料开始屈服。从 A 点继续加载，若选择 $A \rightarrow B$ 路径即继续简单加载时，则 B 点的应力为 (σ_B, τ_B)；当选择 $A \rightarrow C$ 路径时，切应力没有变化仅增加了正应力，则 C 点的应力为 (σ_C, τ_A)；当选择 $A \rightarrow D$ 路径时，很显然正应力减小了，即在拉应力方向发生了卸载，而扭转应力增加，则 D 点的应力为 (σ_D, τ_D)。B、C、D 点处于相同的后继屈服表面上，但是由于加载路径不同，因此其产生的应变及应变各个分量不同。

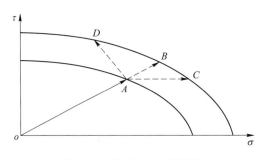

图 9-12　拉扭组合加载路径

只有在某些特定的加载方式下，例如在简单加载的情况下，才能建立起便于实际应用的应力与全量应变之间的关系。所谓简单加载是指单元体的应力张量各分量之间的比值保持不变，按同一参量单调增长的加载过程。不满足该条件的为复杂加载，塑性变形过程多为复杂加载情况。伊留申理论是全量理论中最简单的一种理论，建立了小弹塑性变形范围内的全量应变与应力之间的关系。所谓小弹塑性变形范围，就是指离弹性状态不远，即使到达塑性状态，其变形量仍然很小，与弹性变形量具有相同的数量级，其应变由弹性应变和塑性应变两部分组成。

伊留申塑性变形全量理论在简单加载条件下，采用如下基本假设：

(1) 塑性变形时，体积保持不变，即 $\varepsilon_{ij} = \varepsilon'_{ij}$；

(2) 应力偏张量与应变偏张量成正比；

(3) 应力主轴与应变主轴重合，应力莫尔圆与应变莫尔圆相似；

(4) 等效应力是等效应变的单值函数，即：

$$\overline{\sigma} = \varphi(\overline{\varepsilon}) \tag{9-49}$$

根据以上假设，可以写出伊留申方程，即：

$$\varepsilon_{ij} = \varepsilon'_{ij} = \frac{1}{2G'}\sigma'_{ij} \tag{9-50}$$

式中，G' 为塑性剪切模量，是与材料性质和塑性变形程度有关的量。

可以看出，伊留申方程与胡克定律很相近，按照相同的方法可得：

$$\overline{\sigma} = 3G'\overline{\varepsilon} \tag{9-51}$$

将式 (9-51) 代入式 (9-50)，消去系数 G'，得到：

$$\varepsilon_{ij}' = \frac{3\overline{\varepsilon}}{2\overline{\sigma}}\sigma_{ij}' \tag{9-52}$$

上式是伊留申小弹塑性理论最基本的表达式。伊留申小弹塑性理论要求简单加载，应力与加载历史无关，即应力与应变之间存在对应关系，并且只考虑应力分量的单调递增，排除卸载造成的影响。如果已知某点处的应力状态，就可求得等效应力 $\overline{\sigma}$，由式（9-49）给出的材料特性曲线，得到等效应变 $\overline{\varepsilon}$，从而通过式（9-52）确定该点处的应变状态。进一步分析还可看出，弹性和塑性的根本区别不在于它们的应力-应变关系是否线性，而在于卸载时的行为不同：弹性体没有永久变形，在卸载过程中应力-应变关系仍按原来的规律返回；而塑性变形则存在不可恢复的部分，其卸载路径与原来的加载路径不重合。在简单加载情况下，由于不存在卸载，应力和应变之间有单值对应关系，所以全量理论关系式（9-52）也可以理解为是某种非线性弹性体的应力-应变关系式。采用全量理论作为物理关系来求解小弹塑性变形问题，等同于求解某个非线性弹性力学问题，因此较为简单实用。

9.4.3　塑性关系的增量理论

通常情况，在塑性变形范围内，应力与全量应变的关系是非线性的，应变不能由应力唯一确定，而是与变形历史有关。这是由于随着变形的发生与发展，材料原有的组织和性能也随之发生变化，而且塑性变形是永久变形，每一微小阶段的塑性变形所导致的组织和性能变化都要保留下来，并影响下一阶段的变形过程，因此，各个微小变形阶段的应力应变关系都是不同的。有一类理论认为塑性状态下是塑性应变增量（或应变速率）和应力之间的关系。这类理论称为增量理论，也称为流动理论。

历史上对塑性增量理论的探讨是从 1870 年圣文南（Saint-Veeant）对平面应变的处理开始的。他从对该物理现象的深刻理解提出了应变增量（而不是应变全量）主轴和应力主轴重合的假设。接着，1871 年列维（M. Levy）引用了这个关于方向的假设，并进一步提出了分配关系，应变增量各分量与相应的应力偏量各分量成比例。这一假设在塑性力学的发展过程中具有重要意义，但在当时并没有引起人们的重视。直到 1913 年，米塞斯又独立地提出了相同的关系式后，才广泛地作为塑性力学的基本表达式。因此被称为列维-米塞斯理论，即：

$$\mathrm{d}\varepsilon_{ij} = \sigma_{ij}'\mathrm{d}\lambda \tag{9-53}$$

式中，$\mathrm{d}\lambda$ 为正的瞬时常数，在加载的不同瞬时是变化的；在卸载时，$\mathrm{d}\lambda = 0$。

该理论后来被发现不包括弹性变形，因此其是建立在以下 4 个假设条件基础之上的：

（1）假设材料为刚塑性材料，即弹性应变增量为 0，塑性应变增量就是总的应变增量；

（2）材料符合米塞斯屈服准则，即 $\overline{\sigma} = \sigma_{s}$；

（3）在每一加载瞬时，应力主轴与应变增量主轴重合；

（4）材料在塑性变形过程中满足体积不变条件，即应变增量张量就是应变增量偏张量。

从上面假设可以看出，列维-米塞斯理论是一种理想刚塑性本构关系模型。将式（9-53）展开后可得：

$$\begin{cases} d\varepsilon_x = \dfrac{2}{3}d\lambda\left[\sigma_x - \dfrac{1}{2}(\sigma_y + \sigma_z)\right], \quad d\gamma_{xy} = \tau_{xy}d\lambda \\[2mm] d\varepsilon_y = \dfrac{2}{3}d\lambda\left[\sigma_y - \dfrac{1}{2}(\sigma_z + \sigma_x)\right], \quad d\gamma_{yz} = \tau_{yz}d\lambda \\[2mm] d\varepsilon_z = \dfrac{2}{3}d\lambda\left[\sigma_z - \dfrac{1}{2}(\sigma_x + \sigma_y)\right], \quad d\gamma_{zx} = \tau_{zx}d\lambda \end{cases} \tag{9-54}$$

将上式正应变增量两两相减，并将切应变的表达式一同写出，可得：

$$\begin{cases} d\varepsilon_x - d\varepsilon_y = d\lambda(\sigma_x - \sigma_y), \quad d\gamma_{xy} = \tau_{xy}d\lambda \\ d\varepsilon_y - d\varepsilon_z = d\lambda(\sigma_y - \sigma_z), \quad d\gamma_{yz} = \tau_{yz}d\lambda \\ d\varepsilon_z - d\varepsilon_x = d\lambda(\sigma_z - \sigma_x), \quad d\gamma_{zx} = \tau_{zx}d\lambda \end{cases} \tag{9-55}$$

将上式代入等效应力公式（8-45），并对比等效应变公式（8-91），整理后可得：

$$d\lambda = \frac{3}{2}\frac{d\bar{\varepsilon}}{\bar{\sigma}} \tag{9-56}$$

将式（9-56）代入式（9-54），可得：

$$d\varepsilon_{ij} = \frac{3d\bar{\varepsilon}}{2\bar{\sigma}}\sigma_{ij}' \tag{9-57}$$

比较式（9-57）与式（9-52），可以看出二者是非常相似的。将式（9-57）展开后，可得：

$$\begin{cases} d\varepsilon_x = \dfrac{d\bar{\varepsilon}}{\bar{\sigma}}\left[\sigma_x - \dfrac{1}{2}(\sigma_y + \sigma_z)\right], \quad d\gamma_{xy} = \dfrac{3}{2}\dfrac{d\bar{\varepsilon}}{\bar{\sigma}}\tau_{xy} \\[2mm] d\varepsilon_y = \dfrac{d\bar{\varepsilon}}{\bar{\sigma}}\left[\sigma_y - \dfrac{1}{2}(\sigma_z + \sigma_x)\right], \quad d\gamma_{yz} = \dfrac{3}{2}\dfrac{d\bar{\varepsilon}}{\bar{\sigma}}\tau_{yz} \\[2mm] d\varepsilon_z = \dfrac{d\bar{\varepsilon}}{\bar{\sigma}}\left[\sigma_z - \dfrac{1}{2}(\sigma_x + \sigma_y)\right], \quad d\gamma_{zx} = \dfrac{3}{2}\dfrac{d\bar{\varepsilon}}{\bar{\sigma}}\tau_{zx} \end{cases} \tag{9-58}$$

列维-米塞斯理论给出了应变增量与应力偏量之间的关系。当应变增量 $d\varepsilon_{ij}$ 已知时，由式（9-55）只能求得应力偏量分量或正应力之差 $\sigma_x - \sigma_y$，$\sigma_y - \sigma_z$，$\sigma_z - \sigma_x$，一般不能求出应力分量 σ_x、σ_y、σ_z，因为 $d\varepsilon_m = 0$，平均应力仍是未知数；当应力分量已知时，只能求出应变增量各分量之间的比值，不能求出应变增量分量，因为对于理想刚塑性材料，应变增量与应力分量之间无单值关系，即 $\bar{\sigma} = \sigma_s$ 已知，但 $d\bar{\varepsilon}$ 是未知数。

将式（9-53）两边除以时间 dt，可得应力-应变速率方程，即：

$$\dot{\varepsilon}_{ij} = \frac{d\varepsilon_{ij}}{dt} = \frac{d\lambda}{dt}\sigma_{ij}' = \dot{\lambda}\sigma_{ij}' \tag{9-59}$$

式中，$\dot{\lambda}$ 为 $d\lambda$ 对时间的变化率。

式（9-59）是圣文南（Saint-Venant）于1870年提出的，称为圣文南塑性流动方程。仿照式（9-56），可得：

$$\dot{\lambda} = \frac{3}{2}\frac{\dot{\bar{\varepsilon}}}{\bar{\sigma}} \tag{9-60}$$

将式（9-60）代入式（9-59），并将其展开，可得：

$$\begin{cases} \dot{\varepsilon}_x = \dfrac{\bar{\dot{\varepsilon}}}{\bar{\sigma}}\left[\sigma_x - \dfrac{1}{2}(\sigma_y + \sigma_z)\right], \quad \dot{\gamma}_{xy} = \dfrac{3}{2}\dfrac{\bar{\dot{\varepsilon}}}{\bar{\sigma}}\tau_{xy} \\[2mm] \dot{\varepsilon}_y = \dfrac{\bar{\dot{\varepsilon}}}{\bar{\sigma}}\left[\sigma_y - \dfrac{1}{2}(\sigma_z + \sigma_x)\right], \quad \dot{\gamma}_{yz} = \dfrac{3}{2}\dfrac{\bar{\dot{\varepsilon}}}{\bar{\sigma}}\tau_{yz} \\[2mm] \dot{\varepsilon}_z = \dfrac{\bar{\dot{\varepsilon}}}{\bar{\sigma}}\left[\sigma_z - \dfrac{1}{2}(\sigma_x + \sigma_y)\right], \quad \dot{\gamma}_{zx} = \dfrac{3}{2}\dfrac{\bar{\dot{\varepsilon}}}{\bar{\sigma}}\tau_{zx} \end{cases} \tag{9-61}$$

上述应变增量及应变速率的塑性应力应变关系没有考虑弹性变形的影响，因此，仅适用于大塑性变形问题。对于塑性变形量较小、弹性变形不可忽略，以及求解弹性回跳和残余应力问题时不宜采用列维-米塞斯理论。普朗特于1924年提出了平面应变下理想弹塑性材料的应力应变关系，劳斯在1930年也独立地提出过该理论，并将其推广到一般情况，通常将这一理论称为普朗特-劳斯理论。该理论考虑了弹性变形部分，即总的应变增量 $d\varepsilon_{ij}$ 由弹性应变增量 $d\varepsilon_{ij}^e$ 和塑性应变增量 $d\varepsilon_{ij}^p$ 两部分组成，即：

$$d\varepsilon_{ij} = d\varepsilon_{ij}^e + d\varepsilon_{ij}^p \tag{9-62}$$

塑性应变增量 $d\varepsilon_{ij}^p$ 由列维-米塞斯理论给出，弹性应变增量 $d\varepsilon_{ij}^e$ 由广义虎克定律的微分形式给出，即：

$$d\varepsilon_{ij}^e = \frac{1}{2G}d\sigma_{ij}' + \frac{1-2\nu}{E}\delta_{ij}d\sigma_m \tag{9-63}$$

将式（9-63）和列维-米塞斯理论式（9-53）代入式（9-62），可得：

$$d\varepsilon_{ij} = \frac{1}{2G}d\sigma_{ij}' + \frac{1-2\nu}{E}\delta_{ij}d\sigma_m + \sigma_{ij}'d\lambda \tag{9-64}$$

9.5 应力应变顺序对应规律

在求解塑性加工问题时，经常会遇到应力、应变顺序确定的问题，例如当主应力顺序已知时，采用屈雷斯加屈服准则要比米塞斯屈服准则方便得多；当采用主应力法求解塑性加工问题时，所使用的近似屈服准则也需要确定正应力的顺序；对于一个具体的塑性加工问题，当应力在一定范围变化时，为了确定变形体尺寸、形状的变化，需要确定各方向上应变全量的相对大小。以下所介绍的应力应变顺序对应规律，既可以根据应变的顺序确定应力的顺序，也可以根据应力顺序确定应变的顺序，是塑性加工理论中的基本规律之一。

应力应变顺序对应规律包括应力应变顺序对应关系和应力应变的中间关系。应力应变顺序对应关系的含义是：塑性变形时，当主应力顺序 $\sigma_1 > \sigma_2 > \sigma_3$ 不变，且应变主轴方向不变时，则主应变顺序与主应力顺序相对应，即 $\varepsilon_1 > \varepsilon_2 > \varepsilon_3$（$\varepsilon_1 > 0$，$\varepsilon_3 < 0$）。应力应变的中间关系的含义是：当 $\sigma_2 \gtreqless \dfrac{\sigma_1+\sigma_3}{2}$ 的关系保持不变时，相应地有 $\varepsilon_2 \lesseqgtr 0$。

应力应变顺序对应规律的证明如下：

在主坐标系下，若主应力顺序始终保持不变，例如 $\sigma_1 > \sigma_2 > \sigma_3$，则主应力偏量分量的顺序也是不变的，即：

$$\sigma_1 - \sigma_m > \sigma_2 - \sigma_m > \sigma_3 - \sigma_m \tag{9-65}$$

列维-米塞斯应力方程式（9-53）可以写成如下形式，即：

$$\frac{d\varepsilon_1}{\sigma_1 - \sigma_m} = \frac{d\varepsilon_2}{\sigma_2 - \sigma_m} = \frac{d\varepsilon_3}{\sigma_3 - \sigma_m} = d\lambda \tag{9-66}$$

将式（9-65）代入式（9-66），可得：

$$d\varepsilon_1 > d\varepsilon_2 > d\varepsilon_3 \tag{9-67}$$

可将初始应变为 0 的变形过程视为是由几个变形阶段所组成的，则在时间间隔 t_1 中，应变增量为：

$$d\varepsilon_1\big|_{t_1} = (\sigma_1 - \sigma_m)\big|_{t_1}d\lambda_1$$
$$d\varepsilon_2\big|_{t_1} = (\sigma_2 - \sigma_m)\big|_{t_1}d\lambda_1 \tag{9-68}$$
$$d\varepsilon_3\big|_{t_1} = (\sigma_3 - \sigma_m)\big|_{t_1}d\lambda_1$$

在时间间隔 t_2 中，有：

$$d\varepsilon_1\big|_{t_2} = (\sigma_1 - \sigma_m)\big|_{t_2}d\lambda_2$$
$$d\varepsilon_2\big|_{t_2} = (\sigma_2 - \sigma_m)\big|_{t_2}d\lambda_2 \tag{9-69}$$
$$d\varepsilon_3\big|_{t_2} = (\sigma_3 - \sigma_m)\big|_{t_2}d\lambda_2$$
$$\vdots$$

在时间间隔 t_n 中有：

$$d\varepsilon_1\big|_{t_n} = (\sigma_1 - \sigma_m)\big|_{t_n}d\lambda_n$$
$$d\varepsilon_2\big|_{t_n} = (\sigma_2 - \sigma_m)\big|_{t_n}d\lambda_n \tag{9-70}$$
$$d\varepsilon_3\big|_{t_n} = (\sigma_3 - \sigma_m)\big|_{t_n}d\lambda_n$$

由于主轴方向不变，各方向的应变全量等于各阶段应变增量之和，即：

$$\varepsilon_1 = \sum d\varepsilon_1, \quad \varepsilon_2 = \sum d\varepsilon_2, \quad \varepsilon_3 = \sum d\varepsilon_3 \tag{9-71}$$

$$\varepsilon_1 - \varepsilon_2 = (\sigma_1 - \sigma_2)\big|_{t_1}d\lambda_1 + (\sigma_1 - \sigma_2)\big|_{t_2}d\lambda_2 + \cdots + (\sigma_1 - \sigma_2)\big|_{t_n}d\lambda_n \tag{9-72}$$

由于始终保持 $\sigma_1 > \sigma_2$，因此有：

$$(\sigma_1 - \sigma_2)\big|_{t_1} > 0, (\sigma_1 - \sigma_2)\big|_{t_2} > 0 > \cdots > (\sigma_1 - \sigma_2)\big|_{t_n} > 0 \tag{9-73}$$

并且由于 $d\lambda_1$，$d\lambda_2$，$\cdots$，$d\lambda_n$ 均大于 0，因此，式（9-74）右端恒大于 0，即 $\varepsilon_1 > \varepsilon_2$。同理有 $\varepsilon_2 > \varepsilon_3$，由此可得：

$$\varepsilon_1 > \varepsilon_2 > \varepsilon_3 \tag{9-74}$$

根据体积不变条件 $\varepsilon_1 + \varepsilon_2 + \varepsilon_3 = 0$，可得 $\varepsilon_1 > 0$，$\varepsilon_3 < 0$。

沿中间主应力 σ_2 方向的应变 ε_2 的符号，需根据 σ_2 的相对大小来确定。由式（9-74）可得：

$$\varepsilon_2 = (\sigma_2 - \sigma_m)\big|_{t_1}d\lambda_1 + (\sigma_2 - \sigma_m)\big|_{t_2}d\lambda_2 + \cdots + (\sigma_2 - \sigma_m)\big|_{t_n}d\lambda_n \tag{9-75}$$

在变形过程中，若始终保持 $\sigma_2 > \dfrac{\sigma_1 + \sigma_3}{2}$，即 $\sigma_2 > \sigma_m$，则由于 $d\lambda_1$，$d\lambda_2$，$\cdots$，$d\lambda_n$ 均大于 0，因此，上式右端恒大于 0，即 $\varepsilon_2 > 0$。同理可得，当 $\sigma_2 = \dfrac{\sigma_1 + \sigma_3}{2}$ 时，有 $\varepsilon_2 = 0$；当 $\sigma_2 < \dfrac{\sigma_1 + \sigma_3}{2}$ 时，有 $\varepsilon_2 < 0$，即当 $\sigma_2 \gtreqless \dfrac{\sigma_1 + \sigma_3}{2}$ 的关系保持不变时，相应地有 $\varepsilon_2 \gtreqless 0$。

9.6 等效应力-等效应变曲线的单一性

从式（9-51）可以看出，塑性变形时的应力、应变之间的关系，总可归结为等效应力与等效应变之间的关系，即 $\bar{\sigma}=f(\bar{\varepsilon})$，这种关系只与材料性质、变形条件有关，而与应力状态无关。实验表明，按不同应力组合所得到的 $\bar{\sigma}\text{-}\bar{\varepsilon}$ 曲线与简单拉伸时的应力-应变曲线基本相同。因此，通常可以假设，对于同一种材料，在变形条件相同的条件下，等效应力与等效应变曲线是单一的，称为单一曲线假设。

9.6.1 等效应力-等效应变曲线的确定方法

由于等效应力-等效应变曲线的单一性假设，就可以采用最简单的实验方法来确定材料的等效应力与等效应变曲线。常用的实验方法有以下 3 种：

（1）单向拉伸实验。对于实心圆柱体单向拉伸时的应力状态和应变状态为：$\sigma_1>0$，$\sigma_2=\sigma_3=0$；$\varepsilon_1=-(\varepsilon_2+\varepsilon_3)$，$\varepsilon_2=\varepsilon_3$。

将上式代入等效应力式（8-45）与等效应变式（8-91），可得：$\bar{\sigma}=\sigma_1$，$\bar{\varepsilon}=\varepsilon_1$。由此可见，采用圆柱体单向拉伸实验所得到的应力-应变曲线就是等效应力-等效应变曲线。但是，该关系仅适合于产生缩颈之前，产生缩颈时，变形区内的应力状态已变为三向应力状态，此时，$\sigma_2\neq0$，$\sigma_3\neq0$，因此，$\bar{\sigma}\neq\sigma_1$。

（2）单向压缩实验。单向拉伸实验时，由于缩颈的出现，使得应变量较小，从而限制了其使用范围。为了获得较大应用范围的 $\bar{\sigma}\text{-}\bar{\varepsilon}$ 曲线，就需要采用圆柱体试样的轴对称单向压缩实验。单向压缩实验的主要问题是试样与工具之间不可避免地存在着摩擦，摩擦力的存在会改变试样的单向均匀压缩状态，并使圆柱体试样出现鼓形，由此所得到的应力也就不是真实应力。因此，消除接触表面间的摩擦是获得精确的单向压缩应力-应变曲线的关键。

除应力的正负号相反外，圆柱体单向压缩与单向拉伸时的应力状态是相同的，仍有 $\bar{\sigma}=-\sigma_3$，$\bar{\varepsilon}=-\varepsilon_3$。

（3）平面应变压缩实验。如果被加工工件为厚度较薄的板料，进行圆柱体单向拉伸实验或单向压缩实验是非常困难的，此时可以采用平面应变压缩实验，如图 9-13 所示。

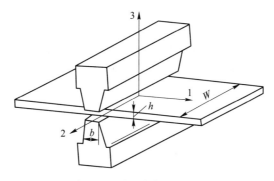

图 9-13 平面应变压缩实验

设平面应变压缩时的板料宽度为 W，工具宽度为 b，厚度为 h，则一般取 $W/b = 6 \sim 10$，$b = (2 \sim 4)h$，此时，沿板料宽度方向的宽展可忽略不计，可将板料看作是处于平面应变状态。平面应变单向压缩时的应力状态和应变状态为：

$$\sigma_3, \sigma_1 = 0, \sigma_2 = \frac{\sigma_1 + \sigma_3}{2} = \frac{\sigma_3}{2}; \varepsilon_2 = 0, \varepsilon_1 = -\varepsilon_3$$

将上式代入等效应力式（8-45）与等效应变式（8-91），可得：

$$\bar{\sigma} = -\frac{\sqrt{3}}{2}\sigma_3, \bar{\varepsilon} = -\frac{2}{\sqrt{3}}\varepsilon_3$$

根据平面应变压缩时的应力 σ_3 和应变 ε_3 曲线，由上式可以得到 $\bar{\sigma}\text{-}\bar{\varepsilon}$ 曲线。

9.6.2 等效应力-等效应变曲线的简化模型

采用上述的实验方法所得到的 $\bar{\sigma}\text{-}\bar{\varepsilon}$ 曲线比较复杂，不能用简单的函数形式来描述，在应用上是不方便的。在工程应用上，通常将实验所得到的 $\bar{\sigma}\text{-}\bar{\varepsilon}$ 曲线处理成可以用某一函数表达的形式。以下将介绍几种常见的处理方法（图9-14）。

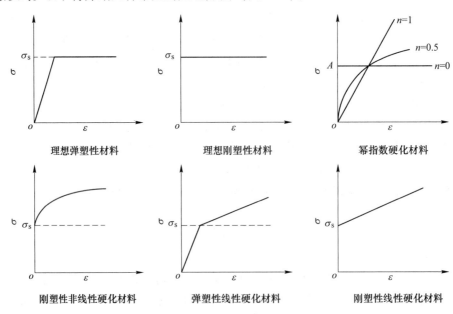

图9-14　应力-应变曲线的简化模型

（1）理想弹塑性材料模型。理想弹塑性材料模型的特点是应力达到屈服应力以前，应力应变呈线性关系，应力达到屈服应力以后，保持为常数，与应变无关（图9-14（a））。其数学表达式为：

$$\begin{cases} \bar{\sigma} = E\bar{\varepsilon} & \text{当 } \bar{\varepsilon} \leqslant \varepsilon_e \\ \bar{\sigma} = \sigma_s = E\varepsilon_e & \text{当 } \bar{\varepsilon} \geqslant \varepsilon_e \end{cases} \tag{9-76}$$

式中，ε_e 为与弹性极限相对应的弹性应变。该模型适合于应变不太大、强化程度较小的材料。

（2）理想刚塑性材料模型。当材料的强化和弹性变形都可以忽略不计时，则可以认为材料是理想刚塑性的（图 9-14（b））。对于热加工范围内的金属变形都宜采用该模型。其数学表达式为：

$$\overline{\sigma} = \sigma_s \tag{9-77}$$

（3）幂指数硬化材料模型。幂指数硬化曲线如图 9-14（c）所示，可用下式表示，即：

$$\overline{\sigma} = A\overline{\varepsilon}^n \tag{9-78}$$

式中，A 为强度系数；n 为硬化指数，$0<n<1$。

式（9-78）对大多数金属材料都是适用的。当 $n=0$ 时，式（9-78）变为理想刚塑性材料模型；当 $n=1$ 时，式（9-78）变为理想弹性材料模型。由于 $\overline{\varepsilon}=0$ 时将导致 $\dfrac{d\overline{\sigma}}{d\varepsilon}$ 无穷大，因此，当应变较小时不宜采用该模型。

（4）刚塑性非线性硬化材料模型。该模型如图 9-14（d）所示，其数学表达式为：

$$\overline{\sigma} = \sigma_s + A_1\overline{\varepsilon}^m \tag{9-79}$$

式中，A_1、m 为与材料性质有关的参数。

式（9-79）适合于预先经过冷加工的金属。材料在屈服前为刚性的，屈服后其硬化曲线接近于抛物线。

（5）弹塑性线性硬化材料模型。该模型如图 9-14（e）所示，其数学表达式为：

$$\begin{cases} \overline{\sigma} = E\overline{\varepsilon} & \text{当 } \overline{\varepsilon} \leqslant \varepsilon_e \\ \overline{\sigma} = \sigma_s + E'(\overline{\varepsilon} - \varepsilon_e) & \text{当 } \overline{\varepsilon} \geqslant \varepsilon_e \end{cases} \tag{9-80}$$

式中，E' 为塑性模量。

该模型适合于弹性变形不可忽略，且塑性变形的硬化率接近于不变的情况。一般合金钢、铝合金等可以采用这种材料模型。

（6）刚塑性线性硬化材料模型。若材料的强化仍可认为是线性的，但可以忽略弹性变形，则属于刚塑性线性硬化材料。该模型的数学表达式为：

$$\overline{\sigma} = \sigma_s + A_2\overline{\varepsilon} \tag{9-81}$$

该模型相当于式（9-79）中的 $m=1$ 的情况（图 9-14（f））。对于经过了较大的冷变形量后，其应变硬化率几乎不变的金属可采用该材料模型。

练习与思考题

1. 试述屈服准则的几何意义。
2. 试述米塞斯屈服准则与屈雷斯加屈服准则的特点。
3. 何谓 π 平面，为什么说在 π 平面的屈服轨迹上有 6 个对称轴？
4. 已知应力张量：

$$\sigma_{ij} = \begin{bmatrix} C & 0 & 0 \\ 0 & 0 & 0 \\ 0 & 0 & -C \end{bmatrix} \quad (C \text{ 为正的常数})$$

试问当恰好发生屈服时，按米塞斯屈服准则和屈雷斯加屈服准则，C 的值是多少？

5. 在棱边为 1mm×1mm×1mm 立方体的一个面上施加 $10\sqrt{7}$ N 的压缩载荷，正好使该立方体发生屈服，如果在其他两个面上分别作用有 10N 和 20N 的压缩载荷时，则该平面上需要作用多大载荷，才能使该立方体发生屈服？（假设接触面上的摩擦可以忽略）

6. 已知具有半球形端部的薄壁圆筒（图 9-15），平均半径为 r，壁厚为 t，受内压力 p 作用，试求此时薄壁圆筒的屈服条件（按米塞斯屈服准则和屈雷斯加屈服准则）。

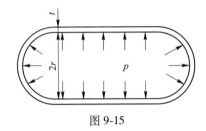

图 9-15

7. 在 x、y、z 坐标系下，试推导出 $\sigma_z = \sigma_y$、$\tau_{zx} = \tau_{yz} = 0$ 条件下的米塞斯（Mises）屈服准则的表达式。

8. 为什么说描述塑性范围内的应力-应变关系比弹性范围内的要复杂得多？

9. 试述全量理论与增量理论的区别。

10. 应力应变顺序对应规律包含哪些基本内容，在应用上有何意义？

11. 等效应力-等效应变单一曲线假设有什么意义？

12. 等效应力-等效应变曲线的简化模型有哪些？分别写出其数学表达式。

13. 已知 $\sigma_1 = \dfrac{\sigma_s}{2}$，$\sigma_2 = -\dfrac{\sigma_s}{2}$，$\sigma_3 = 0$，$\mathrm{d}\varepsilon_1^{\mathrm{p}} = a$（$a$ 为常数），试求相应的应变增量 $\mathrm{d}\varepsilon_2^{\mathrm{p}}$、$\mathrm{d}\varepsilon_3^{\mathrm{p}}$。

14. 已知下列 3 种应力状态的 3 个主应力为：（1）$\sigma_1 = \sigma$，$\sigma_2 = 0$，$\sigma_3 = -\sigma/2$；（2）$\sigma_1 = 2\sigma$，$\sigma_2 = \sigma$，$\sigma_3 = 0$；（3）$\sigma_1 = 60$，$\sigma_2 = 30$，$\sigma_3 = 0$。求应变增量的比值。

10 塑性加工问题解析方法

利用前面两章介绍的塑性成形力学基本方程和物理概念，再结合相应的边界条件，就可以求解塑性加工问题。

10.1 塑性加工问题的解

塑性加工问题的解，通常包括变形体内部的位移速度分布 $\dot{u}_i$、应力分布 σ_{ij}、应变分布 ε_{ij} 或应变速率分布 $\dot{\varepsilon}_{ij}$，从而计算出物体发生变形所需要的变形力、变形功以及变形功率，并预测产品外形尺寸、性能、可能出现的缺陷，为加工设备的选择、工装模具设计以及工艺方案优化提供理论指导。

由于材料在塑性变形过程中需保持连续性，并且需满足预先规定的表面力和加工速度，因此，变形体内部所产生的应力、应变及位移速度都不可能是任意的，而需要受到一定的约束。（1）金属处于塑性变形和力平衡状态，这就要求物体内各点的应力状态 σ_{ij}，处处遵守屈服准则，并服从力的平衡方程，在边界上要同应力边界条件相一致。（2）金属在变形过程中始终保持连续性，因此，位移 u_i 和应变 σ_{ij} 之间以及速度 $\dot{u}_i$ 和应变速率 $\dot{\varepsilon}_{ij}$ 之间应满足应变几何方程，应变的各分量之间应该相容，即服从体积不变条件，金属的速度 $\dot{u}_i$ 在边界上要同速度边界条件相一致。（3）金属的应力 σ_{ij} 和应变 ε_{ij} 或 $\dot{\varepsilon}_{ij}$ 之间也有着确定的关系，必须服从应力应变关系式或流动法则。这就是说，金属塑性加工问题的解，必须满足以下条件：变形体的应力分布要满足应力平衡微分方程、屈服准则和应力边界条件，变形速度和应变分布要满足应变几何方程、体积不变条件和速度边界条件，而应力和应变之间要满足塑性应力应变关系式。全部满足上述条件的解，称为塑性加工问题的精确解。

通常情况，塑性加工问题的边界条件是应力与速度混合的，即在一部分边界上应力已知、速度未知，而在另一部分边界上应力未知、速度已知。在这种情况下，联立求解上述所有方程求解精确解是非常困难的，甚至是不可能的。为了适应工程上的需要，常常放松精确解的部分条件，仅要求满足其中的一部分条件，由此所得到的解，称为近似解。如果在求解时，仅要求满足运动许可条件，即应变几何方程、体积不变条件和速度边界条件，而对静力许可条件，即应力平衡微分方程、屈服准则和应力边界条件不予考虑，这样所得到的解，称为上限解，上限解是精确解的上限；相反，如果在求解时仅要求满足静力许可条件，而对运动许可条件不予考虑，这样所得到的解，称为下限解，下限解是精确解的下限。求近似解的方法很多，其所追求的目标是尽量采用简单的数学处理方法，从多个上限解中求得最小的上限解，从多个下限解中求得最大的下限解，如果一个问题的上限解和下限解相等，这个解就是精确解。

10.2 边界条件

在求解塑性加工问题时，由于变形体中一部分界面上存在已知的受力条件或运动条件，联立求解的方程组需要同时满足这些条件。

10.2.1 应力边界条件

塑性变形体的边界面上通常有外力的作用，其中一部分是未知待求解的，而另一部分则是已知的，应力边界条件描述了边界两侧的内力与外力之间的联系。分析应力边界条件的方法与前述第 8 章中求任意斜截面上的应力情况是相同的。如图 10-1 所示，在变形体的边界处取一个微分四面体，由于微分四面体非常小，因此其边界面可以看作一个斜截面，其法线为 N。四面体的其余 3 个平面相互垂直，并且与坐标平面平行，其上 9 个应力分量 σ_{ij} 属于变形体的

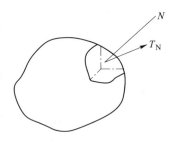

图 10-1 边界上的微分四面体

内力。作用在斜截面上的应力 T_N 为外力，T_N 在 3 个坐标轴上的投影分别为 T_x、T_y、T_z。作用在微分四面体上的外力与内力需满足静力平衡条件，即：

$$T_i = \sigma_{ij} l_j \tag{10-1}$$

式（10-1）称为应力边界条件。最常见的应力边界条件有 3 种：（1）摩擦边界条件，如工件与工具接触表面上，既有压缩正应力，也有摩擦切应力的作用；（2）自由边界条件，如工件裸露在外的自由表面上没有外力作用，正应力和切应力均为 0；（3）准边界条件，即在变形区分界面上作用的应力，如挤压时塑性区与刚性区的分界面。

10.2.1.1 摩擦边界条件

在塑性加工过程中，金属与工具表面接触并发生相对滑动，因此存在摩擦切应力。例如，挤压时坯料与挤压筒内壁的摩擦力，轧制时坯料与轧辊间的摩擦力等。摩擦力的方向与接触面的切线方向一致，并与质点运动方向相反。单位接触面上的摩擦力称为摩擦切应力。摩擦切应力是作用在边界面上的外力，它与内力之间的联系，可由式（10-1）来描述。

根据变形体与工具接触表面之间润滑层的厚度不同，可以将摩擦分为 3 种类型：干摩擦、边界摩擦和流体摩擦。（1）干摩擦是指变形体与工具之间不存在任何润滑剂或其他外来介质，变形体和工具表面上的微凸体直接接触所产生的摩擦。（2）边界摩擦是指变形体与工具之间存在一层很薄的润滑层，其厚度约为 $0.1\mu m$ 左右，此时变形体和工具表面上的微凸体不再直接接触，但仍能相互嵌入的情况。（3）流体摩擦是当变形体与工具接触表面之间的润滑层较厚，二者完全被润滑层隔开的流体润滑状态，二者间的摩擦为润滑层之间的内摩擦，称为流体摩擦。

摩擦边界条件是求解塑性加工问题的前提条件，必须预先给定。但是，影响摩擦的因素非常多，例如材料性质、接触表面的物理和化学特性、变形温度、变形速度、加载特性以及变形区几何学等。因此，目前还不可能从理论上给出一个描述摩擦力分布规律的精确表达式，通常采用一些简化的模型来进行解析。由于塑性加工过程是在较高的温度和较高

的压力下进行的，不易形成流体润滑，因此，常用的摩擦模型有如下两种：

（1）库仑摩擦模型。该模型用库仑摩擦定律来描述变形体与工具接触表面之间的摩擦，即接触表面上任一点的摩擦切应力与正压应力成正比。其表达式为：

$$\tau_f = \mu \sigma_n \tag{10-2}$$

式中，τ_f 为摩擦切应力；σ_n 为接触表面上的正压应力；μ 为摩擦系数。

对于一定的工具和变形物体，当接触表面与温度不变时，可假设摩擦系数 μ 为常数，与变形速度无关。通常 μ 可根据实验来确定，但其取值范围受屈服准则限制。金属塑性变形时，变形体与工具接触表面上的正压应力的最小值为单向拉伸或单向压缩时的屈服应力，即 $\sigma_{n\min} = \sigma_s$；摩擦切应力的最大值为剪切屈服强度，即 $\tau_{f\max} = k$。因此，摩擦系数 μ 的最大值为：

$$\mu_{\max} = \frac{\tau_{f\max}}{\sigma_{n\min}} = \frac{k}{\sigma_s} \tag{10-3}$$

由屈雷斯加屈服准则：$\sigma_s = 2k$，有 $\mu_{\max} = 0.5$；由米塞斯屈服准则：$\sigma_s = \sqrt{3}\,k$，有 $\mu_{\max} = \frac{1}{\sqrt{3}} = 0.577$。库仑摩擦模型适合于正压力不太大，变形量较小的冷塑性变形过程。为了确定变形体与工具接触表面之间的摩擦切应力，除摩擦系数外，还需要知道接触表面上的正压应力分布。

（2）常摩擦力模型。常摩擦力模型用下式表示，即：

$$\tau_f = mk \tag{10-4}$$

式中，m 为摩擦因子，其取值范围为 $0 \leqslant m \leqslant 1$。

常摩擦力模型不考虑接触表面上正压应力的变化，认为摩擦切应力与变形体的剪切屈服强度成正比。对于一定的工具和变形物体，当接触表面与温度不变时，可假设摩擦因子 m 为常数，与变形速度无关。当 $m = 0$ 时，$\tau_f = 0$，为无摩擦的理想状态；当 $m = 1$ 时，$\tau_f = k$，称为最大摩擦力条件。在热塑性变形时，金属黏附于工具表面，摩擦切应力等于变形金属的剪切屈服强度 k。采用常摩擦力模型不需要预先已知接触表面上的正压应力分布，因此，在使用上是比较方便的。

10.2.1.2 自由边界条件

将裸露的、不与任何物体相接触的边界面称为自由边界面。处于自由边界的微分单元体外表面不受任何约束力的作用，即在自由边界面上的正应力和切应力均为 0，$\sigma_n = \tau_n = 0$。

10.2.1.3 准边界条件

塑性变形过程中，在变形体内部某些区域的界面上也有规定的力。例如，对称面上的切应力必须为 0；塑性流动区与刚性区或死区界面上的切应力等于剪切屈服强度 k。这些界面虽然不是变形体的自然边界，但是，当以变形体内某一部分作为研究对象时，这些界面就成为所研究对象的边界面，通常将变形体内部各部分之间交界面上所应该满足的变形条件称为准应力边界条件。

10.2.2 速度边界条件

在塑性加工过程中，变形体的变形速度与工具的速度必须相容，否则变形过程无法进行。因此，在变形体与工具接触表面上有规定的速度，称为速度边界条件。设接触表面上变形体的变形速度为 $\dot{u}_i$，工具的速度为 $\dot{u}_0$，则速度边界条件表示为 $\dot{u}_i = \dot{u}_0$。

如图 10-2 所示的平行平板间圆柱体镦粗问题，设上压板的压下速度为 $\dot{u}_0$，下压板静止不动，在变形过程中的某一瞬时，设圆柱体高为 h，半径为 R，采用圆柱坐标 (r, θ, z) 系下，速度边界条件可表示为：

$$u_z\big|_{z=0} = 0, \qquad u_z\big|_{z=h} = -\dot{u}_0 \tag{10-5}$$

图 10-3 为圆棒在锥形模孔中拉拔时的情况。设拉拔机的工作速度为 $\dot{u}_0$，圆棒在入口端的直径为 D_0、出口端的直径为 D_1。在拉拔的某一瞬时的速度边界条件可表述为：与模具接触面上变形体的法向速度分量为 0，即 $\dot{u}_n = 0$，仅有切向速度分量 $\dot{u}_t$；出口端变形体的轴向速度 $\dot{u}_z$ 与拉拔机的工作速度 $\dot{u}_0$ 相同，即 $\dot{u}_z\big|_{D=D_1} = \dot{u}_0$。

除了接触面上有规定的速度外，在变形体内部某些特殊面上，由于变形特性的要求，也有规定的速度。例如，在镦粗与拉拔时，圆柱体和圆棒的中心轴线为对称轴，变形体的流动速度必须满足对称性条件，即镦粗和拉拔时均有 $\dot{u}_r\big|_{r=0} = 0$。有时将对称性条件称为准速度边界条件。

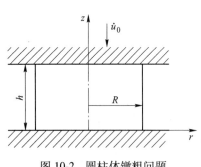

图 10-2   圆柱体镦粗问题

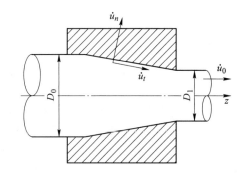

图 10-3   圆棒在锥形模孔中拉拔问题

在求解塑性加工问题时，必须预先确定应力边界条件和速度边界条件，变形体的应力分布必须满足应力边界条件，变形体的速度分布必须满足速度边界条件。但是，塑性加工问题的边界条件往往是非常复杂的，并不是全部边界上都规定了应力和速度，或者单一地规定了应力或速度，而是在一部分边界上规定了应力，但不规定速度，在另一部分边界上规定了速度，但不规定应力。例如，对于图 10-2 所示的圆柱体镦粗问题，在变形体与工具的接触表面上，工具的速度是已知的，正应力分布是未知的，但摩擦力分布是已知的，为速度边界条件；在自由表面上，应力分布是已知的，但速度分布是未知的，为应力边界条件。

10.3   基本方程的简化

在任意三向应力状态下，每一点的速度、应变和应力共有 15 个未知自由分量，显然，要求解三维问题的解，其困难程度是很大的。通常的处理办法是将变形过程简化为平面问题或轴对称问题，或者是这两者的组合，这种简化是有实际意义的。金属板带材的轧制过程，当轧件的宽度远大于其厚度时，宽度的变形是很小的，一般可以忽略，看作是仅有厚度和长度的变形，近似地满足平面应变条件。薄板金属的深冲问题，沿板件厚度方向上的应力通常可以忽略，近似看作为平面应力问题。而管、丝、棒材的生产过程，大多数可以认为是轴对称问题。把三维问题简化为平面问题和轴对称问题之后，变形力学的基本方程将大为简化。

10.3.1 平面应变问题的基本方程

在直角坐标系中，当变形体内任一点的位移与某一坐标轴无关，并且沿该坐标轴方向上的位移分量为 0 时，将这一变形过程称为平面应变问题。通常，对宽厚比较大的薄板进行压力加工时，可简化为平面应变问题，如薄板宽带材的轧制。假定无关轴为 z 轴时，可用位移增量方程表示平面应变问题：

$$\begin{cases} \mathrm{d}u_x = f_1(x,y) \\ \mathrm{d}u_y = f_2(x,y) \\ \mathrm{d}u_z = 0 \end{cases} \tag{10-6}$$

将上式代入直角坐标系下的应变几何方程式（8-65），可得：

$$\begin{cases} \mathrm{d}\varepsilon_x = \dfrac{\partial(\mathrm{d}u_x)}{\partial x}, \varepsilon_y = \dfrac{\partial(\mathrm{d}u_y)}{\partial y}, \gamma_{xy} = \gamma_{yx} = \dfrac{1}{2}\left[\dfrac{\partial(\mathrm{d}u_y)}{\partial x} + \dfrac{\partial(\mathrm{d}u_x)}{\partial y}\right] \\ \mathrm{d}\varepsilon_z = \mathrm{d}\gamma_{yz} = \mathrm{d}\gamma_{zy} = \mathrm{d}\gamma_{zx} = \mathrm{d}\gamma_{xz} = 0 \end{cases} \tag{10-7}$$

由应力应变关系式（9-54），可得：

$$\sigma_z = \frac{1}{2}(\sigma_x + \sigma_y) = \sigma_m = \frac{1}{2}(\sigma_{\max} + \sigma_{\min}), \tau_{yz} = \tau_{zy} = \tau_{zx} = \tau_{xz} = 0 \tag{10-8}$$

由上式可知，σ_z 为中间主应力，这个结论反映了平面应变条件下应力状态的一个重要特征：应变为 0 的方向上，正应力不为 0，它等于其他两个方向上正应力的平均值，即平均应力，并且是一个不变量。由于最大切应力表示为：

$$\tau_{\max} = k = \frac{1}{2}(\sigma_1 - \sigma_3) \tag{10-9}$$

当主应力顺序 $\sigma_1 \geq \sigma_2 \geq \sigma_3$ 已知时，由式（10-8）、式（10-9）可得主应力为：

$$\begin{cases} \sigma_1 = \sigma_m + k \\ \sigma_2 = \sigma_m \\ \sigma_3 = \sigma_m - k \end{cases} \tag{10-10}$$

由此可见，对于平面应变问题，变形体内任一点的应力状态都可以用平均应力和最大切应力来表示。平面应变状态下的应力平衡微分方程由式（8-49）可得：

$$\begin{cases} \dfrac{\partial \sigma_x}{\partial x} + \dfrac{\partial \tau_{yx}}{\partial y} = 0 \\ \dfrac{\partial \tau_{xy}}{\partial x} + \dfrac{\partial \sigma_y}{\partial y} = 0 \end{cases} \tag{10-11}$$

设 σ_2 为中间主应力，则屈雷斯加屈服准则为：

$$\sigma_1 - \sigma_3 = \pm 2k = \pm \sigma_s \tag{10-12}$$

米塞斯屈服准则简化为：

$$(\sigma_x - \sigma_y)^2 + 4\tau_{xy}^2 = 4k^2 \tag{10-13}$$

10.3.2　平面应力问题的基本方程

在直角坐标系下，当变形体内所有应力分量与某一坐标轴无关，在与该坐标轴垂直平面上的所有应力分量为 0，则这种应力状态称为平面应力状态，这种塑性加工问题称为平面应力问题。在工程实际中，薄壁容器承受内压、板料冲压成形等加工方式，由于厚度方向的应力相对较小而可以忽略，一般可作为平面应力状态来处理。

假设无关轴为 z 轴，与厚度方向相关的应力分量都为 0，则平面应力状态下的应力张量可表示为：

$$\sigma_{ij} = \begin{bmatrix} \sigma_x & \tau_{xy} & 0 \\ \tau_{yx} & \sigma_y & 0 \\ 0 & 0 & 0 \end{bmatrix} \tag{10-14}$$

主应力由式（8-16）可得：

$$\begin{cases} \sigma_1 = \dfrac{\sigma_x + \sigma_y}{2} + \sqrt{\left(\dfrac{\sigma_x - \sigma_y}{2}\right)^2 + \tau_{xy}^2} \\[2mm] \sigma_2 = \dfrac{\sigma_x + \sigma_y}{2} - \sqrt{\left(\dfrac{\sigma_x - \sigma_y}{2}\right)^2 + \tau_{xy}^2} \\[2mm] \sigma_3 = 0 \end{cases} \tag{10-15}$$

因此，应力平衡微分方程可简化为：

$$\begin{cases} \dfrac{\partial \sigma_x}{\partial x} + \dfrac{\partial \tau_{yx}}{\partial y} = 0 \\[2mm] \dfrac{\partial \tau_{xy}}{\partial x} + \dfrac{\partial \sigma_y}{\partial y} = 0 \end{cases} \tag{10-16}$$

屈雷斯加屈服准则可简化为：

$$\begin{cases} \sigma_1 - \sigma_2 = \pm 2k = \pm \sigma_s \\ \sigma_2 = \pm 2k = \pm \sigma_s \\ \sigma_1 = \pm 2k = \pm \sigma_s \end{cases} \tag{10-17}$$

米塞斯屈服准则可简化为

$$\sigma_1^2 + \sigma_2^2 - \sigma_1\sigma_2 = \sigma_s^2 = 3k^2 \tag{10-18}$$

10.3.3　轴对称问题的基本方程

当旋转体承受的外力对称于旋转轴分布时，则体内任一点的应力、应变、位移对称于此坐标轴，这类变形问题称为轴对称问题。对于轴对称问题，通常采用圆柱坐标系，其坐标轴分别为径向 r、周向 θ 和轴向 z，分析问题更为方便。可以用位移给轴对称变形问题定义：一个变形过程，如果任一点的位移仅发生在 r-z 坐标平面上，而与极角 θ 无关，形成以 z 轴为对称，则这种变形过程称为轴对称变形问题。由于其对称性，旋转体的每个子午面（通过 z 轴的平面，即 θ 平面）始终保持平面，并且各子午面之间的夹角保持不变，所以沿 θ 坐标方向上的位移分量为 0。即：

$$du_r = du_r(r,z), \quad du_\theta = 0, \quad du_z = du_z(r,z) \tag{10-19}$$

将上式代入几何方程式（8-65），可得：

$$\begin{cases} d\varepsilon_r = \dfrac{\partial(du_r)}{\partial r}, \quad d\varepsilon_\theta = \dfrac{du_r}{r}, \quad d\varepsilon_z = \dfrac{\partial(du_z)}{\partial z} \\[3mm] d\gamma_{r\theta} = d\gamma_{\theta z} = 0, \quad d\gamma_{zr} = \dfrac{1}{2}\left[\dfrac{\partial(du_r)}{\partial z} + \dfrac{\partial(du_z)}{\partial x}\right] \end{cases} \tag{10-20}$$

由将上式代入应力应变关系式（9-54），可得：

$$\tau_{r\theta} = \tau_{\theta r} = \tau_{\theta z} = \tau_{z\theta} = 0$$

可以看出，子午面上的应力 σ_θ 是主应力，这样，在轴对称应力状态下的应力张量可写成如下形式：

$$\sigma_{ij} = \begin{bmatrix} \sigma_r & 0 & \tau_{rz} \\ 0 & \sigma_\theta & 0 \\ \tau_{zr} & 0 & \sigma_z \end{bmatrix} \tag{10-21}$$

在轴对称应力状态下，应力平衡微分方程式（7-61）可简化成如下形式：

$$\begin{cases} \dfrac{\partial\sigma_r}{\partial r} + \dfrac{\partial\tau_{zr}}{\partial z} + \dfrac{\sigma_r - \sigma_\theta}{r} = 0 \\[3mm] \dfrac{\partial\sigma_\theta}{\partial\theta} = 0 \\[3mm] \dfrac{\partial\tau_{rz}}{\partial r} + \dfrac{\partial\sigma_z}{\partial z} + \dfrac{\tau_{rz}}{r} = 0 \end{cases} \tag{10-22}$$

屈雷斯加屈服准则表示为：

$$\begin{cases} \sigma_r - \sigma_\theta = \pm 2k = \pm\sigma_s \\ \sigma_\theta - \sigma_z = \pm 2k = \pm\sigma_s \\ \sigma_z - \sigma_r = \pm 2k = \pm\sigma_s \end{cases} \tag{10-23}$$

米塞斯屈服准则可简化为：

$$(\sigma_r - \sigma_\theta)^2 + (\sigma_\theta - \sigma_z)^2 + (\sigma_z - \sigma_r)^2 + 6\tau_{rz}^2 = 2\sigma_s^2 = 6k^2 \tag{10-24}$$

对于某些特殊情况，例如圆柱体的平砧镦粗、圆柱体坯料的均匀挤压和拉拔等，其径向和周向的正应力分量相等，即 $\sigma_r = \sigma_\theta$。此时，只有 3 个独立的应力分量，米塞斯屈服准则可简化为：

$$(\sigma_r - \sigma_z)^2 + 3\tau_{zr}^2 = \sigma_s^2 = 3k^2 \tag{10-25}$$

需要注意的是圆筒、圆管等变形问题，径向和轴向的正应力不相等，米塞斯屈服准则不能简化为式（10-25）。

10.4 主 应 力 法

主应力法又称为切块法、平行截面法，是求解塑性加工问题近似解的一种方法。该方法将塑性加工问题简化为轴对称或平面应变问题，以均匀变形假设为前提，用平行截面切取单元体进行分析。在平面应变条件下，变形前的平截面在变形后仍为平截面，且与原截面平行；在轴对称条件下，变形前的圆柱面在变形后仍为圆柱面，且与原圆柱面同轴（平行）。对于形状复杂的变形体，可以根据金属流动情况将其划分为若干形状简单的部分，每一部分分别按轴对称问题或平面问题求解，最后"拼接"成一个整体。由于上述基本假设的限制，采用主应力法无法分析变形体内的应力分布。

10.4.1　主应力法的基本原理

主应力法在均匀变形和平行截面假设前提下，可将基本方程中的应力平衡偏微分方程简化为常微分方程，将米塞斯屈服准则的二次方程简化为线性方程，最后归结为求解一阶常微分应力平衡方程问题，从而获得工程上所需要的解。由于该方法基于假设单元体上作用着均匀分布的主应力，因此被称为"主应力法"。应用主应力法可以计算镦粗、挤压、轧制等加工问题，是一种比较简单的分析接触面上正应力分布并求解变形力的方法。

可以看出，利用主应力法求解变形力的数学计算比较简单，所推导的公式可以明显地说明各因素（如摩擦、工件尺寸比、受力状态）对变形力的影响。因此，尽管目前已有更先进的精确求解变形力的方法，主应力法仍是分析金属成形工艺和变形力计算的主要方法。但是，需要指出的是，此方法求出的是接触面上的应力分布情况，其计算结果的准确程度与所作简化是否接近实际情况密切相关。

利用主应力法求解塑性加工问题的基本原理可以归纳如下：

（1）根据实际变形区的情况，将问题简化为轴对称问题或平面问题。

（2）以平行截面切取单元体。根据金属塑性流动方向，用垂直于流动方向的平行截面（平面或弧面）截取单元体，单元体需包含接触表面在内，即所切取单元体的高度等于变形区的高度。假设在接触面上有正应力和切应力（摩擦力），在切面上有与一个坐标轴无关且均匀分布的正应力为主应力，这样在研究单元体的力学平衡方程时，不仅使方程数目减少为一个，而且得到的是常微分方程，大大降低了计算难度。

（3）假定工具与金属接触面上的边界条件为：正应力为主应力，切应力（摩擦应力）服从库仑摩擦模型 $\tau_f = \mu\sigma_n$，或常摩擦模型 $\tau_f = mk$。

（4）忽略各坐标平面上的切应力和摩擦切应力对塑性屈服条件的影响，将米塞斯屈服准则简化为一次线性方程。在主应力法中所采用的屈服准则如下：

1）对于平面应变问题，习惯用剪切屈服强度 k 表示，即

$$\sigma_x - \sigma_y = \pm 2k \tag{10-26}$$

2）对于轴对称问题，习惯用屈服应力 σ_s 表示，即

$$\sigma_r - \sigma_z = \pm\beta\sigma_s \tag{10-27}$$

（5）将单元体的塑性条件与简化的平衡微分方程联立求解，利用边界条件确定积分常数，得出接触面上的应力分布，进而求得变形力。

10.4.2　长矩形板镦粗的变形力

假设矩形板长度 l 远大于高度 h 和宽度 b，则可近似地认为矩形板沿长度方向的变形为 0，由此可将长矩形板镦粗视为平面应变问题。

（1）切取单元体。在如图 10-4 所示直角坐标系中，假设矩形板沿 z 轴方向（即长度 l方向）的变形为 0，在 x 轴上距原点为 x 处切取宽度为 dx、长度为 l 的单元体，单元体高

度等于变形区高度 h。两个平截面上的正应力分别为 σ_x 和 $\sigma_x + \mathrm{d}\sigma_x$，正应力沿 y 轴方向是均匀分布的，且设切应力为 0。单元体与刚性压板接触表面上的摩擦切应力为 τ_f，摩擦切应力的方向与矩形板塑性流动方向相反。

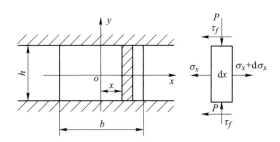

图 10-4　长矩形板镦粗问题及作用在单元体上的应力分量

（2）列出单元体的静力平衡方程。沿 x 方向列出单元体的静力平衡方程，即：

$$\sum F_x = (\sigma_x + \mathrm{d}\sigma_x)lh - \sigma_x lh - 2\tau_f l\mathrm{d}x = 0$$

整理后可得：

$$\frac{\mathrm{d}\sigma_x}{\mathrm{d}x} - \frac{2\tau_f}{h} = 0 \tag{10-28}$$

（3）代入摩擦条件。假设接触表面上的摩擦切应力服从库仑摩擦定律，即：

$$\tau_f = \mu p \tag{10-29}$$

式中，p 为工具作用在长矩形板上的单位压力。

将式（10-29）代入式（10-28），可得：

$$\frac{\mathrm{d}\sigma_x}{\mathrm{d}x} - \frac{2\mu p}{h} = 0 \tag{10-30}$$

（4）引用屈服准则。工程上习惯将工具作用在变形体上的单位压力 p 取为正值，而 y 方向上的应力 σ_y 是压缩应力，为负值，因此，有 $p = -\sigma_y$。根据应力应变顺序对应规律，可知 $\sigma_x \geqslant \sigma_y$，因此屈服准则式（10-26）变为如下形式：

$$\sigma_x - \sigma_y = \sigma_x + p = 2k \tag{10-31}$$

将上式微分，可得 $\mathrm{d}\sigma_x = -\mathrm{d}p$，代入式（10-30），可得：

$$\frac{\mathrm{d}p}{\mathrm{d}x} + \frac{2\mu p}{h} = 0 \tag{10-32}$$

（5）积分并确定积分常数。将式（10-32）积分后，可得：

$$p = Ce^{-\frac{2\mu}{h}x} \tag{10-33}$$

根据应力边界条件定积分常数。当 $x = b/2$ 时，$\sigma_x = 0$，由屈服准则式（10-31）可知，$p\big|_{x=\frac{b}{2}} = 2k$，代入式（10-33），可得 $C = 2ke^{\frac{2\mu}{h}\frac{b}{2}}$，将 C 值代入式（10-33），可得：

$$p = 2ke^{\frac{2\mu}{h}\left(\frac{b}{2}-x\right)} \tag{10-34}$$

（6）求变形力 P。变形力可由下式求出：

$$P = 2\int_0^{\frac{b}{2}} pl\mathrm{d}x = 4kl\int_0^{\frac{b}{2}} e^{\frac{2\mu}{h}\left(\frac{b}{2}-x\right)}\,\mathrm{d}x = \frac{2klh}{\mu}\left(e^{\frac{b\mu}{h}} - 1\right) \tag{10-35}$$

（7）求平均压力 $\bar{p}$。

$$\bar{p} = \frac{P}{lb} = \frac{2kh}{b\mu}(e^{\frac{b\mu}{h}} - 1) \tag{10-36}$$

（8）变形功 W。设矩形板变形前的高度为 h_0、变形后的高度为 h_1，在变形的某一瞬时，矩形板高度为 h，在变形力 P 作用下，高度发生变化 dh，则变形功为：

$$W = \int_{h_0}^{h_1} P dh = \int_{h_0}^{h_1} \bar{p}\frac{V}{h} dh \tag{10-37}$$

式中，V 为变形体体积。

将式（10-36）代入式（10-37），可得：

$$W = \int_{h_0}^{h_1} \frac{2kh}{b\mu}(e^{\frac{b\mu}{h}} - 1) \frac{V}{h} dh \tag{10-38}$$

根据体积不变条件，可得 $b = V/lh$，代入式（10-38），可得：

$$W = \frac{2kl}{\mu}\int_{h_0}^{h_1}(e^{\frac{V\mu}{lh^2}} - 1) h dh \tag{10-39}$$

10.4.3   圆柱体镦粗问题

在均匀变形假设条件下，圆柱体在压缩过程中不会出现鼓形，因此，圆柱体镦粗属于轴对称问题，宜采用圆柱坐标 (r, θ, z)。设 h 为圆柱体的高度、R 为半径、σ_r 为径向正应力、σ_θ 为子午面上的正应力、τ_f 为接触表面上的摩擦切应力。

从变形体中切取一高度为 h、厚度为 dr、中心角为 $d\theta$ 的单元体。单元体上的应力分量如图 10-5 所示。沿径向列出单元体的静力平衡方程，即：

$$(\sigma_r + d\sigma_r)(r + dr)h d\theta - \sigma_r r h d\theta - 2\tau_f r dr d\theta - 2\sigma_\theta h dr \sin\frac{d\theta}{2} = 0$$

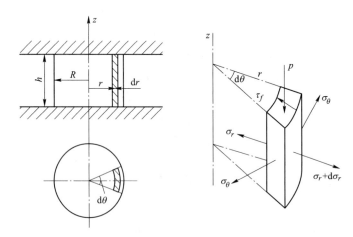

图 10-5   圆柱体镦粗问题及作用在单元体上的应力分量

忽略高次微量，并且有 $\sin\frac{d\theta}{2} \approx \frac{d\theta}{2}$，整理后可得：

$$\frac{d\sigma_r}{dr} - \frac{2\tau_f}{h} + \frac{\sigma_r - \sigma_\theta}{r} = 0 \tag{10-40}$$

为了求解式（10-40），需要确定 σ_r 与 σ_θ 之间的关系。在均匀变形条件下，圆柱体压缩时产生的径向应变为 $d\varepsilon_r = \dfrac{dr}{r}$，周向应变为：

$$d\varepsilon_\theta = \frac{2\pi(r+dr) - 2\pi r}{2\pi r} = \frac{dr}{r} \tag{10-41}$$

即 $d\varepsilon_r = d\varepsilon_\theta$，由应力应变关系式（9-54）可得 $\sigma_r = \sigma_\theta$，代入式（10-40），可得：

$$\frac{d\sigma_r}{dr} - \frac{2\tau_f}{h} = 0 \tag{10-42}$$

假设接触表面上的摩擦切应力服从库仑摩擦定律，即 $\tau_f = \mu p$，则有：

$$\frac{d\sigma_r}{dr} - \frac{2\mu p}{h} = 0 \tag{10-43}$$

式中，p 为工具作用在圆柱体上的单位压力。

在式中包含有 r 方向上的应力 σ_r 和工具作用在圆柱体 z 方向上的单位压力 p，与变形力有关的是 p，为了消除 σ_r，需要引入屈服准则式（10-27），由于 $\sigma_r = \sigma_\theta$，因此式（10-27）中的 $\beta = 1$。σ_z 为压缩应力，同样有 $p = -\sigma_z$，根据应力应变顺序对应规律可知，$\sigma_r > \sigma_z$，代入式（10-27），可得：

$$\sigma_r - \sigma_z = \sigma_r + p = \sigma_s \tag{10-44}$$

对式（10-44）微分后，可得 $d\sigma_r = -dp$，代入式（10-43），可得：

$$\frac{dp}{dr} + \frac{2\mu p}{h} = 0 \tag{10-45}$$

将式（10-45）积分后，可得：

$$p = Ce^{-\frac{2\mu}{h}r} \tag{10-46}$$

应力边界条件为，当 $r = R$ 时，$\sigma_r = 0$，由屈服准则式（10-44）可知 $p|_{r=R} = \sigma_s$，代入式（10-46），可得 $C = \sigma_s e^{\frac{2\mu}{h}R}$，代入式（10-46），可得：

$$p = \sigma_s e^{\frac{2\mu}{h}(R-r)} \tag{10-47}$$

变形力为：

$$P = \int_0^R 2\pi rp\,dr = \int_0^R \sigma_s e^{\frac{2\mu}{h}(R-r)} 2\pi r\,dr = \frac{\pi\sigma_s h^2}{2\mu^2}\left[e^{\frac{2\mu}{h}R} - \left(1 + \frac{2\mu}{h}R\right)\right] \tag{10-48}$$

平均压力为：

$$\bar{p} = \frac{P}{\pi R^2} = \frac{\sigma_s h^2}{2R^2\mu^2}\left[e^{\frac{2\mu}{h}R} - \left(1 + \frac{2\mu}{h}R\right)\right] \tag{10-49}$$

10.4.4 平面应变拉拔的拉拔应力和最大面缩率

10.4.4.1 拉拔应力

对于宽带材通过锥形模孔的拉拔问题，假设宽带材的初始高度比宽度小得多，则其宽度方向上的变形可以忽略不计，可当作平面应变问题来处理。

设模具的半锥角为 α、宽带材入口端的后张力为 σ_{x0}、宽带材的宽度为 l、宽带材的初始高度为 h_0、拉拔后的高度为 h_1，p_n 为作用在模具上的法向应力，模具与带材之间的摩擦服从库仑摩擦定律，即 $\tau_f = \mu p_n$，求拉拔应力 σ_{x1}。

在直角坐标系下，横坐标用 x 表示，纵坐标用 h 表示。从变形体内切取厚度为 $\mathrm{d}x$、两个平行截面的高度分别为 h 和 $h+\mathrm{d}h$、宽度仍为 l 的单元体。单元体上的应力分量如图 10-6 所示。

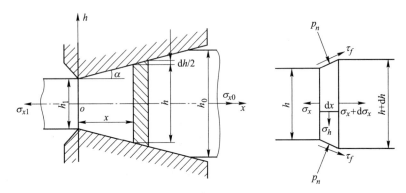

图 10-6 宽带材平面应变拉拔及单元体上的应力分量

单元体在 x 方向静力平衡，即：

$$(\sigma_x + \mathrm{d}\sigma_x)(h + \mathrm{d}h)l - \sigma_x hl + 2p_n\frac{\mathrm{d}x}{\cos\alpha}l\sin\alpha + 2\tau_f\frac{\mathrm{d}x}{\cos\alpha}l\cos\alpha = 0 \qquad (10\text{-}50)$$

忽略高阶微量，整理后可得：

$$\sigma_x\mathrm{d}h + h\mathrm{d}\sigma_x + 2p_n\mathrm{d}x\tan\alpha + 2\tau_f\mathrm{d}x = 0 \qquad (10\text{-}51)$$

代入摩擦应力 $\tau_f = \mu p_n$，可得：

$$\sigma_x\mathrm{d}h + h\mathrm{d}\sigma_x + 2p_n\mathrm{d}x\tan\alpha + 2\mu p_n\mathrm{d}x = 0 \qquad (10\text{-}52)$$

为了求解式（10-52），需确定 $\mathrm{d}x$ 与 $\mathrm{d}h$、p_n 与 σ_x 之间的关系。由图 10-6 中的几何关系可得：

$$\mathrm{d}x = \frac{\mathrm{d}h}{2\tan\alpha} \qquad (10\text{-}53)$$

为了确定 p_n 与 σ_x 之间的关系，首先需要找出 p_n 与 σ_h 之间的关系。对于大多数拉拔过程，模具的半锥角 α 比较小，并且润滑条件也较好，因此可以认为 $p_n = -\sigma_h$。根据应力应变顺序对应规律，可知 $\sigma_x > \sigma_h$，代入屈服准则式（10-26），可得：

$$\sigma_x - \sigma_h = \sigma_x + p_n = 2k \qquad (10\text{-}54)$$

将式（10-53）和式（10-54）代入静力平衡方程式（10-52），并令 $\dfrac{\mu}{\tan\alpha} = B$，可得：

$$\frac{\mathrm{d}\sigma_x}{\sigma_x B - 2k(1 + B)} = \frac{\mathrm{d}h}{h} \qquad (10\text{-}55)$$

将上式积分后，可得：

$$\sigma_x B - 2k(1 + B) = Ch^B \qquad (10\text{-}56)$$

当 $h = h_0$ 时，$\sigma_x = \sigma_{x0}$，代入式（10-56），可得积分常数，即：

$$C = \frac{1}{h_0^B}\left[\sigma_{x0}B - 2k(1 + B)\right] \qquad (10\text{-}57)$$

将上式代入式（10-56），可得：

$$\sigma_x = \frac{1}{B}\left\{2k(1+B) - \left(\frac{h}{h_0}\right)^B[2k(1+B) - \sigma_{x0}B]\right\} \tag{10-58}$$

将上式代入式（10-54），可以得到模具上的压力分布，即：

$$p_n = 2k - \sigma_x = \frac{1}{B}\left\{\left(\frac{h}{h_0}\right)^B[2k(1+B) - \sigma_{x0}B] - 2k\right\} \tag{10-59}$$

当 $h=h_1$ 时，$\sigma_x = \sigma_{x1}$，σ_{x1} 称为拉拔应力，即：

$$\sigma_{x1} = \frac{1}{B}\left\{\left(\frac{h_1}{h_0}\right)^B[\sigma_{x0}B - 2k(1+B)] + 2k(1+B)\right\} \tag{10-60}$$

从式（10-60）可以看出，由于后张力 σ_{x0} 的存在，使拉拔应力提高了，但从式（10-59）中可以看出，后张力 σ_{x0} 可使模具上的压力降低。因此，施加后张力 σ_{x0}，可提高拉拔模具的使用寿命。

10.4.4.2　拉拔单道次最大面缩率

拉拔时的变形量通常用面缩率 r 来表示，在平面应变条件下，面缩率 r 可用下式来表示，即：

$$r = \frac{h_0 - h_1}{h_0} \times 100\% \tag{10-61}$$

将上式代入式（10-59），可得：

$$\sigma_{x1} = \frac{1}{B}\{2k(1+B) - (1-r)^B[2k(1+B) - \sigma_{x0}B]\} \tag{10-62}$$

从式（10-62）可以看出，拉拔应力随道次面缩率的增加而增大，当拉拔应力达到拉拔模出口端外部制品（已发生硬化）的屈服应力时，制品将产生塑性变形，此时拉拔过程无法稳定进行。因此，拉拔稳定进行的条件是拉拔应力小于拉拔模出口端外部材料的瞬时屈服应力。假设材料是理想刚塑性，即 $\sigma_{x1} = \sigma_s = \sqrt{3}k$ 时，拉拔单道次最大面缩率 r_{max} 的计算依据如下：

$$\sigma_{x1} = \frac{1}{B}\{2k(1+B) - (1-r_{max})^B[2k(1+B) - \sigma_{x0}B]\} = \sqrt{3}k \tag{10-63}$$

由上式可得：

$$r_{max} = 1 - \left[\frac{1 + \left(1 - \frac{\sqrt{3}}{2}\right)B}{1 + \left(1 - \frac{\sigma_{x0}}{2k}\right)B}\right]^{\frac{1}{B}} \tag{10-64}$$

当宽带材入口端的后张力 σ_{x0}、模具的半锥角 α 以及摩擦系数 μ 已知时，由式（10-64）可以确定拉拔单道次的最大面缩率。在无摩擦条件下，最大面缩率 r_{max} 为：

$$r_{max} = \lim_{B \to 0}\left\{1 - \left[\frac{1 + \left(1 - \frac{\sqrt{3}}{2}\right)B}{1 + \left(1 - \frac{\sigma_{x0}}{2k}\right)B}\right]^{\frac{1}{B}}\right\} = 1 - e^{-\left(\frac{\sqrt{3}}{2} - \frac{\sigma_{x0}}{2k}\right)} \tag{10-65}$$

在无摩擦条件下，当后张力 $\sigma_{x0}=0$ 时，最大面缩率 $r_{\max}$ 为：

$$r_{\max} = 1 - e^{-\frac{\sqrt{3}}{2}} \approx 58\%　　　　　　(10\text{-}66)$$

10.4.5　轴对称拉拔的拉拔应力和最大面缩率

圆形棒、丝、管材的拉拔都属于轴对称拉拔。求解轴对称拉拔问题的方法、步骤与平面应变拉拔基本相同。设模具的半锥角为 α、模具与圆棒材之间的摩擦切应力为 τ_f、入口端的后张力为 σ_{zo}、圆棒材的初始直径为 D_0、拉拔后的直径为 D_1。在圆柱坐标系下，从变形体内切取厚度为 $\mathrm{d}z$、两个平行截面的直径分别为 D 和 $D+\mathrm{d}D$ 的单元体。单元体上的应力分量如图 10-7 所示。图中 p_n 为作用在模具上的法向应力。

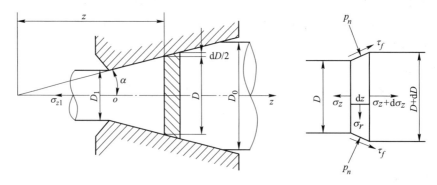

图 10-7　棒材轴对称拉拔及单元体上的应力分量

10.4.5.1　拉拔应力

沿 z 坐标方向列出单元体的静力平衡方程，即：

$$(\sigma_z + \mathrm{d}\sigma_z)(D + \mathrm{d}D)^2 \frac{\pi}{4} - \sigma_z \frac{\pi}{4}D^2 + \tau_f \pi D \frac{\mathrm{d}z}{\cos\alpha}\cos\alpha + p_n \pi D \frac{\mathrm{d}z}{\cos\alpha}\sin\alpha = 0$$

$$(10\text{-}67)$$

忽略高阶微量，整理后可得：

$$2\sigma_z\mathrm{d}D + D\mathrm{d}\sigma_z + 4\tau_f\mathrm{d}z + 4p_n\mathrm{d}z\tan\alpha = 0　　　　(10\text{-}68)$$

由图 10-7 中的几何关系可得：

$$\mathrm{d}z = \frac{\mathrm{d}D}{2\tan\alpha}　　　　　　(10\text{-}69)$$

将式（10-69）代入式（10-68），可得：

$$2\sigma_z\mathrm{d}D + D\mathrm{d}\sigma_z + 2\tau_f\frac{\mathrm{d}D}{\tan\alpha} + 2p_n\mathrm{d}D = 0　　　　(10\text{-}70)$$

假设接触表面上的摩擦切应力服从库仑摩擦定律，即 $\tau_f = \mu p_n$，令 $\dfrac{\mu}{\tan\alpha} = B$，则有：

$$D\mathrm{d}\sigma_z + 2[\sigma_z + p_n(1 + B)]\mathrm{d}D = 0　　　　(10\text{-}71)$$

为了确定 p_n 与 σ_z 之间的关系，首先需要找 p_n 与 σ_r 之间的关系。同平面应变拉拔的情况一样，对于大多数拉拔过程，模具的半锥角 α 是比较小的，并且润滑条件也较好，因此可以认为 $p_n = -\sigma_r$。与圆柱体镦粗问题相同，对于实心材轴对称拉拔问题，$\mathrm{d}\varepsilon_r = \mathrm{d}\varepsilon_\theta$，

$\sigma_r = \sigma_\theta$，所以 $\beta = 1$。根据应力应变顺序对应规律可知 $\sigma_z > \sigma_r$，代入式（10-27），可得：

$$\sigma_z - \sigma_r = \sigma_z + p_n = \sigma_s \tag{10-72}$$

将上式代入式（10-70），可得：

$$\frac{\mathrm{d}\sigma_z}{B\sigma_z - \sigma_s(1 + B)} = 2\frac{\mathrm{d}D}{D} \tag{10-73}$$

将上式积分后，可得：

$$B\sigma_z - \sigma_s(1 + B) = CD^{2B} \tag{10-74}$$

当应力边界条件为 $D = D_0$ 时，$\sigma_z = \sigma_{z0}$，代入上式，可得积分常数，即：

$$C = \frac{1}{D^{2B}}[B\sigma_{z0} - \sigma_s(1 + B)] \tag{10-75}$$

将上式代入式（10-74），可得：

$$\sigma_z = \frac{1 + B}{B}\sigma_s\left[1 - \left(\frac{D}{D_0}\right)^{2B}\right] + \left(\frac{D}{D_0}\right)^{2B}\sigma_{z0} \tag{10-76}$$

将上式代入式（10-72），可以得到模具上的压力分布，即：

$$p_n = \sigma_s - \sigma_z = \frac{1}{B}\left\{\left(\frac{D}{D_0}\right)^{2B}[\sigma_s(1 + B) - \sigma_{z0}B] - \sigma_s\right\} \tag{10-77}$$

在式（10-76）中，当 $D = D_1$ 时，$\sigma_z = \sigma_{z1}$，σ_{z1} 称为拉拔应力，即：

$$\sigma_{z1} = \frac{1 + B}{B}\sigma_s\left[1 - \left(\frac{D_1}{D_0}\right)^{2B}\right] + \left(\frac{D_1}{D_0}\right)^{2B}\sigma_{z0} \tag{10-78}$$

拉拔时的变形量通常用面缩率 r 表示，在轴对称条件下，面缩率 r 用下式来表示，即：

$$r = \frac{D_0^2 - D_1^2}{D_0^2} \times 100\% \tag{10-79}$$

将上式代入式（10-78），可得：

$$\sigma_{z1} = \frac{1 + B}{B}\sigma_s[1 - (1 - r)^B] + (1 - r)^B\sigma_{z0} \tag{10-80}$$

12.4.5.2 拉拔单道次的最大面缩率

假设材料是理想刚塑性的，令 $\sigma_{z1} = \sigma_s$，可求得轴对称拉拔单道次的最大面缩率 $r_{\max}$，即：

$$\sigma_{z1} = \frac{1 + B}{B}\sigma_s[1 - (1 - r_{\max})^B] + (1 - r_{\max})^B\sigma_{z0} = \sigma_s \tag{10-81}$$

由上式可得：

$$r_{\max} = 1 - \frac{1}{\left[1 + \left(1 - \dfrac{\sigma_{z0}}{\sigma_s}\right)B\right]^{\frac{1}{B}}} \tag{10-82}$$

10.5 滑 移 线 法

如前所述，主应力法求解金属和工具接触面处的应力分布和变形力的问题，是以均匀变形条件为基础，不能考虑多余变形的影响，也不能求解金属内的应力和应变分布。本节所要介绍的滑移线法，则可用来分析不均匀变形的加工过程，计入了多余变形的影响，所求得的工作载荷与实测数据非常接近，而且还能得到变形体内部的应力分布和金属畸变的情形。

滑移线场理论是由列维和汉基等人所创立的，20 世纪 40 年代之后逐渐形成比较完整的求解方法。滑移线法可计算变形力和变形体内的应力分布、确定毛坯的合理外形与尺寸，甚至扩展到模具型腔的最佳工作轮廓曲线的设计、金属流动规律的预测和塑性加工质量分析等。与塑性加工力学的其他方法相比，该方法数学推导较严谨、理论较完整、计算精度较高。虽然滑移线场理论仅适用于理想刚塑性材料的平面应变问题，这是应用该理论时的最大限制，但是目前也可以推广至主应力互为异号的平面应力问题、简单的轴对称问题以及有硬化的材料。另外，借助于计算机这个有力的工具，可以代替传统手工绘制滑移线场的冗长过程，可快速、准确地获得所需要的结果。

滑移线场理论包括应力场理论和速度场理论。利用滑移线场理论求解塑性加工问题，需针对具体的工艺和变形过程，建立对应的滑移线场，然后利用滑移线的某些特性进行求解。

10.5.1　基本概念

滑移线场理论是建立在如下假设基础上的：（1）材料为均匀、各向同性的理想刚塑性体，即忽略弹性变形的影响；（2）不考虑温度、应变速率和时间的影响；（3）变形体处于平面应变应力状态。

平面应变应力状态下，在与无关轴垂直的平面上可以画出各个质点的最大主应力 σ_1、最小主应力 σ_3 以及最大切应力 k 的方向。需要注意的是，这些应力的作用平面并不在这个无关平面内，作用在这个无关平面上的应力是中间主应力。将无关平面内各个质点的最大切应力的方向连接起来，即最大切应力的轨迹线，称为滑移线。由于最大切应力都是成对出现的，并且相互正交，因此，整个塑性变形区可以看作是由两族相互正交的滑移线组成的网络（图 10-8），即滑移线场。这两族正交的滑移线，其中一族称为 α 线，另一族称为 β 线。

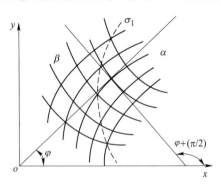

图 10-8　滑移线场及主应力迹线

为了区别 α 和 β 线两族滑移线，通常采用以下判断规则：

（1）若 α 线与 β 线形成一个右手坐标系，则最大主应力应位于此坐标系的第一和第三象限。显然，若已知最大主应力 σ_1 的方向，则将 σ_1 方向顺时针旋转 45°，必定是 α 线；逆时针旋转 45°，必定是 β 线。

（2）根据图 10-9 所示的微分单元体的变形趋势图可知，确定最大切应力 k 的方向，α 线两旁的最大切应力组成顺时针的方向，而 β 线两旁的最大切应力组成逆时针的方向。

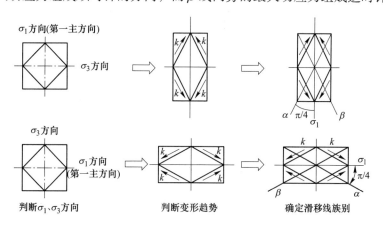

图 10-9　按变形趋势图确定 α 线、β 线

在图 10-8 所示的坐标系中，α 线任一点的切线方向与 x 轴正向之间的夹角定义为该点的 φ 角。规定由 x 轴正向逆时针旋转所形成的 φ 角为正，顺时针旋转所形成的 φ 角为负。由此可以得到两族滑移线的微分方程：

对于 α 线：
$$\frac{\mathrm{d}y}{\mathrm{d}x} = \tan\varphi$$

对于 β 线：
$$\frac{\mathrm{d}y}{\mathrm{d}x} = \tan\left(\varphi + \frac{\pi}{2}\right) = -\cot\varphi$$

(10-83)

φ 角与应力分量有一定的关系。由图 10-10 所示的平面应变状态下的应力莫尔圆可知：

$$\tan 2\varphi = -\frac{\sigma_x - \sigma_y}{2\tau_{xy}}$$

(10-84)

将式（10-84）代入平面应变条件下的米塞斯屈服准则式（10-13），可得：

$$\tau_{xy} = k\cos 2\varphi$$

(10-85)

将上式代入式（10-84）可得：

$$\sigma_x - \sigma_y = -2k\sin 2\varphi$$

(10-86)

平面应变条件下的平均应力由式（10-8）给出，即：

$$\sigma_m = \frac{1}{2}(\sigma_x + \sigma_y)$$

由式（10-8）、式（10-85）、式（10-86），可得在任意直角坐标系 (x, y, z) 下，变形体内任一点的应力状态，即：

$$\begin{cases} \sigma_x = \sigma_m - k\sin 2\varphi \\ \sigma_y = \sigma_m + k\sin 2\varphi \\ \tau_{xy} = k\cos 2\varphi \end{cases}$$

(10-87)

10.5.2　滑移线场的应力方程（汉盖应力方程）

在平面应变问题条件下，变形体内任一点的应力状态都可以用平均应力 σ_m 和最大切

应力 k 来表示，即满足式（10-10）：

$$\begin{cases} \sigma_1 = \sigma_m + k \\ \sigma_2 = \sigma_m \\ \sigma_3 = \sigma_m - k \end{cases}$$

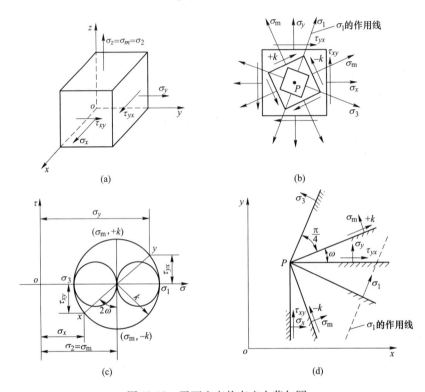

图 10-10　平面应变状态应力莫尔圆

对于理想刚塑性材料，由于 k 为常值，因此应力状态的差别只在于平均应力 σ_m 的不同。只要能找到沿着滑移线上的 σ_m 的变化规律，即可求得整个变形（或变形区）的应力分布。这是通过滑移线场求解塑性加工问题的实质。汉盖应力方程给出了滑移线场内质点平均应力 σ_m 与滑移线转角 φ 之间的关系，其推导过程如下。首先，将式（10-87）代入平面应变状态下的应力平衡微分方程（10-11），可得：

$$\begin{cases} \dfrac{\partial \sigma_m}{\partial x} - 2k\cos2\varphi\,\dfrac{\partial \varphi}{\partial x} - 2k\sin2\varphi\,\dfrac{\partial \varphi}{\partial y} = 0 \\[3mm] - 2k\sin2\varphi\,\dfrac{\partial \varphi}{\partial x} + \dfrac{\partial \sigma_m}{\partial y} + 2k\cos2\varphi\,\dfrac{\partial \varphi}{\partial y} = 0 \end{cases} \qquad (10\text{-}88)$$

由于坐标系是可以任意选取的，为了便于求解上述含有两个未知量 σ_m 和 φ 的偏微分方程组，现取滑移线本身作为曲线坐标轴，设为 α 轴和 β 轴。按此所选取的坐标系，滑移线场中任何一点的位置都可用坐标值 α 和 β 表示。当沿着坐标轴 α 从一点移动到另一点时，坐标值 β 不变；反之，当沿着坐标轴 β 从一点移动到另一点时，坐标值 α 不变。α 线的切线 S_α 与 x 轴正向的夹角 $\varphi = 0$，但 φ 角沿滑移线是变化的，因此，$\dfrac{\partial \varphi}{\partial S_\alpha} \neq 0$，$\dfrac{\partial \varphi}{\partial S_\beta} \neq 0$，由此可见，式（10-88）变为如下形式：

$$\begin{cases} \dfrac{\partial \sigma_m}{\partial S_\alpha} - 2k\dfrac{\partial \varphi}{\partial S_\alpha} = \dfrac{\partial}{\partial S_\alpha}(\sigma_m - 2k\varphi) = 0 \\[3mm] \dfrac{\partial \sigma_m}{\partial S_\beta} + 2k\dfrac{\partial \varphi}{\partial S_\beta} = \dfrac{\partial}{\partial S_\beta}(\sigma_m + 2k\varphi) = 0 \end{cases} \quad (10\text{-}89)$$

将式（10-89）积分后，可得：

沿 α 线： $\qquad\qquad\qquad \sigma_m - 2k\varphi = C_\alpha(\beta)$

沿 β 线： $\qquad\qquad\qquad \sigma_m + 2k\varphi = C_\beta(\alpha)$ $\qquad\qquad$ (10-90)

式中，$C_\alpha(\beta)$ 为沿 α 线的积分常数，不同的 β 线该值不同；$C_\beta(\alpha)$ 为沿 β 线的积分常数，不同的 α 线该值不同。

式（10-90）是汉盖于 1923 年首先推导出来的，故称为汉盖应力方程。该应力方程揭示了滑移线场的重要力学特性。可以看出，若滑移线场已确定，则转角 φ 也就被确定了，此时如果已知某一条滑移线上一点的平均应力 σ_m，则沿该条滑移线上任意一点的平均应力均可由式（10-90）求出。由于两族滑移线是相互正交的，因此，整个塑性区内各点的平均应力均可以由式（10-90）求出，且由式（10-87）可确定出整个塑性区内各点的应力状态。由此可知，关键问题在于做出滑移线场。

10.5.3 滑移线的基本性质

为了做出滑移线场，需要了解滑移线场的基本几何特性，这些特性大多都是根据汉盖应力方程和滑移线的正交特性推导出来的。

（1）同一条滑移线上任意两点间平均应力 σ_m 的变化与该两点间滑移线转角 φ 的变化成正比。以 α 线为例，沿 α 线取任意两点 A、B，由汉盖方程式（10-90）可得：

$$\sigma_{mA} - 2k\varphi_A = \sigma_{mB} - 2k\varphi_B = C_\alpha \qquad (10\text{-}91)$$

由上式可得：

$$\Delta \sigma_{mBA} = 2k\Delta \varphi_{BA} \qquad (10\text{-}92)$$

式中，$\Delta \sigma_{mBA} = \sigma_B - \sigma_A$；$\Delta \varphi_{BA} = \varphi_B - \varphi_A$。

由式（10-92）可以看出，$\Delta \sigma_{mBA}$ 与 $\Delta \varphi_{BA}$ 成正比，$\Delta \varphi_{BA}$ 越大，滑移线弯曲的程度越大，平均应力的变化 $\Delta \sigma_{mBA}$ 也就越大。

（2）如果滑移线为直线，则该直线上各点的应力状态相同。由式（10-92）可知，当 $\Delta \varphi_{mBA} = 0$，则 $\Delta \sigma_{mBA} = 0$。由式（10-87）可得：

$$\begin{cases} \sigma_{xB} = \sigma_{xA} = \sigma_x = \sigma_m - k\sin 2\varphi \\ \sigma_{yB} = \sigma_{yA} = \sigma_y = \sigma_m + k\sin 2\varphi \\ \tau_{xyB} = \tau_{xyA} = \tau_{xy} = k\cos 2\varphi \end{cases} \qquad (10\text{-}93)$$

即直线上各点的应力状态相同。因此可以认为，如果在滑移线场内的某一区域内，两族滑移线均为直线，则此区域内各点的应力状态相同，该区域为均匀应力场；相反，均匀应力状态所对应的滑移线场是正交的直线场。

（3）在已知的滑移线场内，只要知道了其中任一点的平均应力 σ_m 值，则场内各点的平均压力 σ_m 值均可求出。滑移线场已知的含义是每一个质点的转角 φ 均已知。在图 10-11

中取三个点 A、B、C，假设 B 点的平均应力 σ_{mB} 已知，则根据汉盖方程可求点 A、C 的平均应力。沿 β_1 线求点 A 的平均应力 σ_{mA}。由汉盖方程可得：

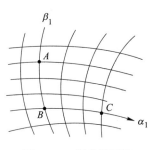

$$\sigma_{mA} = \sigma_{mB} - 2k(\varphi_A - \varphi_B) \tag{10-94}$$

沿 α_1 线求 C 点的平均应力 σ_{mC}。由汉盖方程可得：

$$\sigma_{mC} = \sigma_{mB} + 2k(\varphi_C - \varphi_B) \tag{10-95}$$

由此可知，场内各点的平均压力 σ_m 值均可仿照式
(10-94) 和式（10-95）求出。

图 10-11　滑移线网络

（4）同族的两条滑移线与另一族滑移线相交时，两交点切线之间的夹角 $\Delta\varphi$ 为常数。如图 10-12 所示，对于图中两族滑移线的 2 个交点 A、B、C、D，以下需要证明的是 $\varphi_A - \varphi_D = \varphi_B - \varphi_C$。根据汉盖方程，有：

沿 α 线 $A{\to}B$：　　　　　$\sigma_{mA} - 2k\varphi_A = \sigma_{mB} - 2k\varphi_B$

沿 β 线 $B{\to}C$：　　　　　$\sigma_{mB} + 2k\varphi_B = \sigma_{mC} + 2k\varphi_C$

由上两式可得：

$$\sigma_{mA} - \sigma_{mC} = 2k(\varphi_A - 2\varphi_B + \varphi_C) \tag{10-96}$$

沿 α 线 $D{\to}C$：　　　　　$\sigma_{mD} - 2k\varphi_D = \sigma_{mC} - 2k\varphi_C$

沿 β 线 $A{\to}D$：　　　　　$\sigma_{mA} + 2k\varphi_A = \sigma_{mD} + 2k\varphi_D$

由上两式可得

$$\sigma_{mA} - \sigma_{mC} = 2k(2\varphi_D - \varphi_A - \varphi_C) \tag{10-97}$$

由式（10-96）和式（10-97）可得：

$$\varphi_A - \varphi_D = \varphi_B - \varphi_C \tag{10-98}$$

（5）如果一族滑移线（如 β 族）中有一条线段是直线，则该族被另一族所切截的所有相应线段皆为直线。如图 10-13 所示，设 AB 为直线段，那么根据性质（4），可得 $\varphi_A - \varphi_B = \varphi_{A'} - \varphi_{B'} = 0$，即 $\varphi_{A'} = \varphi_{B'}$，表明 $A'B'$ 等也为直线。

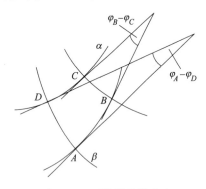

图 10-12　两族滑移线交点
切线之间夹角 $\Delta\varphi$ 的变化

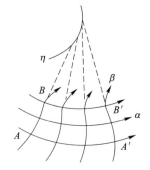

图 10-13　滑移线相互切截的线段
AB 为直线时，$A'B'$ 等也为直线

10.5.4　滑移线场应力边界条件

滑移线场分布于整个塑性变形区，并且一直延伸到塑性变形区的边界，滑移线延伸至边界时，应满足应力边界条件。通常应力边界条件是由边界面上的正应力 σ_n 和切应力 τ_n

表示的。为了适应滑移线场求解的要求，应将已知的 σ_n 和 τ_n 转化为边界处的 σ_m 和 φ。转角 φ 与边界上的切应力值有关，设边界处的切线与 x 轴一致，边界上某点的切应力为摩擦切应力 $\tau_{xy}=\tau_f$。在平面应变塑性加工过程中，应力边界条件通常有如下 4 种类型：

（1）自由表面（$\tau_f=0$）。如图 10-14 所示，在自由表面上没有正应力也没有切应力，分析边界面上单元体的应力状态可知，存在两种情况：

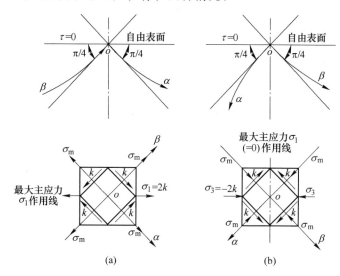

图 10-14 自由表面

1）$\sigma_1=2k$，$\sigma_3=0$；

2）$\sigma_1=0$，$\sigma_3=-2k$。

由于切应力为 0，由式（10-87）可得：

$$\tau_{xy} = k\cos 2\varphi = 0, \varphi = \pm \frac{\pi}{4}$$

这表明两族滑移线与自由表面相交成 $\pm\dfrac{\pi}{4}$ 角度。按照 α 线、β 线的规定可知，$\sigma_1=2k$ 和 $\sigma_3=-2k$ 两种情况分别对应图 10-14（a）和（b）。

（2）无摩擦的接触表面（$\tau_f=0$）。如图 10-15 所示，由于接触表面上的摩擦切应力为 0，因此与自由表面的情况一样，滑移线与无摩擦的接触表面相交成 $\pm\dfrac{\pi}{4}$ 角度。但此时接触面上的正应力一般不为 0，通常施加了压力，且绝对值最大，即有 $\sigma_n=\sigma_3$，则 α 线、β 线如图 10-15 所示。

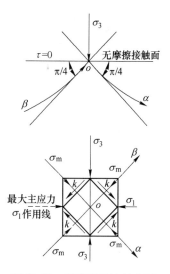

图 10-15 无摩擦的接触表面

（3）摩擦切应力达到最大值 k 的接触表面（$\tau_f=k$）。当变形体与工具接触面上的摩擦切应力达到最大值 k 时，由式（10-87）可得：

$$\tau_{xy} = k\cos 2\varphi = \pm k, \text{即 } \varphi = 0 \quad \text{或} \quad \varphi = \frac{\pi}{2}$$

上式表明，边界面处一族滑移线与接触表面相切，而另一族则与接触表面垂直。此时 α 线、β 线如图 10-16 所示。

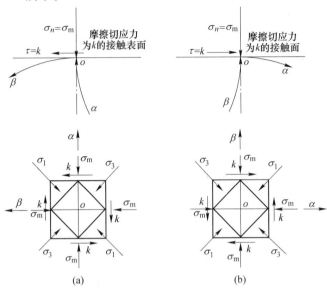

图 10-16   摩擦切应力达最大值 k 的接触表面

（4）摩擦切应力为中间值的接触表面（$0<\tau_f<k$）。在此情况下，接触面正应力和摩擦切应力均不为 0，$\tau_{xy}=\tau_f$，由式（10-87）可得：

$$\varphi = \pm\frac{1}{2}\arccos\frac{\tau_{xy}}{k} = \pm\frac{1}{2}\arccos\frac{\tau_f}{k}$$

上式中的摩擦切应力 τ_f 通常采用简化模型，例如库仑摩擦模型和常摩擦力模型。将摩擦切应力 τ_f 代入上式，可求得 φ 的两个解。而 α 线和 β 线还需要根据 σ_x、σ_y 的代数值，利用应力莫尔圆来确定（图 10-17）。假如 σ_y 已知，则可以根据整个物体的受力情况，并

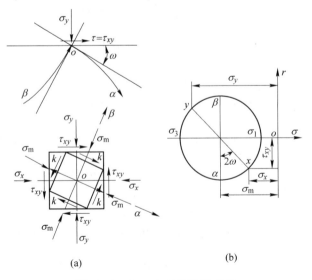

图 10-17 $0<\tau_f<k$ 时的接触表面

利用莫尔圆来判断可能的 σ_x，以选取正确的 φ。求得 φ 角即确定了 α 线，随之 β 线也就确定了。

10.5.5 常见的滑移线场类型

常见的滑移线场有如下几种：

（1）均匀滑移线场。如图 10-18 所示，由两族正交的直线构成的滑移线场代表变形体处于均匀的应力状态。根据滑移线的基本性质可知，滑移线场内各点的平均应力 σ_m 和转角 φ 都保持常数，这种场称为均匀滑移线场。在直线形的自由边界或该边界上仅作用有均匀分布的法向应力时，滑移线场是由与边界成 $\dfrac{\pi}{4}$ 角的正交直线所组成。

（2）简单滑移线场。简单滑移线场的特点是一族为直线，另一族为与直线正交的曲线（例如圆弧）。简单滑移线场主要有以下两种情况：

1）中心扇形场。如图 10-19（a）所示，由同心圆弧族与半径族构成。中心点 O 称为应力奇异点，该点的 φ 角不确定，其应力不具有唯一值。

2）无心扇形场。如图 10-19（b）所示，直线型滑移线是滑移线族包络线的切线，这个包络线称为极限曲线；另一族由该极限曲线的等距离渐开线形成。包络线一般为边界线，当包络线退化为一点时，即变成了有心扇形场。

在图 10-19 所示的简单场中，由汉盖方程可知，由于 α 线是直线，因此同一条 α 线上转角 φ 为常值，沿 α 线的平均应力 σ_m 也是常数，不同直线上的 σ_m 将不相同；沿 β 线转角 φ 呈线性变化，σ_m 也呈线性变化。因此，简单场也就对应于简单应力状态。

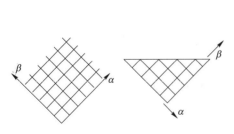

图 10-18　直线滑移线场

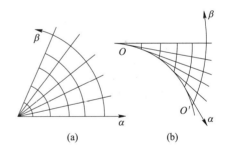

图 10-19　简单滑移线场
（a）中心扇形场；（b）无中心扇形场

（3）简单组合滑移线场。通过对均匀场和简单场的分析可知，在与均匀场相邻的区域，滑移线场必定是简单场，因为其中有一族滑移线只能由直线组成。如图 10-20（a）所示，区域 A 为均匀场，场中 β 族滑移线的边界为 SL，同时 SL 也属于相邻区域 B 中的一条滑移线。由于 SL 为直线，则区域 B 中与 SL 同为 β 族的滑移线必定全部都是直线。图 10-20（b）所示为一个更复杂的情况，在这种场中，区域 A、C 和 E 都是均匀场，与此相邻的是由两个有心扇形场 B 和 D 连接。

（4）两族正交的光滑曲线滑移线场。属于这一类的滑移线场有以下几种：

1）当圆形界面为自由表面或作用有均匀载荷时，其滑移线场为两族正交的对数螺线所构成，如图 10-21（a）所示；

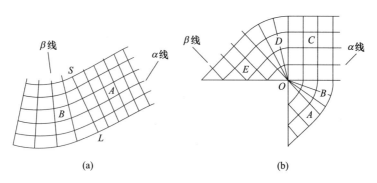

图 10-20   简单组合滑移线场

2）在粗糙平行刚性模板间压缩时，相应于接触面上摩擦切应力达到最大值的那一段滑移线场为正交的圆摆线，如图 10-21（b）所示；

3）由两等半径或不等半径圆弧所构成的扩展有心扇形场。有心扇形场，特别是等半径的有心扇形场是求解材料塑性加工问题时的一种最常见、最重要的滑移线场类型，如图 10-21（c）、（d）所示。

通常在整个塑性变形区所建立的滑移线场很少属于同一种类型，一般是根据对前人资料的积累或由实验结果，按材料流动规律、边界条件、应力状态逐一分区考虑，然后由几种类型的滑移线场拼接起来构成一个完整的滑移线场。

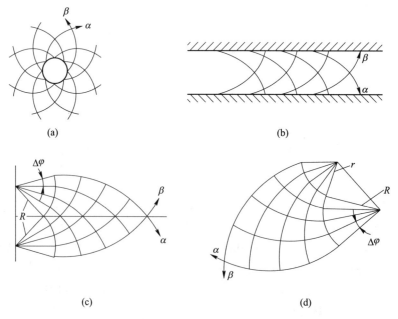

图 10-21   由两族互相正交的光滑曲线构成的滑移线场

（a）对数螺旋线场；（b）圆摆线场；（c）由两等半径圆弧所决定的有心扇形场；

（d）由两不等半径圆弧所决定的有心扇形场

10.5.6 盖林格尔速度方程及速度图

10.5.6.1 盖林格尔速度方程

求解塑性加工问题应同时满足静力许可条件和运动许可条件，并且考虑混合边界条件，即在一部分边界上给定了应力，而在另一部分边界上给定了速度。也就是说，同时确定应力场和速度场之后，才能得到较为精确的解。

根据前面讲述的滑移线场的几何性质和应力边界条件，可以作出滑移线场，然后根据汉盖应力方程得到应力解。但是，这样的应力解仅满足静力许可条件，是否满足运动许可条件，还需要得到证明。下面介绍建立滑移线场速度方程的过程。

根据应力-应变速率方程式（9-61），可得：

$$\begin{cases} \dot{\varepsilon}_x = \dot{\lambda}(\sigma_x - \sigma_m) \\ \dot{\varepsilon}_y = \dot{\lambda}(\sigma_y - \sigma_m) \end{cases} \tag{10-99}$$

用 α 线、β 线曲线坐标系代替 x、y 坐标轴，由于最大切应力所在平面上的正应力等于平均应力，因此在滑移线上有：

$$\begin{cases} \sigma_\alpha = \sigma_x = \sigma_m \\ \sigma_\beta = \sigma_y = \sigma_m \end{cases} \tag{10-100}$$

将式（10-100）代入式（10-99），可得：

$$\begin{cases} \dot{\varepsilon}_\alpha = \dot{\lambda}(\sigma_\alpha - \sigma_m) = 0 \\ \dot{\varepsilon}_\beta = \dot{\lambda}(\sigma_\beta - \sigma_m) = 0 \end{cases} \tag{10-101}$$

式（10-101）说明沿滑移线的线应变速率等于 0，即沿滑移线方向不产生相对伸长或缩短。以下根据式（10-101）建立速度方程。如图 10-22 所示，现考察 α 线上的无限接近的任意两点 a、b，取 a 点的切线方向为 x 轴，与 a 点切线的垂直方向为 y 轴。设 a 点的切向速度为 $\dot{u}_\alpha$、法向速度为 $\dot{u}_\beta$，b 点的切向速度为 $\dot{u}_\alpha + d\dot{u}_\alpha$、法向速度为 $\dot{u}_\beta + d\dot{u}_\beta$，$a$、$b$ 两点切线间的夹角为 $d\varphi$，则根据应变速率的定义和式（10-101），可得：

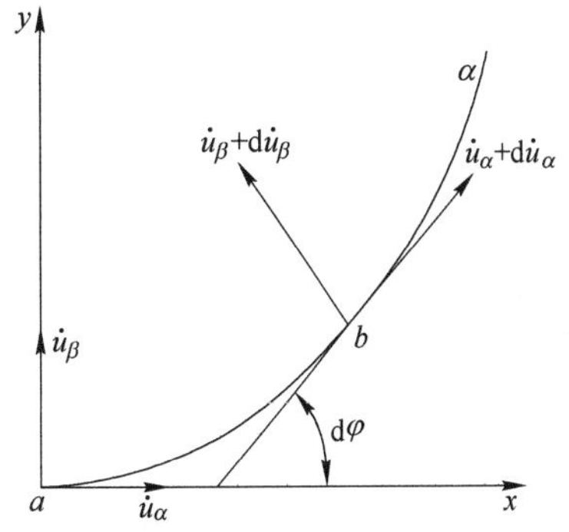

$$\begin{aligned} \dot{\varepsilon}_\alpha &= \frac{1}{ds_\alpha}[(\dot{u}_\alpha + d\dot{u}_\alpha)\cos d\varphi - \dot{u}_\alpha - (\dot{u}_\beta + d\dot{u}_\beta)\sin d\varphi] \\ &= \frac{1}{ds_\alpha}[d\dot{u}_\alpha \cos d\varphi - (\dot{u}_\beta + d\dot{u}_\beta)\sin d\varphi] \\ &= 0 \end{aligned} \tag{10-102}$$

图 10-22 物理平面上的
滑移线及速度分量

由于 $d\varphi$ 为微分量，则 $\cos d\varphi \approx 1$，$\sin d\varphi \approx d\varphi$，代入式（10-102），可得：

$$\dot{\varepsilon}_\alpha = \frac{1}{ds_\alpha}(d\dot{u}_\alpha - \dot{u}_\beta d\varphi) = 0 \tag{10-103}$$

同理：

$$\dot{\varepsilon}_\beta = \frac{1}{\mathrm{d}s_\beta}(\mathrm{d}\dot{u}_\beta + \dot{u}_\alpha \mathrm{d}\varphi) = 0 \tag{10-104}$$

由此可得：

沿 α 线：$\qquad\qquad \mathrm{d}\dot{u}_\alpha - \dot{u}_\beta \mathrm{d}\varphi = 0$

沿 β 线：$\qquad\qquad \mathrm{d}\dot{u}_\beta + \dot{u}_\alpha \mathrm{d}\varphi = 0$ $\qquad$ (10-105)

式（10-105）称为盖林格尔速度方程。由该式可知，当滑移线为直线，即 φ 为常数时，$\mathrm{d}\varphi=0$，则 $\mathrm{d}\dot{u}_\alpha=0$，$\mathrm{d}\dot{u}_\beta=0$，即沿每一条滑移线的速度分量均为常数，将这种速度场称为均匀速度场，此区域做刚性运动。

10.5.6.2 速度场

已知滑移线场可以根据盖林格尔速度方程求出速度场，但是计算工作非常烦琐。普拉格提出了绘制速端图（速度矢端图）的方法，使速度场的计算大为简化。一般来说，当按静力许可条件做出滑移线场后，只要作出速端图，并证明其满足速度边界条件，就可以认为该滑移线场是正确的，因为在做速度图时已经考虑了体积不变条件。

绘制速度矢端图的方法是，在速度平面 $\dot{u}_x$-$\dot{u}_y$ 内（图 10-23（b）），将物理平面 x-y（图 10-23（a））内同一条滑移线上各点的速度矢量 $\dot{u}_i$，按同一比例、同一方向由极点 o'（极点 o' 相对于地球是不动的）绘出，然后依次连接各速度矢量的端点，当相邻两点足够小时，就会形成一条曲线，该曲线称为所研究的滑移线上各点的速度矢端曲线，简称速端图。

如图 10-24 所示，设 P_1、P_2、P_3 为某条滑移线上无限接近的 3 个点，$\dot{u}_1$、$\dot{u}_2$、$\dot{u}_3$ 为这

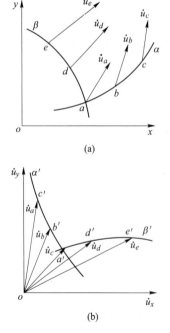
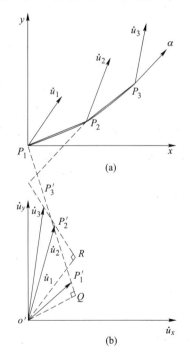

图 10-23 滑移线与速度矢端曲线

（a）物理平面上的滑移线；

（b）速度平面内的速度矢端曲线

图 10-24 滑移线与速度矢端曲线间的关系

（a）物理平面上的滑移线；

（b）速度平面内的速度矢端曲线

3个点处的速度矢量，折线 P_1P_2、P_2P_3 为近似滑移线，P_1P_2 为 P_1 点处的切线，P_2P_3 为 P_2 点处的切线。在速度平面内，由极点 o' 按同一比例、同一方向绘出各点的速度矢量 $o'P'_1$、$o'P'_2$、$o'P'_3$，则折线 $P'_1P'_2P'_3$ 就是近似的速度矢端曲线。由于滑移线是不可伸缩的，则在无限小邻域内，沿滑移线方向的速度分量保持不变。因此，在用无限小的折线代替滑移线的条件下，速度矢量 $o'P'_1$、$o'P'_2$ 在连线 P_1P_2 方向上的投影是相等的，均为 $o'Q$。同理，速度矢量 $o'P'_2$、$o'P'_3$ 在连线 P_2P_3 方向上的投影也是相等的，均为 $o'R$（图10-24）。

由作图可知，$P'_1P'_2 \perp P_1P_2$，$P'_2P'_3 \perp P_2P_3$，即滑移线与速度平面上的速度矢端曲线在相应点上彼此正交。由于两族滑移线是相互垂直的，因此，在速度平面上相对应的两族速度矢端曲线也必然是相互垂直的。

10.5.6.3 速度间断

在变形体内，两个相邻区域之间可以产生相对滑动，沿滑动面上的切向速度分量是不相同的，即速度产生间断或不连续的变化，此现象称为速度不连续或称速度间断，这个滑动面称为速度间断面，在平面应变条件下，速度间断面在 x-y 平面内为一条曲线，称为速度间断线。

当变形体内发生速度间断时，设速度间断线为 L，在 L 上取任意一点 o，设 o 点的切线方向为 x 轴，垂直方向为 y 轴（图10-25），①区的速度矢量为 $\dot{u}_1$，沿 L 线的法向速度分量为 $\dot{u}_{1n}$、切向速度分量为 $\dot{u}_{1t}$，②区的速度矢量为 $\dot{u}_2$，沿 L 线的法向速度分量为 $\dot{u}_{2n}$、切向速度分量为 $\dot{u}_{2t}$。根据变形体的连续性以及体积不可压缩的假设，速度间断线两侧的法向速度分量必须相等，即 $\dot{u}_{1n} = \dot{u}_{2n}$，而切向速度分量可以不相等，即 $\dot{u}_{1t} \neq \dot{u}_{2t}$。可以将速度间断线看作是在一个薄层中发生的从一个速度场连续地过渡到另一个速度场的过程（图10-26），设薄层的厚度为 Δy，切向速度的变化为 $\Delta \dot{u}_x$，则切应变速率方程为：

$$\dot{\gamma}_{xy} = \frac{1}{2}\left(\frac{\Delta \dot{u}_x}{\Delta y} + \frac{\partial \dot{u}_y}{\partial x}\right) \tag{10-106}$$

由式中可知，当薄层的厚度 $\Delta y \to 0$ 时，$\Delta \dot{u}_x$ 趋于切向速度间断值 $\Delta \dot{u}_t = |\dot{u}_{2t} - \dot{u}_{1t}|$，因此，当切线方向的速度发生间断时，切应变速率 $\dot{\gamma}_{xy} = \infty$。根据应力-应变速率方程 $\dot{\gamma}_{xy} = \dot{\lambda}\tau_{xy}$ 可知，切应力 $\tau_{xy} \to \infty$，而切应力的最大值为 k，表明速度间断线就是滑移线，或滑移线的包络线。对于一个真实的塑性变形过程，这样的薄层就是弹性-塑性过渡区，当假设材料为刚塑性体时，这个过渡区就简化为刚-塑性交界面，沿其两侧的切向速度发生突变，因此，刚-塑性交界线就是速度间断线，也是一条滑移线。

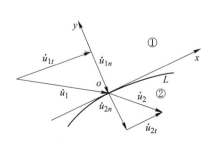

图 10-25 速度间断

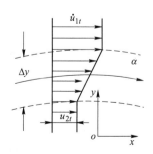

图 10-26 速度间断的过渡

由于速度间断线就是滑移线，因此，在速度间断线 L 两侧都必须满足盖林格尔速度方程式（10-105），设速度间断线为 α 线，则有：

$$\begin{cases} \mathrm{d}\dot{u}_{1t} - \dot{u}_{1n}\mathrm{d}\varphi = 0 \\ \mathrm{d}\dot{u}_{2t} - \dot{u}_{2n}\mathrm{d}\varphi = 0 \end{cases} \tag{10-107}$$

由于法向速度是连续的，即 $\dot{u}_{1n} = \dot{u}_{2n}$，因此，将上两式相减，可得 $\mathrm{d}\dot{u}_{1t} = \mathrm{d}\dot{u}_{2t}$，即：

$$\Delta\dot{u}_t = \dot{u}_{2t} - \dot{u}_{1t} = 常数 \tag{10-108}$$

式（10-108）表明，沿同一条滑移线的速度间断值为常数。

10.5.7 滑移线场理论的应用

10.5.7.1 受内压的无限长厚壁圆筒的滑移线场

如图 10-27 所示，承受均匀内压作用的无限长的厚壁圆筒，设其外径为 $2b$，内径为 $2a$，求解其发生塑性变形时的单位内压力 q。由于厚壁圆筒在几何及力学上的对称性，该塑性加工问题为轴对称问题，宜采用圆柱坐标 (r, θ, z)。另外，由于厚壁圆筒沿 z 轴方向无限长，即沿 z 轴方向的变形可以忽略，因此，该变形过程是一个轴对称平面应变问题。对于轴对称平面应变问题，$\tau_{r\theta} = \tau_{z\theta} = \tau_{rz} = 0$，径向正应力 σ_r 和切向正应力 σ_θ 均为主应力，因此，主应力迹线为一系列同心圆与径向射线，滑移线与作为主应力迹线的同心圆和径向射线均相交成 45°角。在厚壁圆

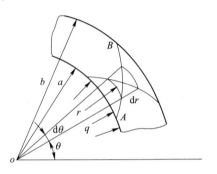

图 10-27 受内压无限长厚壁圆筒的滑移线场

筒上半径为 r、圆心角为 θ 处取一个圆弧形单元体，该单元体的厚度为 $\mathrm{d}r$，所对应的圆心角为 $\mathrm{d}\theta$。

首先判断 α、β 线。圆弧形单元体受内压无限长厚壁圆筒的外表面为自由表面，是一个主平面，对于自由表面上的 B 点，其径向应力为主应力，并且有 $\sigma_r = \sigma_3 = 0$；自由表面上的周向应力也为主应力，在内压力 q 作用下，周向应力为拉应力，即 $\sigma_\theta = \sigma_1$。由变形趋势可确定 AB 为 α 线。

则滑移线方程可用下式表示，即：

$$\frac{\mathrm{d}r}{r\mathrm{d}\theta} = \pm\tan\frac{\pi}{4} = \pm1 \tag{10-109}$$

将上式积分后，可得：

$$\theta = \pm\ln r + C_1 \tag{10-110}$$

由于 $\varphi = \theta + \dfrac{\pi}{4}$，因此，上式变为如下形式，即：

$$\varphi = \pm\ln r + C_1 + \frac{\pi}{4} = \pm\ln r + C \tag{10-111}$$

式（10-111）为两族正交的对数螺旋线方程。

在 A 点：$r = a$，代入式（10-111），可得 $\varphi_A = \ln a + C$，径向应力为工作载荷，即 $\sigma_r = -q$，由屈服准则 $\sigma_1 - \sigma_3 = \sigma_\theta - \sigma_r = 2k$，可得 $\sigma_\theta = 2k + \sigma_r = 2k - q$，则 A 点的平均正应力 $\sigma_{mA} =$

$$\frac{\sigma_1+\sigma_3}{2}=\frac{\sigma_\theta+\sigma_r}{2}=\frac{2k-q-q}{2}=k-q。$$

在 B 点：$r=b$，代入式（10-111），可得 $\varphi_B=\ln b+C$，径向应力 $\sigma_r=0$，由屈服准则 $\sigma_1-\sigma_3=\sigma_\theta-\sigma_r=2k$，可得 $\sigma_\theta=2k$，则 B 点的平均应力 $\sigma_{mB}=\frac{\sigma_1+\sigma_3}{2}=\frac{\sigma_\theta+\sigma_r}{2}=k$。

由于 A、B 两点是在同一条 α 线上，根据汉盖应力方程式（10-90），可得：

$$k-q-2k(\ln a+C)=k-2k(\ln b+C) \tag{10-112}$$

由上式可得单位内压力为：

$$q=2k\ln\frac{b}{a}=\frac{2}{\sqrt 3}\sigma_s\ln\frac{b}{a} \tag{10-113}$$

10.5.7.2　平冲头压入半无限高坯料问题

A　单位压力

当冲头的长度 l 远大于宽度 b 时，可将该变形过程视为平面应变问题。假设冲头与坯料接触表面没有摩擦，则该接触表面为一主平面，其上的法向应力为主应力，并且等于工作载荷 p，即 $\sigma_y=\sigma_3=-p$。根据应力边界条件，可以建立平冲头压入半无限高坯料问题的滑移线场（图10-28（a））。根据图10-28（b）的变形趋势图，可以判断 $ONMG$ 线为 α 族滑移线。

在 G 点：$\varphi_G=\frac{\pi}{4}$，$\sigma_y=\sigma_1=0$，由屈服准则 $\sigma_1-\sigma_3=\sigma_y-\sigma_x=2k$，可得 $\sigma_3=-2k$，平均应力为 $\sigma_{mG}=-k$。

在 O 点：$\theta_O=-\frac{\pi}{4}$，$\sigma_y=\sigma_3=-p$，$\sigma_x=\sigma_1$，由屈服准则 $\sigma_1-\sigma_3=\sigma_x-\sigma_y=\sigma_x+p=2k$，可得 $\sigma_1=2k-p$，平均正应力 $\sigma_{mO}=k-p$。

由于 O、G 两点是在同一条 α 线上，根据汉盖应力方程式（10-90），可得：

$$k-p-2k\left(-\frac{\pi}{4}\right)=-k-2k\frac{\pi}{4}$$

由上式可得单位压力：

$$p=k(2+\pi) \tag{10-114}$$

平冲头压入半无限高坯料时的变形力为：

$$P=blk(2+\pi) \tag{10-115}$$

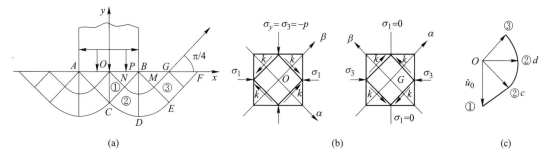

图10-28　平冲头压入半无限高坯料问题的滑移线场
（a）普朗特滑移线场；（b）变形趋势图；（c）与普朗特场对应的速度矢端图

　　B　塑性区内的速度场

　　从图 10-28 中可以看出，以 y 坐标为对称轴，两边的滑移线场均是由两个均匀场①、③以及中心扇形场②组成。以下分别对这 3 个区域的速度场进行分析。

　　区域①由 △ABC 组成，两族滑移线均为直线。由盖林格尔速度方程式（10-105）可知，区域①为均匀速度场，该区域与冲头一起以相同的速度 $\dot{u}_0$ 向下做刚性运动，相当于附在冲头上的刚性区，因此，区域①与区域②的中心扇形场的分界线 BC 为速度间断线，沿速度间断线法向速度是连续的，切向速度间断值未知，但其方向已知，即与 BC 平行，而 C 点为速度场的奇点。由于区域①是随冲头一起运动的，因此，速度间断线 BC 上的切向速度间断量是相对速度。

　　区域②由 △BCE 组成，为一中心扇形场。该区域内的所有 β 线均为直线，因此，在区域②中的任意一点有 $d\dot{u}_\beta = 0$，即 $\dot{u}_\beta =$ 常数。该常数可由速度边界条件求出。CDE 为区域②（塑性区）与刚性区的分界线，是一条速度间断线，而 CDE 以下是刚性区，$\dot{u}_\beta = \dot{u}_\alpha = 0$，因此，在区域②中的任意一点有：$\dot{u}_\beta =$ 常数 $= 0$。

　　在区域②中的任意一点，沿 α 线的盖林格尔速度方程为：$d\dot{u}_\alpha - \dot{u}_\beta d\varphi = 0$，由于在该区域中，沿 β 线的位移速度 $\dot{u}_\beta = 0$，因此，$d\dot{u}_\alpha = 0$，即 $\dot{u}_\alpha$ 为常数，该常数的大小未知，但其方向是已知的，即沿 CDE 线的切线方向。

　　区域③由 △BEF 组成，两族滑移线均为直线。由盖林格尔速度方程式（10-105）可知，区域③为均匀速度场，直线 EF 为区域③（塑性区）与刚性区的分界线，是一条速度间断线。与区域②的分析一样，根据盖林格尔速度方程，由于在刚性区内，$\dot{u}_\beta = \dot{u}_\alpha = 0$，因此，在区域③中的任意一点有：$\dot{u}_\beta = 0$，$\dot{u}_\alpha$ 为常数，该常数的大小未知，但其方向是已知的，即与 EF 线平行。

　　根据以上分析，可作出与平冲头压入半无限高坯料问题的滑移线场相对应的速度场。由于滑移线场是关于 y 轴对称的，速度场也是对称的，因此，这里只绘出右半部分的速度场（图 10-28（b）（c））。为了区别起见，滑移线场用大写字母标注，速度场用小写字母标注。

　　以 o 为极点，滑移线速度矢量均以 o 为极点，相对速度均为速度矢端曲线的一部分。取 $o① = \dot{u}_0$，其大小已知，方向垂直向下。

　　由于速度间断线 BC 上的切向速度间断量为相对速度，因此，不能从极点 o 画出，而是由①点出发画出与滑移线 BC 相平行的直线。

　　区域②在 C 点的法向速度为 0，切向速度的大小未知，但方向已知，即沿 α 线的切线方向，由极点 o 引出与 C 点的切线方向相平行的直线，该直线与由点①引出的直线相交于点②，则线段①-②为 BC 上的切向速度间断值。

　　区域②（塑性区）与刚性区的分界线 CDE 是速度间断线，由于在区域②内，沿 β 线的位移速度为 0，刚性区的速度矢量为 0，速度间断线 BC 上的切向速度间断量的大小不变，其方向是随滑移线方向变化的，因此，区域②内各点速度矢量的端点均在以 $o②$ 为半径的圆弧上；

　　区域③为均匀速度场，直线 EF 是速度间断线，在区域③中，沿 β 线的位移速度为 0，刚性区的速度矢量为 0，切向速度间断量的大小未知，方向是与 EF 段滑移线平行的，由

极点 o 出发引出与 EF 平行的直线，该直线与以 $o②$ 为半径的圆弧相交，则区域③的速度矢量为 $o③$。

由此可绘出与滑移线场相对应的速度矢端图（图10-28（c）），根据速度矢端图可确定塑性区内一点的位移速度。

10.5.7.3 平面挤压问题

以下讨论无摩擦条件下的平底凹模的挤压问题。设挤压前坯料厚度为 H，宽度为 L，挤压件厚度为 h，挤压比 $H/h = 2$。

（1）滑移线场的建立。由于是平底凹模挤压过程，因此，坯料通过挤压模具时，在挤压筒与模具之间的拐角处产生死区，死区内材料是不发生塑性流动的，为刚性区。为了研究问题的方便，将死区与塑性流动区的交界线近似地看作是一条直线，在图10-29（a）中用 AC 表示。AC 是刚-塑性交界线，是一条直线滑移线。挤压过程是在无摩擦条件下进行的，直线 AC 与挤压筒成45°倾角。由于对称性要求，在水平对称面上的切应力为0，为一主平面，因此，滑移线与水平对称线相交成45°。在 A 点附近出口端坯料的表面，由于应力为0，也是一个主平面。在 $H = 2h$ 的条件下，由 A 点引直线段 AB，则 AB 一定与对称面和出口端坯料表面相交成45°，因此，AB 也是一条滑移线，并且有 $AB = AC$。则滑移线场是以应力奇点 A 为中心，以 AB 或 AC 为半径所构成的中心扇形场 ABC，且中心扇形场的圆心角为90°。根据对称性，可得到下半部分的中心扇形场 $A'BC'$。

（2）应力场与挤压压力的计算。首先确定 α 线和 β 线。对于出口端滑移线 AB 上的任意一点，由于在垂直方向上是受压应力作用的，因此，水平方向的应力为最大主应力，并且 $\sigma_1 = 0$，根据图10-29（c）所示的变形趋势图，可判断圆弧 BC 为 α 线，径向直线为 β 线。

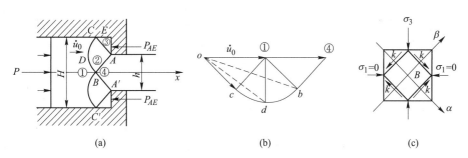

图 10-29　无摩擦条件下的平底凹模的挤压问题

（a）滑移线场；（b）速度场；（c）变形趋势图

1）应力场的确定。

在 B 点：水平方向的应力为最大主应力 $\sigma_1 = 0$，根据屈服准则 $\sigma_1 - \sigma_3 = 2k$ 可得 $\sigma_3 = -2k$，平均正应力 $\sigma_{mB} = -k$，α 线在 B 点的切线与水平轴的夹角 $\varphi_B = -\dfrac{\pi}{4}$。

设 BC 线上任意一点 i 的平均应力为 σ_{mi}，α 线在 i 点的切线与水平轴的夹角为 φ_i。由汉盖应力方程式（10-90），可得：

$$\sigma_{mi} = \sigma_{mB} + 2k(\varphi_i - \varphi_B) = -k + 2k\left(\varphi_i + \frac{\pi}{4}\right) \tag{10-116}$$

根据式（10-116），已知 φ_i，即可求出 BC 线上任意一点 i 的平均应力。

在 D 点：α 线在 D 点的切线与水平轴的夹角 $\varphi_i = \varphi_D = -\dfrac{\pi}{2}$，代入式（10-116），可得：

$$\sigma_{mD} = -k + 2k\left(-\frac{\pi}{2} + \frac{\pi}{4}\right) = -k\left(1 + \frac{\pi}{2}\right) \tag{10-117}$$

在 C 点：α 线在 C 点的切线与水平轴的夹角 $\varphi_i = \varphi_C = -\dfrac{3\pi}{4}$，代入式（10-116），可得

$$\sigma_{mC} = -k + 2k\left(-\frac{3\pi}{4} + \frac{\pi}{4}\right) = -k(1 + \pi) \tag{10-118}$$

取水平方向为 x 坐标轴，垂直方向为 y 坐标轴，由式（10-87）即可求出 C 点的应力状态，即：

$$\begin{cases} \sigma_{Cx} = \sigma_{mC} - k\sin 2\left(-\dfrac{3\pi}{4}\right) = -k(1+\pi) - k = -k(2+\pi) \\[3mm] \sigma_{Cy} = \sigma_{mC} + k\sin 2\left(-\dfrac{3\pi}{4}\right) = -k(1+\pi) + k = -k\pi \\[3mm] \tau_{Cxy} = k\cos 2\left(-\dfrac{3\pi}{4}\right) = 0 \end{cases} \tag{10-119}$$

2）单位挤压力的计算。设作用在死区 AE 边上的力为 P_{AE}，则挤压力为：

$$P = 2P_{AE} = -2\sigma_{Cx}AEL = 2k(2+\pi)\frac{h}{2}L = k\left(1 + \frac{\pi}{2}\right)HL \tag{10-120}$$

单位挤压力为：

$$p = \frac{P}{HL} = k\left(1 + \frac{\pi}{2}\right) \tag{10-121}$$

（3）速度场的确定。圆弧形滑移线 BC 为刚-塑性交界线，也就是速度间断线。BC 左边的①区材料与挤压杆一起以挤压速度 $\dot{u}_0$ 做刚性运动，不发生塑性流动。

在速度间断线 BC 上，法向速度是连续的，切向速度发生突变，切向速度间断量的大小未知，但其方向是已知的，即沿速度间断线的切线方向。AC 线是死区③与塑性流动区②的交界线，也是一条速度间断线。在 AC 线上，法向速度是连续的，由于死区③不发生任何运动，即死区材料的速度为 0，因此，AC 线上的法向速度为 0，切向速度间断矢量的大小未知，其方向是与 AC 线相平行的。AB 线是塑性流动区②与出口端挤压产品④之间的交界线，由于挤压产品④只做刚性运动，因此 AB 线也是一条速度间断线，其法向速度是连续的，切线速度间断量的大小未知，其方向是与 AB 线相平行的。

根据以上分析，可以绘出无摩擦条件下的平底凹模挤压时的速度场。如图 10-29（b）所示，以 o 点为极点，沿挤压方向按一定比例绘出 BC 左边的刚性区金属的速度，也就是挤压速度 $\dot{u}_0$，用直线段 $o①$ 表示；AC 线上的切向速度间断量由极点 o 出发，画与 AC 线相平行的直线 oc；速度间断线 BC 上的速度间断量是刚性区①与塑性流动区②之间的相对速度，因此，从速度曲线上的①出发，引与 c 点切线方向相平行的直线，该直线与直线 oc 相交于 c 点；由于速度间断量的大小不变，其方向随滑移线曲线变化，因此，首先从速度曲线上的①出发，引与 B 点切线方向相平行的直线，其大小待定，然后以①点为圆心，以

①c 为半径，画出圆弧 cdb；出口端挤压产品④的速度大小未知，其方向是与挤压速度 $\dot{u}_0$ 一致的，从 b 点出发，引与 AB 线相平行的直线，该直线与 o① 的延长线相交于④点，则线段 o④就是挤压产品的出口速度。

由此绘出无摩擦条件下的平底凹模挤压时的速度场。根据所绘制的速度场，可以证明挤压产品的出口速度 o④ $= 2o$① $= 2\dot{u}_0$，因此，所绘出的速度场满足速度边界条件，表明该滑移线场是正确的。根据速度矢端图可确定塑性区内一点的位移速度。例如连接 od、ob，则 od 就是滑移线场中 D 点的速度矢量，ob 是滑移线场中 B 点的速度矢量（如图 10-29 (b) 中虚线所示）。

练习与思考题

1. 塑性加工问题的精确解需要满足哪些条件？

2. 对于平面应变问题，试证塑性区内每点的应力状态可用平均应力 σ_m 和最大切应力 k 来表示，即 $\sigma_1 = \sigma_m + k$；$\sigma_2 = \sigma_m$；$\sigma_3 = \sigma_m - k$。

3. 试述平面问题、轴对称问题的变形特点。

4. 对于塑性加工而言，假设库仑摩擦定律中的摩擦系数为常数，那么摩擦系数的最大值为多少，为什么？

5. 试述主应力法求解塑性加工问题的特点。如图 10-30 所示，已知：（1）侧向均布载荷 $q = \dfrac{1}{3}\sigma_s$；（2）接触面上的摩擦切应力 $\tau_f = \dfrac{1}{2}\sigma_s$。试求如图 10-30 所示的圆柱体压缩时的单位压力 p。

6. 判断 α、β 滑移线的规则是什么？

7. 汉盖应力方程有何意义，由此可以得到滑移线场的哪些特性？

8. 滑移线场有哪些典型的应力边界条件？

9. 试述盖林格尔速度方程的用途。

10. 什么是滑移线场的速度矢端图，滑移线与速度矢端曲线之间有何关系？

11. 为什么说沿着同一条滑移线，速度不连续量的大小保持不变，其方向随滑移线方向而改变？

12. 已知某滑移线场如图 10-31 所示，点 C 的等静压力为 900MPa，剪切屈服应力 $k = 600$MPa，求点 B、D 的应力状态。

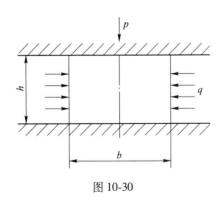

图 10-30

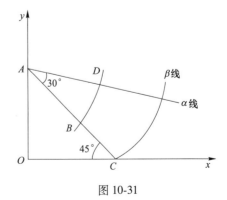

图 10-31